新能源开发与应用

于少娟　刘立群　贾燕冰　编　著

韩肖清　主　审

電子工業出版社

Publishing House of Electronics Industry

北京 • BEIJING

内 容 简 介

新能源的开发与应用已经成为国内外的研究热点，而电力电子技术也已广泛应用到生产和生活的各个领域，本书以电力电子技术在新能源领域的开发与应用为切入点，较为深入地解释了风力发电、光伏发电及太阳能热应用的相关理论基础，以及最大功率跟踪、并网、低电压穿越和孤岛检测等关键技术；进一步介绍了电动汽车常用的拓扑电路和工作原理，以及与蓄电池储能相关的技术和控制策略，深入介绍了微电网的电能质量管理、能量管理、体系结构等相关内容，最后简要介绍了其他新能源的开发与应用。

本书适合从事电气工程、能源生产、能源管理和环境保护等领域的工程技术人员和研究人员参考，也可作为高等院校热能与动力工程、电气工程及其自动化、电力工程及相近专业本科生和研究生的教材，同时还可作为能源相关从业人员的自学和培训教材。

图书在版编目（CIP）数据

新能源开发与应用 / 于少娟，刘立群，贾燕冰编著．—北京：电子工业出版社，2014.2
ISBN 978-7-121-21924-5

Ⅰ. ①新…　Ⅱ. ①于…　②刘…　③贾…　Ⅲ. ①新能源—能源开发—高等学校—教材　Ⅳ. ①TK01

中国版本图书馆 CIP 数据核字（2013）第 275864 号

责任编辑：赵　娜　　特约编辑：王　纲
印　　刷：北京虎彩文化传播有限公司
装　　订：北京虎彩文化传播有限公司
出版发行：电子工业出版社
　　　　　北京市海淀区万寿路 173 信箱　　邮编　100036
开　　本：787×1 092　1/16　印张：18.25　字数：444 千字
版　　次：2014 年 2 月第 1 版
印　　次：2021 年 8 月第 5 次印刷
定　　价：58.00 元

凡所购买电子工业出版社图书有缺损问题，请向购买书店调换。若书店售缺，请与本社发行部联系，联系及邮购电话：（010）88254888。

质量投诉请发邮件至 zlts@phei.com.cn，盗版侵权举报请发邮件至 dbqq@phei.com.cn。

服务热线：（010）88258888。

前　言

随着环境问题在世界范围内的日益严重，新能源的开发和利用日益得到了世界各国的重视。针对我国能源消耗总量大、单位能耗高、污染严重的现状，我国政府非常重视新能源和可再生能源的开发和应用，特别是光伏发电和风力发电系统已经进入了快速发展阶段。然而目前国内培养的与新能源开发技术相关的技术人员的数量远远不能满足经济社会发展的需要，所以新能源的开发与应用是高等院校各相关专业高年级学生应该初步了解和学习的内容。

本书分为7章。第1章对新能源的概念、种类、利用现状和发展趋势进行了介绍，第2章对太阳能的资源状况、太阳能热应用、光伏发电等进行了介绍，第3章对风能的资源状况、风能发电技术和发展趋势进行了介绍和讨论，第4章对电动汽车功率变换技术进行了介绍，第5章对储能技术进行了介绍，第6章对微电网进行了较为全面的描述，第7章对其他可再生能源进行了相关介绍。本书较为全面地介绍了新能源的资源状况、利用原理与控制技术，以及部分原理的MATLAB仿真过程。适合从事电气工程、能源生产、能源管理和环境保护等领域的工程技术人员、研究人员参考和使用，也可作为高等院校热能与动力工程、电气工程及其自动化、电力工程及相近专业的教材，还可作为研究生的教学参考书，同时也可作为自学、培训教材。

本书由太原科技大学和太原理工大学联合编写，其中第1、6、7章由贾燕冰副教授编写，第2、3章由刘立群教授编写，第4、5章由于少娟教授编写。本书在编写过程中得到了国家国际科技合作项目（编号：2010DFB63200）、山西省高等学校教学改革项目（编号：J2013064、2011130）和2012年山西省特色专业建设项目（编号：201201）的大力支持，韩肖清教授、韩如成教授、王鹏教授、田建艳教授、曹锐教授和王康宁高工等提出了许多宝贵意见，兖文宇和赵飞等研究生提供了协助，在此表示感谢。

由于编者水平和经验有限，书中难免存在不足和疏漏之处，敬请读者批评指正。

编者

2013年10月

目　录

第1章 概 述

1.1 能源的含义及其分类

1.1.1 能源的含义和分类

我们把能量的来源称为能源，它是能够为人类提供某种形式能量的自然资源及其转换物。换言之，自然界在一定条件下能够提供机械能、热能、电能、化学能等形式能量的自然资源叫做能源。能源的种类很多，它的分类方法也很多。

按照能源的生成方式可分为一次能源和二次能源。一次能源，又叫自然能源。它是自然界中以天然形态存在的能源，是直接来自自然界而未经人们加工转换的能源。煤炭、石油、天然气、水能、太阳能、风能、生物质能、海洋能、地热能等都是一次能源。世界各国的能源产量和消费量，一般均指一次能源。二次能源是由一次能源转换而成的符合人们使用要求的能量形式。电能、汽油、柴油、焦炭、煤气、蒸汽、氢能等都是二次能源。一次能源只在少数情况下以它原始的形式为人类服务，更多情况下则要根据不同的目的进行加工，转换成便于使用的二次能源，以提高能源的使用效率。随着科学技术的发展和社会的现代化，在整个能源消费系统中，二次能源所占的比重将日益增大。

按照各种能源在当代人类社会经济生活中的地位，人们还常常把能源分为常规能源和新能源两大类。技术上比较成熟，已被人类广泛利用，在生产和生活中起着重要作用的能源，称为常规能源。例如，煤炭、石油、天然气、水能和核裂变能都是常规能源。目前世界能源的消费几乎全靠这五大能源来供应。在今后相当长的时期内，它们仍将担任世界能源舞台上的主角。目前尚未被人类大规模利用，还有待进一步研究试验与开发利用的能源称为新能源。例如，太阳能、风能、地热能、海洋能及核聚变能等都是新能源。所谓新能源，是相对而言的。

一次能源还可以按照其是否能够再生而循环使用，分为可再生能源和非再生能源。所谓可再生能源，就是不会随着它本身的转化或人类的利用而日益减少的能源，具有自然的恢复能力。例如，太阳能、风能、水能、生物质能、海洋能及地热能等，都是可再生能源。而化石燃料和核燃料则不然，它们经过亿万年形成而在短期内无法恢复再生，随着人类的利用而越来越少。我们把这些随着人类的利用而逐渐减少的能源称为非再生能源。

一次能源又可以按照其来源的不同，分为来自地球以外的能源、来自地球内部的能源和地球与其他天体相互作用产生的能源三大类。各种能源的分类表如表 1-1 所示。

表 1-1　能源分类表

<table>
<tr><th colspan="2">类别</th><th>来自地球内部的能源</th><th>来自地球以外的能源</th><th>地球与其他天体相互作用产生的能源</th></tr>
<tr><td rowspan="2">一次能源</td><td>可再生能源</td><td>地热能</td><td>太阳能
风能
水能
生物质能
海水温差能
海水压差能
海洋波浪能
海（湖）流能</td><td>潮汐能</td></tr>
<tr><td>非再生能源</td><td>核能</td><td>煤炭
石油
天然气
油页岩</td><td></td></tr>
<tr><td colspan="2">二次能源</td><td colspan="3">焦炭、煤气、电力、氢、蒸汽、酒精、汽油、柴油、煤油、重油、液化气和电石</td></tr>
</table>

为满足人类社会可持续发展对能源的需要，防止和减轻大量燃用化石能源对环境造成的严重污染和生态破坏，近年来世界各国政府和能源界、环保界等均大声疾呼：必须走可持续发展的能源道路，即清洁能源道路。清洁能源可分为狭义和广义两大类。狭义的清洁能源仅指可再生能源，包括水能、生物质能、太阳能、风能、地热能和海洋能等，它们消耗之后可以得到恢复补充，不产生或很少产生污染物，所以可再生能源被认为是未来能源的结构基础。广义的清洁能源是指在能源的生产、产品化及其消费过程中，对生态环境尽可能低污染或无污染的能源，包括低污染的天然气等化石能源、利用洁净能源技术处理的洁净煤和洁净油等化石能源、可再生能源和核能等。

1.1.2　能源的重要性

能源是人类社会赖以生存和发展的物质基础，在国民经济中具有特别重要的战略地位。能源在现代工业生产中占有重要地位。从技术上来说，现代工业生产有 3 项不可缺少的物质条件：一是原料和材料，二是能源，三是机器设备。任何机器进行生产，都必须有足够的能源供应做保证。现代工业生产离开了能源，机器设备就不能运转，生产就将停止。能源和现代化农业的关系十分密切。随着中国农业机械化、电气化的发展，农业生产对能源的需求量将日益增加，能源工业的发展水平将直接影响农业生产的发展。现代的交通运输也是以强大的能源工业为基础的。能源在国防建设中具有重要作用，实现国防现代化必须依靠发达的能源工业。人民日常生活和公用事业也要消耗大量能源。在我们的日常生活中，吃、穿、用、住、行等各方面，都是依靠能源的。随着人民生活水平的提高，能源在人民生活和公用事业中的作用将越来越重要。

当代社会最广泛使用的能源是煤炭、石油、天然气和水力，特别是石油和天然气的消耗量增长迅速，已占全世界能源消费总量的 60%左右。但是，石油和天然气的储量是有限的，许多专家预言，石油和天然气资源将在 40 年、最多 50～60 年内被耗尽。煤炭资源虽然远比石油和天然气资源丰富，但是直接应用煤炭严重污染环境。人类如不及早采取对策，在不远的将来会面临一场全面的能源危机，这是当前人类面对的一项重大挑战。

为了保证大规模的能源供应，当前世界各国都在制定规划、采取措施、组织力量、增加投资，大力开发太阳能、风能、生物质能、地热能、海洋能及核聚变能等新能源技术，力争在不太长的时间内，将目前的以化石能源为基础的常规能源系统，逐步过渡到持久的、多样化的、可以再生的新能源系统。只要应用现代科学技术，广泛开发利用新能源，大力提高能源利用效率，采取合理的能源政策，完全可以避免能源危机的出现。

1.2　中国能源现状问题及对策

1.2.1　中国能源现状

1949 年新中国成立时，全国一次能源的生产总量仅为 2374 万吨标准煤，居世界第 10 位。经过新中国成立初期的经济恢复，到 1953 年，一次能源的生产总量和消费总量分别发展为 5200 万吨标准煤和 5400 万吨标准煤，与新中国成立初期相比翻了一番。随着经济建设的展开，中国的能源工业得到了迅速发展。到 1980 年，一次能源的生产总量和消费总量分别达到 6.37 亿吨标准煤和 6.03 亿吨标准煤，与 1953 年相比，分别平均年增长 9.7%和 9.3%。

改革开放以来，中国的能源工业无论是在数量上还是在质量上，均取得了巨大的发展。1998 年中国一次能源的生产总量和消费总量分别达到 12.4 亿吨标准煤和 13.6 亿吨标准煤，均居世界第 3 位。2000 年中国一次能源的产量构成如下：原煤 99800 万吨，占 67.2%；原油 16300 万吨，占 21.4%；天然气 277.3 亿立方米，占 3.4%；水电 2224 亿千瓦时，占 8%。综上所述，在进入 21 世纪之际，中国已拥有世界第 3 位的能源系统，成为世界能源大国。

1.2.2　中国能源存在的问题及发展对策

1．存在的问题

伴随中国能源的发展，还存在许多问题需要采取有力措施加以解决。

1）人均能耗低

中国能源消费总量巨大，超过俄罗斯，仅次于美国，居世界第 2 位。但由于人口过多，人均能耗水平却很低。从世界范围来看，经济越发达，能源消费量越大。21 世纪中叶，中国国民经济要达到中等发达国家水平，人均能源消费量还将有很大的提高。预计到 2050 年人均能源消费量将达到 2.38 吨标准煤，相当于目前的世界平均值，仍远远低于目前发达国家的水平。

2）人均能源资源不足

中国地大物博、资源丰富，自然资源总量排名世界第 7 位，拥有能源资源总量约 4 万亿吨标准煤，居世界第 3 位。其中，煤炭保有储量为 10 024.9 亿吨，可采储量为 893 亿吨；石油资源量为 930 亿吨，天然气资源量为 38 万亿立方米，现已探明的石油和天然气储量仅分别占全部资源量的约 20%和 3%；水力可开发装机容量为 3.78 亿千瓦，居世界首位。但由于中国人口众多，人均资源占有量却相对匮乏。人均能源资源相对不足是中国经济社会可持续发展的一大制约因素，是 21 世纪中国能源面临的巨大挑战。

3）能源效率低

按照联合国欧洲经济委员会（ECE）提出的“能源效率评价和计算方法”，能源系统的总效率由开采效率（能源储量的采收率）、中间环节效率（包括加工转换效率和储运效率）及终端利用效率（终端用户得到的有用能与过程开始时输入的能量之比）三部分组成。据中国专家测算，中国 1992 年的能源系统总效率为 9.3%，其中开采效率为 32%，中间环节效率为 70%，终端利用效率为 41%。中间环节效率与终端利用效率的乘积，通常称为能源效率。中国 1992 年的能源效率为 29%，约比国际先进水平低 10 个百分点。终端利用效率也约比国际先进水平低 10 个百分点。

4）以煤为主的能源结构亟待调整

以煤为主的能源结构，必然带来一些问题，需要采取有力措施加以调整。

（1）大量燃煤严重污染环境。中国煤炭消费量占世界煤炭消费总量的 27%，是全世界少数几个以煤炭为主的能源消费大国。煤炭燃烧所产生的温室气体的排放量比燃烧同热值的天然气高 61%，比燃油高 36%。

（2）大量用煤导致能源效率低下。中国能源效率比国际先进水平低 10 个百分点，主要耗能产品单位能耗比发达国家高 12%～55%，这一现象与以煤为主的能源结构有密切关系。一般来说，以煤为主的能源结构的能源效率比以油气为主的能源结构的能源效率约低 8～10 个百分点。

（3）交通运输压力巨大。中国煤炭生产基地远离消费中心，形成了西煤东运、北煤南运、煤炭出关的强大煤流，不仅运量大，而且运距长。大量使用煤炭给中国的交通运输带来的压力十分巨大。

（4）将能源供应安全问题提到议事日程上来。中国未来能源供应安全问题，主要是石油和天然气的可靠供应问题。

2. 相应对策

针对上述问题，中国能源的中长期发展应采取如下对策。

（1）坚持实行能源节约战略方针

提高能源利用效率是确保中国中长期能源供需平衡的基本措施。在中国的能源发展战略中，要把提高能源利用效率作为基本出发点，坚持实行能源节约战略方针，以广义节能为基础，以工业节能和石油节约为重点，依靠技术进步，提高能源利用效率。

（2）大力优化能源结构

目前世界上大多数国家的能源结构以油气为主。以油气为主的能源路线，能够逐步减少固体燃料的比例，以达到提高能源利用效率、降低能源系统成本、减少环境污染、改善能源服务质量的目的。

由于自身资源特点、经济发展水平和历史等因素，中国一直保持着以煤炭为主要能源的能源结构。随着能源消费量的日益增大，这种能源结构的弊端日益明显和突出，应采取有力措施加以改变。但同时也要清醒地看到，要改变中国以煤炭为主要能源的能源结构，绝非短期可以办到的，并且需要采取多种措施发展多种优质清洁的能源。

（3）积极发展洁净煤技术

即使大力推行能源优质化、多样化，煤炭在未来几十年仍将是中国的主要能源。因此，积极发展洁净煤技术，努力降低燃煤对于环境的污染，应成为中国能源发展的重大措施之一。

（4）大力开发利用新能源与可再生能源

近年来，世界新能源与可再生能源迅速发展，技术上逐步成熟，经济上也逐步为人们所接受。专家预测，不论是在技术上，还是在经济性上，新能源与可再生能源的开发和利用，在几十年内将会有大的突破。

（5）采取措施保证能源供应安全

为保证能源供应安全，降低进口风险，应采取如下措施：实行油气产品进口的多元化、多边化和多途径方案，逐步建立起国家和地区的石油储备，努力发展石油替代产品。

1.3　新能源与可再生能源

1.3.1　新能源与可再生能源的含义及分类

新能源与可再生能源，在中国是指除常规化石能源和大中型水力发电、核裂变发电之外的生物质能、太阳能、风能、小水电、地热能及海洋能等一次能源。这些能源资源丰富、可以再生且清洁干净，是最有前景的替代能源，将成为未来世界能源的基石。

1．生物质能

生物质能是蕴藏在生物质中的能量，是绿色植物通过叶绿素将太阳能转化为化学能而储存在生物质内部的能量。有机物中除矿物燃料以外的所有来源于动植物的能源物质均属于生物质能，通常包括木材及森林废弃物、农业废弃物、水生植物、油料植物、城市和工业有机废弃物以及动物粪便等。生物质能的利用主要有直接燃烧、热化学转换和生物化学转化 3 种途径。

2．太阳能

太阳能的转换和利用方式有光热转换、光电转换和光化学转换等。接收或聚集太阳能使之转换为热能，并用于生产和生活，是太阳能利用的一种方式。太阳能热水系统是太阳能热利用的主要形式。它是一种利用太阳能将水加热并储于水箱中以便利用的装置。太阳能产生的热能可以广泛应用于采暖、制冷、干燥、蒸馏、温室、烹饪以及工农业生产等各个领域，并可进行太阳能热发电。利用光生伏打效应原理制成的太阳能电池，可将太阳的光能直接转换为电能，称为光电转换，即太阳能光电利用。光化学转换目前尚处于研究开发阶段，这种转换技术包括半导体电极产生电而电解水产生氢、利用氢氧化钙或金属氢化物热分解储能等内容。

3. 风能

风能是指太阳辐射造成地球各部分受热不均匀，引起各地温差和气压不同，导致空气运动而产生的能量。利用风力机可将风能转换成电能、机械能和热能等。风能利用的主要形式有风力发电、风力提水、风力致热及风帆助航等。

4. 小水电

所谓小水电，是小水电站及与其相配套的小电网的统称。在 1980 年联合国召开的第二次国际小水电会议上，确定了以下 3 种小水电站容量范围：小型水电站（small），1001～12 000kW；小小型水电站（mini），101～1000kW；微型水电站（micro），100kW 以下。按照国家发展计划委员会的规定，水电站总容量在 5 万千瓦以下的为小型水电站，5 万～25 万千瓦的为中型水电站，25 万千瓦以上的为大型水电站。在中国，自 20 世纪 70 年代以来，小水电一般是指单站容量在 12 000kW 以下的小水电站及其配套小电网。小水电的开发方式，按照集中水头的办法，可分为引水式、堤坝式和混合式 3 类。

5. 地热能

地热资源是指在当前技术经济和地质环境条件下，地壳内能够科学、合理地开发出来的岩石中的热能量和地热流体中的热能量及其伴生的有用组分。地热资源，按赋存形式可分为水热型（又分为干蒸汽型、湿蒸汽型和热水型）、地压型、干热岩型和岩浆型 4 大类，按温度高低可分为高温型（>150℃）、中温型（90℃～149℃）和低温型（<89℃）。地热能的利用方式主要有地热发电和地热直接利用两大类。

6. 海洋能

海洋能是指蕴藏在海洋中的可再生能源，它包括潮汐能、波浪能、海流能、潮流能、海水温差能和海水盐差能等不同的能源形态。海洋能按储存的能量形式，可分为机械能、热能和化学能。潮汐能、波浪能、海流能和潮流能为机械能，海水温差能为热能，海水盐差能为化学能。海洋能技术是指将海洋能转换为电能或机械能的技术。

1.3.2 新能源与可再生能源的发展前景

中国的新能源与可再生能源，经过新中国成立 50 多年来、特别是最近 30 多年来的发展，在技术水平、应用规模和产业建设上，均取得了重大进展，奠定了良好的基础，在国民经济建设中发挥了重要作用。从优化能源结构、保护生态环境、实施经济社会可持续发展战略的高度展望未来，中国新能源与可再生能源的发展前景良好，在21世纪前20年将有大的发展，到21世纪中叶将有可能逐步发展成为重要的替代能源。

（1）中国拥有丰富的新能源与可再生能源资源可供开发利用。经粗略估算，在现有科技水平下，中国太阳能、风能、生物质能和水能等一年可以获得的资源量大约相当于46亿吨标准煤，为2000年全国一次能源总消费量12.8亿吨标准煤的3.59倍。

（2）中国对新能源与可再生能源的需求量巨大，市场广阔。各方面的预测表明，21世纪中叶，新能源与可再生能源将成为中国能源供应的一支主力军。1998年国家发展计划委员会能源研究所完成的“中国中长期能源战略研究”认为，到2020年和2030年，新能源与可再生能源将逐步发展成为重要的替代能源。

（3）中国新能源与可再生能源的发展适逢良好的市场机遇。近年来，随着经济改革的深入和能源工业的发展，常规能源供应紧缺的状况有所变化，但总体消费水平还很低，特别是广大农村地区，商品能源特别是优质能源如煤气、天然气和电力的供应仍处于短缺或较低的水平，无电人口不少，且短期内难以改变。这就为新能源与可再生能源的应用提供了良好的市场机遇。另外，随着能源价格体制的调整和价格的放开，常规能源的价格呈不断上扬的趋势。常规能源价格在不断上涨，而新能源与可再生能源却技术性能不断提高、经济性不断改善，因而市场竞争力不断增强。

（4）市场巨大推动力将促进中国新能源与可再生能源的发展。同时，人们环保意识的增强和国家对环保工作的重视，也大大推动了新能源与可再生能源市场的发展。

综上所述，在21世纪，中国的新能源与可再生能源将会有更大、更快的发展，为中国的现代化建设做出更大的贡献。

1.3.3 发展新能源与可再生能源的重大意义

不论是从经济社会走可持续发展之路和保护人类赖以生存的地球的生态环境的高度来审视，还是从为世界20多亿无电、缺能人口和特殊用途解决现实的能源供应问题出发，发展新能源与可再生能源均有重大战略意义。

（1）新能源与可再生能源是人类社会未来能源的基石，是目前大量燃用的化石能源的替代能源。

当今的世界能源结构中，人类所利用的能源主要是不可再生的石油、天然气和煤炭等化石能源。在1997年，世界一次能源消费构成中，石油占39.9%，天然气占23.2%，煤炭占27%，三者合计高达90.1%。随着经济的发展、人口的增加以及社会生活水平的提高，预计未来世界能源消费量将以每年3%的速度增长。到2020年，世界一次能源消费总量将由1997年的121.56亿吨标准煤增加到200亿～250亿吨标准煤。截至1996年年末，世界石油、天然气和煤炭的可采储量为1.3万亿吨油当量，其中石油和天然气约占1/5，煤炭约占4/5。尽管今后还会有新的能源资源被发现，但按目前的世界能源探明储量和消费量计算，这些能源资源仅可供全世界消费约172年。根据目前国际上通行的能源预测方法，石油资源将在40年内枯竭，天然气资源将在60年内用光，煤炭资源也只能使用220年。

中国拥有居世界第1位的水能资源，居世界第2位的煤炭探明储量，居世界第11位的石油探明可采储量。在人类开发利用能源的历史长河中，以石油、天然气和煤炭等化石能源为主的时期，仅是一个不太长的阶段，它们终将走向枯竭，被新的能源所取代。研究和实践证明，新能源与可再生能源资源丰富、分布广泛、可以再生且不污染环境，是国际社会公认的理想替代能源。根据国际权威机构的预测，到21世纪60年代，即2060年，全球新能源与可再生能源将会占世界能源构成的50%以上，成为人类社会未来能源的基石、世界能源舞台的主角，是目前大量燃用的化石能源的替代能源。

（2）新能源与可再生能源清洁干净、污染物排放少，是与地球的生态环境相协调的清洁能源。

化石能源的大量开发利用是造成大气和环境污染与生态破坏的主要原因之一。如何在开发和使用能源的同时，保护好人类赖以生存的地球的生态与环境，已经成为一个全球性的重大问题。为此，世界各国纷纷采取提高能源效率和改善能源结构的措施，即所谓的能源效率革命和清洁能源革命。

全球气候变化是当前国际社会普遍关注的重大环境问题，这一问题主要是发达国家在其工业化过程中燃烧大量化石燃料产生的CO_2等温室气体排放所造成的。因此，限制和减少化石燃料燃烧产生的CO_2等温室气体的排放，已成为国际社会减缓全球气候变化的重要组成部分。

目前各种发电方式的碳排放率（g碳 / kWh）如下：煤发电为275，油发电为204，天然气发电为81，太阳能热发电为92，太阳能光伏发电为55，波浪发电为41，海洋温差发电为36，潮流发电为35，风力发电为20，地热发电为1，核能发电为8，水力发电为6。这些数据是将各种发电方式所用原料和燃料的开采和运输、发电设备的制造、电源及网架的建设、电源的运行发电，以及维护保养和废弃物排放与处理等所有循环中消费的能源，按照各种发电方式在寿命期的发电量计算得出的。

（3）新能源与可再生能源是不发达国家20多亿缺电人口和特殊用途解决供电、用能问题的现实能源。

迄今为止，不发达国家还有20多亿人尚未用上电，其中中国有3800多万人。由于无电，这些人口大多仍然过着贫困落后、远离现代文明的日出而作、日落而息的生活。这些地方缺乏常规能源资源，但新能源与可再生能源资源丰富，并且人口稀少、用电负荷不大，因而发展新能源与可再生能源是解决其供电和用能问题的重要途径。

由上述分析可见，新能源与可再生能源是保护人类赖以生存的地球生态环境的清洁能源，采用新能源与可再生能源逐渐减少和替代化石能源的使用是保护生态环境、走经济社会可持续发展之路的重大措施。

第 2 章 太 阳 能

2.1 太阳能利用基础知识

众所周知，太阳能是一种可再生的、清洁的、分布广泛的、免费的能源。数千年前，人类的祖先就已经在生活中广泛地使用太阳能，如晾晒衣物、晒谷物、晒盐等，并初步了解了一年当中太阳东升西落的规律。本节将介绍太阳、日地天文关系和太阳辐射能计算等的基本知识。

2.1.1 太阳

在茫茫宇宙中，太阳只是一颗非常普通的恒星，然而从地球望向太空，太阳是距离地球最近的恒星，它是太阳系的中心天体。太阳的质量占到了太阳系的 99.87%。太阳系中的八大行星、小行星、流星、彗星、海王星天体及星际尘埃等，都围绕着太阳运行（公转）。太阳的直径大约是 1 392 000km，相当于地球直径的 109 倍；质量大约是 2×10^{30} kg，相当于地球的 330 000 倍。太阳的形状接近理想的球体，估计扁率大约为 900 万分之一，其两极直径和赤道直径的差别不到 10km。

太阳的组成物质大多是普通的气体，其中氢约占 71%，氦约占 27%，其他元素占 2%。太阳从中心向外分为核反应区、辐射区、对流区和太阳大气。

太阳的大气层，像地球的大气层一样，可按不同的高度和不同的性质分成各个层次，即从内向外分为光球、色球和日冕三层。我们平常看到的太阳表面，是太阳大气的最底层，温度约为 6000K。这是热力学温度，旧称绝对温度（Absolute Temperature），单位是“开尔文”，英文是 Kelvin，简称“开”，国际代号为 K（6000K = 5726.85℃）。太阳的大气层是不透明的，因此我们不能直接看见太阳内部的结构。但是，天文学家根据物理理论和对太阳表面各种现象的研究，建立了太阳内部结构和物理状态的模型，如图 2-1 所示。

太阳的内部主要可以分为三层：核心区、辐射层和对流层。

太阳的核心区半径是太阳半径的 1/4，约占整个太阳质量的一半以上。太阳核心区的温度极高，达到 1.5×10^{7}℃，压力也极大，使得由氢聚变为氦的热核反应得以发生，从而释放出极大的能量。这些能量再通过辐射层和对流层中物质的传递，到达太阳光球的底部，并通过光球向外辐射出去。太阳光球就是我们平常所看到的太阳圆面，通常所说的太阳半径也是指光球的半径。光球层位于对流层之外，是太阳大气的最底层或最里层。光球表面

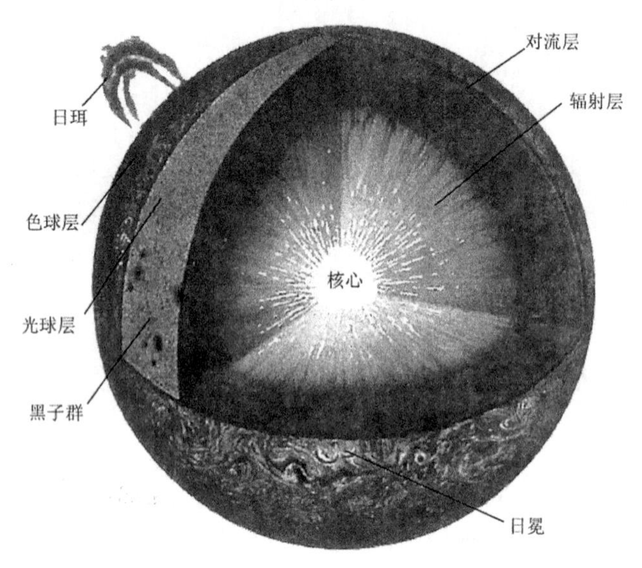

图 2-1　太阳内部结构示意图

一种著名的活动现象便是太阳黑子。黑子是光球层上的巨大气流旋涡，大多呈现近椭圆形，在明亮的光球背景反衬下显得比较暗黑，但实际上它们的温度高达 4000℃左右。紧贴光球以上的一层大气称为色球层，平时不易被观测到，过去这一区域只有在发生日全食时才能被看到。在月亮遮掩了光球明亮光辉的一瞬间，人们能发现日轮边缘上有一层玫瑰红的绚丽光彩，那就是色球。日冕是太阳大气的最外层。日冕中的物质是等离子体，它的温度可达上百万摄氏度。发生日全食时在日面周围看到的放射状的非常明亮的银白色光芒即日冕。日冕的范围在色球之上，一直延伸到好几个太阳半径的地方。日冕还会向外膨胀，并使得冷电离气体粒子连续地从太阳向外流出而形成太阳风。

太阳看起来很平静，实际上无时无刻不在发生剧烈的活动，所产生的能量以辐射方式向宇宙空间发射。其每秒释放出的能量是 3.865×10^{26} J，相当于每秒燃烧 1.32×10^{16} 吨标准煤所产生的能量。太阳与地球的平均距离约为 1.5 亿千米，因此太阳辐射的能量大约只有22 亿分之一到达地球，大约为 1.73×10^{14} 亿千瓦。其中，约 19%被大气吸收，约 30%被大气、尘埃和地面反射回宇宙空间，穿过大气到达地球表面的太阳辐射能约占 51%（0.81×10^{14} 亿千瓦）。由于地球表面大部分被海洋所覆盖，到达陆地表面的能量大约只有 0.17×10^{14} 亿千瓦，占到达地球范围内太阳辐射能的 10%，然而这一能量相当于全球一年内消耗总能量的 3.5 万倍，其中被植物吸收的占 0.015%，转化为燃料的不到 0.002%。

2.1.2　日地天文关系

地球绕地轴自西向东旋转，称为自转，自转一周约为 24 小时；同时地球绕太阳以椭圆形轨道运行，称为公转，公转一周为 1 年，其中椭圆形轨道称为黄道。在日地运动过程中，地球的自转轴与黄道面的法线倾斜夹角为 23.45°，同时由于地球公转时的自转轴始终指向地球的北极，导致太阳光线直射地球表面的位置时而偏南，时而偏北，形成了地球上的四季变化。

1. 日地距离

太阳与地球间的距离约为1.5×10^8km，但地球绕太阳的运行轨道是椭圆形的，因此存在近地点（发生在每年的 1 月 1 日，日地距离约为1.471×10^8km）和远地点（发生在每年的 7 月 1 日，日地距离为1.521×10^8km）现象，即每天的日地距离都是变化的。Spencer 在 1971 年提出的地球轨道偏心修正系数为

$$\varDelta = 1.000110 + 0.034221\cos\varGamma + 0.001280\sin\varGamma + 0.000719\cos2\varGamma + 0.000077\sin2\varGamma \quad (2\text{-}1)$$

$$\varDelta = 1 + 0.033\times\frac{2\pi n}{365} \quad (2\text{-}2)$$

在实际工程中，式（2-1）可以以式（2-2）代替进行简便计算。其中，$\varGamma$ 为一年中某一天的角度，称为日角，可按下式计算：

$$\varGamma = \frac{2\pi(n-1)}{365} \quad (2\text{-}3)$$

其中 n 为一年中某一天的顺序数。

2. 时角

在天球系统中，认为太阳是绕地球旋转的，即太阳每天东升西落，称为太阳视旋转。每天的视旋转用时角 ω 表示，并设太阳正午时角为 0°，上午时角为负，下午时角为正。由于地球自转一周为 360°，因此一小时的太阳视旋转为 15°。某整点时刻的时角可以用下式表示：

$$\omega = (T-12)\times15^\circ \quad (2\text{-}4)$$

其中$T\in[1,24]$。

但由于地球绕太阳的轨道为椭圆形，而钟表时间（平均太阳时间）是以假定地球绕太阳的轨道为圆形得到的，所以实际太阳时间 t_s 与平均太阳时间 t 之间存在时差 e，相关公式如下：

$$t_s = t \pm \frac{(L-L_s)}{15} + \frac{e}{60} \quad (2\text{-}5)$$

$$e = 9.87\sin2B - 7.53\cos B - 1.5\sin B \quad (2\text{-}6)$$

$$B = \frac{360(n-81)}{364} \quad (2\text{-}7)$$

其中，L 为当地的地理经度；L_s 为当地地区标准时间位置的地理经度；式中的$\pm$号，东半球取正，西半球取负。

3. 赤纬角

地球赤道平面与地球中心和太阳中心连线的夹角，称为赤纬角δ，其中在春分日（北半球 3 月 20/21 日）和秋分日（北半球 9 月 22/23 日）$\delta=0^\circ$，夏至日（北半球 6 月 21/22 日）$\delta=23.45^\circ$，冬至日（北半球 12 月 21/22 日）$\delta=-23.45^\circ$。δ 的精确计算可以由式（2-8）或式（2-9）得到，而在实际工程中可采用 Cooper 提出的式（2-10）或 Brichambaut 提出的式（2-11）进行δ的简便计算。

$$\delta = 23.45\sin[\frac{\pi}{2}(\frac{\alpha_1}{N_1}+\frac{\alpha_2}{N_2}+\frac{\alpha_3}{N_3}+\frac{\alpha_4}{N_4})] \tag{2-8}$$

$$\delta = (0.006918 - 0.399912\cos\Gamma + 0.070257\sin\Gamma - 0.006758\cos 2\Gamma + 0.000907\sin 2\Gamma - 0.002697\cos 3\Gamma + 0.00148\sin 3\Gamma)\frac{180}{\pi} \tag{2-9}$$

$$\delta = 23.45\sin\frac{360^\circ(n+284)}{365} \tag{2-10}$$

$$\delta = \arcsin[0.4\sin\frac{360^\circ(n-82)}{365}] \tag{2-11}$$

在式（2-8）中，N_1=92.957，N_2=93.629，N_3=89.865，N_4=89.012，α_1为从春分日开始计算的天数，α_2为从夏至日开始计算的天数，α_3为从秋分日开始计算的天数，α_4为从冬至日开始计算的天数。

4．天顶角θ_z、高度角α_s和方位角γ_s

图 2-2 显示了天顶角、高度角和方位角间的地平坐标系，其中天顶角就是太阳光线与地平面法线间的夹角；高度角是太阳光线和它在地平面上投影线间的夹角；方位角是太阳光线在地平面上投影线和地平面正南方向线之间的夹角，计算时以正南方向为起点（0°），顺时针方向（向西）为正，逆时针方向（向东）为负。其中天顶角与高度角满足下式：

$$\theta_z + \alpha_s = 90^\circ \tag{2-12}$$

高度角、天顶角与纬度、赤纬角和时角间的关系可表示为

$$\sin\alpha_s = \cos\theta_z = \sin\varphi\sin\delta + \cos\varphi\cos\delta\cos\omega \tag{2-13}$$

方位角与高度角、纬度、赤纬角和时角间的关系可表示为

$$\sin\gamma_s = \frac{\cos\delta\sin\omega}{\cos\alpha_s} \tag{2-14}$$

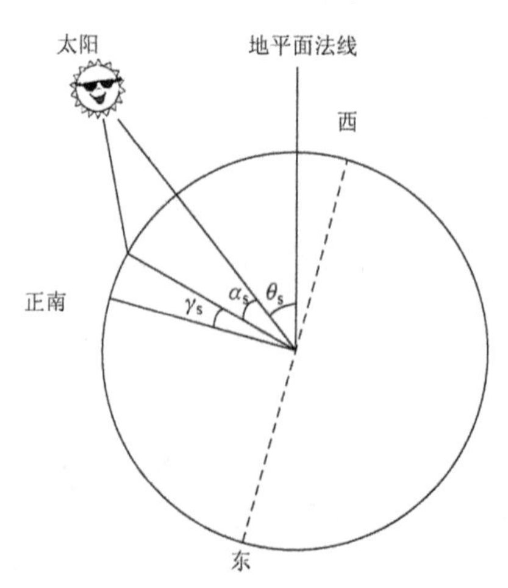

图 2-2　地平坐标系

5．日出时角 ω_{sr}、日落时角 ω_{ss} 和日照时间 N

每天日出和日落时的太阳高度角等于 0，根据日出、日落时的时角 $\omega_s = \arccos(-\tan\varphi\tan\delta)$，可得到

$$\omega_{sr} = -\omega_s \tag{2-15}$$

$$\omega_{ss} = \omega_s \tag{2-16}$$

则全天的日照时间可表示为

$$N = 24 - \frac{\omega_{ss} + |\omega_{sr}|}{15} = 24 - \frac{2}{15}\arccos(-\tan\varphi\tan\delta) \tag{2-17}$$

6．日出日落的方位角 $\gamma_{s,0}$

每天日出日落时太阳的方位角都是不同的，$\gamma_{s,0}$ 与赤纬角、纬度的关系如下：

$$\cos\gamma_{s,0} = -\sin\delta / \cos\varphi \tag{2-18}$$

根据式（2-18）得到的日出日落时的方位角都有两组解，但由于我国位于纬度为 0～66.55° 的北半球，因此在夏半年（赤纬角>0°），日出日落都位于数学坐标系的第一、二象限；在冬半年（赤纬角<0°），日出日落都位于数学坐标系的第三、四象限。

2.1.3　太阳辐射能计算

到达地表的法向太阳直射辐照度可以用式（2-19）表示，其中 I_s 是太阳常数，1981 年世界气象组织仪器和观察方法委员会第八届会议通过的太阳常数值 I_{solar} 为 $1367 \pm 7\text{W/m}^2$；P_2^m 为 m=2 时的 P^m 值，P^m 表示大气对太阳辐射的衰减程度，可由式（2-20）得到；太阳与天顶轴重合时，太阳光线穿过地球大气层的路程最短，m 表示太阳光线经过的实际路程与此最短路程之比，称为大气质量，可由式（2-21）或式（2-22）得到。

$$I_n = \gamma I_s P_2^m \tag{2-19}$$

$$P^m = \sqrt[m]{\frac{I_n}{I_s\gamma}} \tag{2-20}$$

$$m = \sec\theta_z = \frac{1}{\sin\alpha_s} \tag{2-21}$$

$$m(\alpha_s) = [1229 + (614\sin\alpha_s)^2]^{1/2} - 614\sin\alpha_s \tag{2-22}$$

大气层上界水平面上的太阳辐射日总量 H_o 可以用式（2-23）表示，其中 γ 是日地距离变化引起大气层上界的太阳辐射通量的修正值，如式（2-24）所示。

$$H_o = \frac{24\times3600}{\pi}\gamma I_{solar}\left(\frac{\pi\omega_s}{180}\sin\varphi\sin\delta + \cos\varphi\cos\delta\cos\omega_s\right) \tag{2-23}$$

$$\gamma = 1 + 0.033\cos\left(\frac{360^\circ n}{365}\right) \tag{2-24}$$

如图 2-3 所示，水平面上的太阳直射辐照度 I_b 可以用式（2-25）表示，水平面上的散射辐照度可以用式（2-26）表示，到达地表水平面的太阳直射和散射辐照度的总和用式（2-27）表示。

$$I_{\mathrm{b}}=I_{\mathrm{n}}\cos\theta_{\mathrm{z}}=\gamma I_{\mathrm{solar}}P^{m}\sin\alpha_{\mathrm{s}} \tag{2-25}$$

$$I_{\mathrm{d}}=\frac{1}{2}\gamma I_{\mathrm{solar}}\frac{(1-P^{m})}{1-1.4\log_{10}P}\sin\alpha_{\mathrm{s}} \tag{2-26}$$

$$I=I_{\mathrm{b}}+I_{\mathrm{d}} \tag{2-27}$$

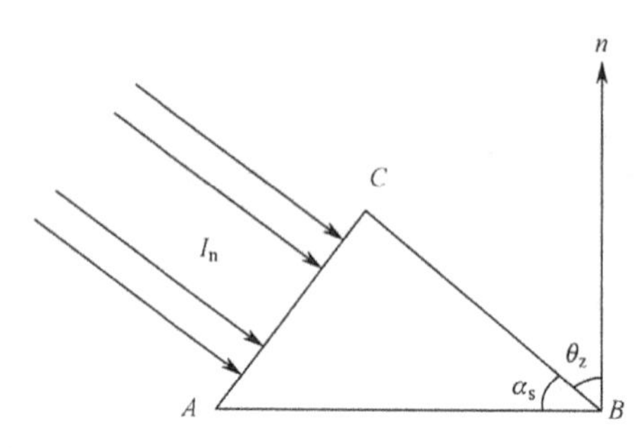

图 2-3　太阳直射辐照度与太阳高度角的关系

当太阳辐射到达地表倾斜面上时，定义太阳入射线与倾斜面法线之间的夹角为太阳入射角 θ_Z，太阳入射角与其他角度间的关系如图 2-4 所示。因此，太阳入射角与其他角度的关系如式（2-28）所示。其中，κ 为倾斜面朝向赤道的方位角，β 是斜面倾角。

$$\begin{aligned}\cos\theta_Z=&\sin\delta\sin\varphi\cos\beta-\sin\delta\cos\varphi\sin\beta\cos\kappa+\cos\delta\cos\varphi\cos\beta\cos\omega_{\mathrm{s}}\\&+\cos\delta\sin\varphi\sin\beta\cos\kappa\cos\omega_{\mathrm{s}}+\cos\delta\sin\beta\sin\kappa\sin\omega_{\mathrm{s}}\end{aligned} \tag{2-28}$$

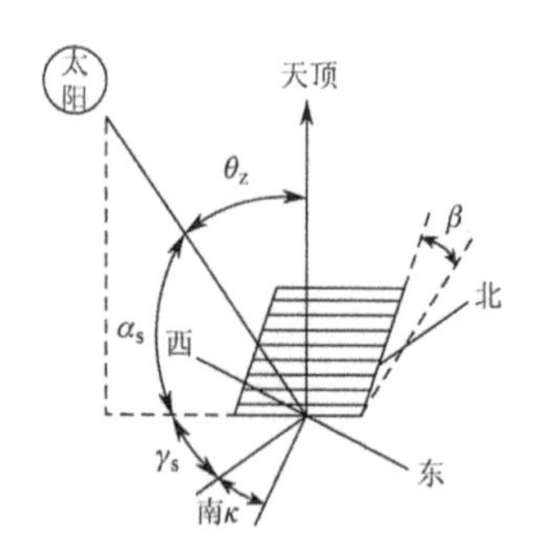

图 2-4　太阳入射角与其他角度之间的关系

倾斜面上一个小时的太阳直射辐照量 I_{Tb}、散射辐照量 I_{Td} 和反射辐照量 $I_{\mathrm{T\theta}}$ 如式（2-29）～式（2-31）所示。根据 Liu 和 Jordan 在 1963 年最早提出的天空各向同性模型，则倾斜面上一个小时的太阳总辐照量可表示为式（2-32）。此外，还有 Klein 和 Thcilaker 在 1981 年提出的天空各向异性模型，由于其较为复杂，这里不再详述。

$$I_{\mathrm{Tb}}=I_{\mathrm{n}}\cos\theta_Z \tag{2-29}$$

$$I_{\mathrm{Td}}=I_{\mathrm{d}}\frac{1+\cos\beta}{2} \tag{2-30}$$

$$I_{\mathrm{T\theta}}=I\rho\frac{1-\cos\beta}{2} \tag{2-31}$$

$$I_{\mathrm{T}}=I_{\mathrm{Tb}}+I_{\mathrm{Td}}+I_{\mathrm{T\theta}} \tag{2-32}$$

2.2　太阳能利用技术

热能和电能在日常生活和工业生产当中具有非常广泛的用途。低温热水可用于洗浴和供暖，中高温热水可用于工业生产中的洗涤，高温蒸汽可用于热动力发电。太阳能必须经过转换才可以大规模地应用于工业生产和生活，因此太阳能利用的关键在于太阳能转换技术，利用现代性能优良的太阳能利用设备，高效地吸收到达地面的太阳辐射能，并转换为热能、电能和氢能等，以服务于人类社会的生产和生活。本节将从光热转换、光伏转换和太阳能储存三个方面讨论太阳能的利用技术，而光化学转换利用（主要是太阳能制氢）目前尚处于技术发展的初级探索阶段，这里不再赘述。

2.2.1　光热转换技术

太阳能光热转换在太阳能工程中占有重要地位。基本原理是通过特制的采集装置，最大限度地采集和吸收投射到该表面的太阳辐射能，并将其转换为热能用以加热水、空气和其他介质，以提供人们生产和生活所需的热能。太阳能热利用的项目很多，利用最为广泛的包括太阳能热水器和太阳能温室两种，在工业领域的应用包括太阳能工业热利用、太阳能海水淡化、太阳能热发电等。

投射到物体表面的太阳辐射能，一部分被物体表面反射；一部分为物体所吸收，使得物体温度上升，并通过导热、对流和辐射 3 种形式向环境散热（温度不同的物体内部由粒子的微观运动产生能量传递的现象，称为导热；运动的流体和所接触的固体表面之间的换热过程，称为对流；物体以电磁波传递能量的方式称为辐射，辐射是物质所固有的属性）；另一部分透过物体投射向另一空间。太阳能热利用与热工问题有关，所以传热问题在太阳能工程中普遍存在。为了提高转换的效率，强化传热设计和降低装置热损失是两个不可回避的问题；此外，为了高效地收集太阳能，主要的技术研究内容包括选择性表面技术、受光面的光学设计、集热体的热结构设计与分析和装置的机械结构设计等；而为了将收集的太阳能高效地转换为其他形式的有用能，尽可能降低能量转换过程中的各种热、电损失和优良的系统设计是主要的研究内容。

1. 平板集热器

在实际的太阳能热工程中，平板集热、真空管集热和聚光集热是其主要的集热方式，而集热器是太阳能热利用的关键部件。例如，平板集热器包括集热体、透明盖板、隔热层和壳体 4 个部分。其中，集热体也称为吸热体或吸收体，它多采用金属制作，如铜、铝、不锈钢等，个别也用特种塑料制作；集热体表面一般喷涂黑色涂料或制作光谱选择性吸收涂层，用来吸收太阳辐射能并转换为热能，传向集热工质。集热体上方覆盖的一层或多层透明盖板，一方面可降低集热体对环境的散热损失，起到隔热保温的作用；另一方面可保护集热板面，免受风霜雨雪等的侵袭。隔热层也称为保温层。图 2-5 是太阳能平板集热器组成示意图。其基本工作原理如下：投射到集热器上的太阳辐射能少部分被透明盖板反射回太空和吸收，大部分透过盖板照射到集热板上，到达集热板的太阳辐射能中的大部分被集热板所吸收并转换为热能传向流通管，小部分被反射向透明盖板。流通管的热能被流过的集热工质（水、空气和防冻液等）带走，如此循环，投射的太阳辐射能就逐渐蓄入储热水箱中。与此同时，透明盖板和壳体不断向环境散发热能，构成集热器的热损失。这样的换热循环过程，一直维持到集热温度达到某个平衡点。

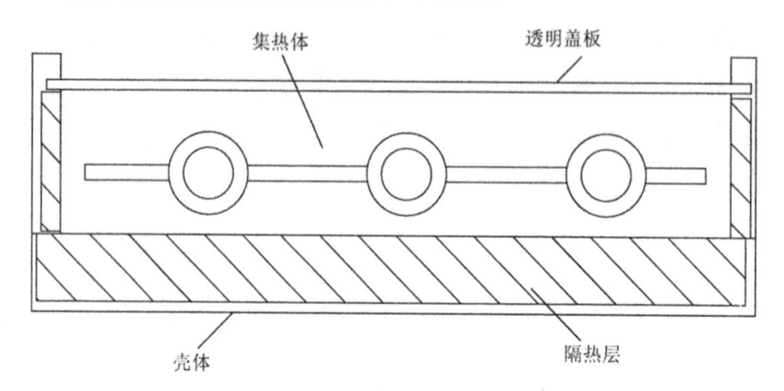

图 2-5　太阳能平板集热器组成示意图

其中集热板的流道结构是根据集热器的热计算结果设计的，要从结构设计上确保集热板具有良好的换热性能，即流道换热热阻小和热损失系数小，流道的结构形状基本上采用如图 2-5 所示的翅片管（由铜管和翅翼焊接而成）制作而成。而为了降低透明盖板和集热板之间的空气夹层中的对流换热损失，最佳的空气夹层厚度为 20～30mm，或者在夹层中填装透明蜂窝结构体；隔热层的厚度一般为 35～50mm，隔热材料要满足热物性好（平板集热器的闷晒温度可高达 150℃～200℃，因此所选用的绝缘材料要求导热系数小，耐热温度远高于闷晒温度，且不发生热变形和隔热性能的明显恶化）、防腐蚀性好、拥有一定的机械强度、尺寸稳定和密度小等要求；集热板上的集热体流道的上、下汇流母管分别置于集热器的上、下端，并与翅片管焊接成一体，上、下母管的一端密封，另一端接上、下进出水管，构成集热工质循环通道；应采用硅橡胶等密封压条将透明盖板填压在专门设计的框架槽内，减少盖板破裂的可能性并具有良好的水密性；此外，由于集热体一天中运行的温度变化较大，集热箱内的空气白天被加热膨胀向箱外排气，而晚上降温收缩向箱内吸气，构成所谓的呼吸作用，因此集热箱需要设置专门的呼吸孔道，当然为了减少灰尘的吸入，必须填充能过滤空气的绝热材料，构成空气过滤器。

平板集热器的优点是外形美观，可与建筑表面实现一体化；缺点是热损失较大，工作温度一般低于 60℃，图 2-6 显示了与建筑一体化的太阳能平板集热器。

2．真空集热管

随着真空技术的发展和光谱选择性吸收涂层的实际应用，采用抽真空的双层玻璃管制作的高效率的太阳能集热器已经得到了广泛的应用，目前市场上常用的有全玻璃真空集热管、热管式真空集热管和 U 形管真空集热管等，它们的基本原理是一致的。

图 2-6　与建筑一体化的太阳能平板集热器

如图 2-7 所示，全玻璃真空集热管的工作原理和平板集热器大致相同，真空集热管的玻璃外管相当于平板集热器的透明盖板，玻璃内管相当于平板集热器的集热板，当然内外层玻璃管之间是近似真空的。全玻璃真空集热管由玻璃内管、选择性吸收涂层、玻璃外管、固定卡、吸气膜、吸气剂碟 6 部分组成。玻璃内、外管的一端封接，内管的另一端采用固定卡与外管固定。内管的外壁在磁控溅射镀膜机中镀一层选择性吸收膜。内外管之间抽成真空。真空集热器的效率比平板集热器的效率略高，缺点是只能安装在建筑物的顶部，容易破坏建筑物的防水层，安装面积较小，如图 2-8 所示。

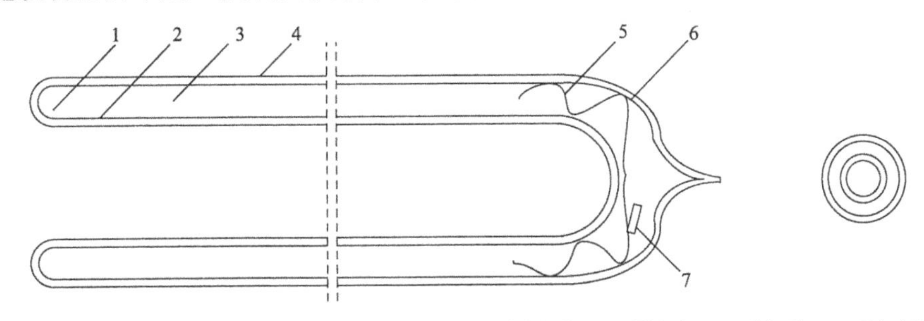

1—玻璃内管；2—选择性吸收涂层；3—真空间隙；4—玻璃外管；5—固定卡；6—吸气膜；7—吸气剂碟

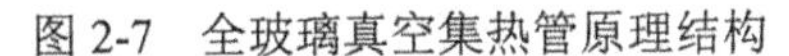

图 2-7　全玻璃真空集热管原理结构

图 2-8　置于建筑物顶部的全玻璃真空集热管

3．聚光集热

为了扩展更高温度的太阳能利用领域，提升有用能量收益的能量品质，唯一的途径就是发展聚光集热，即提高集热温度。聚光的关键技术包括聚光、集热、跟踪。换句话说，通过聚光器将太阳辐射能汇聚到置于其焦点处的高温接收器上，通过加热工质变为高温有用能。跟踪装置则实时跟踪太阳的位置，以实现聚光集热的作用。

太阳能聚光就是将能量密度较低的太阳光线汇聚成为能量密度较高的光束，以实现太阳能更广泛、更高效的利用。一般来说，太阳能的聚光方式分为两种：反射式聚光和折射式聚光。反射式聚光就是入射光线通过镜面，按照光反射定律反射到特定的接收器上。如图 2-9 所示，常用的反射式聚光方式包括：圆锥面反射、槽形抛物面和盘形抛物面反射、球面反射、斗式槽形平面反射、条形面反射、平面和抛物面混合反射、复合抛物面反射、盘形抛物面二次反射和平面阵列反射等。折射式聚光是利用菲涅耳透镜，根据入射光线透过透明材料产生折射的原理将光线聚焦，如图 2-10 所示。

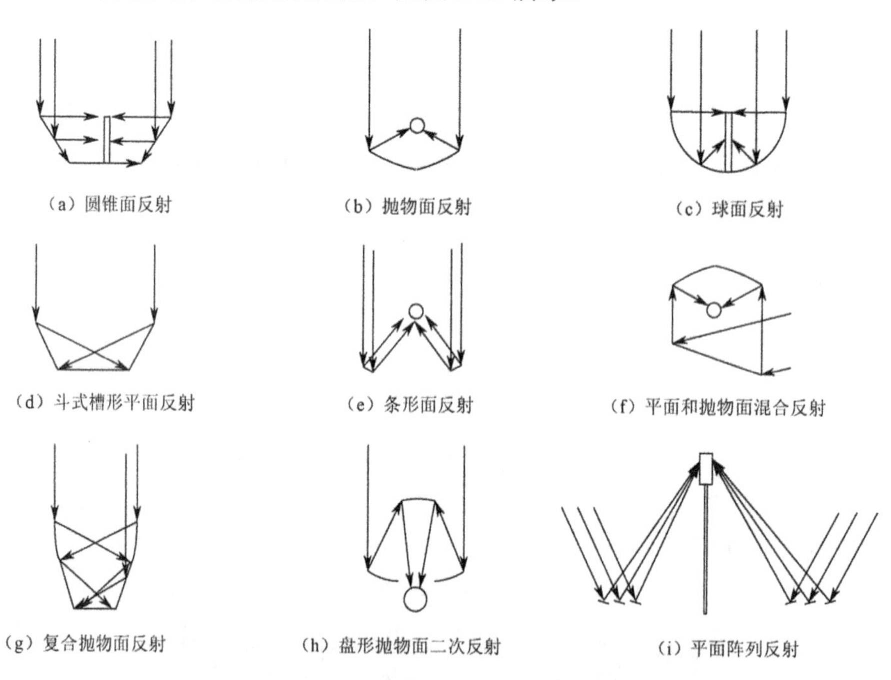

图 2-9　常用的反射式聚光方式

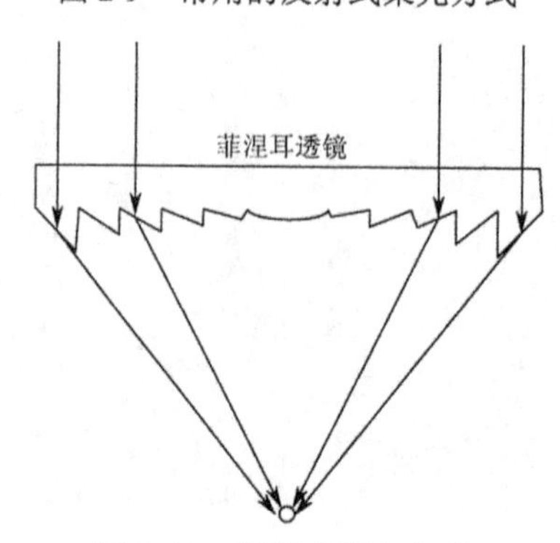

图 2-10　折射式聚光方式

4. 太阳位置跟踪器

太阳位置跟踪器的作用是跟踪一年当中任意时刻的太阳位置，以实现聚集光线，提高太阳能利用效率。典型的太阳位置跟踪器如图 2-11 所示，包括光伏组件支架、连接支架、上部步进电动机及齿轮组合件、中部支架、下部步进电动机及齿轮组合件、下部支架、数据采集控制模块和底座等。太阳位置跟踪器可以保持太阳能电池板随时正对太阳，让太阳光线随时垂直照射太阳能电池板的动力装置。采用太阳位置跟踪器能显著提高太阳能光伏组件的发电效率。

现阶段国内外已有的跟踪装置的跟踪方式可分为单轴跟踪和双轴跟踪两种。

（1）单轴跟踪

单轴跟踪一般采用的方式包括：倾斜布置，东西跟踪；南北水平布置，东西跟踪；东西水平布置，南北跟踪。这三种方式都是单轴转动的南北向或东西向跟踪，工作原理基本相似。采用这种跟踪方式，一天之中只有正午时刻太阳光与柱形抛物面的母线相垂直，此时太阳能接收率最大；而在早上或下午太阳光线都是斜射的。单轴跟踪的优点是结构简单，但是由于入射光线不能始终与光伏板垂直，因此接收太阳能的效果并不理想。

（2）双轴跟踪

双轴跟踪分为两种方式：极轴式和高度方位角式。

极轴式太阳跟踪器的一根轴指向天球北极，即与地球自转轴相平行，故称为极轴；另一轴与极轴垂直，称为赤纬轴。工作时太阳能设备所在平面绕极轴运转，其转速设定为与地球自转角速度大小相同、方向相反，用以跟踪太阳方位角。光伏板围绕赤纬轴做俯仰转动是为了适应太阳高度角的变化，通常根据季节的变化定期调整。这种跟踪方式并不复杂，但在结构上光伏板的重量不通过极轴轴线，极轴支承装置的设计比较困难。

高度方位角式太阳跟踪方法又称为地平坐标系双轴跟踪，太阳跟踪器的方位轴垂直于地平面，另一根轴与方位轴垂直，称为俯仰轴。工作时太阳跟踪器根据太阳的运动绕方位轴转动以改变方位角，绕俯仰轴做俯仰运动以改变太阳跟踪器的倾斜角，从而使能量转换部分所在平面的主光轴始终与太阳光线平行。这种跟踪系统的特点是跟踪精度高，而且太阳能设备的能量转换部分的重量保持在垂直轴所在的平面内，支承结构的设计比较容易。

（a）单轴跟踪　　（b）双轴跟踪

图 2-11　太阳位置跟踪器

2.2.2 光伏转换技术

电能在日常生活和工业生产当中具有非常广泛的用途。电能与热能相比属于高品质能源，本节将从光生伏打效应、光伏电池和光伏发电系统组成几个方面讨论光伏转换技术。

1．发展历史及光生伏打效应

（1）历史

1839 年，法国物理学家 A．E．贝克勒尔意外发现，用两片金属浸入溶液构成的伏打电池，受到阳光照射时会产生额外的伏打电势，他把这种现象称为光生伏打效应。

1883 年，第一块太阳能电池由 Charles Fritts 制备成功。Charles Fritts 在硒半导体上覆上一层极薄的金属层形成半导体金属结，该器件只有 1%的效率。

到了 20 世纪 30 年代，照相机的曝光计广泛地使用光起电力行为原理。

1946 年，Russell Ohl 申请了现代太阳能电池的制造专利。

1954 年，美国贝尔实验室在用半导体做实验时发现，在硅中掺入一定量的杂质后对光更加敏感。同年，第一个有实际应用价值的太阳能电池诞生在贝尔实验室。随着人们对半导体物理性质的逐渐了解，以及加工技术的进步，太阳能电池技术的时代终于到来。

从 20 世纪 60 年代开始，美国发射的人造卫星就已经利用太阳能电池作为能量的来源。

20 世纪 70 年代能源危机时，世界各国开始察觉到能源开发的重要性。

1973 年发生了石油危机，人们开始把太阳能电池的应用转移到一般的民生用途上。

（2）光生伏打效应

光生伏打效应（Photovoltaic Effect），是指半导体由于吸收光子而产生电动势的现象，是当半导体受到光照时，物体内的电荷分布状态发生变化而产生电动势和电流的一种效应。

当太阳光或其他光照射半导体的 PN 结时，就会产生光生伏打效应。光生伏打效应使得 PN 结两边出现电压，叫做光生电压。使 PN 结短路，就会产生电流。其根本原因是由于掺杂质不同而形成的 P 型区和 N 型区的界面处都存在一个空间电荷区，其中有很强的电场（自建电场）。光照产生的电子-空穴对，在自建电场作用下的运动，就是形成光生伏打效应的原因。下面以 PN 结为例进一步具体说明。

在 PN 结交界面处 N 区一侧带正电荷，P 区一侧带负电荷，空间电荷区中自建电场的方向自 N 区指向 P 区。由于光照可以在空间电荷区内部产生电子-空穴对，它们分别被自建电场扫向 N 区和 P 区，就如同有一个电子由 P 区穿过空间电荷区到达 N 区，形成光生电流。在空间电荷区附近一定范围内产生的电子-空穴对，只要它们能通过扩散运动到达空间电荷区，同样可以形成光生电流，光照产生的电子和空穴扩散运动所能走的距离为扩散长度。光生电流使 N 区和 P 区分别积累了负电荷和正电荷，在 PN 结上形成电势差，引起方向与光致电流相反的 N 结正向电流。当电势差增长到正向电流恰好抵消光致电流的时候，便达到稳定状态，这时的电势差称为开路电压。如果 PN 结两端用外电路连接起来，则有一股电流流过，在外电路负载电阻很低的情况下，这股电流就等于光生电流，称为短路电流。

太阳能电池（光伏电池）就是根据上述光生伏打效应，应用半导体材料制备而成的。所以，太阳能电池的本质就是将太阳能直接转换成电能的半导体发电器件。

2. 光伏电池

太阳能光伏电池（简称光伏电池）用于把太阳的光能直接转换为电能。地面光伏系统大量使用的是以硅为基底的硅太阳能电池，可分为单晶硅、多晶硅、非晶硅太阳能电池。在能量转换效率和使用寿命等综合性能方面，单晶硅和多晶硅电池优于非晶硅电池。多晶硅比单晶硅转换效率低，但价格更便宜。下面简单介绍一下光伏电池的主要类别。

1）按结构分类

光伏电池按结构可分为同质结太阳电池、异质结太阳电池和肖特基太阳电池。

2）按材料分类

光伏电池按材料可分为硅太阳电池、敏化纳米晶太阳电池、有机化合物太阳电池、塑料太阳电池和无机化合物半导体太阳电池。

3）按光电转换机理分类

光伏电池按光电转换机理可分为传统太阳电池和激子太阳电池。

4）按品种分类

（1）单晶硅光伏电池

单晶硅光伏电池是开发较早、转换效率最高和产量较大的一种光伏电池。

单晶硅光伏电池转换效率在我国已经平均达到 16.5%，而实验室记录的最高转换效率超过了 24.7%。这种光伏电池一般以高纯的单晶硅硅棒为原料，纯度要求达到 99.9999%。

（2）多晶硅光伏电池

多晶硅光伏电池是以多晶硅材料为基体的光伏电池。由于多晶硅材料多以浇铸代替了单晶硅的拉制过程，因而生产时间缩短，制造成本大幅度降低。加之单晶硅硅棒呈圆柱状，用它制作的光伏电池也是圆片，因而组成光伏组件后平面利用率较低。与单晶硅光伏电池相比，多晶硅光伏电池具有一定的竞争优势。

（3）非晶硅光伏电池

非晶硅光伏电池是用非晶态硅为原料制成的一种新型薄膜电池。非晶态硅是一种不定形晶体结构的半导体。用它制作的光伏电池厚度只有 1μm，相当于单晶硅光伏电池的 1/300。它的工艺制作过程与单晶硅和多晶硅相比大大简化，硅材料消耗少，单位电耗也降低了很多。

（4）铜铟硒光伏电池

铜铟硒光伏电池是以铜、铟、硒三元化合物半导体为基本材料，在玻璃或其他廉价衬底上沉积制成的半导体薄膜。由于铜铟硒电池光吸收性能好，所以膜厚大约只有单晶硅光伏电池的 1/100。

（5）砷化镓光伏电池

砷化镓光伏电池是一种Ⅲ-Ⅴ族化合物半导体光伏电池。与硅光伏电池相比，砷化镓光伏电池光电转换效率高，硅光伏电池理论转换效率为 23%，而单结砷化镓光伏电池的转换效率已经达到 27%；可制成薄膜和超薄型太阳电池，同样吸收 95%的太阳光，砷化镓光伏电池只需 5～10μm 的厚度，而硅光伏电池则要求大于 150μm。

（6）碲化镉光伏电池

碲化镉是一种化合物半导体，其带隙最适合光电能量转换。用这种半导体做成的光伏电池有很高的理论转换效率，目前已实际获得的最高转换效率达到 16.5%。碲化镉光伏电池通常在玻璃衬底上制造，玻璃上第一层为透明电极，其后的薄层分别为硫化镉、碲化镉和背电极，其背电极可以是碳浆料，也可以是金属薄层。碲化镉的沉积方法很多，如电化学沉积法、近空间升华法、近距离蒸气转运法、物理气相沉积法、丝网印刷法和喷涂法等。碲化镉层的厚度通常为 1.5～3μm，而碲化镉对于光的吸收有 1.5μm 的厚度也就足够了。

（7）聚合物光伏电池

聚合物光伏电池是利用不同氧化还原型聚合物的不同氧化还原电势，在导电材料表面进行多层复合，制成类似无机 PN 结的单向导电装置。

光伏电池（PV cell）单体是光电转换的最小单元，尺寸一般为 4～100cm^2 不等。光伏电池单体的工作电压约为 0.5V，工作电流约为 20～25mA/cm^2，一般不能单独作为电源使用。将光伏电池单体进行串并联封装后，就成为光伏电池组件（PV module），其功率一般为几瓦至几十瓦，是可以单独作为电源使用的最小单元。光伏电池组件再经过串并联组合安装在支架上，就构成了光伏电池方阵或光伏阵列（PV array），可以满足负载所要求的输出功率，如图 2-12 所示。

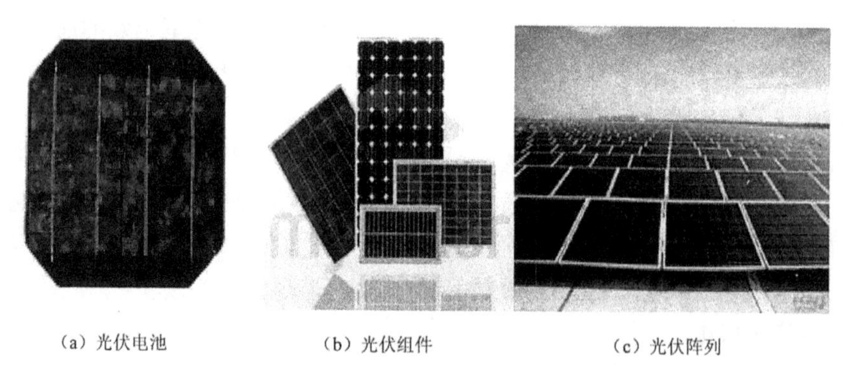

（a）光伏电池　　（b）光伏组件　　（c）光伏阵列

图 2-12　光伏电池、组件和阵列

光伏组件，采用高效率单晶硅或多晶硅光伏电池、高透光率钢化玻璃、Tedlar、抗腐蚀铝合金边框等材料，使用先进的真空层压工艺及脉冲焊接工艺制造，即使在最严酷的环境中也能保证较长的使用寿命。组件的安装架设十分方便。组件的背面安装有一个防水接线盒，通过它可以十分方便地与外电路连接。

3．光伏发电系统

光伏发电系统是利用太阳能电池直接将太阳能转换成电能的发电系统。它的主要部件是太阳能组件、蓄电池、控制器和逆变器。其特点是可靠性高，使用寿命长，不污染环境，既能独立发电（离网式），又能并网运行，具有广阔的发展前景。

离网式光伏发电系统适用于没有并网或并网电力不稳定的地区，典型特征为产生的直流电需要用蓄电池来存储，用于在夜间或在多云、下雨的日子提供电力。离网式太阳能光伏发电系统在民用领域主要用于边远的乡村，如家庭系统、村级太阳能光伏电站；在工业领域主要用于电信、卫星广播电视、太阳能水泵，在具备风力发电和小水电的地区还可以组成混合发电系统，如风力发电/太阳能发电互补系统等，如图 2-13 所示。

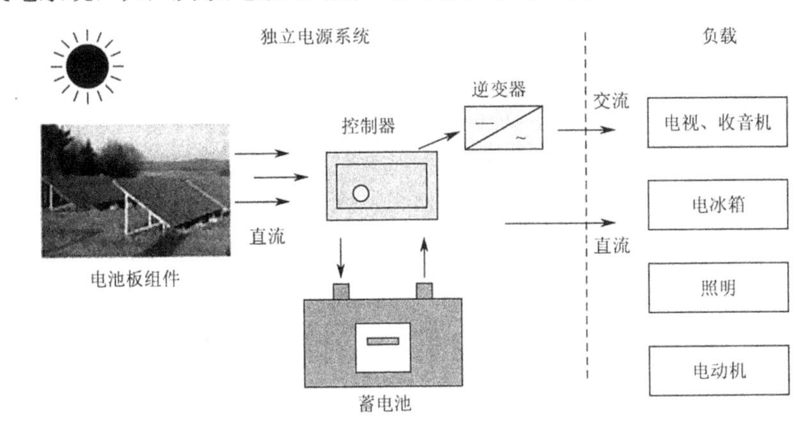

图 2-13　离网式光伏发电系统

并网太阳能光伏发电系统由光伏电池方阵、控制器、并网逆变器组成，不经过蓄电池储能，通过并网逆变器直接将电能输入公共电网。并网太阳能光伏发电系统相比离网式太阳能光伏发电系统省掉了蓄电池储能和释放的过程，减少了其中的能量消耗，节约了占地空间，还降低了配置成本。并网太阳能发电是太阳能光伏发电的发展方向，是 21 世纪极具潜力的能源利用技术，如图 2-14 所示。

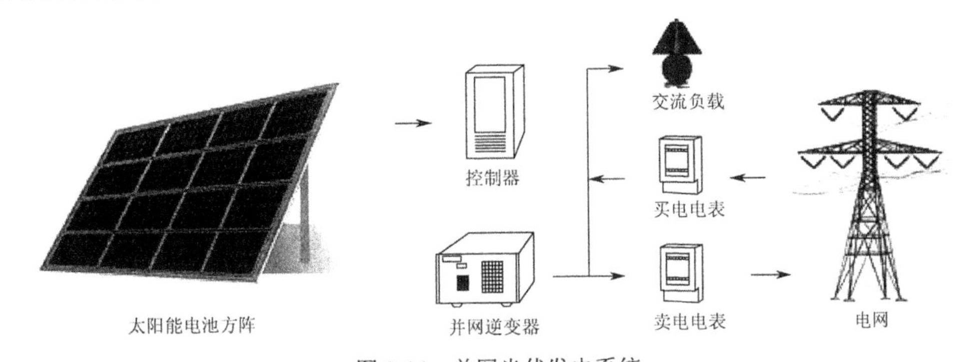

图 2-14　并网光伏发电系统

集中式大型并网光伏电站一般都是国家级电站，主要特点是将所发电能直接输送到电网，由电网统一调配向用户供电。但这种电站投资大、建设周期长、占地面积大，因而在我国没有太大发展。而分散式小型并网光伏系统，特别是光伏建筑一体化发电系统，由于投资小、建设快、占地面积小、政策支持力度大等优点，是并网光伏发电的主流。民用太阳能光伏发电多以家庭为单位，商业用途主要是为企业、政府大楼、公共设施、安全设施、景观照明系统等供电，工业用途如光伏发电站、太阳能农场。

1）变流器

光伏变流器是光伏发电系统中的关键部件，是一种可以将电能进行变换的电力变换器。变换器分为直流变换器（Convertor）和交流变换器（Invertor）两种，直流变换器将直流电压和直流电流变换为不同等级的直流电压和直流电流，常用的有 Buck、Boost 和 Sepic 等，一般用于得到与电网电压匹配的直流电压等级和实现光伏发电系统的最大功率跟踪；而交流变换器则将直流电变换为交流电，通常指的是逆变器，一般用于光伏发电系统的并网。

2）逆变器

光伏技术目前主要为并网应用。不同类型的光伏发电系统从理念上都非常相近，所有这些光伏发电系统的共同点在于：光伏组件都是通过逆变器直接连接到公共电网的，逆变器是对太阳能产生的电流进行转换与控制的设备。在光伏系统中，电力输出控制设备（逆变器）是系统的关键设备，对于光伏系统的转换效率和可靠性具有举足轻重的作用。

光伏发电站是通过具有各种技术结构的逆变器连接到电网的。并网光伏发电系统使用的逆变器大体分为下面几类。

（1）集中逆变器

在大型光伏发电站（>10kW）的系统中，很多光伏组件可以连接成串，这些组串通过二极管并行连接，然后连接到同一台集中逆变器的直流输入侧，如图 2-15（a）所示。集中逆变器的最大特点是效率高、成本低。然而，如果各光伏组串与逆变器的匹配不正确，以及部分光伏组件的阴影，会导致整个光伏发电站的发电量下降。某一光伏单元组工作状态不良，会导致整个光伏发电站的不良运行。

（2）光伏组串逆变器

与集中逆变器一样，光伏阵列分成了不同的组串。每个组串都连接到一台指定的逆变器上，如图 2-15（b）所示。每个组串并网逆变器都具有独立的最大功率跟踪单元。组串技术的应用，最大限度地减少了光伏组件之间的匹配错误、部分阴影带来的电量损失，以及组串连接二极管和大量直流连接电缆带来的电量损耗。技术上的这些优势，不仅大大降低了系统成本，也提高了发电量和系统的可靠性。

（3）多组串逆变器

多组串逆变器技术在保留了组串逆变器技术所有优点的基础上，能够通过一个共同的逆变桥将多个组串通过直流升压器连接起来，并实现最大功率跟踪，是有效且低成本的解决方案。多组串连接的这种技术可有效连接安装于不同朝向的组件，也可以根据不同的发电时间实现最优化的转换效率。多组串逆变器适合安装在 3～10kW 的中等规模电站系统中。

（4）组件逆变器

每个组件都连接一台逆变器，如图 2-15（c）所示，能够避免组件的匹配错误，但组件逆变器的转换效率无法与组串逆变器相比。由于使用组件逆变器的系统中，每个组件都必须连接在 230V 电网上， 因此不可避免会造成交流侧的电网连接比较复杂。如果组件逆变器的数量大幅增加，电路的复杂程度也会随之增加。组件逆变器一般只应用在 50～400W 的光伏发电站中。

目前市场上，这三种类型的逆变器都在使用。用户应根据其技术可行性做出正确的选择。

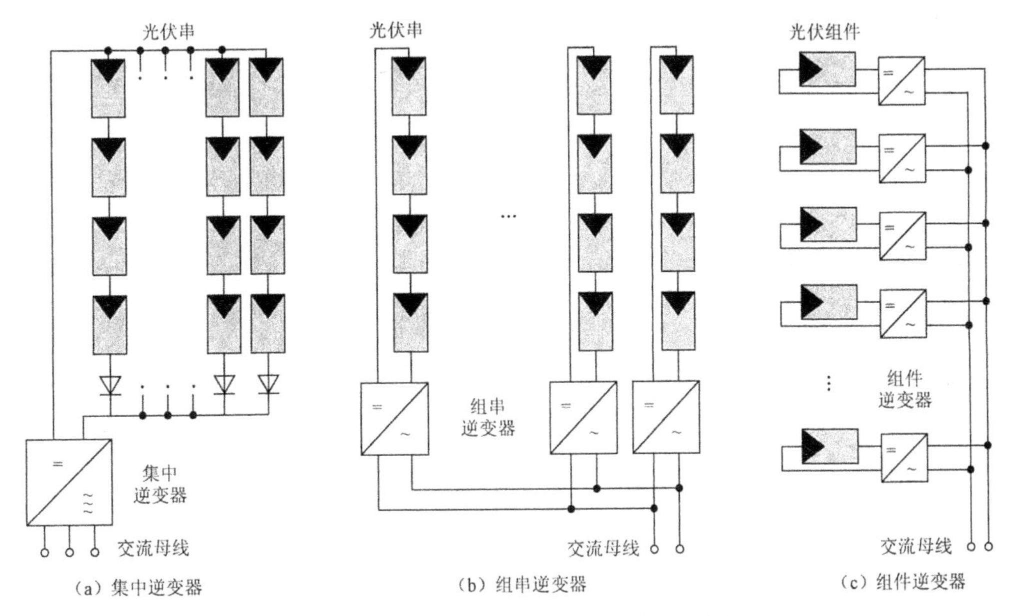

图 2-15　不同结构连接的光伏发电站示例

3）蓄电池

铅酸蓄电池是独立光伏供电系统中最常用的蓄电池，如图 2-16 所示。荷电状态下，其阳极为二氧化铅（PbO_2），阴极为分散状的海绵状铅。硫酸（H_2SO_4）作为电解液来传导电流。蓄电池的充放电过程是基于电-化学转换原理：充电时，电能转换为化学能；给负载供电时，存储的化学能又转换为电能。这种电能与化学能的相互转换有两个决定性的因素：首先，化学能有较高的能量密度，相比而言，可存储更多能量；其次，在能量存储期间，以化学能存储时的损失要比以电能存储时的损失小许多倍。

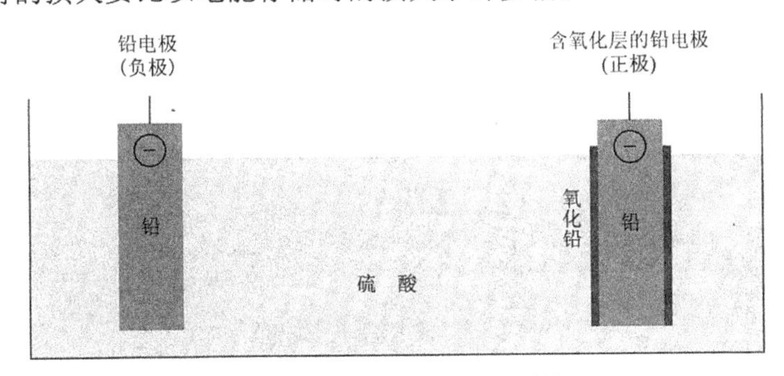

图 2-16　铅酸蓄电池基本结构

一般而言，铅酸蓄电池的化学分析基于“双极硫酸盐化理论”，蓄电池的正极板的化学反应方程如式（2-33）和式（2-34）所示。

$$PbO_2+4H^+ +SO_4^{-2}+2e^- \xrightarrow{放电} PbSO_4+2H_2O \qquad (2\text{-}33)$$

$$PbO_2+4H^+ +SO_4^{-2}+2e^- \xleftarrow{充电} PbSO_4+2H_2O \qquad (2\text{-}34)$$

负极板的化学反应方程如式（2-35）和式（2-36）所示。

$$Pb+SO_4^{-2} \xrightarrow{放电} PbSO_4+2e^- \qquad (2\text{-}35)$$

$$Pb+SO_4^{-2} \xleftarrow{充电} PbSO_4+2e^- \tag{2-36}$$

合并化学反应方程，则充放电时的化学反应方程如式（2-37）和式（2-38）所示。

$$\begin{array}{ccc} \text{正极板 电解液 负极板} & & \text{正极板 电解液 负极板} \\ PbO_2+2H_2SO_4+Pb & \xleftarrow{充电} & PbSO_4+2H_2O+PbSO_4 \end{array} \tag{2-37}$$

$$PbO_2+2H_2SO_4+Pb \xrightarrow{放电} PbSO_4+2H_2O+PbSO_4 \tag{2-38}$$

根据 MATLAB 帮助文档，铅酸蓄电池充放电建模如式（2-39）和式（2-40）所示，其中充电时 $i^*<0$，放电时 $i^*>0$。蓄电池等效电路如图 2-17 所示。

$$f_1(\text{it},i^*,i,\text{Exp})=E_0-K\cdot\frac{Q}{\text{it}+0.1\cdot Q}\cdot i^*-K\cdot\frac{Q}{Q-\text{it}}\cdot\text{it}+\text{Laplace}^{-1}\left(\frac{\text{Exp}(s)}{\text{Sel}(s)}\cdot\frac{1}{s}\right) \tag{2-39}$$

$$f_2(\text{it},i^*,i,\text{Exp})=E_0-K\cdot\frac{Q}{Q-\text{it}}\cdot i^*-K\cdot\frac{Q}{Q-\text{it}}\cdot\text{it}+\text{Laplace}^{-1}\left(\frac{\text{Exp}(s)}{\text{Sel}(s)}\cdot 0\right) \tag{2-40}$$

其中，E_0 为电压常数（V）；Exp（s）为指数系数（V）；Sel（s）表示电池的充放电模式，Sel（s）=0 表示电池放电，Sel（s）=1 表示电池充电；K 表示极化常数或极化电阻；i^*表示低频电流（A）；i 表示蓄电池电流（A）；it 表示输出能力（Ah）；Q 为最大电池容量（Ah）；A 为指数电压（V）；B 为指数容量（Ah）。

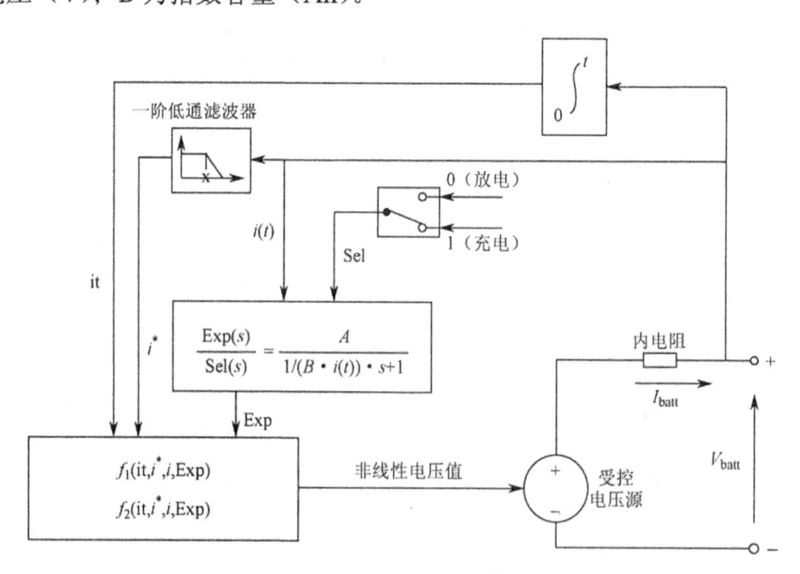

图 2-17　蓄电池等效电路

此外，蓄电池的荷电状态（State of Charge，SOC）用来表示蓄电池的剩余容量（%）。放电深度（Depth of Discharge，DOD）表示蓄电池释放出的能量占总容量的百分比，它与蓄电池的寿命直接相关，DOD 越大，则蓄电池充放电次数越少，寿命越短；相反，DOD 越小，则蓄电池充放电次数越多，寿命越长。SOC 和 DOD 间的关系如式（2-41）所示。因此在设计实际的分布式风光互补系统时，在保证 2～3 天恶劣天气状况下用户正常用电的条件下，平时蓄电池的放电深度尽量不要超过 70%，尽可能延长蓄电池的使用寿命，减少系统全寿命费用。

$$\text{SOC}=1-\text{DOD} \tag{2-41}$$

如果分布式系统不采用储能装置，则负载端电压和电流受天气影响较大。假定系统的输出处于较为稳定的情况下，发电部分输出电压和电流如图 2-18 所示。在无储能装置的情况下，负载端的输出电流、电压和功率变化分别如图 2-19（a）、（b）和（c）中的浅色曲线所示，即负载端电能质量较差，输出电压、电流和功率随天气变化而快速变化，无法保证电器设备的正常工作。如果采用储能装置，则负载端电压和电流受天气影响较小，在相同的风光互补系统输出情况下，负载端的输出电流、电压和功率变化分别如图 2-19（a）、（b）和（c）中的深色曲线所示，由图可知储能装置的存在改善了负载端的电能质量。

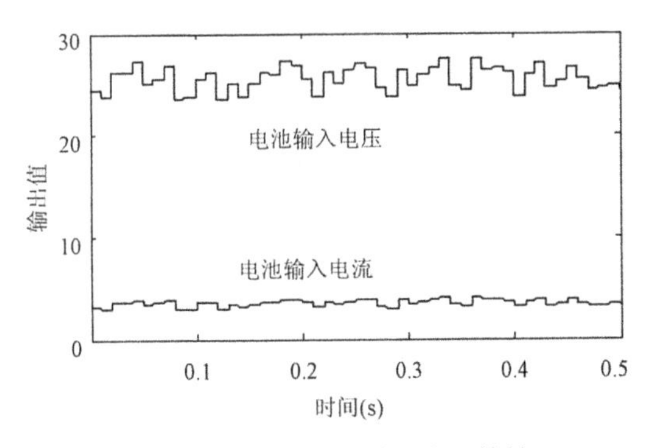

图 2-18　风光互补系统输出特性

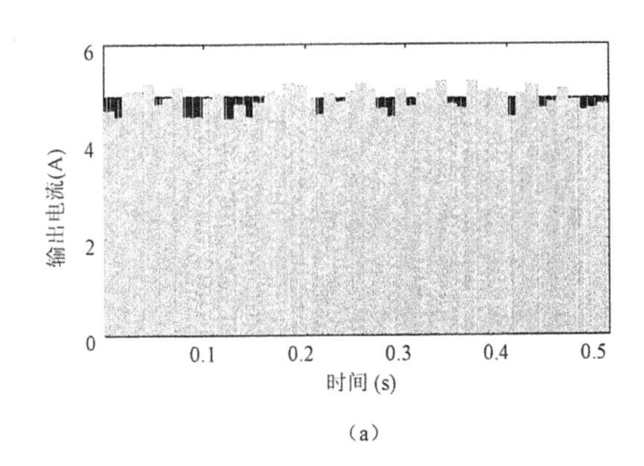

（a）

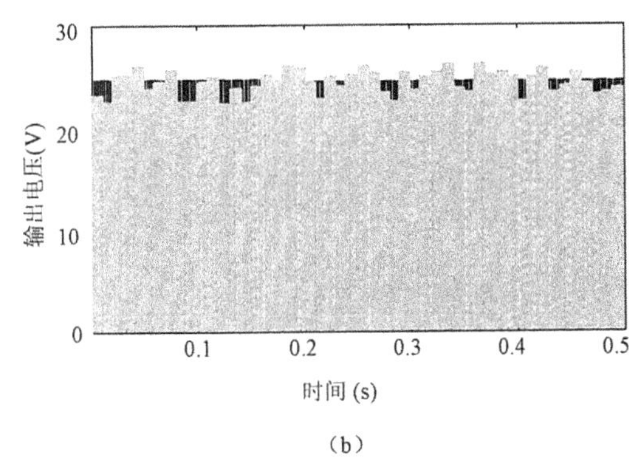

（b）

图 2-19　负载端输出特性

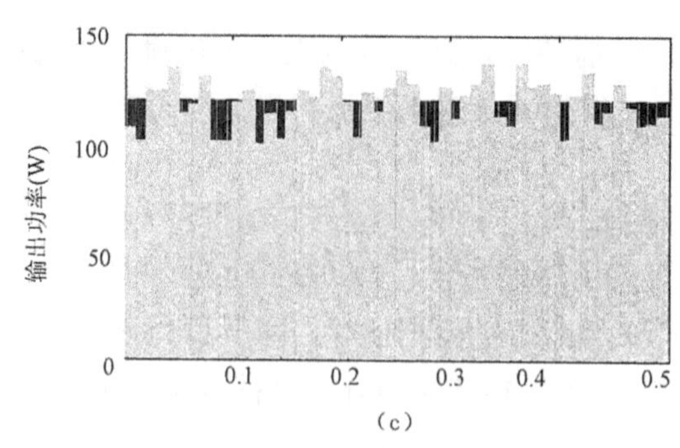

(c)

图 2-19 负载端输出特性（续）

在上述天气状况下，蓄电池端电压和 SOC 特性变化如图 2-20（a）所示，由图可知，蓄电池可以根据天气的变化，在保证负载需求的情况下，进行充放电。目前常用的充电方式包括恒压充电、恒流充电、二阶段充电和三阶段充电等。恒压充电方式在充电初期电流过大，而恒流充电方式在充电末期电流过大，上述两种方法都会对蓄电池造成损坏。结合恒压和恒流的充电方式，就是二阶段充电方式，即充电初期采用较大电流充电，充电末期采用较小电流充电。三阶段充电方式具体来说就是在充电初期，采用较大恒流充电方式；在充电末期，采用较小恒流充电方式；在充电中期，采用恒压充电方式。其优点包括：避免了恒定电压法初期充电时电流过大而末期电流过小的问题；避免了恒定电流法初期充电时电流过小而末期电流过大的问题；比二阶段充电方式在中间充电期更加接近充电电流接收曲线；减少了充电析气，充电比较充分，蓄电池寿命延长。因此在实际的充电过程中，建议采用三阶段充电方式；同时为了防止长时间充电产生的极板极化现象，应定时让蓄电池瞬时大电流放电。

这里负载采用直流负载，设定的负载端额定电压为 12V，负载为 5Ω。负载端电流和电压采用了 PWM 控制，负载端受控输出电流、电压和功率如图 2-20（b）、（c）和（d）所示，由图可知，通过对蓄电池输出的放电控制可以保证负载端的用电需求，当然如果是交流负载还必须增加 DC/AC 电路。结论是为了保证用户的电能质量，分布式系统必须采用储能装置。

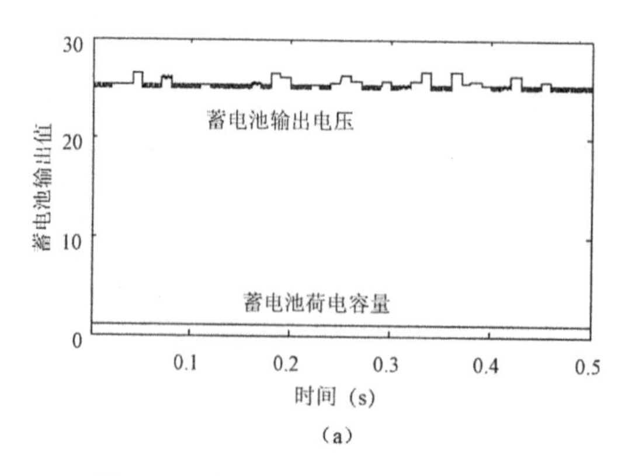

(a)

图 2-20 有蓄电池的负载端输出特性

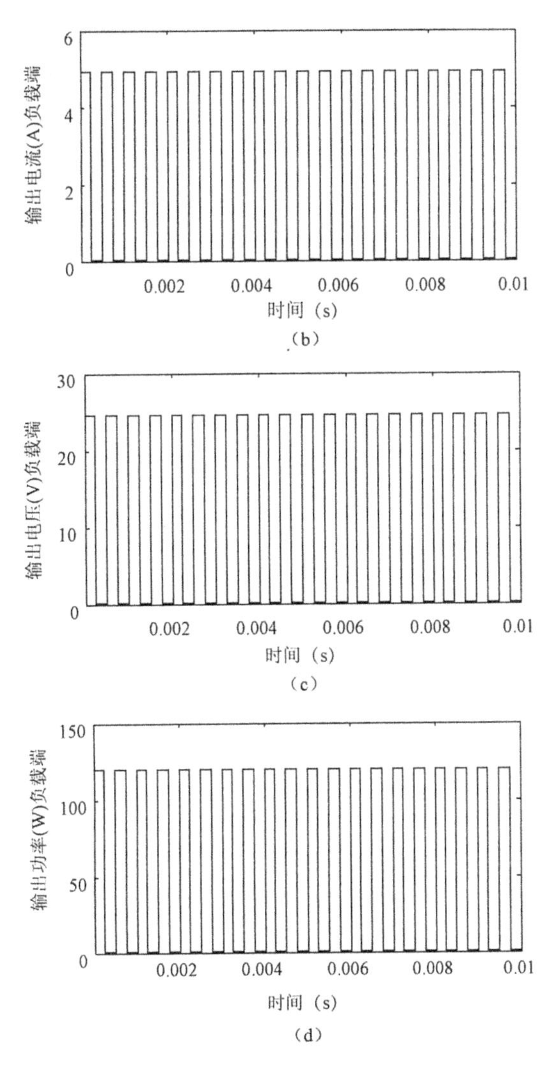

图 2-20 有蓄电池的负载端输出特性（续）

2.2.3 太阳能储存

太阳能是易受天气状况、昼夜、季节等因素影响的随机性可再生能源，其辐射能量时刻变化，具有间断性和不稳定性的特点。为了连续稳定地利用太阳能，太阳能的储存就变得十分必要，对于大规模利用太阳能则更为必要。将白天、晴天、中午多余的太阳能储存到夜间、阴雨天、遮蔽等时间使用，以丰补歉，这就是太阳能储存的基本含义。当然，太阳能不能直接储存，必须转换成其他形式的能量才能储存。大容量、长时间、经济地储存太阳能，在技术上比较困难。21 世纪初建造的太阳能装置几乎都不考虑太阳能储存问题，目前太阳能储存技术也尚未成熟，发展比较缓慢，研究工作有待加强。本节主要介绍几种常见的太阳能储存技术。

太阳能储存可分为直接储存和间接储存两类。

所谓直接储存就是太阳辐射直接投射到蓄热体上，由蓄热体直接吸收，并储存在蓄热体中；所谓间接储存就是太阳辐射首先转变为其他形式的能量，如热能、电能，然后借助常规能量储存技术储存起来，间接达到储存太阳能的目的。具体来说，太阳能的储存包括以下几种形式。

1. 热能贮热

（1）显热储存

利用材料的显热储能是最简单的储能方法。在实际应用中，水、沙、石子、土壤等都可作为储能材料，其中水的比热容最大，应用较多。20 世纪七八十年代曾有利用水和土壤跨季节储存太阳能的报道，但材料显热较小，储能量受到一定限制。

（2）潜热储存

利用材料在相变时放出和吸入的潜热储能，其储能量大，且可在温度不变的情况下放热。在太阳能低温储存中常用含结晶水的盐类储能，如水硫酸钠、水氯化钙、水磷酸氢钠等。但在使用中要解决过冷和分层问题，以保证工作温度和使用寿命。太阳能中温储存温度一般在 100℃以上、500℃以下，通常在 300℃左右。适于中温储存的材料有高压热水、有机流体、共晶盐等。太阳能高温储存温度一般在 500℃以上，目前正在试验的材料有金属钠、熔融盐等。1000℃以上极高温储存，可以采用氧化铝和氧化锗耐火球。

（3）化学储热

利用化学反应储热，储热量大，体积小，重量轻，化学反应产物可分离储存，需要时才发生放热反应，储存时间长。真正能用于贮热的化学反应必须满足以下条件：反应可逆性好，无负反应；反应迅速；反应生成物易分离且能稳定储存；反应物和生成物无毒、无腐蚀性、无可燃性；反应热大，反应物价格低等。目前已筛选出一些化学吸热反应能基本满足上述条件，如 $Ca(OH)_2$ 的热分解反应，利用上述吸热反应储存热能，用热时则通过放热反应释放热能。但是，$Ca(OH)_2$ 在大气压下脱水反应温度高于 500℃，利用太阳能在这一温度下实现脱水十分困难，加入催化剂可降低反应温度，但仍相当高。所以，对化学反应储存热能还要进行深入研究，一时难以实用。其他可用于贮热的化学反应还有金属氢化物的热分解反应、硫酸氢铵循环反应等。

（4）塑晶贮热

1984 年，美国推出一种塑晶家庭取暖材料。塑晶学名为新戊二醇（NPG），它和液晶相似，有晶体的三维周期性，但力学性质像塑料。它能在恒定温度下贮热和放热，但不是依靠固液相变贮热，而是通过塑晶分子构型发生固固相变贮热。塑晶在恒温 44℃时，白天吸收太阳能而储存热能，晚上则放出白天储存的热能。美国对 NPG 的贮热性能和应用进行了广泛的研究，将塑晶熔化到玻璃和有机纤维墙板中可用于贮热，将调整配比后的塑晶加入玻璃和纤维制成的墙板中能制冷降温。我国对塑晶也开展了一些实验研究，但尚未实际应用。

（5）太阳池贮热

太阳池是一种具有一定盐浓度梯度的盐水池，可用于采集和储存太阳能。由于它简单、造价低和宜于大规模使用，因此引起了人们的重视。20 世纪 60 年代以后，许多国家对太阳池展开了研究，以色列还建成了三座太阳池发电站。20 世纪 70 年代以后，我国对太阳池也开展了研究，初步得到了一些应用。

2. 电能储存

电能储存比热能储存困难，常用的是蓄电池，正在研究开发的是超导储能。铅酸蓄电池的发明已有 100 多年的历史，它利用化学能和电能的可逆转换，实现充电和放电。铅酸蓄电池价格较低，但使用寿命短，重量大，需要经常维护。近年来开发成功了少维护、免维护铅酸蓄电池，使其性能得到一定程度的提高。目前，与光伏发电系统配套的储能装置，大部分为铅酸蓄电池。1908 年发明的镍铜、镍铁碱性蓄电池，其使用维护方便，寿命长，重量轻，但价格较贵，一般在储能量小的情况下使用。现有的蓄电池储能密度较低，难以满足大容量、长时间储存电能的要求。新近开发的蓄电池有银锌电池、钾电池、钠硫电池等。某些金属或合金在极低温度下成为超导体，理论上电能可以在一个超导无电阻的线圈内储存无限长的时间。这种超导储能不经过任何其他能量转换直接储存电能，效率高，启动迅速，可以安装在任何地点，尤其是消费中心附近，不产生任何污染，但目前超导储能在技术上尚不成熟，需要继续研究开发。

3. 氢能储存

氢可以大量、长时间储存。它能以气相、液相、固相（氢化物）或化合物（如氨、甲醇等）形式储存。

气相储存：贮氢量少时，可以采用常压湿式气柜、高压容器储存；大量储存时，可以储存在地下贮仓、盐穴和人工洞穴内。

液相储存：液氢具有较高的单位体积贮氢量，但蒸发损失大。将氢气转化为液氢需要进行氢的纯化和压缩，再经正氢-仲氢转化，最后进行液化。液氢生产过程复杂，成本高，目前主要用作火箭发动机燃料。

固相贮氢：利用金属氢化物固相贮氢，贮氢密度高，安全性好。目前，基本能满足固相贮氢要求的材料主要是稀土系合金和钛系合金。金属氢化物贮氢技术研究已有 30 余年历史，取得了不少成果，但仍有许多课题有待研究解决。我国对金属氢化物贮氢技术进行了多年研究，取得了一些成果，目前研究开发工作正在深入。

4. 机械能储存

太阳能转换为电能，推动电动水泵将低位水抽至高位，便能以位能的形式储存太阳能；太阳能转换为热能，推动热机压缩空气，也能储存太阳能。但在机械能储存中最受关注的是飞轮储能。早在 20 世纪 50 年代就有人提出利用高速旋转的飞轮储能的设想，但一直没有突破性进展。近年来，由于高强度碳纤维和玻璃纤维的出现，用其制造的飞轮转速大大提高，增加了单位质量的动能贮量；电磁悬浮、超导磁浮技术的发展，结合真空技术，极大地降低了摩擦阻力和风力损耗；电力电子的新进展，使飞轮电动机与系统的能量交换更加灵活。所以，近来飞轮技术已成为国际研究热点。美国有 20 多个单位从事这项研究工作，已研制成储能 20kWh 飞轮，正在研制 5～100MWh 超导飞轮。我国已研制成储能 0.3kWh 的小型实验飞轮。在太阳能光伏发电系统中，飞轮可以代替蓄电池用于蓄电。

2.3 太阳能热动力发电

太阳能热发电技术是指利用大规模阵列抛物或碟形镜面收集太阳热能，通过换热装置提供蒸汽，结合传统汽轮发电机的工艺，达到发电的目的。采用太阳能热发电技术，避免了昂贵的硅晶光电转换工艺，可以大大降低太阳能发电的成本。而且，这种形式的太阳能利用还有一个其他形式的太阳能转换所无法比拟的优势，即太阳能所烧热的水可以储存在巨大的容器中，在没有阳光后几个小时内仍然能够带动汽轮机发电。

一般来说，太阳能热发电技术有塔式、槽式、碟式和太阳池 4 种，此外还有一种较为特殊的是太阳能烟囱热风发电技术，本节将分别介绍上述几种太阳能热发电技术。

2.3.1 塔式太阳能热动力发电

塔式太阳能热动力发电系统主要由聚光子系统、集热子系统、蓄热子系统、发电子系统等部分组成，如图 2-21 所示。塔式系统又称集中式系统，它是在很大面积的场地上装有许多台大型太阳能反射镜，通常称为定日镜，每台都配有跟踪机构，以便准确地将太阳光反射集中到一个高塔顶部的接收器上，如图 2-22 所示。定日镜分布在塔的周围，在北方纬度较高地区，太阳高度低，在塔南部的定日镜利用率低，定日镜分布在塔北部较合适；在低纬度地区可在塔四周分布定日镜。许多定日镜组成庞大的定日镜场，其聚光面积非常大，也可以把它看成一个庞大的成像聚光太阳能集热器，所以塔式太阳能集热装置的聚光倍率可超过 1000 倍，接收器工作温度往往达千度以上。在这里把吸收的太阳能转换成热能，再将热能传给工质，经过蓄热环节，再输入热动力机，膨胀做功，带动发电机，最后以电能的形式输出。1982 年 4 月，美国在加州南部巴斯托附近的沙漠地区建成“太阳 1 号”塔式太阳能热发电系统。该系统的反射镜阵列，由 1818 面反射镜及接收器高达 85.5m 的高塔组成。1992 年该装置经过改装，用于示范熔盐接收器和蓄热装置。之后美国又开始建设“太阳 2 号”系统，并于 1996 年并网发电。

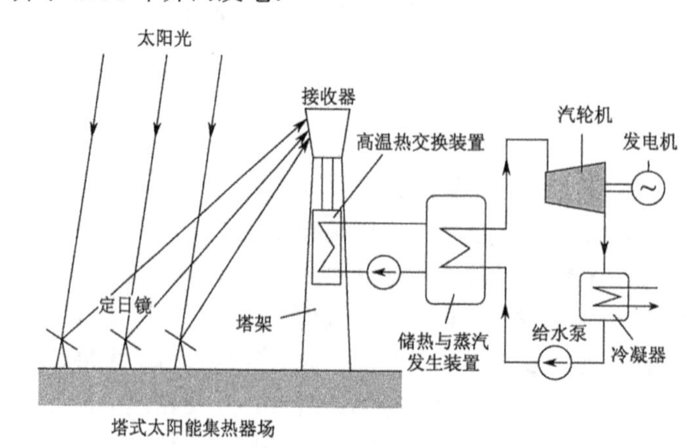

图 2-21 塔式太阳能热动力发电系统组成

图 2-22　塔式太阳能热动力发电系统

2.3.2　槽式太阳能热动力发电

槽式太阳能热发电系统全称为槽式抛物面反射镜太阳能热发电系统，它将多个槽式抛物面聚光集热器经过串并联，吸收太阳能并转换为热能，用于加热工质，产生高温蒸汽，驱动汽轮机发电机组发电，如图 2-23 所示。20 世纪 70 年代，在槽式太阳能热发电技术方面，中国科学院和中国科技大学曾做过单元性实验研究。进入 21 世纪，联合攻关队伍在太阳能热发电领域的太阳光方位传感器、自动跟踪系统、槽式抛物面反射镜、槽式太阳能接收器方面取得了突破性进展，目前正着手开展完全拥有自主知识产权的 100kW 槽式太阳能热发电实验装置。2009 年华园新能源应用技术研究所与中国科学院电工所、清华大学等科研单位联手研制开发了太阳能中高温热利用系统，其设备结构简单，而且安装方便，整体使用寿命可达 20 年。由于反射镜是固定在地上的，所以不仅能更有效地抵御风雨的侵蚀破坏，而且大大降低了反射镜支架的造价。更为重要的是，该设备技术突破了以往一套控制装置只能控制一面反射镜的限制，采用菲涅耳凸透镜技术可以对数百面反射镜进行同时跟踪，将数百或数千平方米的阳光聚焦到光能转换部件上（聚光度约为 50 倍，可以产生 300℃～400℃的高温）。通过采用菲涅耳线焦透镜系统，改变了以往整个工程造价大

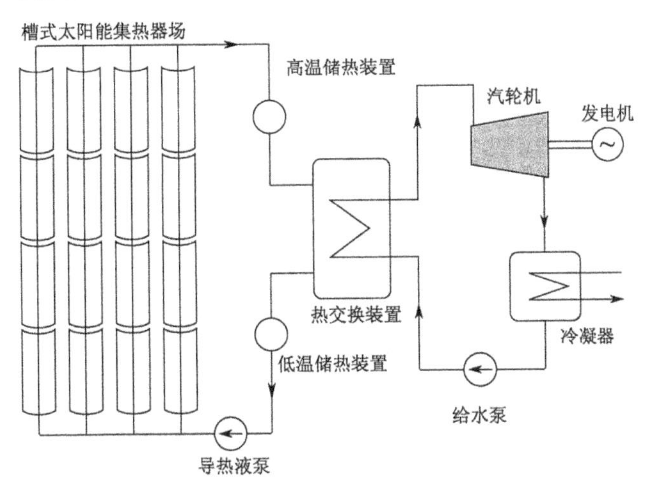

图 2-23　槽式太阳能热动力发电系统组成

部分为跟踪控制系统成本的局面，使其在整个工程造价中只占很小的一部分。同时对集热核心部件镜面反射材料，以及太阳能中高温直通管采取国产化市场化生产，降低了成本，并且在运输安装方面节省了大量费用。这两项突破彻底克服了长期制约太阳能在中高温领域内大规模应用的技术障碍，为实现太阳能中高温设备制造标准化、产业化和规模化开辟了广阔的道路。华园新能源工程公司生产的太阳能高温发电管，还可以产生 550℃以上的高温蒸汽，可以应用于太阳能槽式热发电工程。该公司有国内最具规模的直通管和反射槽生产厂，并主持和参与了包括目前亚洲最大的我国首座太阳能槽式热发电项目等多项工程的前期论证、设计。国外，美国在 20 世纪已经建成 354MW 发电系统，西班牙已经建成 50MW 发电系统，如图 2-24 所示。

图 2-24　槽式太阳能热动力发电系统

2.3.3　碟式太阳能热动力发电

碟式太阳能发电系统也称盘式系统，如图 2-25 所示。主要特征是采用盘状抛物面聚光集热器，其结构从外形上看类似于大型抛物面雷达天线。由于盘状抛物面镜是一种点聚焦集热器，其聚光度可以高达数百到数千倍，因而可产生非常高的温度。碟式热发电系统在 20 世纪 70 年代末到 80 年代初，首先由瑞典 US-AB 和美国 Advanco Corporation、MDAC、NASA 及 DOE 等机构研发，大都采用 silver/glass 聚光镜、管状直接照射式集热管及 USAB4-95 型热机。碟式太阳能热发电系统主要由碟式聚光镜、接收器、斯特林发动机、发电机等组成，如图 2-26 所示，目前峰值转换效率可达 30%以上。每个碟式太阳能热发电

（a）碟式太阳能发电机组

（b）多碟式太阳能发电机组

图 2-25　碟式太阳能热动力发电系统

系统都有一个旋转抛物面反射镜用来汇聚太阳光，该反射镜一般为圆形，像碟子一样，故称为碟式反射镜。反射镜面积小则几十平方米，大则数百平方米，很难造成整块的镜面，一般由多块镜片拼接而成。

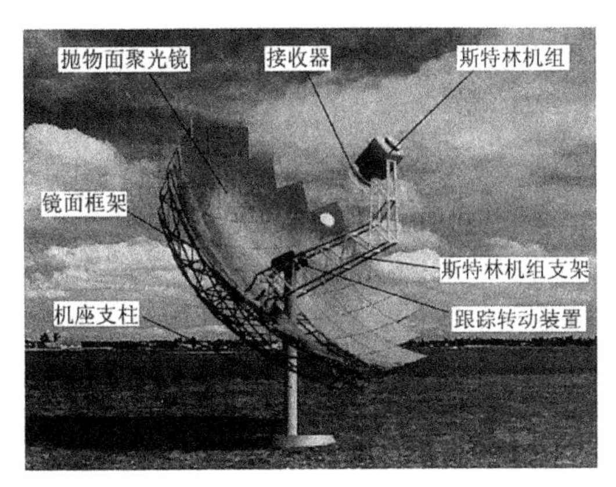

图 2-26　碟式太阳能热动力发电系统组成

拼接用的镜片都是抛物面的一部分，不是平面，多块镜面固定在镜面框架上，构成整片的旋转抛物面反射镜。整片的旋转抛物面反射镜与斯特林机组支架固定在一起，通过跟踪转动装置安装在机座的支柱上，斯特林机组安装在斯特林机组支架上，机组接收器安装在旋转抛物面反射镜的聚焦点上。

斯特林发动机是一种外燃机，依靠发动机气缸外部热源加热工质进行工作，发动机内部的工质通过反复吸热膨胀、冷却收缩的循环过程推动活塞来回运动实现连续做功。由于热源在气缸外部，因此方便使用多种热源，特别是利用太阳能作为热源。碟式抛物面聚光镜的聚光度可超过 1000 倍，能把斯特林发动机内的工质温度加热到 650℃以上，使斯特林发动机正常运转起来。在机组内安装有发电机与斯特林发动机相连，斯特林发动机带动发电机旋转发电。

2.3.4　太阳池发电

太阳池发电是利用太阳池吸收和储存的太阳能进行发电。太阳池（Solar Pond）也称盐田，是一种以太阳辐射为能源的人造盐水池。它是利用具有一定盐浓度梯度的池水作为集热器和蓄热器的一种太阳能热利用系统。盐水池中表面的水是清水，向下浓度逐渐增大，池底接近饱和溶液。由于盐水自下而上的浓度梯度，下层较浓的盐水比较重，因此可阻止或削减由于池中温度梯度引发的池内液体自然对流，从而使池水稳定分层。在太阳辐射下池底的水温升高，形成温度高达 90℃左右的热水层，而上层清水则成为一层有效的绝热层。同时，由于盐溶液和池周围土壤的热容量大，所以太阳池具有很大的储热能力。这就是太阳池蓄热的基本原理。

太阳池发电系统发电时，所用的热水来自水池蓄热层，当热水达到一定温度时，用水泵从蓄热层上部将热水抽至池外，然后热水被送进蒸发器的螺旋管里，热水的热能将环绕蒸发器的低沸点的有机液体加热变成气体。这种气体驱动汽轮机转动，就可以带动发电机发电；而从汽轮机中出来的气体，经过冷凝器凝缩成液体，又被送回蒸发器。而通过蒸发器降温后的热水，通过管道被送回蓄热层的底部。

从上面的介绍可以看出，与太阳能热发电、太阳光发电等相比，太阳池发电构造简单，生产成本较低，而且可将大量的热能储存起来，可常年不断地利用阳光发电。缺点是要求天然盐湖或人造盐水池中要形成稳定的盐浓度分层，这是有一定难度的。解决的办法是依靠新材料。科学家们正在寻找一种能替代透明盐浓度液层的有机膜，覆盖在普通水池之上，同样达到吸收和储存太阳能的目的，这就叫“无盐太阳池”。

20 世纪 60 年代初，以色列科学家在死海之畔建立了第一个太阳池装置。1979 年，一座 150kW 的太阳池发电站在死海南岸的爱因布科克镇诞生了。1981 年，以色列政府又投资兴建了一座 5000kW 的太阳池电站。20 世纪 80 年代后，世界各国陆续建立了不少太阳池电站。例如，澳大利亚建成了一个面积为 3000m^2 的太阳池用来发电，可以为偏僻地区供电，并进行海水淡化、温室供暖等。

2.3.5 太阳能烟囱热风发电

太阳能烟囱热风发电的构想是 1978 年由德国的 J.Schlaich 教授首先提出的，如图 2-27 所示。随后由德国政府和西班牙一家电力企业联合资助，于 1982 年在西班牙曼札纳市建成了世界上第一座太阳能烟囱发电站。这座电站的烟囱高度为 200m，烟囱直径为 10.3m，集热棚覆盖区域直径约为 250m。白天，涡轮发电机的转速为 1500r/min，输出功率为 100kW；在夜间涡轮发电机的转速为 1000r/min，输出功率为 40kW。建立太阳能烟囱发电站的理想场所是戈壁沙漠地区，这些地区的太阳辐射强度都在 500～600W/m。

图 2-27　太阳能烟囱热风发电系统

太阳能烟囱热风发电系统主要由烟囱、集热棚、蓄热层（地面）和涡轮发电机组 4 个重要部件构成，如图 2-28 所示。所示。集热棚用玻璃或塑料等透明材料建成，并用金属框架作为支撑，集热棚四周与地面留有一定的间隙（高度为 H）。大约 90%的太阳可见光（短波辐射）能够穿过透明的集热棚，被棚内地面（直径为 R）吸收；同时由于温室效应，集热棚能够很好地阻隔地面发出的长波辐射。因此，太阳能集热棚是太阳能的一个有效捕集和储存系统。棚内被加热的地面与棚内空气之间的热交换使集热棚内的空气温度升高，受热空气由于密度下降而上升，进入集热棚中部的烟囱。同时棚外的冷空气通过四周的间隙进入集热棚，这样就形成了集热棚内空气的连续流动。热空气在烟囱中上升速度提高，同时上升气流推动涡轮发电机运转发电。特别是在夏季，通过烟囱效应可以将建筑物内聚集的热能排出，同时利用轴流式风力发电系统发电（主要利用了热气流中的热能在烟囱当中所产生的压力差），因此太阳热风发电系统与建筑一体化是可行的，系统实现技术难度较低，除风力发电系统外，其他部分可实现全寿命使用，但太阳热风发电系统效率较低，一般不超过 3%。

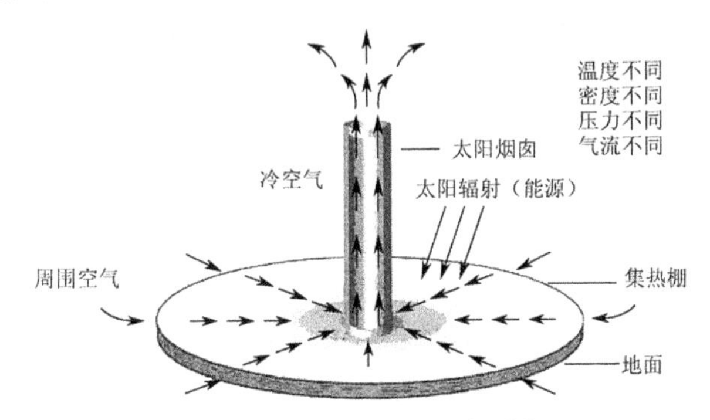

图 2-28　太阳能烟囱热风发电系统组成

2.4　光伏电池建模及输出特性

许多文献介绍了如图 2-29 所示的光伏方阵等效电路，该等效电路内部关系如式（2-42）～式（2-44）所示，输出电流为 I，输出电压为 V。

$$I = I_{ph} - I_d - \frac{V_d}{R_{sh}} \tag{2-42}$$

$$V_d = V + R_s I \tag{2-43}$$

$$I_d = I_o[\exp(\frac{qV_d}{nkT}) - 1] \tag{2-44}$$

其中，I_{ph} 是光生电流（A）；I_o 是反向饱和电流（暗电流）（A）；I_d 是流过二极管的电流（A）；R_s 是串联电阻（Ω）；R_{sh} 是并联电阻（Ω）；q 是电子电荷（1.6×10^{-19}C）；k 是波尔兹曼常数（1.38×10^{-23}J/K）；T 是光伏绝对温度（273+实际摄氏温度）；n 是二极管品质因子；实际摄氏温度表示为 T_1；h_v 为光子能量。

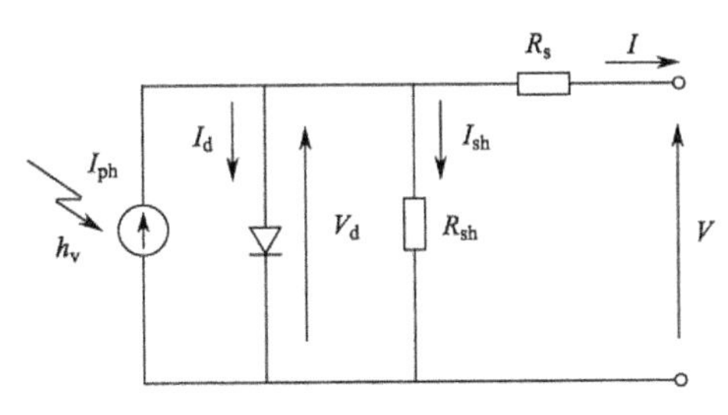

图 2-29　光伏方阵等效电路

由式（2-42）～式（2-44），输出电流 I 可表示为

$$I = I_{\rm ph} - I_{\rm o}[\exp\{\frac{q}{nkT}(V + R_{\rm s}I)\} - 1] - \frac{V + R_{\rm s}I}{R_{\rm sh}} \tag{2-45}$$

其中，由于 $R_{\rm s}$ 为低阻值，一般数量级为 mΩ；而 $R_{\rm sh}$ 为高阻值，数量级为 kΩ，所以两个内电阻 $R_{\rm s}$ 和 $R_{\rm sh}$ 一般忽略，所以式（2-45）可简化为

$$I = I_{\rm ph} - I_{\rm o}[\exp(\frac{qV}{nkT})] \tag{2-46}$$

当光伏开路时，系统不输出电流，所以 $I = 0$，由式（2-46）得到开路电压 $V_{\rm oc}$ 为

$$V_{\rm oc} = V_{\max} = \frac{nkT}{q} In(\frac{I_{\rm ph}}{I_{\rm o}} + 1) \approx \frac{nkT}{q} In(\frac{I_{\rm ph}}{I_{\rm o}}) \tag{2-47}$$

由式（2-47）得反向饱和电流为

$$I_{\rm o} = I_{\rm ph}[\exp(-\frac{q}{nkT}V_{\rm oc})] \tag{2-48}$$

当光伏短路时，系统输出电压可表示为 $V = 0$，由于此时流经二极管的电流 $I_{\rm d}$ 非常小，可以忽略，所以短路电流等于输出电流，即 $I_{\rm sc} = I$，$I_{\rm sc}$ 为光伏的短路电流，由式（2-45）得

$$I = I_{\rm ph} - \frac{R_{\rm s}I}{R_{\rm sh}} \tag{2-49}$$

$$I = I_{\rm sc} = I_{\rm ph}/(1 + \frac{R_{\rm s}}{R_{\rm sh}}) \approx I_{\rm ph} \tag{2-50}$$

$$P = IV = (I_{\rm ph} - I_{\rm d} - \frac{V_{\rm d}}{R_{\rm sh}})V = (I_{\rm ph} - I_{\rm d})V = (I_{\rm ph} - I_{\rm o}\{\exp[\frac{q}{nkT}(V)] - 1\})V \tag{2-51}$$

式（2-51）表示输出功率。在某时刻，若光伏输出最大功率，则必满足 $\mathrm{d}P/\mathrm{d}V = 0$，对式（2-51）微分得

$$\frac{\mathrm{d}P}{\mathrm{d}V} = I + V\frac{\mathrm{d}I}{\mathrm{d}V} = I_{\rm ph} + I_{\rm o} - I_{\rm o}(\frac{q}{nkT}V + 1)\exp(\frac{q}{nkT}V) = 0 \tag{2-52}$$

若输出电压 V 满足式（2-52），光伏就可以输出最大功率，该 V 值就是该时刻的优化输出电压 $V_{\rm mppt}$，将该值代入式（2-46），就可以得到该时刻的优化输出电流值

$$I_{\rm mppt} = I_{\rm ph} - I_{\rm o}[\exp(\frac{qV_{\rm mppt}}{nkT})] \tag{2-53}$$

式（2-53）表明，某时刻光伏的优化输出电流值与光生电流存在近似的线性关系，它不仅与该时刻的光生电流、最佳输出电压有关，而且与该时刻的温度、照度、二极管品质因子和反向饱和电流有关。因此，要得到该时刻光伏的最佳输出电流值，就必须考虑影响光伏输出功率的各种因素。

（1）电阻的影响

串、并联电阻大小对于光伏输出效率是有影响的，但是串联电阻的数量级为 mΩ，并联电阻的数量级为 kΩ，串、并联电阻对光伏的影响在理想情况下可以忽略。在实际使用中，串联电阻值增大，会引起光伏变换效率和短路电流下降，但对开路电压影响不大，$R_{\rm s}$ 对光伏输出特性影响较大，必须加以考虑；在两种不同照度条件下，求取光伏输出的两个最大

功率点处的电压差ΔU和电流差ΔI，根据公式$R_s=\Delta U/\Delta I$可求出串联电阻值。并联电阻值R_{sh}增大会降低光伏的变换效率，开路电压稍有下降，但对短路电流影响不大；由于R_{sh}的数量级为kΩ，对光伏输出特性影响不大，所以在分析时可以不考虑R_{sh}的影响。这里串、并联电阻值分别取为8 mΩ和10kΩ。

（2）二极管品质因子n和反向饱和电流I_o对光伏输出效率的影响

对于任意一块光伏电池而言，由于生产厂家和生产工艺的不同，二极管品质因子和反向饱和电流都是不同的，这两项不仅对太阳能输出特性有影响，而且都是未知常数。对于不同的单个光伏组件，二极管品质因子的取值范围为 40～110，反向饱和电流的取值范围为 0.2～500 μA。如果可以找到一种方法简单地得到这两项值，最大功率跟踪就容易得多了，本章将实现一种求取二极管品质因子和反向饱和电流的新方法。

（3）温度和照度（日照强度）的影响

这两项对太阳能输出特性产生主要的影响。对于光伏而言，开路电压V_{oc}和短路电流I_{sc}都会随温度的变化而变化。开路电压V_{oc}的变化率K_V为$V_{oc(25℃)}$的(−0.37%～−0.4%)/℃，短路电流I_{sc}的变化率K_i为$I_{sc(25℃)}$的(0.09%～0.1%)/℃。当太阳的照度变化时，开路电压V_{oc}和短路电流I_{sc}都会随照度的变化而变化。当温度为25℃时，短路电流I_{sc}随照度的变化可表示为式（2-54）；由式（2-50）和式（2-54）可得，温度为 25℃、照度为1000W/m^{2}时的光生电流I_{ph}可表示为式(2-55)。而光伏的电压V_{oc}和短路电流I_{sc}的变化率可以提前测定，综合温度和照度变化的光生电流I_{ph}可表示为式（2-56），其中T_r为25℃时的绝对温度值，由式（2-47）和式（2-56）可得综合温度和照度变化的开路电压V_{oc}。其中，S_j为太阳辐射强度（照度），如式（2-57）所示。

$$I_{sc}=I_{sc(25℃,1000W/m^2)}\times S_j/1000 \tag{2-54}$$

$$I_{ph(25℃,1000W/m^2)}\approx I_{sc(25℃,1000W/m^2)} \tag{2-55}$$

$$I_{ph}=I_{ph(25℃,1000W/m^2)}\times[1+K_i\times(T_1-T_r)]\times S_j/1000 \tag{2-56}$$

$$S_j=\frac{I_{ph}\times 1000}{I_{ph(25℃,1000W/m^2)}\times[1+K_i\times(T_1-T_r)]\times(1+R_s/R_{sh})} \tag{2-57}$$

光伏的输出特性具有强烈的非线性，它受到多种因素的影响。图 2-30（a）是相同照度、不同温度情况下的光伏电压-电流（V-I）输出特性曲线。图 2-30（b）是相同温度、不同照度情况下的光伏电压-电流输出特性曲线，同时，最大输出功率曲线也在图中显示，其中温度变化范围为−50℃～70℃，温度变化量为 10℃，照度为800W/m^2。由图 2-30（a）可知，如果照度相同，而光伏板的温度不同，输出的电压和电流值都将变化，其中电流的变化较小，随着温度的增加电流略有增加；电压的变化较电流变化大，随着温度的增加输出电压逐渐变小。同时由于温度不可能在非常短的时间内立刻变化，所以光伏 V-I 特性曲线大多被表示成图 2-30（b），由图可知如果温度已定，由式（2-54）知，输出电流的大小与当时的照度值成正比。照度的计算公式为式（2-57），所以照度的快速变化会导致光伏的输出电流变化非常迅速，特别是在恶劣的天气状况下，光伏的输出特性易受外部天气状况的影响，输出电压随着照度的增加略有增加，其中照度变化范围为 100～1000W/m^2，照度变化量为

100W/m²，温度为 35℃。同时图 2-30 中显示了光伏的最大输出功率 (P_{max}) 曲线，由图可知在 V-I 坐标下最大输出功率曲线在一定的照度范围内近似为一条直线。其中在温度为 25℃时，光伏开路电压为 22V，短路电流为 3.8A。

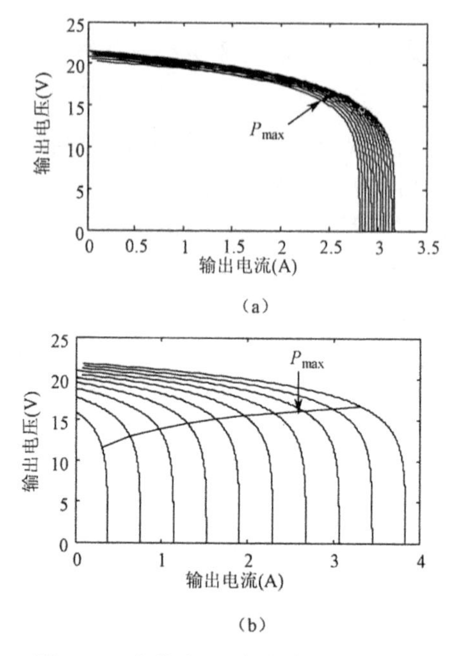

图 2-30　光伏电压-电流输出特性曲线

图 2-31（a）显示了相同照度、不同温度情况下的光伏功率-电流（P-I）输出曲线，其中温度变化范围为 −50℃～70℃，温度变化量为 10℃，照度为 800W/m²。图 2-31（b）显示了相同温度、不同照度情况下的光伏功率-电流输出曲线，其中照度变化范围为 100～1000W/m²，照度变化量为 100W/m²，温度为 35℃。由图 2-31 可知光伏输出具有强烈的非线性，同时最大输出功率曲线近似为一条直线。优化电流与短路电流的关系如式（2-58）所示。

$$\frac{I_{mppt}}{I_{sc}} \approx 0.9 \tag{2-58}$$

图 2-32（a）显示了相同照度、不同温度情况下的光伏功率-电压（P-V）输出曲线，其中温度变化范围为 −50℃～70℃，温度变化量为 10℃，照度为 800W/m²。图 2-32（b）显示了相同温度、不同照度情况下的光伏功率-电压输出曲线，其中照度变化范围为 100～1000W/m²，照度变化量为 100W/m²，温度为 35℃。由图 2-32 可知光伏输出具有强烈的非线性，同时在照度值较高时最大输出功率曲线近似为一条直线，最大输出功率和开路电压之间存在近似的线性关系，优化电压约为开路电压的 0.76 倍，如式（2-59）所示。当然这只是个近似的系数，例如在照度较高的情况下，实际系数的取值范围可为 0.76～0.8。

$$\frac{V_{mppt}}{V_{oc}} \approx 0.76 \tag{2-59}$$

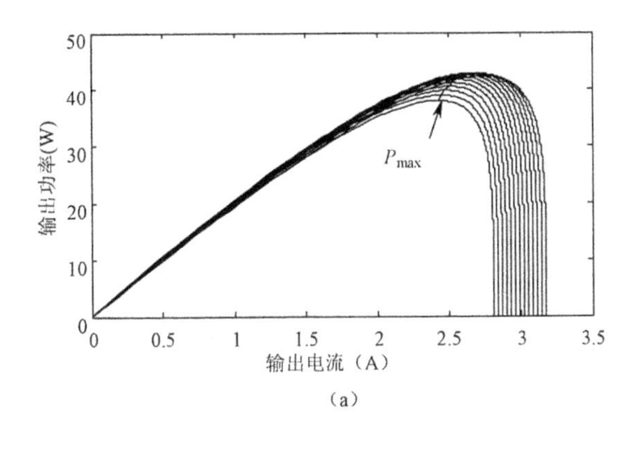

（a）

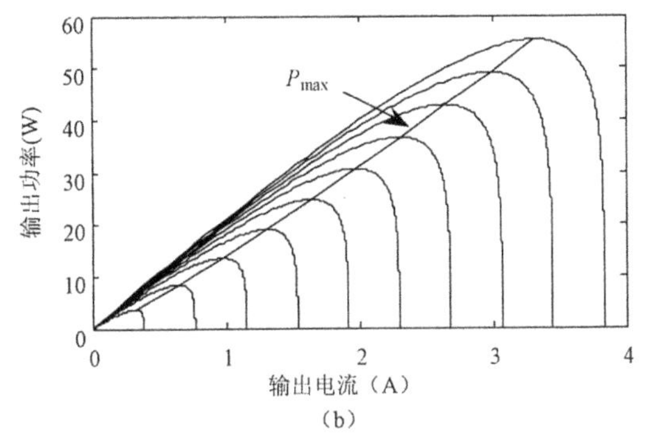

（b）

图 2-31　光伏功率-电流输出特性曲线

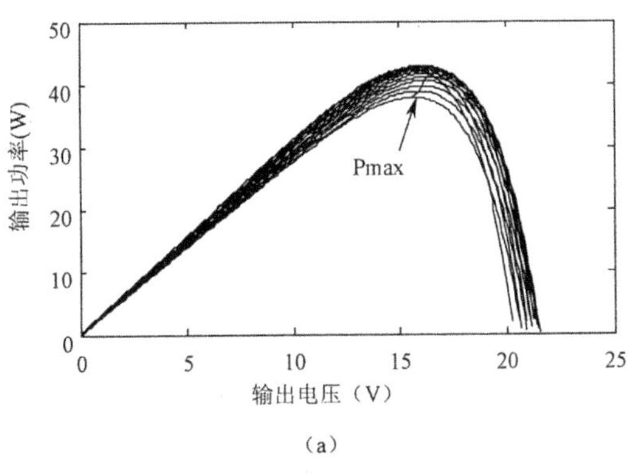

（a）

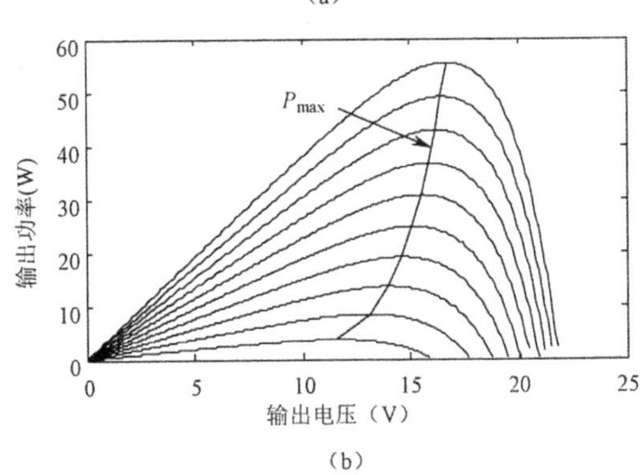

（b）

图 2-32　光伏功率-电压输出特性曲线

图 2-33 是光伏功率–电压–电流（P–V–I）输出特性曲线，短路电流随照度变化而变化。而对于同一块光伏电池而言，在相同温度和照度的天气状况下，短路电流应该是不变的，所以该光伏电池输出的优化电流值就应该是固定的，即最大输出功率和优化电压值是固定的。当然太阳的照度变化是非常剧烈的，在实际的系统中优化电流、优化电压和最大功率随着照度的变化而剧烈变化，结果导致最大功率跟踪非常困难，关键的原因是不知道光伏内部的参数，如串联电阻和并联电阻值、二极管品质因子和反向饱和电流、温度变化系数 K_V 和 K_i 等。如前所述，R_s、R_{sh}、K_V 和 K_i 都是可测的，所以如果 n 和 I_o 已知，则最大功率跟踪就变得非常容易。最大功率点满足式（2-42），即式（2-60），将式（2-42）～式（2-44）代入则式（2-60）可得式（2-61），其中 $A = q/nkT$。

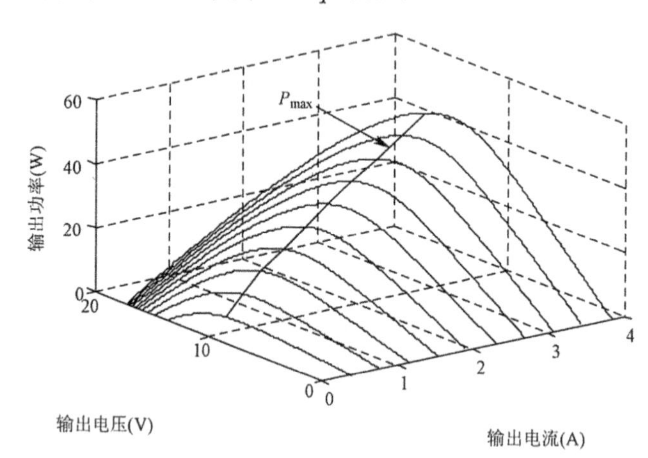

图 2-33　光伏功率–电压–电流输出特性曲线

$$\frac{\partial P}{\partial V} = \frac{\partial (IV)}{\partial V} = I + V\frac{\partial I}{\partial V} = 0 \tag{2-60}$$

$$\frac{\partial I}{\partial V} = \frac{\partial (I_{ph} - I_d - V_d / R_{sh})}{\partial V} \approx \frac{\partial (-I_d)}{\partial V} = \frac{\partial (-I_o \exp[AV] + I_o)}{\partial V} \tag{2-61}$$

$$\frac{\partial I}{\partial V} = -\frac{\partial (I_o \exp[AV])}{\partial V} = -I_o A \exp[AV] \tag{2-62}$$

$$\frac{\partial P}{\partial V} = \{I_{ph} - I_o[\exp(AV) - 1]\} - I_o AV \exp(AV) \tag{2-63}$$

$$\frac{\partial P}{\partial V} = I_{ph} + I_o - I_o(AV + 1)\exp(AV) = 0 \tag{2-64}$$

由式（2-64）可知，如果满足式（2-65），则此时输出的 V 就是 V_{mppt}。

$$I_{ph} + I_o = I_o(AV + 1)\exp(AV) \tag{2-65}$$

$$\frac{I_{ph}}{I_o} + 1 = (AV_{mppt} + 1)\exp(AV_{mppt}) \tag{2-66}$$

$$\ln(\frac{I_{ph}}{I_o}) = \ln(AV_{mppt} + 1) + (AV_{mppt}) \tag{2-67}$$

由式（2-67）可知，如果 I_{ph}、A 和 I_o 已知，则可求得 V_{mppt}，代入式（2-46）可求得 I_{mppt}，如式（2-68）所示。这样即可求得 P_{max}，如式（2-69）所示，所以得到的最大功率点为（P_{max}，

V_{mppt}，I_{mppt}）。

$$I_{mppt} = I_{ph} - I_o[\exp(AV_{mppt})] \tag{2-68}$$

$$P_{max} = I_{mppt}V_{mppt} \tag{2-69}$$

所以求取I_{ph}、A和I_o的值是得到优化输出电流和电压的关键，由式（2-42）～（2-44）得

$$I_{ph} = I + I_d + \frac{V_d}{R_{sh}} \approx I + I_d = I_o + I_o[\exp(\frac{qV_d}{nkT}) - 1] = I_o + I_o[\exp(AV) - 1] \tag{2-70}$$

由于温度T是可测的，q、k是已知常数，所以知道了n和I_o就可以得到I_{ph}，即求取优化输出电流和电压的关键是求取n和I_o，并且两者均为常数。对于单个的光伏组件，二极管品质因子的取值范围为 40～110，反向饱和电流的取值范围为 0.2～500 μA 。

2.5 光伏发电关键技术

对于光伏发电系统而言，为了使昂贵的光伏发电系统输出尽可能多的电能，提高输出效率，DC/DC 处的最大功率点跟踪控制策略必不可少；为了使光伏组件发出的电能可以输送到电网，DC/AC 处的并网逆变控制策略也是必要的；此外当电网侧发生故障时，光伏发电系统应具有孤岛检测和低电压穿越的能力。本节将对上述关键技术进行分析。

2.5.1 最大功率点跟踪

从光伏阵列的输出特性来看，由于其功率-电压-电流特性是非线性的，输出曲线上只有唯一的一个点具有最大的输出功率，该点就被称为最大功率点，如果光伏发电系统采用错误的输出电压和电流，将严重降低系统的输出效率。为了发出尽可能多的电能，最大功率点跟踪（Maximum Power Point Tracking，MPPT）技术对于提高系统的输出效率是非常必要的。MPPT 是指不断地跟踪最大功率点的过程，使得光伏方阵能输出最大功率，提高系统的输出效率，最大限度地进行光电转换。光伏发电系统最大功率点跟踪控制装置示意图如图 2-34 所示。

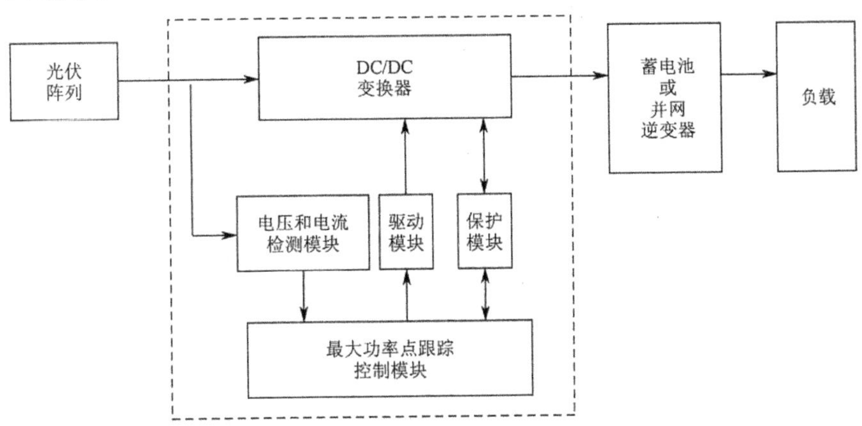

图 2-34 光伏发电系统最大功率点跟踪控制装置示意图

1. 相同太阳辐射情况下

在整个阵列具有相同太阳辐射强度的情况下，光伏阵列的输出特性具有唯一的一个峰值点，MPPT 技术的实现是较为容易的。

目前常用的理想照度情况下的最大功率点跟踪方法有恒定电压法、扰动观察法、增量电导法和模糊逻辑法等，下面分析上述方法的优缺点。

（1）恒定电压法

恒定电压法（Constant Voltage Method）是最简单的最大功率点跟踪方法，简单的说就是设定一个优化电压值，在跟踪过程中，输出电压不断跟踪该电压值，进而实现最大功率点跟踪。图 2-35 显示了恒定电压为 15.2V 时的光伏输出功率点和实际的最大输出功率点的比较，由图可知两条曲线只在某一相同照度值相交，其他照度值时恒定电压法均不能跟踪到系统实际的最大功率点，当然跟踪的效率较低。

恒定电压法的优点是思路简单，实现容易；缺点是跟踪效率低、输出效率低、浪费严重。结论：该方法不适用于光伏的最大功率点跟踪。

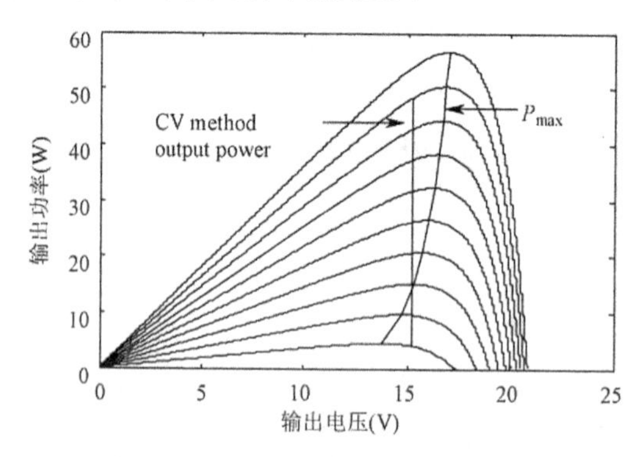

图 2-35 恒定电压法输出特性曲线

（2）扰动观察法

扰动观察法（Perturb and Observe Method）是最常用的最大功率点跟踪法，简单的说就是通过对输出电压、电流或 PWM 加上一个或正或负的扰动 $\pm\varDelta$（可表达为按照一定的步长扰动），在跟踪过程中，通过不断比较输出功率值来确定是否改变电压、电流或 PWM。例如，某时刻 n 的电压为 $U(n)$，输出功率为 $P(n)$，这时加上一个扰动 $+\varDelta$，经过扰动输出电压变为 $U(n+1)=U(n)+\varDelta$，输出功率变为 $P(n+1)$。如果 $P(n+1)>P(n)$，则下一时刻的扰动方向不变，即 $U(n+2)=U(n+1)+\varDelta$，输出功率为 $P(n+2)$，然后比较 $P(n+2)$ 和 $P(n+1)$ 的大小，并不断重复这一过程，直到某时刻 n'，输出功率 $P(n')<P(n'-1)$，则改变扰动方向，即输出电压变为 $U(n'+1)=U(n')-\varDelta$，并比较输出功率 $P(n'+1)$ 是否大于 $P(n')$，若大于则保持扰动方向不变，否则改变扰动方向，从而实现最大功率点跟踪。通过上面的分析可以看出，扰动观察法实际上是一个不断比较的过程，所以计算量比较大。同时，如果采用定步长（Fixed-Step）扰动，则在跟踪过程的初始阶段跟踪速度较快，但在最大功率点附近有较大的振动，所以一些专家提出了变步长扰动的方法，就是在跟踪初期采用较大的步长跟踪，在跟踪的末期采用较小的步长跟踪，目的是减小最大功率点附近的振动，当然小

步长扰动将导致跟踪速度变慢。

图 2-36 显示了变步长（vary-step）扰动观察法跟踪光伏输出功率曲线和实际的最大输出功率点。例如某时刻 m，照度由 1000W/m^2 变为 600W/m^2，则输出功率点由图中的 A 点变为 B 点，然后继续扰动；当某时刻 m'，输出功率到达 C 点时，照度由 600W/m^2 变为 300W/m^2，则输出功率点由图中的 C 点变为 D 点，然后继续扰动；当某时刻 m''，输出功率到达 E 点时，照度恢复到 1000W/m^2，则输出功率点由图中的 E 点变为 F 点，如果照度不变则最终将跟踪到 G 点，并在 G 点附近振动。

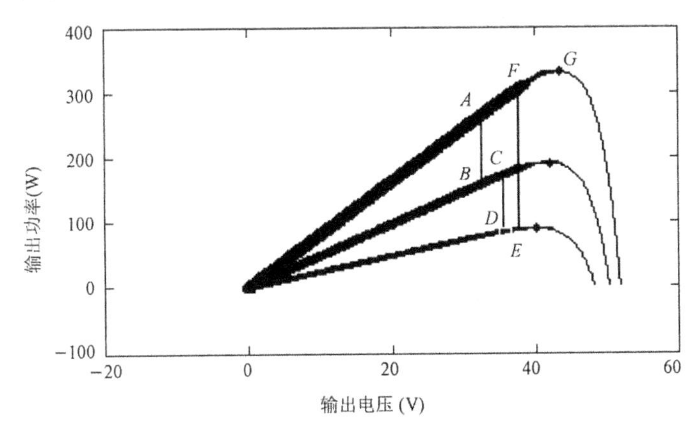

图 2-36　扰动观察法输出特性曲线

由图 2-36 可知，扰动观察法的优点是思路简单，实现容易；缺点是跟踪效率低，如果天气状况稳定是可以跟踪到最大功率点的，但在最大功率点附近存在振动，输出效率低，浪费严重；在天气变化剧烈的情况下则无法跟踪到实际的最大功率点。结论：该方法在实际的系统中输出效率较低。

（3）增量电导法

增量电导法（Incremental Conductance Method）是一种常用的最大功率点跟踪方法，简单的说就是不断地判断 $\mathrm{d}P/\mathrm{d}V$ 是否等于 0，如果等于 0 则跟踪到的就是最大功率点，否则继续判断。由光伏输出特性可知，当光伏输出位于最大功率点时，式（2-71）成立，最大功率点跟踪由 $\mathrm{d}P/\mathrm{d}V$ 的取值来实现。

$$\frac{\mathrm{d}P}{\mathrm{d}V}=\frac{\mathrm{d}(VI)}{\mathrm{d}V}=I+\frac{\mathrm{d}I}{\mathrm{d}V}=0 \tag{2-71}$$

若 $\mathrm{d}P/\mathrm{d}V=0$，如图 2-37 中的 A 点，则跟踪到光伏最大功率点，此时的输出电压和电流就是优化输出电压和电流，输出值应该保持。

若 $\mathrm{d}P/\mathrm{d}V>0$，如图 2-37 中的 B 点，则没有跟踪到光伏最大功率点，此时的输出电压应该增加，输出功率也相应增加。

若 $\mathrm{d}P/\mathrm{d}V<0$，如图 2-37 中的 C 点，则没有跟踪到光伏最大功率点，此时应该减小输出电压，但输出功率却增加了。

由图 2-37 可知，增量电导法的优点是思路简单，实现容易，在最大功率点处的振动较扰动观察法小；缺点是测量需要精度较高的传感器，计算量大，速度慢，如果天气状况稳定是可以跟踪到最大功率点的，但在天气变化剧烈的情况下则无法跟踪到实际的最大功率点。结论：该方法在实际的系统中实现较为困难，输出效率一般。

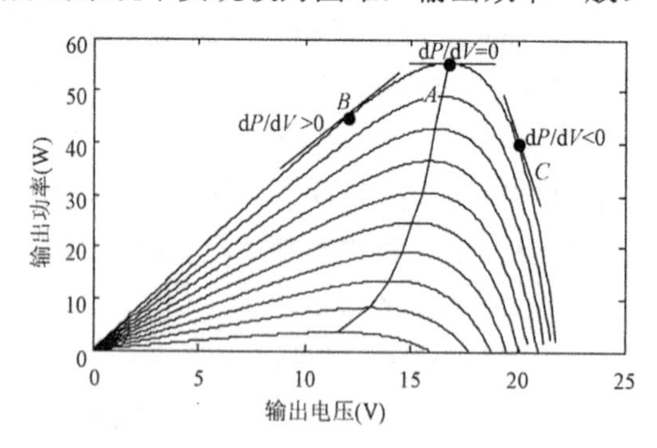

图 2-37　增量电导法输出特性曲线

（4）模糊逻辑法

模糊逻辑法（Fuzzy Logic Method）是一种不依赖于控制对象精确数学模型的智能控制方法，简单的说就是通过专家经验设置模糊规则和隶属函数，以电流、电压或功率的变化率作为模糊输入，通过模糊处理并对隶属度进行反模糊处理得到输出量，进而控制 PWM 来实现光伏的最大功率点跟踪。

模糊法的优点包括：实现容易，不需要知道光伏的精确数据，跟踪速度快；缺点包括：控制效果取决于专家经验，最大功率点处的振动较大。结论：该方法在实际的系统中实现容易，若能减小最大功率点处的振动则输出效率较高。

2．部分遮蔽情况下

随着光伏发电系统尺寸的不断扩大，光伏阵列经常会遇到局部辐射强度降低的情况（树、云层、灰尘、鸟类或者建筑物的阻碍造成的阴影等），导致光伏阵列的输出包含多个最大功率点（局部峰值，Local MPP），而其中只有一个是实际的最大功率点（全局峰值，Global MPP）。因此，在整个阵列具有不同太阳辐射强度的情况下（即部分遮蔽情况），光伏阵列的 MPPT 技术的实现是非常困难的，错误的阵列输出电压和电流不仅会浪费宝贵的电能，降低光伏发电系统的输出效率，而且会使被遮蔽的光伏组件温度快速上升，进一步降低系统输出效率。

不同的阵列尺寸和串并联结构、遮蔽情况、组件大小、内部参数和旁路二极管的连接方式都会影响到全局峰值的分布，导致光伏阵列的最大功率点跟踪困难。为了提高部分遮蔽情况下光伏阵列的输出效率，一些文献采用了微粒群、神经网络和斐波那契等智能方法来跟踪系统部分遮蔽下的全局峰值，另外一些文献通过优化系统结构和旁路二极管连接方式来提高系统输出效率。

图 2-38（a）显示了部分遮蔽情况下光伏阵列整体输出特性，图 2-38（b）显示了各光伏组件串输出特性叠加效果。由图 2-38 可知，在部分遮蔽情况下，光伏阵列的输出特性存在多个局部峰值，如果在运行中无法找到全局峰值，将降低系统的输出效率。此外，在部分遮蔽情况下，被遮挡的光伏组件的通流能力下降，如果是串联组件被部分遮蔽，则该组件将阻碍同一串上其他未被遮蔽组件的电流输出，消耗未被遮蔽组件的输出功率，形成热

斑效应。为了减小部分遮蔽对光伏阵列输出特性的影响，每个光伏组件都有旁路二极管，使得被遮蔽部分的组件不会影响整串组件的通流能力，当然也不会产生热斑效应。

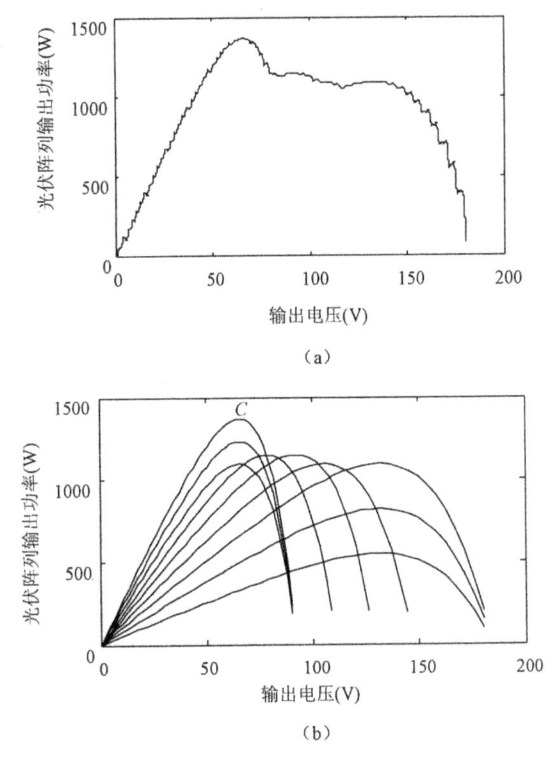

图 2-38　光伏阵列输出曲线

相对于相同太阳辐射强度情况下的 MPPT 方法，目前部分遮蔽情况下的 MPPT 方法还不太成熟。传统的 MPPT 技术如电流直线近似法、爬山法、扰动观察法和增量电导法等，普遍存在跟踪速度慢和精度低的缺点。当前国内外的 MPPT 研究主要可以分成两类：①直接改进传统 MPPT 方法；②利用智能控制理论改进传统跟踪方法。但上述方法大多只适用于小型 PV 发电系统，即只适用于整个 PV 系统具有相同太阳辐射强度的情况，此时 PV 输出特性只有一个最大功率点，MPPT 实现较为容易。但传统的 MPPT 方法在部分遮蔽情况下由于缺乏足够的智能，因此不能区分局部峰值和全局峰值。此外，快速波动的太阳辐射强度也可能会导致算法对最大功率点的跟踪完全失败。

大型并网型 PV 发电系统在实际运行中不可避免地被部分遮蔽，如何在部分遮蔽下使光伏发电系统输出尽可能多的电能已经成为国内外的研究热点问题。目前国内外学者所提出的针对部分遮蔽下的光伏发电系统 MPPT 的研究还不成熟，总体来说可以分为 3 类：①通过优化光伏阵列的拓扑结构来实现；②通过扰动或扫描光伏阵列输出特性的方法来实现；③通过智能算法来实现。

例如，Karatepe E.介绍了一种适用于串、并联（SP）式光伏阵列的补偿方法，当遮蔽发生时，该方法可根据不同的遮蔽情况，激活对应的光伏组件旁路二极管，以提高部分遮蔽下的光伏阵列输出特性，然而该方法只能用于 SP 式拓扑结构。Kobayashi K.为了跟踪全局峰值，提出了一种两阶段跟踪方法，在第一个阶段，全局峰值的邻近区域被检测，所获得的信息成为第二个阶段跟踪全局峰值的基础，然而，该方法并不适用于所有的复杂遮蔽情况。Patel H.通过所构建的光伏阵列模型，提出了一种双模扫描跟踪方法，首先给光伏发电系统加入一个主动的突变量用来跟踪所有可能的局部峰值，然后在所有的局部峰值中寻找全局峰值，该方法能够找到部分遮蔽下的全局峰值，但是需要扫描大约80%的输出曲线。此外，一些文献通过智能算法来实现部分遮蔽下光伏阵列的MPPT控制。例如，将模糊逻辑与扰动PWM相结合的控制法，实现了部分遮蔽下的光伏阵列的MPPT，并可以找到全局峰值，但该方法会导致光伏发电系统出现较大的输出波动。此外，该方法要求模糊化、模糊规则推理和反模糊化等处理过程，会导致跟踪速度变慢和计算量过大。Ishaque K.所应用的进化算法局部搜索能力弱，容易陷入局部最优；Kashif I.提出的微粒群算法在搜索全局峰值时，搜索方向具有随机性，且容易陷入局部最优；Syafaruddin所采用的神经网络算法不得不面临神经网络训练能力和预测能力矛盾的问题，且训练时间过长。上述方法要么针对已知的遮蔽情况，要么会使光伏发电系统的输出出现较大的波动，要么计算量大，跟踪速度慢，在复杂遮蔽情况下可能导致跟踪失败。

2.5.2 并网技术

并网逆变器不仅要独立地为局域网供电，而且还要与电网连接，将其输出的电能送入电网中。锁相技术是并网控制的关键，光伏并网系统逆变器按照控制方式来分类，可以分为以下4类：电压源电流控制、电压源电压控制、电流源电压控制和电流源电流控制。以电流源为输入的逆变器，其直流侧需要串联一个大电感来提供较稳定的直流电流输入，但由于大电感往往会导致系统动态性能变差，因此在大范围开发并网逆变器时均采取电压源的控制方式。

由于市政电网系统可被看作一个无穷大容量的电流电压源，假设并网逆变器输出是按照电压控制的，则实际上就相当于一个小容量的电压源和一个无穷大容量的电压源并联运行了，在这种情况下如果要使系统能够稳定运行，就必须使输出的电压的幅值及相位都和市电一致。但通常情况下这两个并联运行的系统会因为控制相应速度的问题，不能够达到精确控制的目的，甚至会出现环流的问题。假设逆变器的输出环节采用的是电流控制，不需要考虑环流的问题，只关心逆变器输出的电流与市电是否具有相同的相位和频率，而不用关心其幅值问题。综上所述，一般情况下，逆变器的输出电流和市电的电压之间采用的是电流控制策略。

锁相环的发展可以追溯到300多年前。1665年，霍金斯（Huygens）对锁相环技术进行了初步研究，第一次给出了有关两个振荡器间相位锁定的物理解释。他注意到并列挂在墙上的两个钟摆能够长时间维持同步状态，且匹配精度相当高，大大超过了它们的能力。他假定这两个钟摆之间发生了“共振”，换句话说就是达到了相位锁定状态。

20世纪人们开始了对锁相技术原理的深入研究。1932年，贝尔赛什（Bellescize）为寻找一种高效的调幅信号的接收方法，在文章中论述了有关同步接收的无线电信号问题，他第一次提出了关于同步检波的理论，公开发表了对锁相环路数学模型的描述。

1940年，在电视机水平扫描同步装置中锁相技术第一次应用成功。随后锁相环路被广泛应用在彩色电视接收机的同步彩色脉冲串中。20 世纪 50 年代，里希廷（Rechtin）和杰费（Jaffe）将锁相环路应用在导弹信号的跟踪滤波器上，有效解决了锁相环的最优设计问题。20 世纪 60 年代，维特毕（Viterbi）出版了《相关通信原理》一书，书中对无噪声锁相环路的非线性理论进行了分析研究。20 世纪 70 年代，林特赛（Lindsey）和查利斯（Charles）对含有噪声的锁相环的非线性理论的一阶、二阶及高阶进行了深入研究，他们做了大量相关实验，但仍存在许多物理问题得不到解决。

从 20 世纪 70 年代开始，锁相技术广泛应用于航天、通信、激光、雷达、遥控、仪器、计算机等领域，还广泛应用到一些工业生产部门，如电力、机械、冶金、生产自动化等。与此同时，锁相环也由单环发展到复合环，从低阶发展到更高阶。微电子技术的发展也带动了锁相环制作工艺的发展。

根据锁相环的结构可以将其大致分为以下几类。

（1）模拟锁相环：即线性锁相环，它是纯粹的模拟电路，其鉴相器常用模拟乘法器。

（2）数字锁相环：其由纯数字电路构成，不包括任何无源器件，如电容、电阻等。

（3）混合锁相环：其构成包含模拟电路和数字电路。它的鉴相器一般采用数字电路，剩余模块多采用模拟电路。

（4）软件锁相环：可完全由计算机软件构成。软件锁相环能够实现高阶，稳定性好，设计简单。

锁相环是一种闭环控制系统，它能够产生一个自动跟踪输入信号的相位和频率的信号。锁相控制技术应用于通用并网逆变器中的电路接口信号如图 2-39 所示。将电网三相电压基波信号 u_a、u_b、u_c 作为并网逆变器的实际输入参考信号。若系统输入为单相电压信号，则只采用一路输入信号即可。F_{out} 是与输入电压 u_a 零相位时刻、频率均相同的输出方波信号，它反映了电网电压的零相位时刻和频率；NF_{out} 是输出方波信号，它 N 倍频于 F_{out}，NF_{out} 反映了在目前时刻电网电压的数字相位，其相位分辨率为 $2\pi/N$ 。

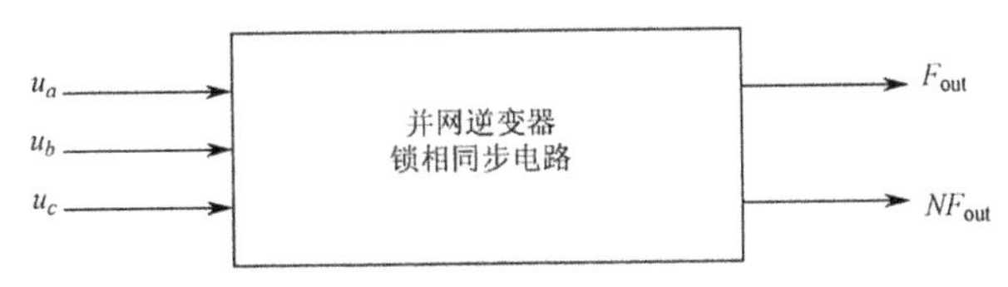

图 2-39 锁相同步电路的接口信号

同步锁相环要解决的关键问题在于：①如何在不受电网电压扰动影响的情况下，正确检测出电网电压的零相位时刻；②如何产生 N 倍于电网频率的等间隔相位离散信号。目前用来实现频率和相位锁定的方法主要有以下几种。

1. 过零比较法

大多数常用的软件锁相环均采用过零比较法，它通过电网电压的上升沿（电网电压从负变为正跨越零轴时）产生中断，并将此时的周期 T_1 与设定的 T_0 进行比较，如果 T_1 大于 T_0，表示此时的频率小于正常的 50Hz，通过调整程序中的指针变量的位置（此时要对指针变量加上一个小的常数）来“靠近”正常电网电压的周期和频率。为实现过零比较法，其鉴相器必须满足信号周期与采样周期成整数倍关系，且采样点时间间隔要保持严格一致。过零比较法虽然简单，但是锁相速度慢，抗干扰能力不足，无法实现相位的快速跟踪。

2．$\alpha-\beta$ 变换锁相法

图 2-40 为基于 $\alpha-\beta$ 变换的并网变换器同步锁相法原理结构图。采用空间矢量滤波法实现电网频率恒定不变情况下的相位同步；而在电网频率变换的情况下，可采用同步矢量滤波法和扩展的卡尔曼滤波器法实现相位同步。基于 $\alpha-\beta$ 变换来实现同步锁相的方法虽然可以检测出电网电压在任意时刻的同步相位，但它易受三相不平衡的影响，虽然用滤波器可滤除谐波的影响，但这样就引入了相位偏移。

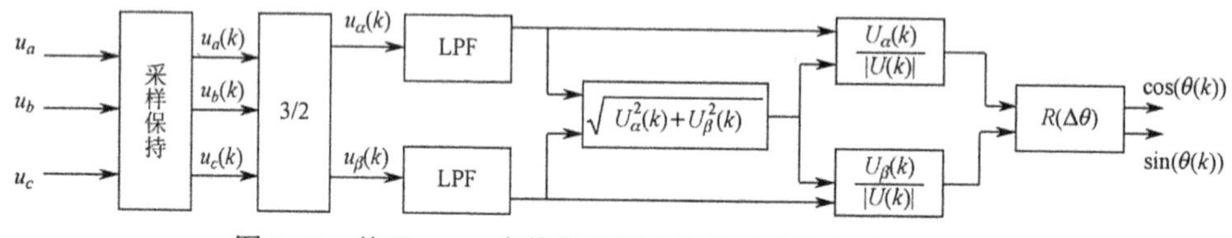

图 2-40　基于 $\alpha-\beta$ 变换的并网变换器同步锁相法原理结构

3．基于虚拟坐标系变换的锁相方法

基于虚拟坐标系变换的同步锁相方法可以检测出电网电压在任意时刻的同步相位。电网电压中的负序分量和谐波分量对应于坐标系变换后 u_d 中的交流分量，而电网电压中的基波正序分量对应于 u_d 中的直流分量。可采用截止频率较低的低通滤波器来滤除电网中负序分量和谐波分量所带来的交流分量。图 2-41 为三相虚拟坐标系变换锁相原理图。

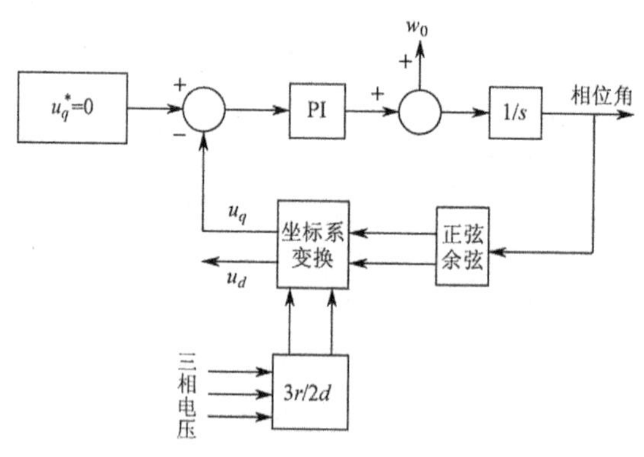

图 2-41　三相虚拟坐标系变换锁相原理图

除上述方法外，还有基于离散傅里叶变换、最小二乘法和比例积分控制等相位同步检测方法，其不受电网电压畸变的影响，稳态性能好，但实时性较差，实际硬件设计时不易实现，且算法相对较为复杂。目前通过搭设一些辅助电路与采用单片机软件编程来实现锁相算法相结合的这种新型的软件锁相环技术日益成为人们研究的热点。使用软件编程的特点是形式灵活，可移植性强，可实现模拟或数字锁相环不易实现的功能（只要修改算法和程序即可），它正逐渐为越来越多的工程应用所采用。

2.5.3 孤岛检测

美国桑迪亚国家实验室（Sandia National Laboratories）提供的报告指出，孤岛效应就是当电力公司的供电系统因故障事故或停电维修等原因停止工作时，安装在各个用户端的光伏并网发电系统未能及时检测出停电状态而不能迅速将自身乇离市电网络，而形成的一个由光伏并网发电系统向周围负载供电的一种电力公司无法掌控的自给供电孤岛现象。

一般来说，孤岛效应可能对整个配电系统设备及用户端的设备造成不利的影响，包括：

（1）危害电力维修人员的生命安全；

（2）影响配电系统上的保护开关动作程序；

（3）孤岛区域所发生的供电电压与频率的不稳定性质会对用电设备带来破坏；

（4）供电恢复时造成的电压相位不同步将会产生浪涌电流，可能会引起再次跳闸或对光伏系统、负载和供电系统带来损坏；

（5）光伏并网发电系统因单相供电而造成系统三相负载的欠相供电问题。

由此可见，一个安全可靠的并网逆变装置，必须能及时检测出孤岛效应并避免其所带来的危害。

孤岛效应的检测方法根据技术特点，可以分为二大类：被动检测方法、主动检测方法。

1. 被动检测方法

被动检测方法利用电网断电时逆变器输出端电压、频率、相位或谐波的变化进行孤岛效应检测。但当光伏系统输出功率与局部负载功率平衡时，被动检测方法将失去孤岛效应检测能力，存在较大的非检测区域（Non-Detection Zone，NDZ）。并网逆变器的被动式反孤岛方案不需要增加硬件电路，也不需要单独的保护继电器。

（1）过/欠压和高/低频率检测法

过/欠电压和高/低频率检测法是在公共耦合点的电压幅值和频率超过正常范围时，停止逆变器并网运行的一种检测方法。逆变器工作时，电压、频率的工作范围要合理设置，允许电网电压和频率的正常波动，一般对 220V/50Hz 电网，电压和频率的工作范围分别为 $194\text{V} \leqslant V \leqslant 242\text{V}$，$49.5\text{Hz} \leqslant f \leqslant 50.5\text{Hz}$。如果电压或频率偏移达到孤岛检测设定阈值，则可检测到孤岛效应发生。然而当逆变器所带的本地负荷与其输出功率接近于匹配时，则电压和频率的偏移将非常小甚至为零，因此该方法存在非检测区域。这种方法的经济性较好，但由于非检测区域较大，所以单独使用过/欠压和高/低频率孤岛检测方法是不够的。

（2）电压谐波检测法

电压谐波检测法通过检测并网逆变器的输出电压的总谐波失真（Total Harmonic Distortion，THD）是否越限来防止孤岛现象的发生，这种方法依据工作分支电网功率变压器的非线性原理。发电系统并网工作时，其输出电流谐波将通过公共耦合点流入电网。由于电网的网络阻抗很小，因此公共耦合点电压的总谐波畸变率通常较低，一般此时公共耦合点的谐波失真总是低于阈值（一般要求并网逆变器的谐波失真小于额定电流的 5%）。当电网断开时，由于负载阻抗通常要比电网阻抗大得多，因此公共耦合点电压（谐波电流与负载阻抗的乘积）将产生很大的谐波，通过检测电压谐波或谐波的变化就能有效地检测到孤岛效应的发生。但是在实际应用中，由于非线性负载等因素的存在，电网电压的谐波很大，谐波检测的动作阈值不容易确定，因此，该方法具有局限性。

（3）电压相位突变检测法

电压相位突变检测法（Phase Jump Detection，PJD）通过检测光伏并网逆变器的输出电压与电流的相位差变化来检测孤岛现象的发生。光伏并网发电系统并网运行时通常工作在单位功率因数模式下，即光伏并网发电系统输出电流与电压（电网电压）同频同相。当电网断开后，出现了光伏并网发电系统单独给负载供电的孤岛现象，此时，公共耦合点的电压由输出电流 I_o 和负载阻抗 Z 所决定。由于锁相环的作用，I_o 与公共耦合点的电压仅在过零点发生同步，在过零点之间，I_o 跟随系统内部的参考电流而不会发生突变。因此，对于非阻性负载，公共耦合点电压的相位将会发生突变，从而可以采用相位突变检测方法来判断孤岛现象是否发生。

相位突变检测算法简单，易于实现。但当负载阻抗角接近零时，负载近似呈阻性，由于所设阈值的限制，该方法失效。

被动检测方法一般实现起来比较简单，然而当并网逆变器的输出功率与局部电网负载的功率基本接近，导致局部电网的电压和频率变化很小时，被动检测方法就会失效，此方法存在较大的非检测区域。

2. 主动检测方法

主动检测方法是指通过控制逆变器，使其输出功率、频率或相位存在一定的扰动。电网正常工作时，由于电网的平衡作用，检测不到这些扰动。一旦电网出现故障，逆变器输出的扰动将快速累积并超出允许范围，从而触发孤岛效应检测电路。该方法检测精度高，非检测区域小，但是控制较复杂，且降低了逆变器输出电能的质量。目前并网逆变器的反孤岛策略都采用被动检测方法与主动检测方法相结合。

（1）频率偏移检测法

频率偏移检测法（Active Frequency Drift，AFD）是目前常见的一种主动检测方法。采用主动式频移方案使并网逆变器输出频率略微失真的电流，以形成一个连续改变频率的趋势，最终导致输出电压和电流超过频率保护的界限值，从而达到反孤岛效应的目的。

（2）滑模频率漂移检测法

滑模频率漂移检测法（Slip-Mode Frequency Shift，SMS）是一种主动式孤岛检测方法。它控制逆变器的输出电流，使其与公共点电压间存在一定的相位差，以期在电网失压后公共点的频率偏离正常范围而判别孤岛。此检测方法实际是通过移相达到移频，与主动频率偏移法一样有实现简单、不需要额外硬件、孤岛检测可靠性高等优点，也有类似的弱点，即随着负载品质因数增加，孤岛检测失败的可能性变大。

（3）周期电流干扰检测法

周期电流干扰检测法（Alternate Current Disturbances，ACD）是一种主动式孤岛检测法。对于电流源控制型的逆变器来说，每隔一定周期，减小光伏并网逆变器输出电流，则改变其输出有功功率。当逆变器并网运行时，其输出电压恒定为电网电压；当电网断电时，逆变器输出电压由负载决定。每到达电流扰动时刻，输出电流幅值改变，则负载上的电压随之变化，当电压达到欠电压范围时即可检测到孤岛效应发生。

（4）频率突变检测法

频率突变检测法是对 AFD 的修改，与阻抗测量法相类似。该方法在输出电流波形（不是每个周期）中加入死区，频率按照预先设置的模式振动。如果振动模式足够成熟，使用单台逆变器工作时，用这种方法防止孤岛现象的发生是有效的；但是在多台逆变器运行的情况下，如果频率偏移方向不相同，则会降低孤岛检测的效率和有效性。

孤岛效应检测除了上述普遍采用的被动法和主动法外，还有一些逆变器外部的检测方法。例如“网侧阻抗插值法”，该方法是指电网出现故障时在电网负载侧自动插入一个大的阻抗，使得网侧的阻抗突然发生显著变化，从而破坏系统功率平衡，造成电压、频率及相位的变化。

还可以运用电网系统的故障信号进行控制。一旦电网出现故障，电网侧自身的监控系统就向光伏发电系统发出控制信号，以便能够及时切断分布式能源系统与电网的并联运行。

2.5.4　低电压穿越

低电压穿越（Low Voltage Ride Through，LVRT），指在光伏发电系统并网点电压跌落的时候，光伏发电系统能够保持并网，甚至向电网提供一定的无功功率，支持电网恢复，直到电网恢复正常，从而“穿越”这个低电压时间（区域）。LVRT 是对并网光伏在电网出现电压跌落时仍保持并网的一种特定的运行功能要求。

大中型光伏电站应该在电网故障期间保持一定时间不脱网，实现低电压穿越以减小对电网的影响。通过对光伏逆变器的解耦控制，可动态调节光伏电站的无功输出能力，从而减少甚至不用常规的无功补偿装置，降低系统的成本。然而，目前国内外的光伏电站基本上都是以恒定功率因数方式运行的，最大限度输出有功功率，而忽略了其无功输出的能力。另外，当并网点电压跌落时，不附加控制将导致光伏逆变器输出过电流，若强制使逆变器不脱网则会损坏逆变器。因此研究光伏电站的低电压穿越问题，在不脱网的同时不损坏逆变器，必须充分利用光伏逆变器的快速无功输出能力参与电网的电压控制，实现低电压穿越并支撑并网点电压。

根据国家电网公司《光伏电站接入电网技术规定》，大中型光伏电站在电网发生故障时要有低电压穿越的能力，能为保持电网稳定性提供支撑，如图 2-42 所示。当并网点电压在图 2-42 中电压轮廓线及以上的区域内时，光伏电站必须保证不间断并网运行；当并网点电压在电压轮廓线以下时，允许光伏电站停止向电网线路送电。一般将 U_{L1} 设定为 0.2 倍额定电压，T_1 设为 1s，T_2 设为 3s。

制约光伏电站低电压穿越能力的主要是光伏电站出口处的电流，不能因过流而导致光伏逆变器跳开，所以既要保持逆变器不脱网，又不能损坏逆变器。由于电压跌落期间逆变器输出的电流主要是有功分量，因此使输出电流不过流（一般不超过额定电流的 1.1 倍）主要是控制电流内环的有功电流给定值，从而控制不过流。除了限制有功电流的增大外，

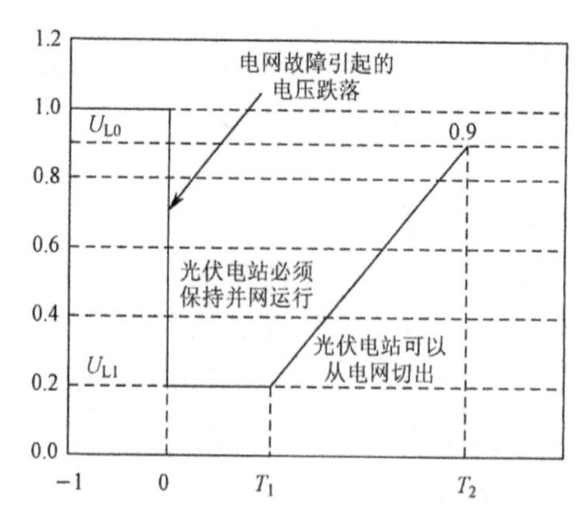

图 2-42 光伏电站低电压穿越的要求

在电压跌落期间，光伏电站不仅需要保持并网状态，而且应该能够动态发出无功功率，支撑电网电压。在必要时可以降低有功电流，从而留出足够的容量用以输出无功电流。

在电网发生扰动或故障时，并网点电压常有较大幅度的跌落。常规的解决方式是在光伏电站内加装常规无功补偿装置，在电压跌落时发出无功功率，以提升并网点电压。然而，这样却忽略了光伏逆变器本身的无功输出性能，造成了一定程度的浪费。

目前的研究热点是以无功控制策略解决光伏发电系统的低电压穿越，具体来说光伏电站的无功控制分为电压控制模式和功率因数控制模式。正常运行时，光伏电站运行在功率因数控制模式，可根据调度的需要工作在设定的功率因数模式下，向电网输出一定的有功功率和无功功率；在发生电网扰动故障等情况导致电网电压跌落时，能切换到电压控制模式，根据电压偏差情况输出无功功率，以支撑并网点电压。需要说明的是，光伏电站制定出的无功功率要受到一定的约束，即无功参考量不能越限，且不能超出系统功率因数的限制。

2.6 MATLAB 实例

加拿大电力公司开发了 MATLAB/Simulink/SimPowerSystems，其功能非常强大，可以用于电路、电力电子系统、电机系统、电力传输等过程的仿真。电力专家们在 SimPowerSystems 中的贡献在于构建电力系统分析用到的上百个交互式库函数，以及用 MATLAB 语言编制的*.mdl 文件，将电力系统分析模块与 MATLAB/Simulink 连接起来。Simulink 是在 MATLAB 环境下一个交互式操作的动态系统建模、仿真、分析工具。它包含许多电力系统和电力驱动的专用元件，将复杂的电力系统模块化，使用简单，功能也比较全面。电力系统分析模块中主要有各种同步机、异步机、变压器、直流机、特殊电机的线性和非线性的、有多值和标幺值系统的，不同仿真精度的设备模型库；单相、三相的分布和集中参数的传输线；单相、三相断路器及各种电力系统的负荷模型；另外还有一些电力电子元件的模型块。它提供了一种类似电路建模的方式进行模型绘制，用的是可视化的图形界面，在仿真前自动将其变换成状态方程描述的系统形式，然后在 Simulink 下进行仿真分析。这种图形界面具有直观简单的特征，能够描述许多用语言难以表达的信息，可以加快建模速度，提高仿真精确度和仿真效率。

利用 MATLAB 实现电力电子系统的仿真，一般可采用两种方式：第一种是利用 m 文件进行编程，第二种是利用 Simulink 格式在 SimPowerSystems 中进行系统的构建。本节将分别利用上述两种方法进行介绍。

2.6.1 光伏输出特性（m 文件）

首先，在 m 文件中输入一些常数量，例如光伏组件在 25℃和 1000kW 情况下的短路电流、开路电压、绝对温度和空矩阵等；其次，根据光伏的数学模型编程，需要注意的是由于需要一系列的数据来实现光伏的非线性特性输出，因此每次程序运算得到的数据都需要保存，在本例中，首先设置了空矩阵，然后将运算得到的数据依次保存在矩阵中，便于输出时调用；再次，本例为了实现光伏的最大功率点跟踪，必须了解最大功率曲线的分布特点，因此编写了查询最大值的程序；最后，利用 plot 命令实现了数据的输出，如图 2-43 所示。具体程序如下：

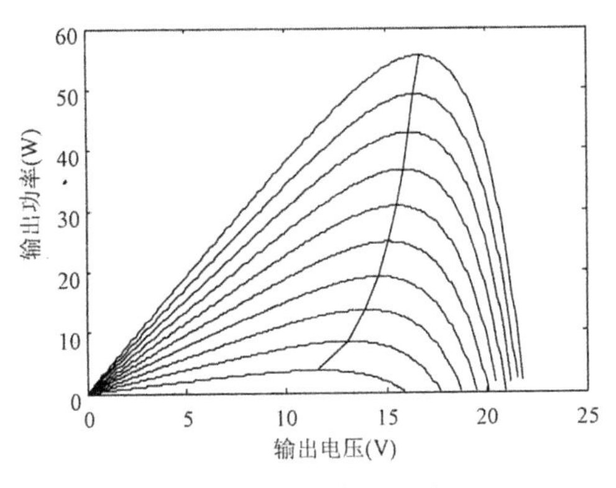

图 2-43 光伏输出特性

```
%第一部分常数及空矩阵的输入

%常数输入
Isc25=3.8;                    %短路电流值
Voc25=22;                     %开路电压值
T=298;                        %25℃时的绝对温度
q=1.6e-19;                    %电子电荷
k=1.38e-23;                   %波尔兹曼常数
Rs=0.0028;                    %串联电阻值
Rsh=10000;                    %并联电阻值
Ki=0.001;                     %电流温度系数
Kv=0.004;                     %电压温度系数
n=2.29785;                    %二极管品质因子
```

```
m=44;                                   %光伏电池串联数量
I0=8e-4;                                %反向饱和电流

%空矩阵输入
Pmppt=[];
Vmppt=[];
Imppt=[];

%第二部分光伏输出特性

i=0;                                    %计数开始设置

%Si=input('Sun shine=');                 %太阳辐射强度输入（根据程序不同需要可选择）
%for Tr1=-50:10:75                       %光伏板温度循环输入（根据程序不同需要可选择）
Tr1=input('光伏板实际温度=');             %光伏板实际温度输入
for Si=100:100:1000;                    %太阳辐射强度循环输入（循环程序的开始）
    i=i+1;                              %计数
Tr=273+Tr1;                             %绝对温度求解
Voc=Voc25*[1-Kv*(Tr-T)];                %温度对开路电压的影响
Isc=Isc25*[1+Ki*(Tr-T)];                %温度对短路电流的影响
Iph25=Isc25*(1+Rs/Rsh);                 %光电流求解
Iph=Iph25*[1+Ki*(Tr-T)]*Si/1000;        %综合了温度和太阳辐射强度的当前光电流值
Iph1(i)=Iph;                            %保存到 Iph1 中
Voc1=((n*k*Tr)/q)*log(Iph/I0)*m;        %综合了温度和太阳辐射强度的当前开路电压
j=Voc1/0.1;                             %根据开路电压的大小分成多段，以便进行计算
V1=0:0.1:Voc1;                          %V1 从 0 开始以步长 0.1 增加到当前开路电压
Id=I0*[exp((q/(n*k*Tr))*(V1/m))-1];     %流过二极管的电流求解
I=Iph-Id;                               %光伏输出电流求解
V=V1*[1-Kv*(Tr-T)];                     %光伏输出电压求解
P=V.*I;                                 %光伏输出功率求解
Plot(V,P,'k')                           %以曲线的形式输出
hold on                                 %保持曲线不被后面输出的曲线覆盖
Pm(i)=max(P);                           %求解功率极大值
Pmppt(i)=[;Pm(i)];                      %保持功率极大值

%第三部分求解最大功率曲线
for w=1:1:j;                            %计数设置
if (V(w).*I(w)==max(P))                 %如果电压与电流的乘积等于最大功率值
    Vm(i)=V(w);                         %保存电压值
    Im(i)=I(w);                         %保存电流值
```

```
end
end
Vmppt(i)=[;Vm(i)];                        %依次保存到空矩阵
Imppt(i)=[;Im(i)];                        %依次保存到空矩阵
Plot(Vmppt,Pmppt,'k')                     %输出最大功率曲线
hold on                                   %保存曲线
xlabel('Output Voltage(V)');              %输出横坐标
ylabel('Output Power(W)');                %输出纵坐标
```

上述 m 文件只是光伏输出的一个简单示例，其中要注意的是两个 plot 命令所处的程序位置不同，读者可自行分析原因。

2.6.2　最大功率跟踪控制策略（Simulink 格式）

最大功率跟踪控制是提高光伏发电系统输出效率的重要手段，其核心是控制 DC/DC 电路的 PWM 占空比，以实现光伏输出的最大化。本节中采用的是 Boost 电路，其中光伏发电系统以直流电源代替。图 2-44 显示了最大功率跟踪控制模块，主要包括控制模块和主电路模块两个部分。主电路如图 2-45 所示，包括 Boost 电路、光伏阵列、滤波电容和负载等。本节直接将 DC 电源等效为光伏阵列，同时为了模拟太阳辐射强度的变化，将 DC 电源的电压分别设为 DC=100V，DC1=50V，DC2=200V，如图 2-46 所示。控制模块采用了扰动观察法，具体来说首先将采集到的电压和电流的信号相乘得到功率信号，通过一个延时保存前一个时刻的功率值，将当前值与保存值比较，以确定功率信号是否增长，进而通过所确定的步长结合所采用的信号发生器得到最佳的 PWM 占空比，其中 PWM 占空比在 0 时刻为 0.5，模块组成如图 2-47 所示。利用上述最大功率跟踪控制模块得到的电压、电流、功率、PWM 输出曲线如图 2-48 所示，其中（d）和（f）分别是功率和 PWM 曲线的局部放大图。

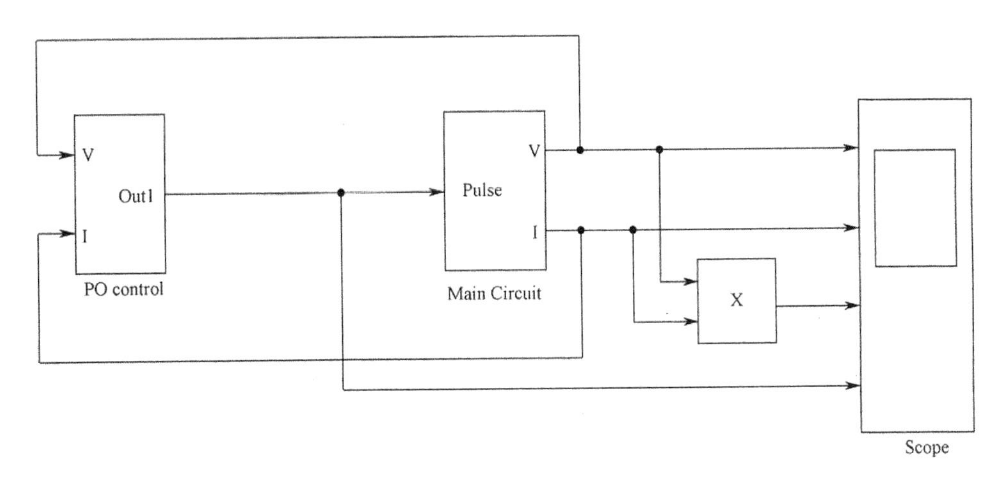

图 2-44　最大功率跟踪控制模块

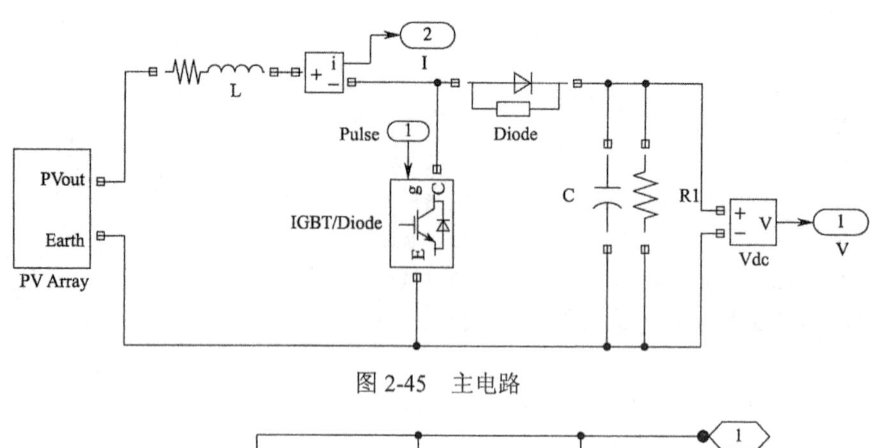

图 2-45　主电路

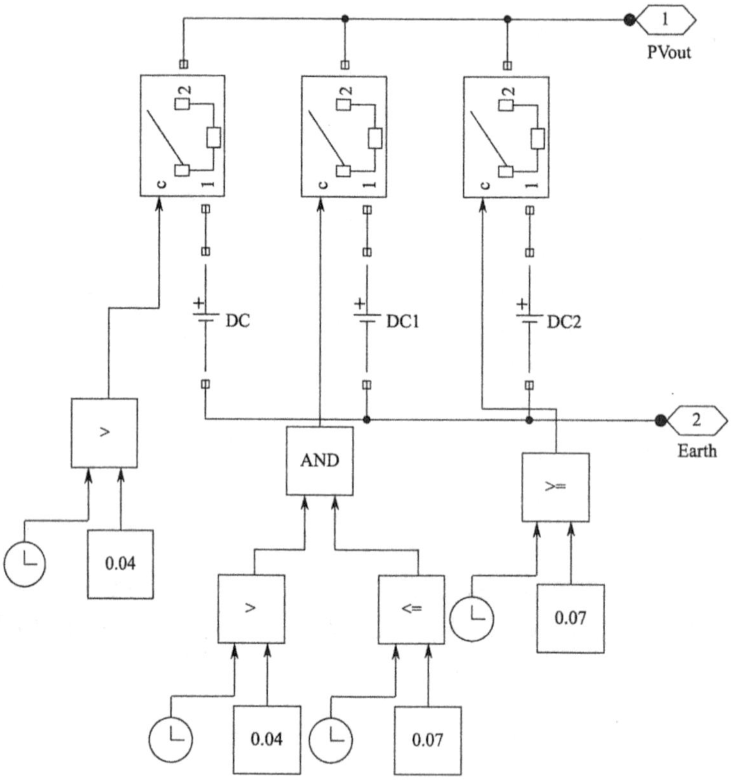

图 2-46　模拟太阳辐射强度的变化

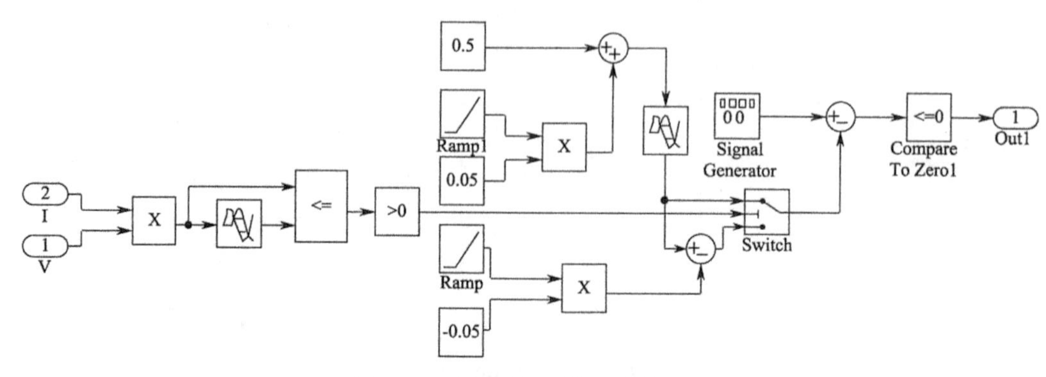

图 2-47　控制模块（扰动观察法）

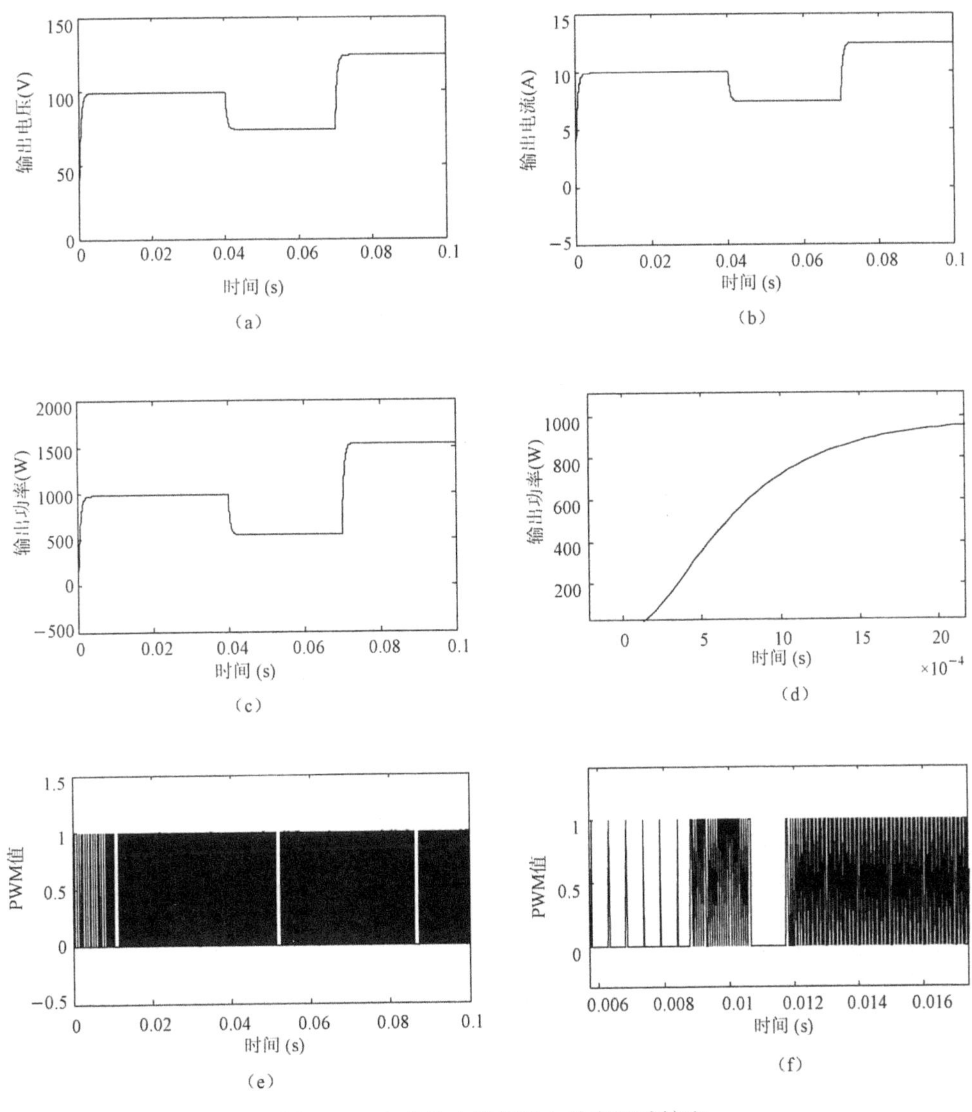

图 2-48　光伏发电系统最大功率跟踪输出

2.7　太阳能应用未来发展前景

太阳能必将占据未来能源供应体系的重要位置，当然这离不开科技的进步和各种奇思妙想，本节将介绍一些较为新颖的科研项目。

1．新型塑料太阳能电池

近日，美国佐治亚理工学院的研究团队宣称，他们已经研发出一种新型的塑料太阳能电池，如图 2-49 所示。与传统的太阳能电池外层需要厚厚的玻璃或昂贵的密封层相比，这种新型电池外层厚度在 1μm 之内。研究人员从稀释溶剂中获取聚合物，并将这种聚合物进行加工，在导体表面形成了最终的外层。由于这种聚合物获取容易、环保、成本低廉，而且与现存的批量生产技术相兼容，因而可以令电子设备在塑料甚至纸质基板上制造，彻底改变了电子产品生产要求。这种新型电池和现有的太阳能电池相比具有很大的价格优势，虽然目前研究仍处于初级阶段，但是相信它会成为未来太阳能产业的发展趋势。

图 2-49　新型塑料太阳能电池

2. 具有柔韧性、可折叠的纸质太阳能电池

美国麻省理工学院（MIT）的科学家们近日开发出一项新印刷技术，并成功地利用其制造出纸质太阳能电池，如图 2-50 所示。

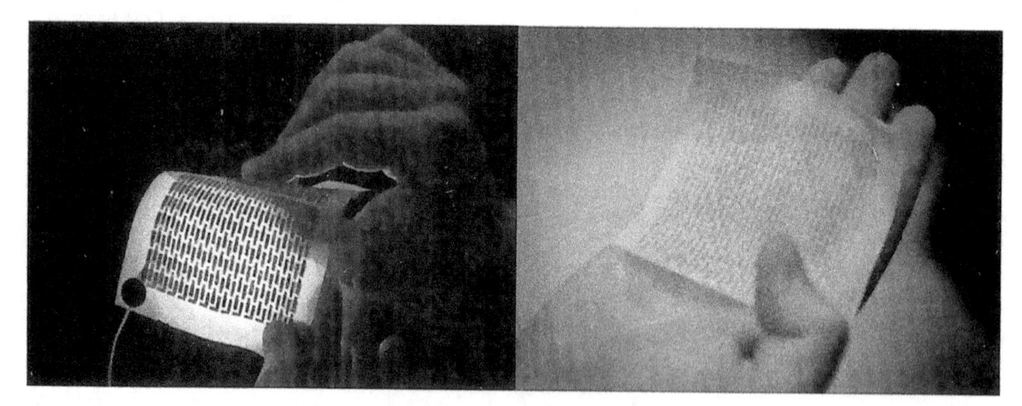

图 2-50　纸质太阳能电池

目前，在制造太阳能电池所使用的几种方法中，其所需条件都是具有破坏性的——印刷底物必须浸在液体中或需要高温。而这种新的印刷技术仅需要蒸汽和不超过 120℃的环境温度，如此一来，未经处理的普通纸张、衣服和塑料均可被拿来当作电池的制造材料。此外，该技术也只是用到了很简单的方法——气相沉积法，该方法造价低廉，商业应用广。

不过，比起普通的纸张打印，这项技术还是稍有复杂性：通过同样是纸质的蒙版固定电池表面的花纹样式，将 5 层导电性材料重复地沉积到一张纸的同一位置上，整个过程必须在真空中进行。除了纸质电池外，研究人员还利用 PET（聚对苯二甲酸乙二醇酯）塑料制成另一种电池。他们将该电池反复折叠 1000 次后检测，发现其并未出现明显的性能损失。

与此形成对照的是，他们将一款使用同样材料制成的商业太阳能电池折叠一次后，该电池就无法使用了。目前该电池的转化效率只有约 1%，研究小组正在研究如何改进该项技术，他们相信经过对材料的精细调整后，转化效率将有很大提升。

3．太阳能叶片风力发电系统

日前利物浦大学开发出一种结合传统风力发电系统与光伏组件的太阳能叶片风力发电系统，如图 2-51 所示，目的是提高整个系统的输出效率，降低太阳辐射对叶片的伤害。

图 2-51　太阳能叶片风力发电系统

4．路面收集太阳能

在荷兰已经建成了利用路面来收集太阳能的装置。研究者们在荷兰北部的阿芬霍伦村利用一段长 180m 的路面及小块停车场收集太阳能，为当地 70 个公寓单位的住宅区提供暖气。附近的霍伦市有一面积达 14864m^2 工业区，其利用 3344m^2 的人行道，在夏季储存太阳能，供冬季取暖之用。南部一个空军基地也利用跑道收集太阳能来给飞机库供应暖气。

荷兰天空多云，一年中只有几天是酷热难受的晴空，但荷兰科学家却善用太阳能。事实上，奥姆·阿芬霍伦控股公司是在研究如何减少路面维修工程时，连带开发了这种路面太阳能取暖系统。该公司把可伸缩的塑料水管组成管阵，安在路面下，再铺上沥青；沥青吸收太阳的热能，将管内的冷水加热；热水注入地下深层的天然水库，库内水温保持在 20℃左右。在进入冬季时，维修人员可将温水抽上来，避免路面结冰。在热天，维修人员可从另外一个地下水库将冷水抽上来，给建筑物降温。该公司商务经理范扎内表示，作为建筑物的暖气供应系统，它的建造费等于普通天然气暖气系统的两倍，但它每个月的耗电量却低了一半，还把二氧化碳排放量减少了一半。

5．太阳风发电

太阳风（Solar Wind）是从太阳表层大气射出的超音速等离子体（带电粒子）流。对于其他恒星，这种带电粒子流也被称为恒星风（Stellar Wind）。在太阳的日冕层的高温（几百万开氏度）下，氢、氦等原子已经被电离成带正电的质子、氦原子核和带负电的自由电子等。这些带电粒子运动速度极快，以致不断有带电的粒子挣脱太阳的引力束缚，射向太阳的外围，形成太阳风。太阳风的速度一般在 200～800km/s。

最近，来自华盛顿州大学的研究人员在《国际天体生物学杂志》(*International Journal of Astrobiology*) 上撰文称，他们设想借助于一个宽 8400km 的巨型太阳帆收集太阳风的能量，能够产生 10 亿的 3 次方瓦特电量，这远远超过人类所需的电量（见图 2-52）。如果所产生的电量能够传回地球，便可以满足全人类的用电需求。

图 2-52　太阳风发电

太阳风与地球上的风截然不同，卫星无法像风车一样发电。卫星并不是利用涡轮上的叶片旋转发电，而是利用一根带电铜线捕获快速远离太阳的电子，这些电子的移动速度可达到每秒数百千米。根据研究小组的计算，安装在一个 2m 宽接收器上的 300m 长铜线以及一个 10m 宽太阳帆所产生的电量足以满足 1000 个家庭的用电需求。一颗携带 1000m 铜线的卫星，以及大约位于同一轨道的 8400km 宽的太阳帆便可产生 10 亿的 3 次方瓦特电量，大约相当于地球当前用电量的 1000 亿倍。

当然，所有这些电量都必须传回地球，否则便没有任何意义。卫星产生的一些电量将被输送到铜线，以产生电子收集磁场。余下电量用于为一道红外激光束供能，以帮助实现在任何环境条件下满足整个地球用电需求这一目标。这种发电方式的一大缺陷就是地球与卫星距离太远，达到数百万千米，即使最强大的激光束也会发散，进而丧失大部分能量。斯楚尔泽-马库奇表示，虽然用于研制这种卫星的绝大多数技术都已存在，但研发聚焦程度更高的激光却是一大挑战。

第3章　风　　能

3.1　风能利用基础知识

人类利用风能的整个历史可以追溯到数千年前，但数千年来，风能技术发展缓慢，没有引起人们的足够重视。自1973年世界石油危机以来，在常规能源告急和全球生态环境恶化的双重压力下，风能作为新能源的一部分才重新有了长足的发展。风能作为一种无污染和可再生的新能源有着巨大的发展潜力，特别是对沿海岛屿、交通不便的边远山区、地广人稀的草原牧场，以及远离电网和近期内电网还难以达到的农村、边疆，作为解决生产和生活能源的一种可靠途径，有着十分重要的意义。即使在发达国家，风能作为一种高效清洁的新能源也日益受到重视。本节将介绍风的形成、风能的应用、风力机分类等基本知识。

3.1.1　风

1. 风的形成

风能（Wind Energy）是地球表面大量空气流动所产生的动能。风是地球上的一种自然现象，它是由太阳辐射热引起的。太阳照射到地球表面，地球表面各处受热不同，产生温差，从而引起大气的对流运动形成风。风能就是空气的动能，风能的大小取决于风速和空气的密度。据估计，到达地球的太阳能中虽然只有大约2%转化为风能，但其总量仍是十分可观的。全球的风能约为2.74×10^9 MW，其中可利用的风能为2×10^7 MW，比地球上可开发利用的水能总量还要大10倍。

在赤道和低纬度地区，太阳高度角大，日照时间长，太阳辐射强度大，地面和大气接收的热量多，温度较高；在高纬度地区，太阳高度角小，日照时间短，地面和大气接收的热量小，温度低。这种高纬度与低纬度之间的温度差异，形成了中国南北之间的气压梯度，使空气做水平运动。

（1）季风

理论上风应沿水平气压梯度方向吹，即垂直于等压线从高压向低压吹，但是地球在自转，使空气水平运动发生偏向的力，称为地转偏向力，这种力使北半球气流向右偏转，南半球气流向左偏转，所以地球大气运动除受气压梯度力影响外，还受地转偏向力的影响。大气真实运动是这两个力的共同作用的结果。实际上，地面风不仅受这两个力的支配，而且在很大程度上受海洋、地形的影响。山隘和海峡能改变气流运动的方向，还能使风速增大；而丘陵、山地摩擦大，使风速减小；孤立山峰却因海拔高，使风速增大。因此，风向和风速的时空分布较为复杂。比如海陆差异对气流运动的影响，在冬季，大陆比海洋冷，大陆气压比海洋高，风从大陆吹向海洋；夏季则相反，大陆比海洋热，风从海洋吹向大陆。这种随季节转换的风，称为季风。

（2）海陆风

白昼时，大陆上的气流受热膨胀上升至高空流向海洋，到海洋上空冷却下沉，在近地层海洋上的气流吹向大陆，补偿大陆的上升气流，低层风从海洋吹向大陆，称为海风；夜间（冬季）时，情况相反，低层风从大陆吹向海洋，称为陆风。

（3）谷风和山风

在山区由于热力原因，白天风由谷地吹向平原或山坡，夜间风由平原或山坡吹向谷地。这是由于白天山坡受热快，温度高于山谷上方同高度的空气温度，坡地上的暖空气从山坡流向谷地上方，谷地的空气则沿着山坡向上补充流失的空气，这时由山谷吹向山坡的风，称为谷风。夜间，山坡因辐射冷却，其降温速度比同高度的空气快，冷空气沿坡地向下流入山谷，称为山风。

当太阳辐射能穿越地球大气层时，大气层约吸收 2×10^{16} W 的能量，其中 1%～3%转变成空气的动能。热带比亚热带吸收较多的太阳辐射能，产生大气压力差，导致空气流动而产生风。至于局部地区，例如，在高山和深谷，在白天，高山顶上的空气受到阳光加热而上升，深谷中的冷空气取而代之，因此，风由深谷吹向高山；夜晚，高山上的空气散热较快，于是风由高山吹向深谷。又如，在沿海地区，白天由于陆地与海洋的温度差，风从海上吹向陆地；反之，晚上风由陆地吹向海上。

2. 风能的应用

风能的利用形式主要是将大气运动时所具有的动能转化为其他形式的能量，人类利用风能的历史可以追溯到公元前（见图 3-1）。中国是世界上最早利用风能的国家之一。公元前数世纪中国人民就利用风力提水、灌溉、磨面、舂米，用风帆推动船舶前进。到了宋代更是中国应用风车的全盛时代，当时流行的垂直轴风车，一直沿用至今。在国外，公元前 2 世纪，古波斯人就利用垂直轴风车碾米。10 世纪伊斯兰人用风车提水，11 世纪风车在中东国家和地区已获得广泛的应用。13 世纪风车传至欧洲，14 世纪其已成为欧洲不可缺少的原动机。在荷兰风车先用于莱茵河三角洲湖地和低湿地的汲水，以后又用于榨油和锯木。只是由于蒸汽机的出现，才使欧洲风车数目急剧下降。

数千年来，风能技术发展缓慢，也没有引起人们足够的重视。但自 1973 年世界石油危机以来，在常规能源告急和全球生态环境恶化的双重压力下，风能作为新能源的一部分才重新有了长足的发展。风能作为一种无污染和可再生的新能源，有着巨大的发展潜力，特别是对沿海岛屿、交通不便的边远山区、地广人稀的草原牧场，以及远离电网和近期内电网还难以达到的农村、边疆，作为解决生产和生活能源的一种可靠途径，有着十分重要的意义。即使在发达国家，风能作为一种高效清洁的新能源也日益受到重视。

图 3-1 风能的早期应用

现代的风能开发主要是指风力发电。风能作为一种清洁的能量，具有和其他可再生能源相似的优缺点。

1）优点

（1）分布广泛，无污染，可再生；

（2）技术较为成熟，生产成本降低，在适当地点，风力发电成本已低于普通发电机。

2）缺点

（1）能量密度低，约为相同速度水能的1/800，且风速不稳定，产生的能量大小不稳定；

（2）发电时产生的噪声、振动、扰流会对周边环境造成影响，特别是对鸟类的觅食和迁徙造成较大影响；

（3）陆上风力发电需要占用大量土地兴建风力发电场，且会受到地理位置的限制；

（4）风力发电技术还未成熟；

（5）风能的转换效率低，大型风力机一般也不会超过45%。

3.1.2 风力机的发展历史和分类

1. 发展历史

风力机是将风能转换为机械功的动力机械，又称风车。广义的说，它是一种以太阳为热源，以大气为工作介质的热能利用发动机。许多世纪以来，它同水力机械一样，作为动力源替代人力、畜力，对生产力的发展发挥过重要作用。近代机电动力的广泛应用以及20世纪50年代中东油田的发现，使风力机的发展缓慢下来。

20世纪70年代初期，由于“石油危机”，出现了能源紧张的问题，人们认识到常规矿物能源供应的不稳定性和有限性，于是寻求清洁的可再生能源成为现代世界的一个重要课题。风能作为可再生的、无污染的自然能源又重新引起了人们的重视。

风车最早出现在波斯，起初是立轴翼板式风车，后又发明了水平轴风车。风车传入欧洲后，15世纪便已得到广泛应用。荷兰、比利时等国为排水建造了功率在66kW以上的风车。18世纪末期以来，随着工业技术的发展，风车的结构和性能都有了很大提高，已能采用手控和机械式自控机构改变叶片桨距来调节风轮转速。

风力机用于发电的设想始于1890年丹麦的一项风力发电计划。到1918年，丹麦已拥有风力发电机120台，额定功率为5～25kW不等。第一次世界大战后，制造飞机螺旋桨的先进技术和近代气体动力学理论，为风轮叶片的设计创造了条件，于是出现了现代高速风力机。

在第二次世界大战前后，由于能源需求量大，欧洲一些国家和美国相继建造了一批大型风力发电机。1941年，美国建造了一台双叶片、风轮直径达53.3m的风力发电机，当风速为13.4m/s时输出功率达1250kW。

英国在20世纪50年代建造了三台功率为100kW的风力发电机。其中一台结构颇为独特，它由一个26m高的空心塔和一个直径为24.4m的翼尖开孔的风轮组成。风轮转动时造成的压力差迫使空气从塔底部的通气孔进入塔内，穿过塔中的空气涡轮，再从翼尖通气孔溢出。法国在20世纪50年代末到60年代中期相继建造了三台功率分别为1000kW和800kW的大型风力发电机。

现代的风力机具有较强的抗风能力；风轮叶片广泛采用轻质材料；运用近代航空气体动力学成就，使风能利用系数提高到0.45左右；用微处理机控制，使风力机保持在最佳运行状态；发展了风力机阵列系统；风轮结构形式多样化。

中国在20世纪50年代末有各种木结构的布篷式风车，1959年仅江苏省就有木风车20多万台。到20世纪60年代中期主要是发展风力提水机。20世纪70年代中期以后，风能开发利用被列入“六五”国家重点项目，得到迅速发展。进入20世纪80年代中期以后，中国先后从丹麦、比利时、瑞典、美国、德国引进一批大、中型风力发电机组，在新疆、内蒙古的风口及山东、浙江、福建、广东的岛屿建立了8座示范性风力发电厂。进入21世纪，我国风力发电进入了快速发展期，目前中国的风电装机容量已经排在了世界第一位。2012年我国风电新增装机容量达到1400万千瓦左右，风电并网总量达到6083万千瓦，发电量达到1004亿千瓦时，风电已超过核电成为继煤电和水电之后的第三大主力电源。

2. 分类

风力机大都按风能接收装置的结构形式和空间布置来分类，一般分为水平轴结构和垂直轴结构两类。以风轮作为风能接收装置的常规风力机为例，按风轮转轴相对于气流的方向可分为水平轴风轮式（转轴平行于气流方向）、侧风水平轴风轮式（转轴平行于地面、垂直于气流方向）和垂直轴风轮式（转轴同时垂直于地面和气流方向）。按桨叶数量，分为单叶片式、双叶片式、三叶片式、四叶片式和多叶片式。按塔架位置，分为上风式（迎风式）和下风式（顺风式）。按桨叶和形式，分为螺旋桨式、H型、S型等。按桨叶的工作原理，分为升力型和阻力型。按风力机的容量分，有微型机（1kW以下）、小型机（1～10kW）、中型机（10～100kW）和大型机（100kW以上）。此外，还有一些特殊种类的风力机，如扩压式、旋风式和浓缩风能型等。

各种风力机如图3-2所示。

（a）单桨叶水平轴风力机 （b）双桨叶水平轴风力机 （c）三桨叶水平轴风力机

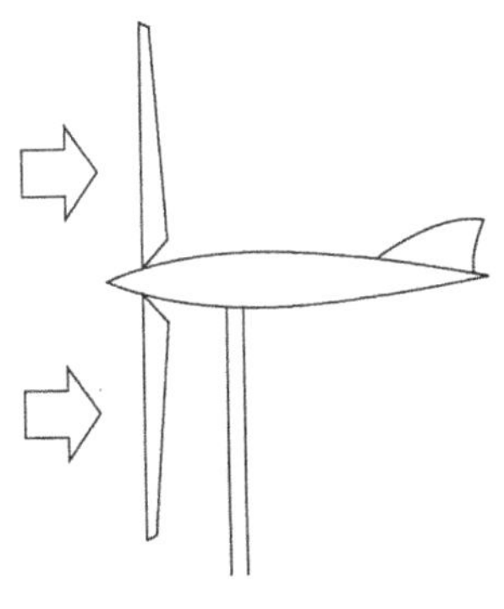

（d）上风向水平轴风力机 （e）下风向水平轴风力机 （f）H型升力型垂直轴风力机

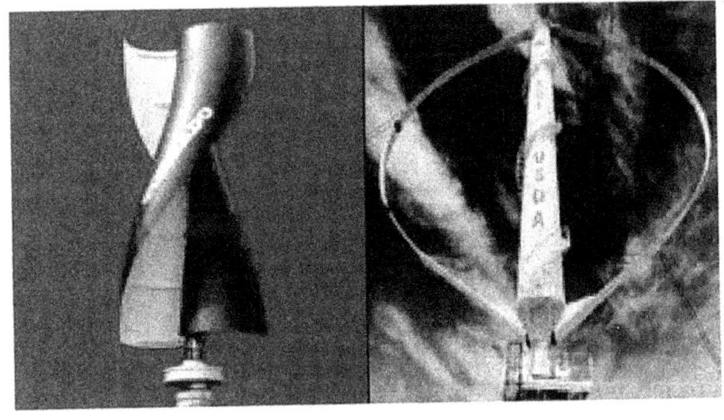

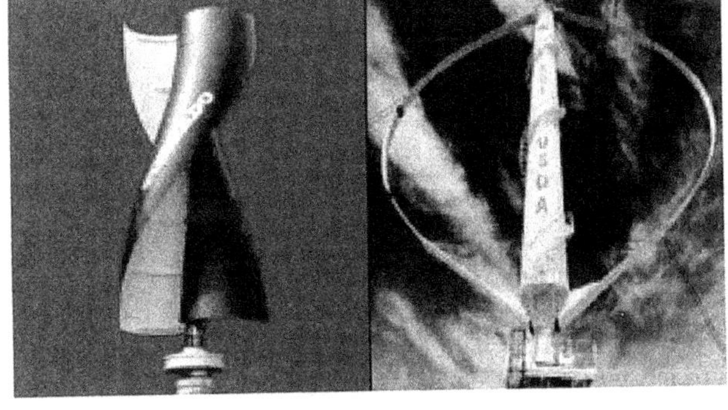

（g）S型阴力型垂直轴风力机 （h）Φ型升力型垂直轴风力机 （i）混合Φ型和S型垂直轴风力机

图 3-2 风力机

1）水平轴风力机

水平轴风力机可分为升力型和阻力型两类。升力型旋转速度快，阻力型旋转速度慢。对于风力发电，多采用升力型水平轴风力机。大多数水平轴风力机具有对风装置，能随风向改变而转动。对小型风力机，这种对风装置采用尾舵；而对于大型风力机，则利用风向传感元件及伺服电动机组成的传动装置。

水平风力机的式样很多，有的具有反转叶片的风轮；有的在一个塔架上安装多个风轮，以便在输出功率一定的条件下减少塔架成本；有的利用锥形罩，使气流通过水平轴风轮时集中或扩散，达到加速或减速；还有的水平轴风力机在风轮周围产生旋涡，集中气流，提高气流速度。

2）垂直轴风力机

垂直轴风力机的风轮的旋转轴垂直于地面或者气流方向。

（1）阻力型垂直轴风力机

阻力型垂直轴风力机的种类主要有萨渥纽斯型（S 型）、涡轮型、风杯型、平板型和马达拉斯型等（见图 3-3）。S 型风力发电机由两个轴线错开的半圆柱形叶片组成，其优点是启动转矩较大；缺点是围绕着风轮产生的不对称气流，产生侧向推力，而且尖速比一般小于 1。对于较大型的风力机，受偏转、安全极限应力以及尖速比的限制，采用这种结构形式是比较困难的。S 型风力机风能利用系数低于高速垂直轴和水平轴风力机，在风轮尺寸、重量和成本一定的情况下提供的输出功率较低，因而缺乏竞争力。

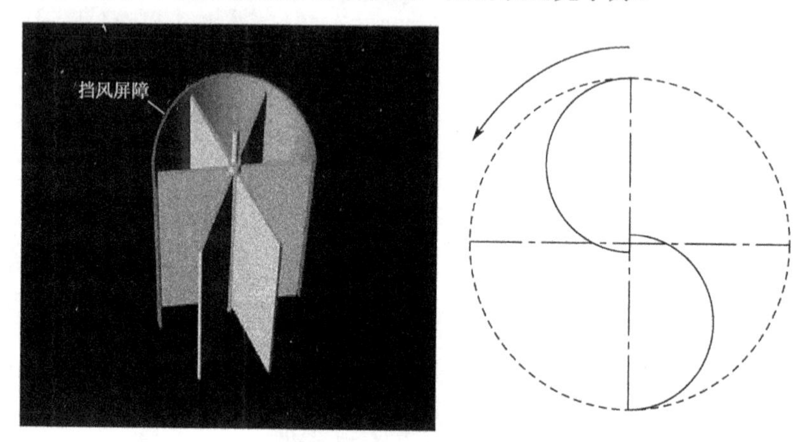

图 3-3　阻力型垂直轴风力机

（2）升力型垂直轴风力机

升力型垂直轴风力机包括 Φ 型、H 型、Y 型等类型（见图 3-4），但目前研究应用的主流基本上是直叶片和弯叶片，以 H 型和 Φ 型最为典型，是现在水平轴风力机的主要竞争者。Φ 型风轮所采用的是 Troposkien 曲线叶片，使叶片只承受纯张力，不承受离心力载荷，从而将弯曲应力减至最小，但叶片制造成本也比直叶片高。对于相同强度的叶片，因为材料可承受的张力比弯曲应力要强，所以 Φ 型叶片比较轻，且比 H 型风力机具有更高的尖速比。但是 Φ 型叶片几何形状固定不变，不便采用变桨矩方法实现自启动和控制转速。对于相同高度和直径的风轮，Φ 型转子比 H 形转子的扫掠面积要小。

直叶片即 H 形叶片要采用横梁或拉索支撑，以防止产生弯曲应力。这些支撑将产生气动阻力，降低风轮效率。直叶片风轮结构简单，风轮叶片可以采用变桨距角控制，从而适应相对风速的变化，提高风能利用率，实现自启动，降低成本，提高可靠性。

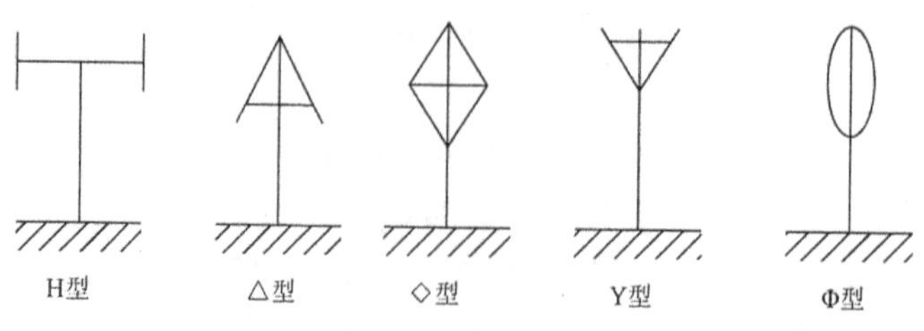

图 3-4　升力型垂直轴风力机的类型

（3）其他形式的垂直轴风力机

其他形式的垂直轴风力机有马格努斯效应风轮，它由自旋的圆柱体组成，当它在气流中工作时，产生的移动力是由于马格努斯效应引起的，其大小与风速成正比（见图 3-5）。有的垂直轴风轮使用管道或者旋涡发生器塔，通过套管或者扩压器使水平气流变成垂直气流，以提高速度。偶尔还利用太阳能或者燃烧某种燃料，使水平气流变成垂直方向的气流。当一个旋转物体的旋转角速度矢量与物体飞行速度矢量不重合时，在与旋转角速度矢量和平动速度矢量组成的平面相垂直的方向上将产生一个横向力。在这个横向力的作用下物体飞行轨迹发生偏转的现象称为马格努斯效应。旋转物体之所以能在横向产生力的作用，从物理角度分析，是由于物体旋转可以带动周围流体旋转，使得物体一侧的流体速度增大，另一侧流体速度减小。

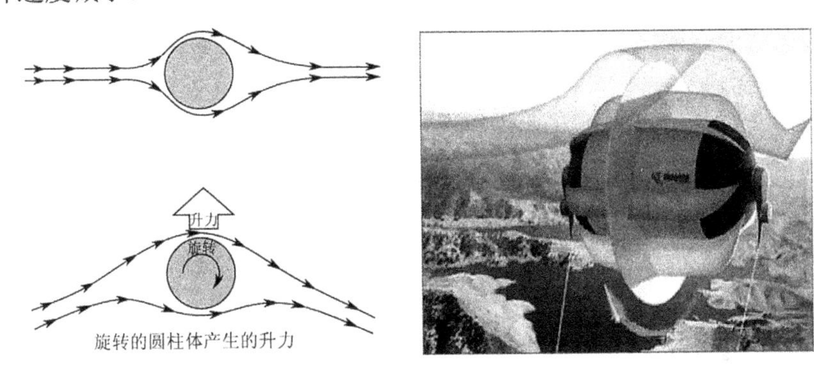

图 3-5　马格努斯效应风轮

（4）垂直轴风力机的优点和缺点

垂直轴风力机是风轮轴垂直于风向的风力机。与水平轴风力机相比，垂直轴风力机具有以下优点。

① 总体结构合理

垂直轴风力机的风轮结构布置对称，可降低对大型高塔架的强度要求；齿轮箱、发电机和传动系统可以安装在地面上，安装维护方便。

② 不需要偏航系统

垂直轴风力机叶片的转动与风向无关，可以吸收来自任意方向风的能量，在风向改变时无须对风，不需要调向机构，使结构设计简化，避免了因偏航机构的频繁动作而产生的噪声，同时也可以有效地提高风力机的运行可靠性。

③ 对叶片的结构要求较低

垂直轴风力机的叶片可由形状单一的翼型拉伸成 Troposkien 曲线，在旋转时，旋转离心力在叶片上产生了纯拉力，因此降低了对叶片的强度要求；叶片材料通用，有效地降低了大型叶片的制造成本。

④ 运行条件宽松

当风速达到 50m/s 时，通常垂直轴风力机仍可运行，因此其满负荷运行范围要宽得多，能够使高风速风能得到更有效的利用。同时由于垂直轴风力机的叶片可采用悬臂梁结构，因此，抗台风能力要强得多。

垂直轴风力机具有以下缺点：由于靠近地面的风速较小，捕获的风能比较少；垂直轴风力机总体效率比较低，风能利用效率系数只能达到0.4；一般的垂直轴风力机无法自启动（但如果垂直轴风力机并网，此问题并不突出）；大型垂直轴风力机的机械振动问题和气弹性问题较为复杂。

3.1.3 风力机基础知识

1. 贝茨极限

贝茨极限是由德国的空气动力学家贝茨（Albert Betz）提出的。虽然这个理论是基于水平轴风力机的，但对于垂直轴风力机也适用。假定风轮是理想的，即满足以下条件：

（1）风轮可以简化成一个平面桨盘，没有轮毂，而叶片无穷多，这个平面桨盘被称为制动盘。

（2）风轮叶片旋转时不受摩擦阻力，是一个不产生损耗的能量转换器。

（3）风轮前、风轮扫掠面、风轮后气流都是均匀的定常流，气流流动模型可简化成图3-6所示的流束。

（4）风轮前未受扰动的气流静压和风轮后远方的气流静压相等。

（5）作用在风轮上的推力是均匀的。

（6）不考虑风轮后的尾流旋转。

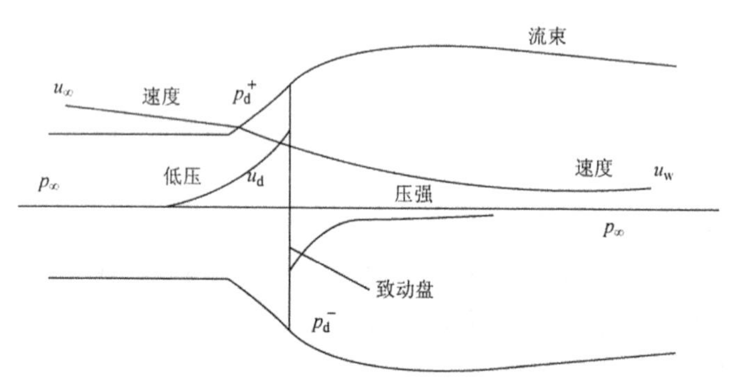

图 3-6　流经致动盘的流束

此时，空气流过致动盘的瞬时能量转换如图 3-6 所示。致动盘前部的远方来流通过制动盘时，受风轮阻挡被向外挤压，绕过致动盘的空气能量未被利用。只有通过致动盘截面的气流释放所携带的部分动能。致动盘上游流束的横截面积比致动盘面积小，而下游的则比致动盘面积大。流束膨胀是因为要保证每处的质量流量相等。

马赫数指某速度相对于当地空气声速的倍数。由于风速远小于当地空气的声速，即运动气流的马赫数 $M \ll 1$，空气的压缩性可被忽略。单位时间内通过特定截面积的空气质量是 $\rho A\upsilon$，其中 ρ 为空气密度（$\mathrm{kg/m^3}$），A 为横截面积（$\mathrm{m^2}$），υ 为流体速度。由一维动量理论可得

$$\rho A_\infty \upsilon_\infty = \rho A_d \upsilon_d = \rho A_w \upsilon_w \tag{3-1}$$

其中，∞ 表示上游无穷远处的参数，d 表示叶片处的参数，w 代表尾流远端的参数。

致动盘导致气流速度发生变化，该速度变化将叠加到自由流速率上。该诱导气流在气流方向的分量为$-a\upsilon_{\infty}$，其中a为轴向气流诱导因子。所以在致动盘上，气流方向的净速度为

$$\upsilon_{\mathrm{d}}=\upsilon_{\infty}(1-a) \tag{3-2}$$

由此，在致动盘面处，轴流诱导因子为

$$a=\frac{\upsilon_{\infty}-\upsilon_{\mathrm{d}}}{\upsilon_{\infty}} \tag{3-3}$$

气流在经过制动盘时速度发生变化，总变化量为$(\upsilon_{\infty}-\upsilon_{\mathrm{d}})$，气流所受的作用力等于动量变化率，动量变化率等于速度的变化乘以质量流量，即

$$F=(\upsilon_{\infty}-\upsilon_{\mathrm{d}})\rho A_{\mathrm{d}}\upsilon_{\mathrm{d}} \tag{3-4}$$

式中，F为气流所受的作用力，单位为N。

引起动量变化的力完全来自致动盘前后静压力的改变，所以有

$$(p_{\mathrm{d}}^{+}-p_{\mathrm{d}}^{-})A_{\mathrm{d}}=(\upsilon_{\infty}-\upsilon_{\mathrm{w}})\rho A_{\mathrm{d}}\upsilon_{\infty}(1-a) \tag{3-5}$$

式中，p_{d}^{+}为致动盘前气流静压，单位为Pa；p_{d}^{-}为致动盘后气流静压，单位为Pa。

对流束的上风向和下风向分别使用伯努利方程，可以求得压力差（$p_{\mathrm{d}}^{+}-p_{\mathrm{d}}^{-}$）。对上风向气流有

$$\frac{1}{2}\rho_{\infty}\upsilon_{\infty}^{2}+p_{\infty}+\rho_{\infty}gh_{\infty}=\frac{1}{2}\rho_{\mathrm{d}}\upsilon_{\mathrm{d}}^{2}+p_{\mathrm{d}}^{+}+\rho_{\mathrm{d}}gh_{\mathrm{d}} \tag{3-6}$$

由于假设气体是不可压缩的，$\rho_{\infty}=\rho_{\mathrm{d}}$，并且在水平方向$h_{\infty}=h_{\mathrm{d}}$，因此有

$$\frac{1}{2}\rho\upsilon_{\infty}^{2}+p_{\infty}=\frac{1}{2}\rho\upsilon_{\mathrm{d}}^{2}+p_{\mathrm{d}}^{+} \tag{3-7}$$

同样，对下风向气流有

$$\frac{1}{2}\rho\upsilon_{\mathrm{w}}^{2}+p_{\infty}=\frac{1}{2}\rho\upsilon_{\mathrm{d}}^{2}+p_{\mathrm{d}}^{+} \tag{3-8}$$

两式相减得到

$$p_{\mathrm{d}}^{+}-p_{\mathrm{d}}^{-}=\frac{1}{2}\rho(\upsilon_{\infty}^{2}-\upsilon_{\mathrm{w}}^{2}) \tag{3-9}$$

把上式带入式（3-5）得到

$$\frac{1}{2}\rho(\upsilon_{\infty}^{2}-\upsilon_{\mathrm{w}}^{2})A_{\mathrm{d}}=(\upsilon_{\infty}-\upsilon_{\mathrm{w}})\rho A_{\mathrm{d}}\upsilon_{\infty}(1-a) \tag{3-10}$$

因此

$$\upsilon_{\mathrm{w}}=(1-2a)\upsilon_{\infty} \tag{3-11}$$

致动盘作用在气流上的力，可由式（3-11）代入式（3-4）导出：

$$F=(p_{\mathrm{d}}^{+}-p_{\mathrm{d}}^{-})A_{\mathrm{d}}=2\rho A_{\mathrm{d}}\upsilon_{\infty}^{2}a(1-a) \tag{3-12}$$

这个力在数值上等于气流对致动盘的反作用力，因此气体输出功率为

$$P=F\upsilon_{\mathrm{d}}=2\rho A_{\mathrm{d}}\upsilon_{\infty}^{3}a(1-a)^{2} \tag{3-13}$$

定义风能利用系数为

$$C_p = \frac{P}{\frac{1}{2}\rho \upsilon_\infty^3 A_d} \tag{3-14}$$

其中，分母表示横截面积为 A_d 的自由流束所具有的风功率。将式（3-13）代入式（3-14）得出

$$C_p = 4a(1-a)^2 \tag{3-15}$$

可以求出，当 $a=\frac{1}{3}$ 时，C_p 的值最大。将 $a=\frac{1}{3}$ 代入式（3-15）得出

$$C_{p\max} = \frac{16}{27} \approx \frac{nkT}{q} In(\frac{I_{ph}}{I_o}) \tag{3-16}$$

这个值称为贝茨极限。在理想情况下，风轮最多能吸收 59.3%的风的动能。

2．叶素理论

叶素理论的基本出发点是将风轮叶片沿展向分成许多微段，称这些微段为叶素。假设在每个叶素上的流动相互之间没有干扰，即叶素可以看成二维翼型。这时，将作用在每个叶素上的力和力矩沿展向积分，就可以求得作用在风轮上的力和力矩。

对每个叶素来说，其速度可以分解为垂直于风轮旋转平面的分量 υ_{x0} 和平行于风轮旋转平面的分量 υ_{y0}，其速度三角形和空气动力分量如图 3-7 所示。图中 ϕ 角为入流角，α 为迎角，θ 为叶片在叶素处的几何扭角。不考虑轴向诱导因子和风轮后尾流旋转，由动量理论可得

$$\begin{aligned} \upsilon_{x0} &= \upsilon_1 \\ \upsilon_{y0} &= \Omega r \end{aligned} \tag{3-17}$$

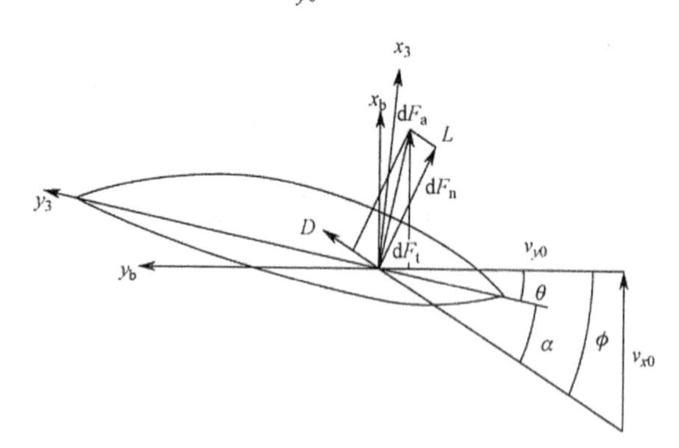

图 3-7 叶素上的气流速度三角形和空气动力分量

因此，叶素处的合成气流速度 υ_0 可表示为

$$\upsilon_0 = \sqrt{\upsilon_{x0}^2 + \upsilon_{y0}^2} = \sqrt{\upsilon_1^2 + (\Omega_r)^2} \tag{3-18}$$

叶素处的入流角 ϕ 和迎角 α 分别可表示为

$$\begin{aligned} \phi &= \arctan\frac{\upsilon_1}{\Omega_r} \\ \alpha &= \phi - \theta \end{aligned} \tag{3-19}$$

其中，Ω 为风轮转动角速度；r 为风轮半径。

这样，求出迎角 α 后，就可根据翼型空气动力特性曲线得到叶素的升力系数 C_l 和阻力系数 C_d。

合成气流速度 υ_0 引起的作用在长度为 dr 叶素上的空气动力 dF_a 可以分解为法向力 dF_n 和切向力 dF_t，dF_n 和 dF_t 可分别表示为

$$
\begin{aligned}
\mathrm{d}F_n &= \frac{1}{2}\rho c\upsilon_0^2 C_n \mathrm{d}r \\
\mathrm{d}F_t &= \frac{1}{2}\rho c\upsilon_0^2 C_t \mathrm{d}r
\end{aligned} \tag{3-20}
$$

式中，ρ 为空气密度；c 为叶素剖面弦长；C_n 和 C_t 分别表示法向力系数和切向力系数，即

$$
\begin{aligned}
C_n &= C_l \cos\phi + C_d \sin\phi \\
C_t &= C_l \cos\phi - C_d \sin\phi
\end{aligned} \tag{3-21}
$$

作用在风轮平面 dr 圆环上的轴向力（推力）可表示为

$$
\mathrm{d}T = \frac{1}{2}B\rho c\upsilon_0^2 C_n \mathrm{d}r \tag{3-22}
$$

式中，B 表示叶片数。

作用在风轮平面 dr 圆环上的转矩为

$$
\mathrm{d}M = \frac{1}{2}B\rho c\upsilon_0^2 C_t r\mathrm{d}r \tag{3-23}
$$

以上的叶素理论，并没有考虑诱导速度，即忽略了气流通过风轮时，风轮对气流速度的影响，因此是一个简化的理论。

3. 多流管模型

为了分析达里厄型垂直轴风力机的空气动力特性，必须建立垂直轴风力机风轮的空气动力模型。对达里厄型垂直轴风力机来说，有流管模型、刚性尾涡模型和自由尾涡模型等。H 形垂直轴风力机是达里厄型垂直轴风力机的一种，因此也适用这 3 种模型理论。这里主要介绍流管模型。流管模型建立在动量-叶素理论的基础上，其本质是作用在风轮叶片每个叶素上的时间平均力等于通过一个位置和尺寸固定的流管的平均动量流量。分析时，忽略前后叶片之间的干扰和叶素之间的相互干扰。用流管模型可以很好地预测达里厄型垂直轴风力机的轴向力（推力）和转轴特性。

流管模型分为单流管模型、双流管模型和多流管模型。多流管模型是在单流管模型基础上发展起来的较完善的模型，其假设有一簇流管通过风轮，每个流管仍可采用单流管的基本原理。由多流管模型得到的流过风轮时的速度分布不再是均匀的，而是垂直于来流方向的两个空间坐标函数。

多流管模型是 Strickland 教授在 1975 年提出的，主要用来计算垂直轴风力机性能的风轮气动设计模型，这一模型较全面，但是计算相对复杂。图 3-8 给出了达里厄型垂直轴风力机风轮多流管模型中的一个流管模型，当流管通过风轮时，流管扩张。

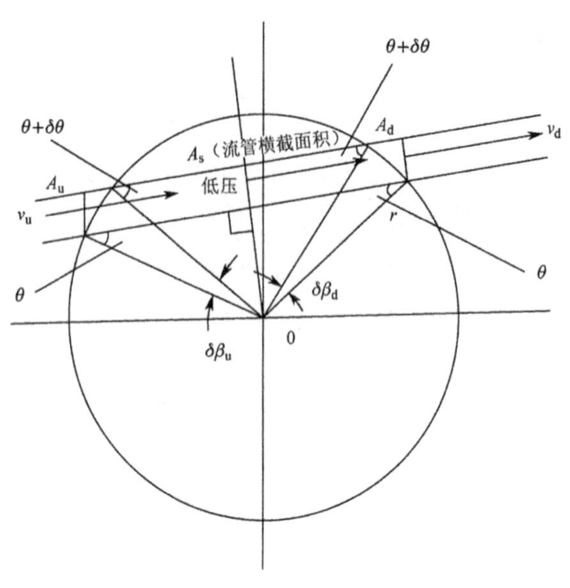

图 3-8 多流管模型

若来流风速为 v，通过风轮上游叶片时和上游叶片后的风速分别为 v_u 和 v_a，通过风轮下游叶片时和下游叶片后的风速分别为 v_d 和 v_w，则

$$v_u = v(1-a_u) \tag{3-24}$$

$$v_a = v(1-2a_u) \tag{3-25}$$

$$v_d = v_a(1-a_d) \tag{3-26}$$

$$v_w = v_a(1-2a_d) \tag{3-27}$$

式中，a_u 为风轮上游叶片处轴向诱导速度因子；a_d 为风轮下游叶片处轴向诱导速度因子。

由动量理论可知，当风轮上游叶片和下游叶片通过流管时，作用在叶素上的轴向力分别为

$$\begin{aligned} dF_u &= 2\rho v^2(1-a_u)a_u dA_u \\ dF_d &= 2\rho v_a^2(1-a_d)a_d dA_d \end{aligned} \tag{3-28}$$

式中，dA_u 和 dA_d 分别为流管在上游叶片处和下游叶片处的横截面积。假设流管在水平面上扩张，且叶素取单位长度，则它们可分别表示为

$$\begin{aligned} dA_u &= R\Delta\beta_u \cos\theta \\ dA_d &= R\Delta\beta_d \cos\theta \end{aligned} \tag{3-29}$$

由叶素理论可知，当风轮上游叶片通过流管时，作用在叶素上的轴向力为

$$F_u = \frac{1}{2}\rho v_{0u}^2 \overline{C}_u (C_{nu}\cos\theta - C_{tu}\sin\theta) \tag{3-30}$$

当风轮下游叶片通过流管时，作用在叶素上的轴向力为

$$F_d = \frac{1}{2}\rho v_{0d}^2 \overline{C}_d (C_{nd}\cos\theta - C_{td}\sin\theta) \tag{3-31}$$

式中

$$\overline{C}_{\mathrm{u}} = \frac{BcdA_{\mathrm{u}}}{2\pi R}$$

$$\overline{C}_{\mathrm{d}} = \frac{BcdA_{\mathrm{d}}}{2\pi R}$$

求出轴向诱导因子后，就可以计算风轮的转矩和功率因数，当风轮叶片通过流管时，在每个叶素上产生的转矩为

$$\mathrm{d}M = \frac{1}{2}\rho r C_{\mathrm{t}} \frac{c\mathrm{d}z}{\sin\beta} \upsilon_0^2 \tag{3-32}$$

作用在风轮上的转矩为

$$M = \frac{Bc}{2\pi}\int_{-h}^{h}\int_{0}^{2\pi} \frac{C_{\mathrm{t}}\rho\upsilon_0^2 r}{2\sin\beta}\mathrm{d}\theta\mathrm{d}z \tag{3-33}$$

风轮的功率输出为

$$P = M\Omega = \frac{Bc}{2\pi}\int_{-h}^{h}\int_{0}^{2\pi} \frac{C_{\mathrm{t}}\rho\upsilon_0^2 r}{2\sin\beta}\mathrm{d}\theta\mathrm{d}z \tag{3-34}$$

风轮的功率系数 C_{p} 为

$$C_{\mathrm{p}} = \frac{2P}{\rho\upsilon^3 A} \tag{3-35}$$

风轮的转矩系数 C_{M} 为

$$C_{\mathrm{M}} = \frac{2M}{\rho\upsilon^2 AR} = C_{\mathrm{p}}/\lambda \tag{3-36}$$

作用在风轮上的转矩也可以通过将叶片分段累加的方法求得，如将 θ 的间隔区取为 $10°$，则

$$\begin{aligned} a_{\mathrm{u}} &= \frac{2\upsilon_{\mathrm{d}}}{\upsilon_{\mathrm{u}}+\upsilon_{\mathrm{d}}} R\cos\theta\mathrm{d}\theta \\ a_{\mathrm{d}} &= \frac{2\upsilon_{\mathrm{u}}}{\upsilon_{\mathrm{u}}+\upsilon_{\mathrm{d}}} R\cos\theta\mathrm{d}\theta \end{aligned} \tag{3-37}$$

当叶片长度为 L 时，作用在风机上的转矩为

$$M = \frac{Bc}{2\pi R}\int_{0}^{L}\int_{-\frac{\pi}{2}}^{\frac{\pi}{2}} \cdot \left[\frac{\upsilon_{0\mathrm{u}}^2\upsilon_{\mathrm{d}}\left(C_{\mathrm{tu}}R + {C_{\mathrm{nu}}c}/{4}\right) + \upsilon_{0\mathrm{d}}^2\upsilon_{\mathrm{u}}\left(C_{\mathrm{tu}}R + {C_{\mathrm{nd}}c}/{4}\right)}{\left(\upsilon_{\mathrm{u}}+\upsilon_{\mathrm{d}}\right)}\right]\mathrm{d}\theta\mathrm{d}S \tag{3-38}$$

由式（3-38）可得风轮转矩系数为

$$C_{\mathrm{M}} = \frac{2M}{\rho\upsilon^2 AR} \tag{3-39}$$

垂直轴风力机的空气动力模型不同于水平轴风力机。用于垂直轴风力机的空气动力模型有流管模型、自由尾涡模型及刚性模型。

4．风速模型的建立

在风力发电模拟系统中，风速能否真实地反映实际风况，直接影响整个发电系统的性

能检测。风速模块是进行风力发电研究的源参数。由于风速、风向不断变化，在一定的时间和空间范围内，风速的变化是随机的，为了比较准确地描述风速的随机性和不确定性特点，一般风速模型由以下 4 个部分组成：基本风速 V_{wb}、阵风风速 V_{wg}、渐变风速 V_{wr} 和随机风速 V_{wn}，即风力机风速为

$$V = V_{wb} + V_{wg} + V_{wr} + V_{wn} \tag{3-40}$$

（1）基本风速 V_{wb}

在风力发电机组的运行过程中，基本风是一直存在的，大致反映了风电场的平均风速。基本风可以决定风力发电机组所输出的基本额定功率。基本风速由威布尔分布参数近似确定

$$V_{wb} = B \times \Gamma(1 + {}^{1}\!/_{K}) \tag{3-41}$$

式中，B 是威布尔分布的尺度参数；K 是威布尔分布的形状参数；$\Gamma(1+1/K)$ 是伽马函数。

一般认为基本风速不变，取常数，V_{wb}=8m/s。

（2）阵风风速 V_{wg}

$$V_{wg} = \begin{cases} 0，其他 \\ \dfrac{G_{max}}{2}\left[1 - \cos 2\pi\left(\dfrac{t - T_{1g}}{T_g}\right)\right]，\ T_{1g} < t < T_{1g} + T_g \end{cases} \tag{3-42}$$

式中，G_{max} 为阵风最大风速（m/s）；t 为时间（s）；T_{1g} 为阵风开始时间（s）；T_g 为阵风持续时间（s）。

（3）渐变风速 V_{wr}

$$V_{wr} = \begin{cases} 0，\ t < T_{1r} \\ R_{max}\dfrac{t - T_{1r}}{T_{2r} - T_{1r}}，\ T_{1r} < t < T_{2r} \\ R_{max}，\ T_{2r} < t < T_{2r} + T_r \\ 0，\ t > T_{2r} + T_r \end{cases} \tag{3-43}$$

式中，R_{max} 为渐变风速最大值（m/s）；T_{1r} 为风速渐变开始的时间（s）；T_{2r} 为风速渐变结束的时间（s）；T_r 为渐变风保持时间（s）。

（4）随机风速 V_{wn}

$$V_{wn} = 2\sum_{i=1}^{N}\left[S_v(w_i)\Delta w\right]^{1/2}\cos(w_i + \phi_i) \tag{3-44}$$

式中，Δw 为随机分布的离散间距；w_i 为第 i 个分量的角频率，$w_i = (i - 1/2)\Delta w$；ϕ_i 为第 i 个分量的初相角，为 0～2π 之间分布的随机量；$S_v(w_i)$ 为第 i 个分量的振幅。

5. 风轮模型

气流的移动形成风，气流所具有的动能为

$$E = \frac{1}{2}\rho S V^3 \tag{3-45}$$

式中，S 为风轮的扫风面积（m^2）；ρ 为空气密度（kg/m^3）。

风轮所受力矩主要有：风作用到风轮上所产生的扭矩，发电机通过次转动轴作用于风轮的反扭矩，能量传递过程中的损失力矩。

$$J_{\mathrm{t}}\frac{\mathrm{d}\omega}{\mathrm{d}t}=T_{\mathrm{r}}-T_{\mathrm{e}} \tag{3-46}$$

其中，J_{t} 为风轮转动惯量（$\mathrm{kgm^2}$）；ω为风轮的旋转角速度（rad/s）；T_{r} 为风给风轮的转力矩（Nm）；T_{e} 为发电机的自身反力矩（Nm）。

风轮转速ω为 $\omega=\dfrac{\lambda v}{R}$。其中 v 为来流风速，R 为风轮的半径。

根据动量定理和动力矩定理，风轮从风中吸收的功率为

$$P=\frac{1}{2}\rho\pi C_{\mathrm{p}}R^2v^3 \tag{3-47}$$

风给风轮的转力矩为

$$T_{\mathrm{r}}=\frac{P}{\omega}=\frac{1}{2}\rho\pi C_{\mathrm{p}}R^2\frac{v^3}{\omega} \tag{3-48}$$

6．传动系统模型

传动装置是在机械上连接风轮和发电机的一组装置，由风轮转子、低速轴、齿轮箱、高速轴和发电机转子组成，它的性能直接影响着风电机组的运行情况及发电量。在非直驱式风力发电机组中，齿轮箱可以将较低的风轮转速变为较高的发电机转速，同时也使发电机易于控制，是连接发电机和桨叶的关键部分，是完成转速和力矩转化的重要组成部分，其转动惯量因为与风力机和发电机相比非常小而被忽略。假设其传动链是刚性的，且传动系统的全部阻力力矩均集中在主轴上，在整个传动过程中有恒定不变的机械传动效率。输入轴的转速和转矩表示为 ω_1、T_1，输出轴的转速和转矩表示为 ω_2、T_2，变速箱的变比为 g。

如果传动链上没有旋转运动，则变速箱的输出轴和输入轴的转速和转矩成比例关系，即 $\omega_1=g\times\omega_2$，$T_1=T_2/g$。

当发电机拖动变速箱，带动桨叶旋转时，根据运动方程

$$J\frac{\mathrm{d}\omega}{\mathrm{d}t}=\Delta T \tag{3-49}$$

可知，两者之间的转矩差将产生角加速度。桨叶的转动惯量为 J_{e}，发电机转子的惯量是 J_{B}，将发电机和桨叶的物理量转换到变速箱的输出轴，可表示为

$$T_{\mathrm{e}}-T_{\mathrm{B}}\big/\left(g_1\cdot g_2\right)=\left(J_{\mathrm{e}}+J_{\mathrm{B}}\big/\left(g_1\cdot g_2\right)^2\right)\frac{\mathrm{d}\omega_1}{\mathrm{d}t} \tag{3-50}$$

式中，T_{e} 为发电机输出的电磁转矩；T_{B} 为变桨距转矩；ω_1 为发电机旋转的角速度。

7．风力机输出特性

大型风电系统一般采用可变桨距角的风轮发电，而且通过风速计测量的风速信息实现 MPPT；而独立式小型风力发电系统一般采用定桨距直驱的方式发电，系统包括风轮、发电机、控制器（DC/DC）、蓄电池和负载几个部分，如果是交流负载还需要逆变器（DC/AC），

而且由于成本原因不会采用测风速的方式实现 MPPT。风电机组的输出功率受到风速 V、桨距角 β 和叶尖速比 λ 的影响。风电机组输出功率与风速的关系如式（3-51）所示，在不同的风速情况下，输出功率与 $C_p(\lambda,\beta)$ 成正比，与风速的三次方成正比。λ 与风速的关系如式（3-52）所示。

$$P=1/2C_p(\lambda,\beta)\rho AV^3 \tag{3-51}$$

$$\lambda=\omega R/V=2\pi Rn/V \tag{3-52}$$

其中，$C_p(\lambda,\beta)$ 为风能利用系数，最大值为 0.593；ρ 和 A 分别为空气密度和风轮扫掠的面积，ρ 一般随天气状况而变化，这里取 $\rho=1.211\text{kg/m}^2$；ω 为风轮旋转的角速度（rad/s）；n 为风轮的转速（r/s）。

$C_p(\lambda,\beta)$ 与 λ 和 β 的关系满足式（3-53），λ_i 与 β 的关系如式（3-54）所示。其中，$c_1=0.5176$，$c_2=116$，$c_3=0.4$，$c_4=5$，$c_5=21$，$c_6=0.0068$，上述数据来源于 MATLAB 帮助文档。

$$C_p(\lambda,\beta)=c_1(\frac{c_2}{\lambda_i}-c_3\beta-c_4)\mathrm{e}^{-\frac{c_5}{\lambda_i}}+c_6\lambda \tag{3-53}$$

$$\frac{1}{\lambda_i}=\frac{1}{\lambda+0.08\beta}-\frac{0.035}{\beta^3+1} \tag{3-54}$$

对于同一个风电机组，图 3-9 显示了在相同风速、不同桨距角时的风力机输出特性，由图可知，$\beta=0$ 时的风能利用率最高，而随着 β 的增大，风能利用率逐渐下降。而且不同的 β 对应不同的最佳 C_p 值，由于小风电机组采用定桨距方式发电，所以在固定的桨距条件下，最佳 C_p 和 λ_{opt}（最佳的 λ）是唯一的。此处仿真风电机组参数如下：直径为 1.4m，切入风速 V_{ci} 为 2.3m/s，额定风速为 12m/s，切出风速 V_{co} 为 20m/s，最佳尖速比为 10.1，最大输出功率约为 700W，最大风能利用系数为 0.4353，桨距角为 2°。

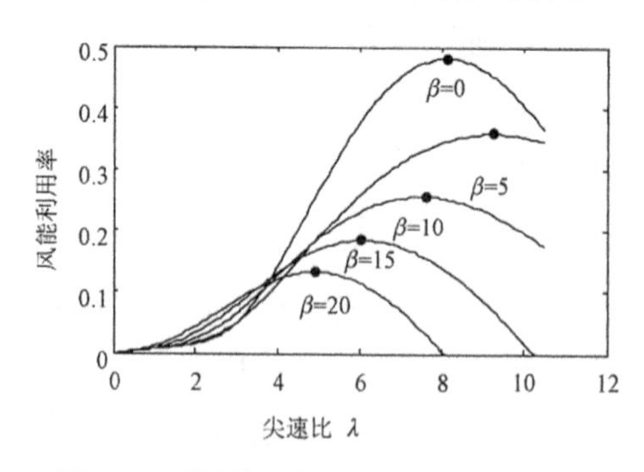

图 3-9 不同桨距角下的风力机输出特性

图 3-10 显示了不同风速下，C_p、转速 n、λ 和输出功率 P 之间的关系。由该图可知，为了获得风电机组的最大输出功率，在风速达到切入风速前，风电机组不工作；当风速大于切入风速并小于额定风速（12m/s）时，C_p 是恒定的，n 是线性上升的，λ 是恒定的，P 非线性上升；当风速大于额定风速并小于切出风速时，n 恒定，P 恒定，为了保持输出 P 的恒定，C_p 和 λ 开始非线性下降；当风速大于切出风速时，风电机组通过制动系统停止工作，

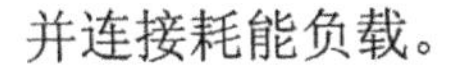
并连接耗能负载。

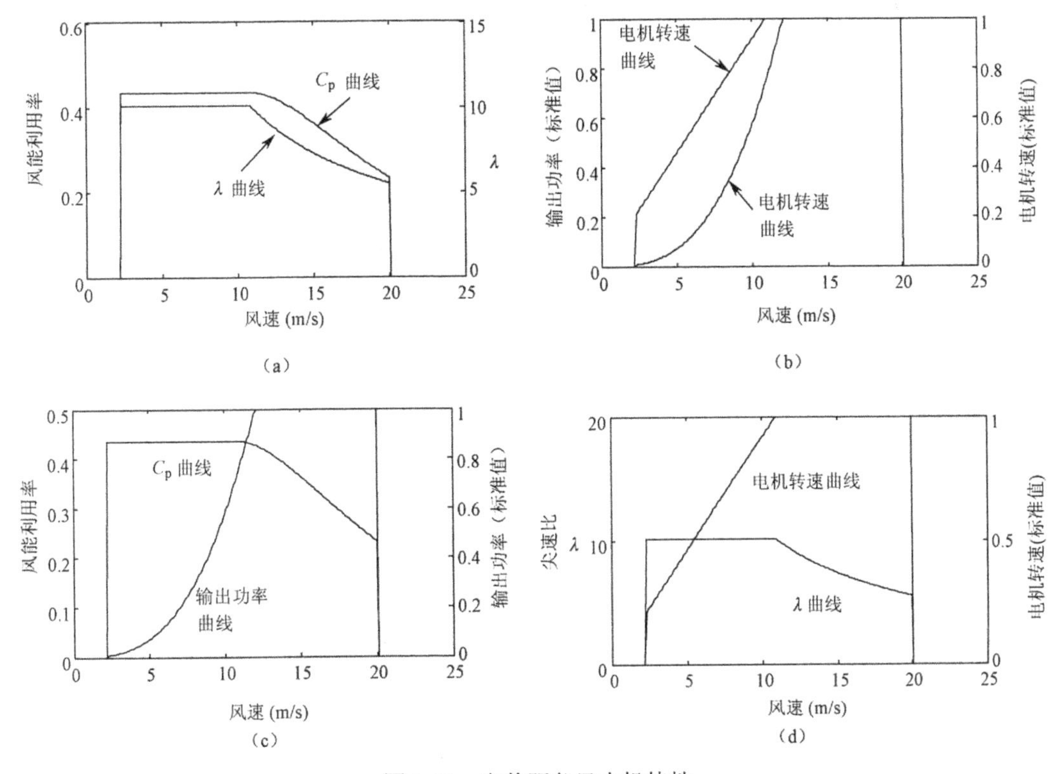

图 3-10　定桨距角风力机特性

3.2　风力发电系统

风力发电系统是将风能转换为电能的设备，通常包括风轮、传动机构、发电机、自动控制装置、支撑铁塔和基础等。本节将分别介绍风力发电系统各部分的功能和分类。

3.2.1　风力发电系统构成及分类

1．风力发电系统构成

风力发电系统构成示意图如图 3-11 所示。

（1）风轮：由叶片和轮毂组成，是风力发电机组获取风能的关键部件。

（2）传动系统：由主轴、齿轮箱和联轴节组成（直驱式除外）。

（3）偏航系统：由风向标传感器、偏航电动机或液压马达、偏航轴承和齿轮等组成。

（4）液压系统：由电动机、油泵、油箱、过滤器、管路和液压阀等组成。

（5）制动系统：分为空气动力制动和机械制动两部分。

（6）发电机：分为异步发电机、同步发电机、双馈异步发电机和低速永磁发电机。

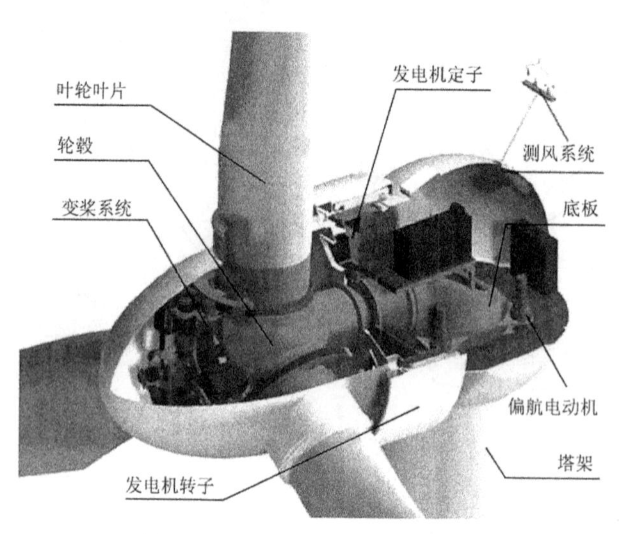

图 3-11 风力发电系统构成示意图

（7）控制与安全系统：保证风力发电机组安全可靠运行，获取最大能量，提供良好的电力质量。

（8）机舱：由底盘和机舱罩组成。

（9）塔架和基础：塔架有筒形和桁架两种结构形式，基础为钢筋混凝土结构。

2. 风力发电系统分类

风力发电系统从是否并网的角度，分为离网型风力发电系统和并网型风力发电系统（MW 级）；从容量的角度，分为小型风力发电系统（kW 级）和大型风力发电系统（MW 级）；从发电机和控制策略的角度，分为永磁同步发电机、双馈发电机和异步发电机等；从变桨距的角度，分为固定桨距角和可变桨距角两类。

1）离网型风力发电系统

所谓离网型风力发电系统是指风力发电系统没有与电网相连，也称独立式或分布式风力发电系统。一般而言，离网型风力发电系统的输出功率与并网型相比要小得多。传统的离网型风力发电系统主要用来提供照明等生活用电，用于远离城市的边远农村、江湖渔船、边防哨所、部队、气象站、微波站等用户，运用领域不够广，有待于进一步开发。

我国在 20 世纪 70 年代之前主要采用离网型风力发电系统。在国家有关优惠政策和国家发展计划委员会“乘风计划”的推动下，仅 1997 年就有 155 000 台微型风力机在牧区和山区使用，但近年来出现了逐渐萎缩的局面。主要原因是小型风电机组的经济效益较差，因此技术上投入不够，有的配套件质量不稳定，性能差，技术相对落后。

其典型结构由风机、发电机、蓄电池、控制器、逆变器等组成，特别是蓄电池对于离网式系统而言是必不可少的。

2）并网型风力发电系统

并网发电是大功率风力发电机组高效、大规模利用风能最经济的方式，已成为当今世界风能利用的主要形式。并网型风力发电系统是指风电机组与电网相连，向电网输送有功功率，同时吸收或者发出无功功率的风力发电系统，一般包括风电机组（含传动系统、偏航系统、液压与制动系统、发电机、控制和安全系统等）、线路、变压器等。

并网型风力发电系统可分为以下 4 种。

（1）A 型（恒速型）

此类型主要指鼠笼式感应发电机（SCIG）通过变压器直接连接电网的恒速风机，如图 3-12 所示，由于鼠笼式感应发电机需要从电网吸收无功功率，所以此类型风力机使用电容器组进行无功功率补偿，使用软启动器可以获得平稳的电网电压。此类型的缺点是不支持速度控制，需要刚性电网支持，机械承受应力大。

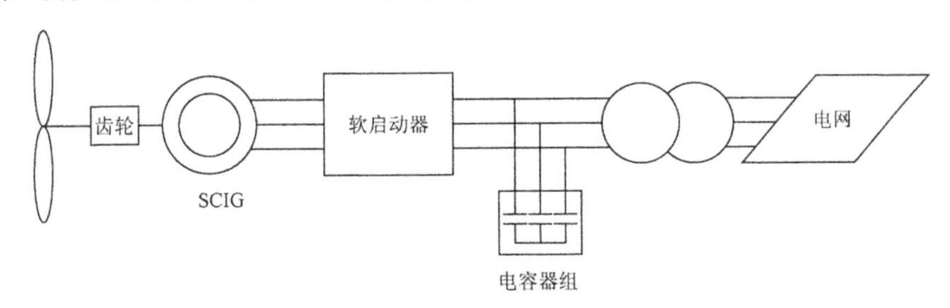

图 3-12　恒速鼠笼型感应发电系统

该类型还可分为以下 3 种。

① 失速控制型。该机型在 20 世纪 80～90 年代被许多丹麦风力机制造商采用。特点：简单、坚固、耐用，但不能实现辅助启动，无法控制风力机的功率。

② 桨距控制型。优点是可控功率、可控启动和紧急停车。缺点是高风速时，很小的风速变化也会导致很大的输出功率波动。桨叶调节能补偿份额的缓慢变化，但阵风情况不能补偿。

③ 主动失速控制型。低风速时桨叶调节类似于桨距控制型风力机，高风速时使桨叶进入深度失速状态。优点是能够获得更平稳的有限功率，不会出现桨距控制型风力机的高功率波动。

（2）B 型（有限变速型）

该类型指可变转子电阻的有限变速风力机，如图 3-13 所示。该技术由 Vestas 公司在 20 世纪 90 年代中期开始使用。使用绕线感应发电机（WRIG）直接并网，同样需要电容器组进行无功功率补偿，使用软启动器并网。由于转子电阻可变使得转差率可变，因此系统的功率输出稳定，可变转子电阻的大小决定动态速度控制的范围。

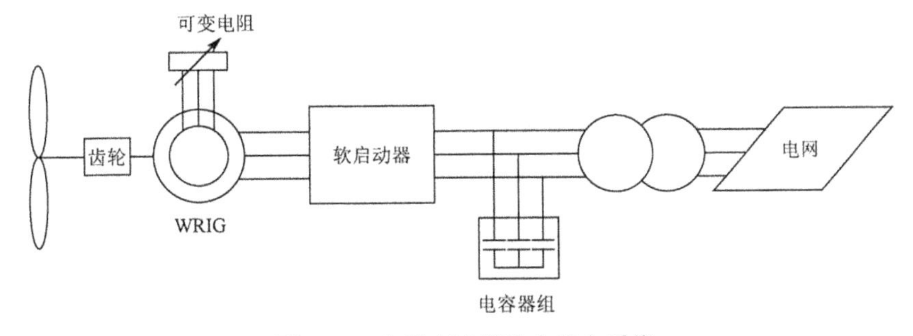

图 3-13　有限变速型风力发电系统

（3）C 型（变速含部分功率变频器型）

此类型主要指双馈式感应发电机（DFIG），如图 3-14 所示。双馈发电机结构类似于三相绕线式异步感应发电机，具有定、转子两套绕组，定子绕组并网，转子绕组外接三相转差频率变频器实现交流励磁。部分功率变频器用来进行无功功率补偿。双馈发电机是指在控制中发电机的定、转子都参与了励磁，并且定、转子两侧都有能量的馈送。优点是变频器的容量小，更具经济性，动态速度控制范围宽，一般为同步转速的－40%～30%。缺点主要是需要使用滑环和采用电网故障保护，具有齿轮箱，结构笨重，易出现机械故障。

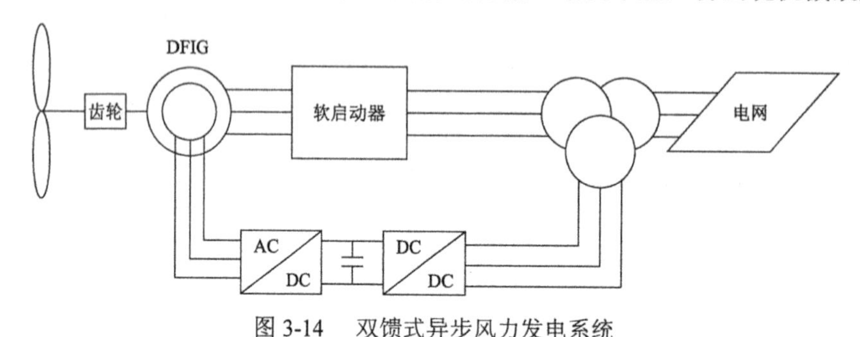

图 3-14　双馈式异步风力发电系统

（4）D 型（变速全功率变频器型）

此类型主要指发电机通过全功率变频器并网的全变速风力机。发电机主要有绕线转子同步风力发电机（WRSG）和永磁同步发电机（PMSG），如图 3-15 所示。一些全变速风力发电系统省去了齿轮箱，此时需要直驱多级发电机，其直径较大。

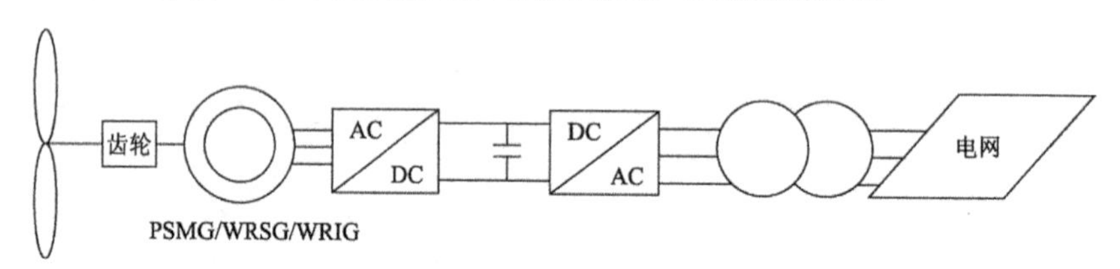

图 3-15　永磁同步风力发电系统

3.2.2　发电机类型发展

风力机原则上可以配备任意类型的三相发电机。无论是交流或直流，变频器都能满足电网对电流的要求。常用的风力机的发电机类型有以下两种。

感应发电机：包括鼠笼型感应发电机、绕线型感应发电机、双馈型感应发电机等。

同步发电机：包括绕线转子同步发电机和永磁同步发电机。

1．感应发电机

感应发电机是风力机中使用最普遍的发电机。它的优点是坚固耐用、机械简单、产品系类全和价格低。主要的缺点是定子需要无功励磁电流。感应发电机不含永磁体，不能自励，必须从其他电源获得励磁电流并消耗无功功率。无功功率由电网或子系统提供。

在交流励磁的情况下，产生的磁场旋转速度由绕组极对数、电流频率和同步转速共同决定。因此，如果转子旋转速度超过同步转速，在转子和旋转的定子磁场间由于相对运动（转差）会感应出电场，从而在转子绕组中产生电流。转子磁场和定子磁场间的相互作用产生了转子力矩。

感应发电机可以分为鼠笼型、绕线型和双馈型3种。

（1）鼠笼型感应发电机

鼠笼型感应发电机机械结构简单、效率高、维护要求低，目前依然是使用最为广泛的发电机。如将使用鼠笼型发电机的风力机直接并网，则发电机转差来自风速变化，其速度变化较小，因此用于恒速风力机组。同时，由于最佳风力机转速与发电机转速范围是不同的，发电机与风力机风轮需要通过连接传动机构加以连接（连接传动机构分为刚性连接机构和柔性连接机构两种）。

鼠笼型感应发电机消耗无功功率，因此含有这种发电机的风力机配有软启动器和无功功率补偿装置。同时这种发电机转矩特性曲线很陡，因此风速的波动（风功率的波动）直接反映在电网中，特别是在并网过程中，这种暂态情况会特别危险，冲击电流可达到额定电流的7～8倍，大的冲击电流对弱电网将造成严重的电压干扰。此外，在额定运行且直连强电网时，鼠笼型感应发电机的转差变化随负载的变化而变化，而且定子绕组的励磁电流由电网提供，满负荷功率因数低。在高风速情况下，只有在发电机吸收更多的无功功率情况下，风电机组才能发出更多有功功率，而发电机所消耗的无功功率是不可控的，由于没有任何其他电气组件提供无功功率，发电机只能直接从电网获取无功功率，因而引起额外的传输损耗，且在特定情况下，会引起电网不稳定；故障情况下，没有无功补偿的鼠笼型发电机将导致电网电压的不稳定；在故障清除后，鼠笼型发电机从电网吸收大量的无功功率，会导致电压进一步降低。

（2）绕线型感应发电机

绕线型感应发电机可以从外部控制转子的电气特性，如改变转子电压。绕线转子的绕组可以通过滑环和电刷或者电力电子设备（不通过滑环和电刷）与外部相连。通过电力电子设备的使用，绕组能够提取功率或传送给转子电路，而发电机可以从定子电路或转子电路励磁，因此才有可能从转子电路中回收转差能量并馈入定子输出。绕线型发电机的主要缺点是价格昂贵，不如鼠笼型发电机坚固耐用。

（3）双馈型感应发电机

双馈型感应发电机近年来市场份额逐渐增加，它由定子绕组直连定频三相电网的绕线型感应发电机和安装在转子绕组上的双向背靠背IGBT电压源变流器组成。

“双馈”可以理解为定子电压由电网提供，转子电压由变流器提供。使用双馈型感应发电机的风电机组允许在限定的大范围内变速运行。通过注入变流器的转子电流，变流器对机械频率和电频率之差进行补偿。在正常运行和故障期间，发电机的运转状态由变流器及其控制器管理。

变流器由两部分组成：转子侧变流器和电网侧变流器，它们是彼此独立控制的。转子侧变流器通过控制转子电流分量来控制有功功率和无功功率，而电网侧变流器控制直流母线电压并确保变流器运行在统一功率因数（即零无功功率）下。

功率是馈入转子还是从转子提取取决于传动链的运行条件：在超同步状态，功率从转

子通过变流器馈入电网；而在欠同步状态，功率反方向传送。在这两种情况下（超同步和欠同步）下，定子都向电网馈电。

双馈型感应发电机的优点包括：①可以控制无功功率，并通过独立控制转子励磁电流解耦有功功率和无功功率控制；②从转子电路励磁，而无须从电网励磁；③可以产生无功功率，并可以通过电网侧变流器传送给定子。注意：电网侧变流器正常工作在统一功率因数下，并不包含风力机与电网的无功功率交换。

弱电网情况下，电压会波动。为了控制电压，双馈型感应发电机可能需要产生大量的无功功率输送给电网或从电网吸收大量的无功功率。

变流器的容量和发电机总功率无关，但与选择的速度范围和转差功率有关。因此，当速度范围在同步转速附近变大时，变流器成本增加。所以选择速度范围要考虑投资成本的经济优化和效率增加。双馈型感应发电机的另一个缺点是不可避免地要使用滑环。

2. 同步发电机

同步发电机比相同容量的感应发电机更昂贵，机械上也更复杂。但与感应发电机相比，它的明显优势是不需要无功励磁电流。

同步发电机的磁场能用永磁体或传统的励磁绕组产生。如果同步发电机有合适的极数（多极的绕线转子同步发电机或多极的永磁同步发电机），则能够用于直驱，而不需要齿轮箱。同步发电机通过电力电子变流器并网时，更适合全功率控制。变流器有两个主要作用：①作为能量缓存器使用，处理固有的阵风风能波动和电网侧暂态变化引起的功率波动；②控制励磁并保持与电网频率同步，以避免故障的发生。含有这种类型的发电机的风力机组能够实现变速运行。

（1）绕线转子同步发电机

绕线转子同步发电机的定子绕组直接并网，转速严格地固定在电网频率上。转子绕组用滑环和电刷或含旋转整流器的无刷励磁机来直流励磁。与感应发电机不同，同步发电机不需要无功功率补偿系统。虽然供电为直流，但转子绕组内仍可以产生以同步速度旋转的励磁磁场。同步发电机的转速由旋转磁场的频率和转子的极对数决定。

含有多极（低速）绕线转子同步发电机的风电机组可采用无齿轮箱设计，代价是必须采用全功率变频器。

（2）永磁同步发电机

永磁同步发电机具有自励性，能够以较高的功率因数和较高的效率运行。永磁发电机不需要提供励磁，效率要比感应发电机高，但永磁材料价格昂贵且难以加工制造。此外，永磁励磁要求使用全功率变频器来分别调节发电机电压和频率以达到输电要求，增加了成本。其优点是只要满足电流条件，在任何转速都可以发电。其中，定子是绕线型的，转子是永磁体磁极系统，可以是凸极或椭圆形，典型的低速风电机组是凸极或多极类型。

永磁同步发电机的同步特性在启动、同步和电压调节时可能引起问题。它不能提供恒定的电压。在风速不稳定和外部短路时同步运行会有非常硬的特性。另外，磁性材料对温度的敏感性也是其缺点之一，如故障情况下的高温可能使磁性材料退磁。

此外，还有高压发电机、开关磁阻发电机和横向磁通发电机等将有可能应用于风力发电领域，成为未来风力机工业的代表。

3.3 混合光伏/风力发电系统

3.3.1 混合光伏/风力发电系统构成

为了解决世界性的环境和能源供给问题，风能和太阳能的利用迫在眉睫。风能和太阳能作为可再生能源具有分布广泛、可再生、无污染等优点，同时也具有能量密度低、受天气影响大等缺点，特别是独立式的风电和光伏发电系统的输出特性非常不理想，不能给用户提供稳定的电能供应，所以出现了各种类型的互补供电系统，如风电机组-柴油机发电互补系统、光伏-柴油机发电互补系统，但是这只是部分利用了可再生能源，而在交通不便的偏远地区，柴油的运输费用和价格将不能为用户所接受，同时也会带来一些生态环境问题。可喜的是经过一些专家多年的研究表明，风能和太阳能具有良好的互补性能，如在我国的很多地区，太阳能夏季大、冬季小，而风能夏季小、冬季大；天气好时太阳能大而风能小，天气不好时太阳能小而风能大；白天太阳能大、风能小，而晚上风能大，所以可利用风能和太阳能两者的变化趋势基本相反的自然特性，扬长避短，相互配合，发挥出可再生能源的最大效用，这就是风光互补系统。同时为了保证用户的电能质量，独立式的风光互补系统必须采用储能装置。

3.3.2 混合光伏/风力发电系统优化

随着我国社会经济的快速发展，电力需求日益增长，而远离电力线路的终端用户的电能供应一般采用柴油机发电。然而柴油的大量使用，在给我们带来生活便利的同时，也带来了一系列的环境问题，如温室气体排放。随着传统能源价格的不断上涨，在可以预见的未来，柴油机发电系统的运行维护和全寿命费用将非常高昂。为了减少对传统能源的依靠，风电机组/柴油机、光伏/柴油机和互补式供电系统已经被应用到许多领域，如移动通信基站、独立用户供电等。但是国内可再生能源供电系统大多没有考虑当地气象条件，同时风电机组、光伏的价格较为昂贵，对系统配置进行优化分析是必要的，它可以减少用户的初始投资、运行维护费用和全寿命费用，实现收益最大化，还可以减少温室气体排放和环境污染。HOMER 优化匹配分析软件，由美国国家可再生能源实验室开发，功能非常强大，是目前应用最为广泛的优化配置软件。本节利用 HOMER 软件对独立的移动通信基站供电系统进行优化匹配分析，通过对系统可能的优化结构和运行中可能遇到的各种不可预测变量的分析，并根据当地的气象资料，在满足基站供电需求的基础上实现系统的优化匹配，并分析了风电机组寿命、蓄电池寿命、利率变化和燃料价格变化对系统全寿命费用的影响，目的是提供一个适于当地气象条件的可再生能源供电系统的最优化案例，提高设计人员对系统优化配置的重视度。

1．移动通信基站供电系统分析

通信基站的建设是通信事业快速发展的基础，高质量的电能供应是维持基站正常工作的基本条件，而部分基站位于偏远地区或远离电力线路的地区，因此独立的供电系统是必要的，一般采用柴油机发电。随着传统能源价格的快速上涨，以及人们对环境保护的重视，部分通信基站采用了可再生能源与柴油机互补的供电系统。如果采用柴油发电机供电，将消耗大量的柴油，造成环境的污染并排放大量的温室气体；如果柴油价格进一步上升，则直接采用柴油发电机供电并不经济。如果采用光伏、风电机组或风光互补发电系统供电，则供电系统的初期投资很大，同时易受到天气状况的影响，有可能出现基站缺电的状况。图 3-16 显示了独立式移动通信基站互补供电系统的拓扑结构，它由光伏、风电机组、蓄电池、柴油发电机、控制逆变器和负载几个部分组成。互补式发电系统提高了基站供电的可靠性和电能质量，但是系统各部分不同的匹配方式将导致供电系统初期投资、运行维护费用和全寿命费用不同，因此在满足基站用电的情况下，有必要对供电系统各部分进行优化匹配分析，提高资金使用效率。同时，供电系统在运行过程中还可能受到柴油价格波动、银行利率波动、风电机组和蓄电池寿命不确定等因素的影响，并导致系统全寿命费用和运行维护费用上升，因此有必要研究上述不可预测变量对供电系统的影响。目前国内柴油价格约为 0.76$/L（美元/升），未来油价的上升不可避免，而且短期内油价的波动也会导致柴油发电机运行费用波动；银行利率的波动，将导致投资方投资和运行总费用的波动；风电机组和蓄电池寿命波动也会影响系统的全寿命费用。这里采用广东尚能 SN-400 型 400W 小型风电机组，目前价格约为 550$（美元），全寿命周期设为 15 年；光伏组件价格约为 4400$/kW（美元/千瓦），寿命周期设为 20 年；蓄电池采用 SN150-12 型，价格约为 110$，寿命周期设为 4 年；控制逆变器的价格约为 200$/kW，寿命周期设为 15 年，转换效率为 90%；0.5kW 柴油发电机的价格约为 110$，寿命周期设为 15000 小时，整个供电系统的寿命周期设为 25 年。

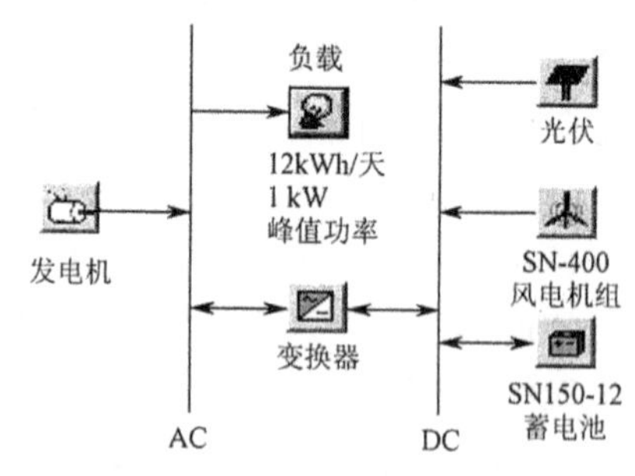

图 3-16　独立式移动通信基站互补供电系统拓扑结构

2．具体算例分析

利用 HOMER 软件，以内蒙古鄂尔多斯市的一个移动通信基站供电系统为例进行优化匹配分析。该基站的功率为 538W，日耗电量约为12.9kWh，地理位置为北纬 39°90′，东经 108°。算例涉及的图表均来自 HOMER 软件。

气象数据来源于美国国家航空航天局（NASA），在 HOMER 的太阳能资源模块中输入当地经纬度并选择时区，得到如图 3-17（a）所示的不同月份月平均照度图，当地日平均照度为 4.49kW/（$m^2 \cdot d$），全年每个小时的可输出功率如图 3-17（b）所示，图 3-17（c）显示了不同月份一天可输出功率的变化。

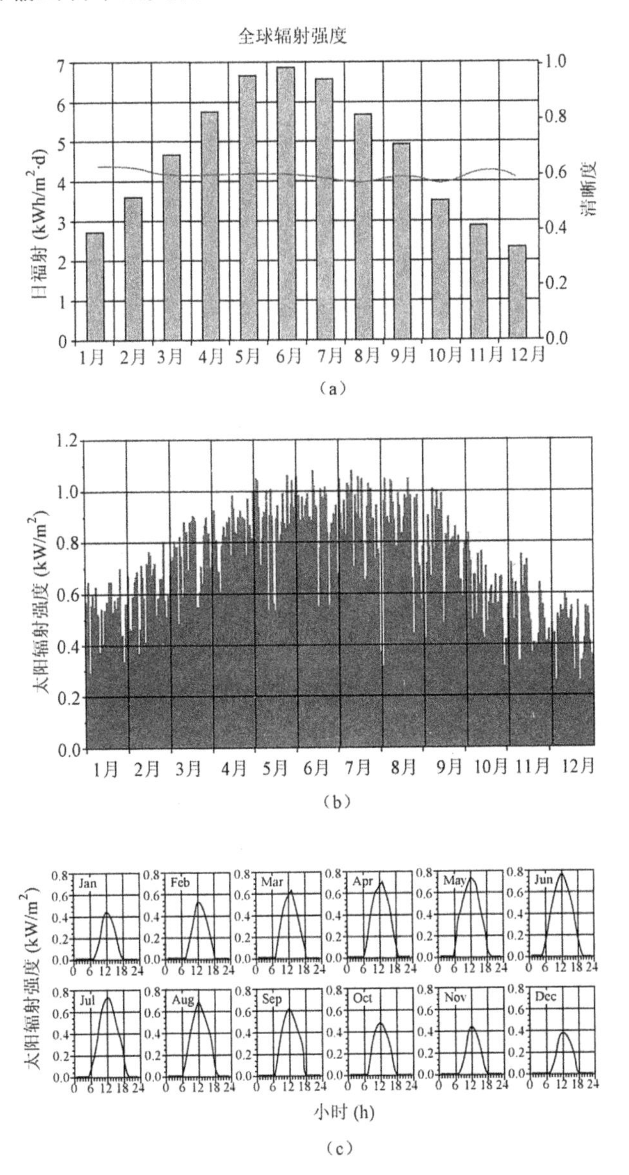

图 3-17 当地太阳照度气象资料

将风速信息、海拔高度（设为 1200m）和风速计高度（25m）输入风能资源模块得到如图 3-18（a）所示的不同月份月平均风速图，当地年平均风速为 5.13m/s，全年每小时风速图如图 3-18（b）所示，图 3-18（c）显示了不同月份一天有效风速的变化，图 3-18（d）显示了一天内风速变化的威布尔分布。

根据基站功率和日用电量设计用户每日用电状况如图 3-19（a）所示，平均日耗电量为 12.5kWh，图 3-19（b）显示了全年每小时日负荷变化，图 3-19（c）为不同月份日负荷变化，图 3-19（d）为不同月份日负荷平均值，图 3-19（e）为日负荷分布图。

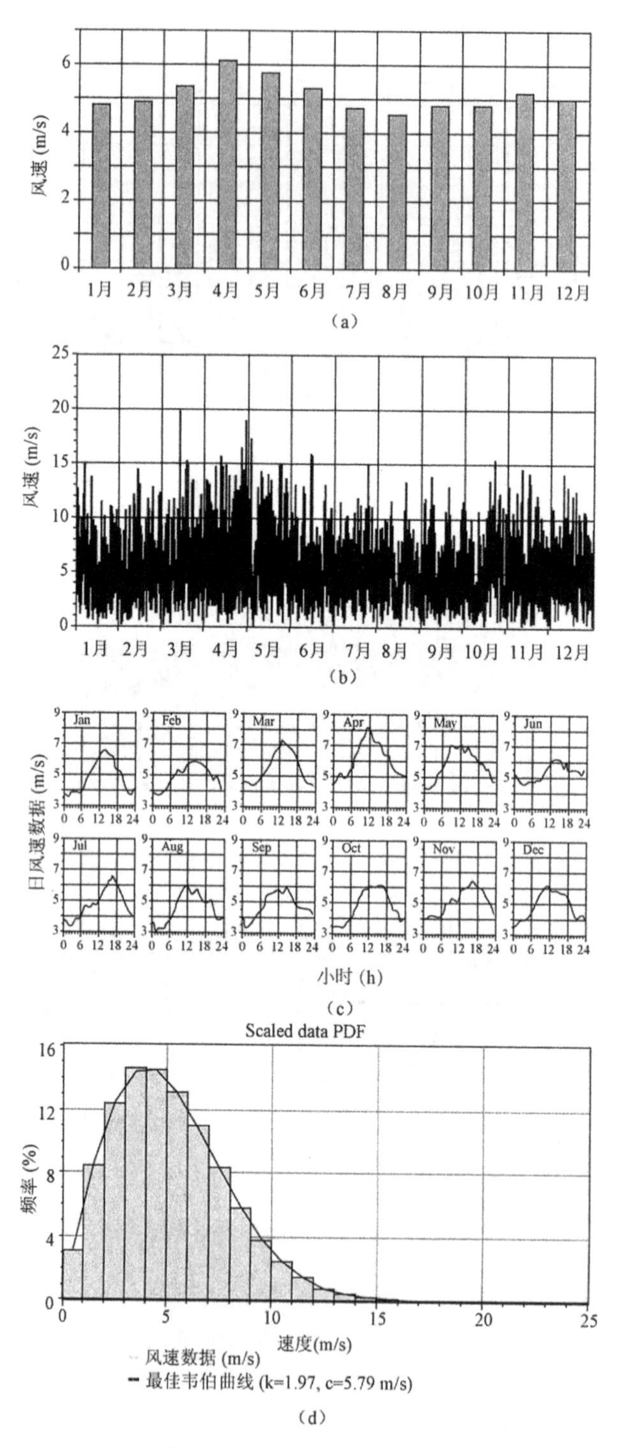

图 3-18 当地风速气象资料

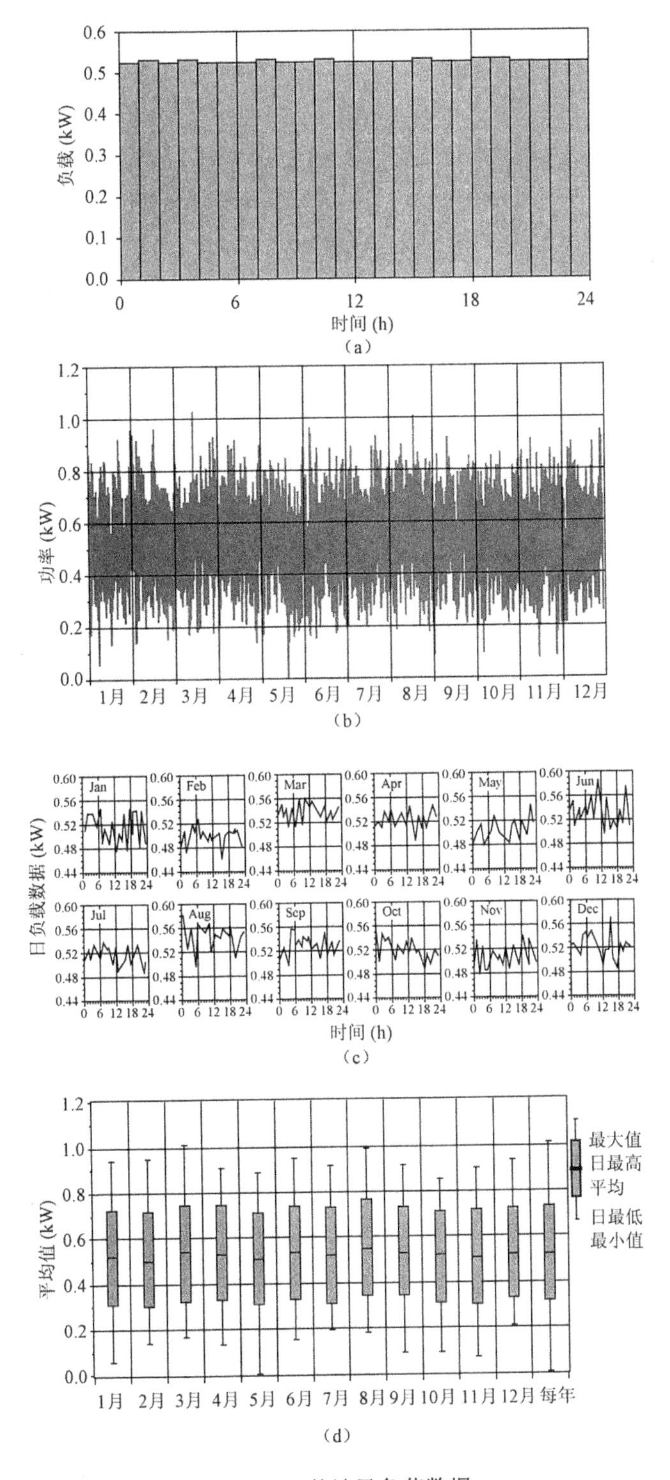

图 3-19　基站日负荷数据

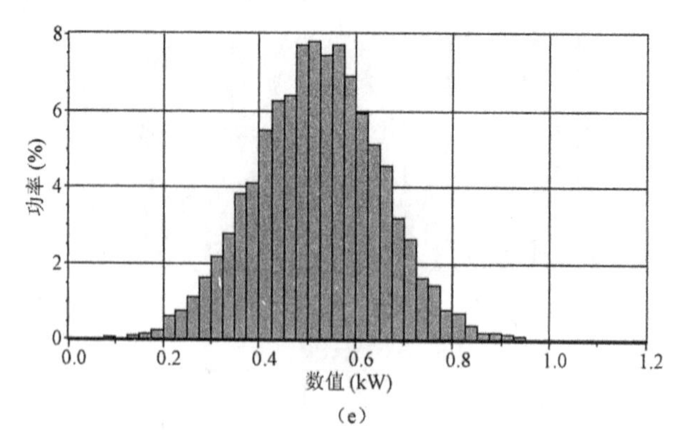

(e)

图 3-19 基站日负荷数据（续）

供电系统设备的输入信息包括所选发电机、光伏、风电机组、蓄电池和控制逆变器的型号、价格、数量、全寿命周期等，设备可能的组合见表 3-1，共 2880 种可能的组合形式。经过 1 小时 52 分钟的运行，HOMER 得到如图 3-20（a）所示的系统优化匹配结果，最佳的优化系统如列表中的第一行所示，即 400W 风电机组 3 台，1kW 发电机一台，蓄电池 8 块，控制逆变器选择 1kW，系统的初始投资为 2940$，年运行费用为 1551$，全寿命费用为 22766$，电费为 0.39$/kWh，可再生能源发电所占比例为 27%，年消耗柴油 1299L，发电机年运行小时数为 3937h。图 3-20（b）为该优化系统全年运行的电能信息，包括系统组成、全寿命费用、每度电的费用、年运行费用、不同部分产生的电能和所占的比例、用户全年耗电总量、多发电量、缺电量及其比例，以及可再生能源发电所占比例等，并显示了不同发电部分的月平均发电量。

表 3-1 设备可能的组合

光伏	风电机组	发电机	蓄电池	控制逆变器
kW	数量	kW	数量	kW
0.000	0	0.00	0	0.00
1.000	1	1.00	2	0.25
2.000	2	2.00	4	0.50
3.000	3	3.00	8	1.00
4.000			16	2.00
5.000			32	

此外，该系统还包含费用统计、现金流向、系统不同部分的细节信息、温室气体排放和每小时统计信息等。例如，该优化系统年污染物排放量见表 3-2 第 2 列，蓄电池性能见表 3-3 第 2 列，供电系统不同部分全寿命费用和现金流向如图 3-21 所示。其中通信基站的优化结果表明所设计的系统配置的全年多发电量为 0.0242kWh，全年缺电量为 0.0000105kWh，即不发生缺电事故，说明所选择的优化系统在满足负载需求的基础上没有出现浪费现象。

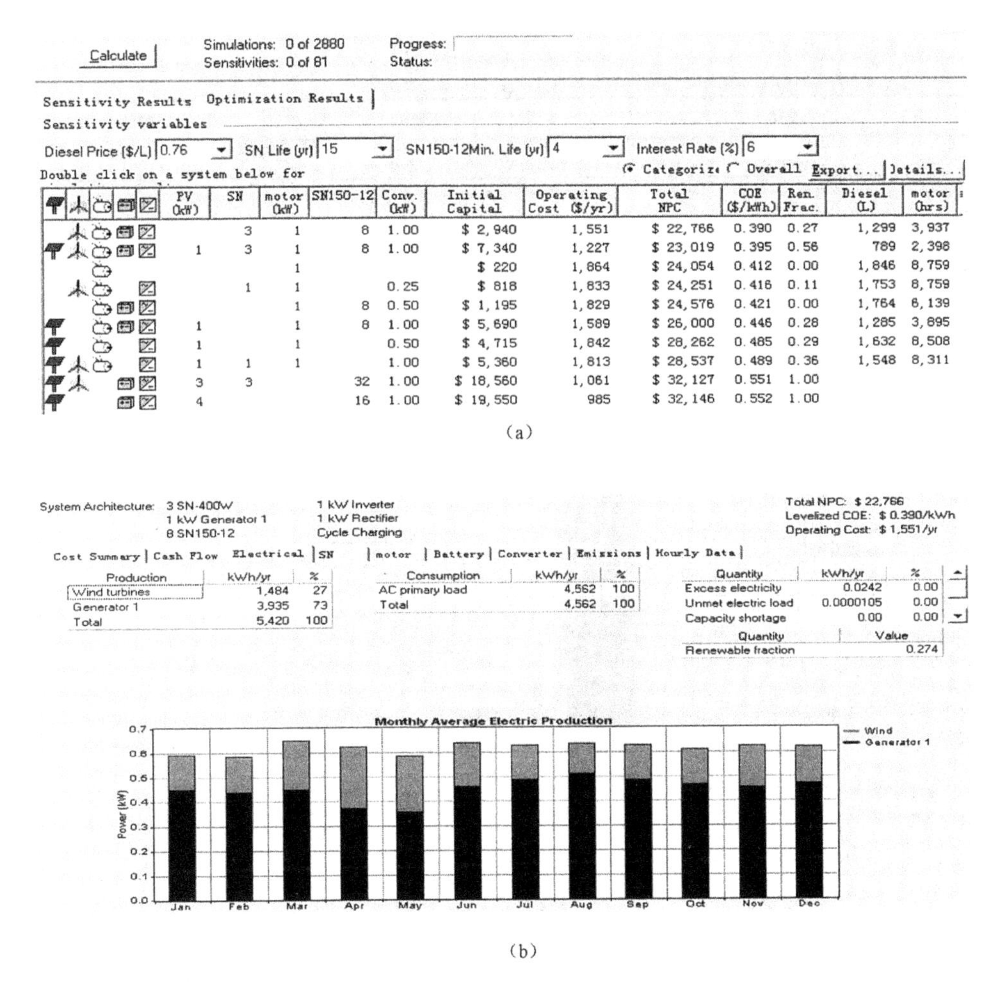

（a）

（b）

图 3-20　用户互补发电系统优化结果

传统能源价格的上升在未来不可避免，大量使用柴油不仅污染环境，而且会排放大量的温室气体。如果柴油价格上升到 1$/L，则优化系统变成光伏/风电机组/柴油机互补系统，包括 1kW 光伏、3 台风电机组、1kW 发电机、8 块蓄电池和 1kW 控制逆变器，和柴油价格为 0.76$/L 时的优化系统相比，初始投资增加 4400$，年运行费用减少 134$，全寿命费用增加 2688$，电费为 0.436$/kWh，可再生能源发电所占比例为 55.8%，年消耗柴油减少 509L，发电机年运行小时数减少 1532h，不发生缺电事故，污染物排放量见表 3-2 第 3 列。

表 3-2　污染物排放量（千克/年）

污染物	排放量	排放量	排放量
二氧化碳	3420	2082	0
一氧化碳	8.44	5.14	0
未燃碳氢化合物	0.935	0.569	0
颗粒物质	0.636	0.387	0
二氧化硫	6.87	4.18	0
氧化氮	75.3	45.8	0

表 3-3　蓄电池性能

项目	数值	数值
年输入电能	2196kWh	2761 kWh
年输出电能	1878kWh	2371kWh
年存储损耗	5 kWh	10kWh
年损耗	313kWh	380kWh
年吞吐量	2037 kWh	2572kWh
预期寿命	4.22 年	10 年

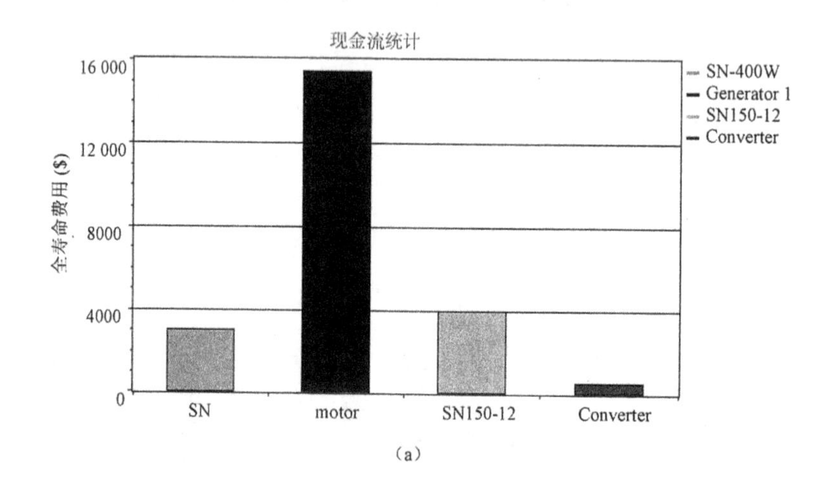

（a）

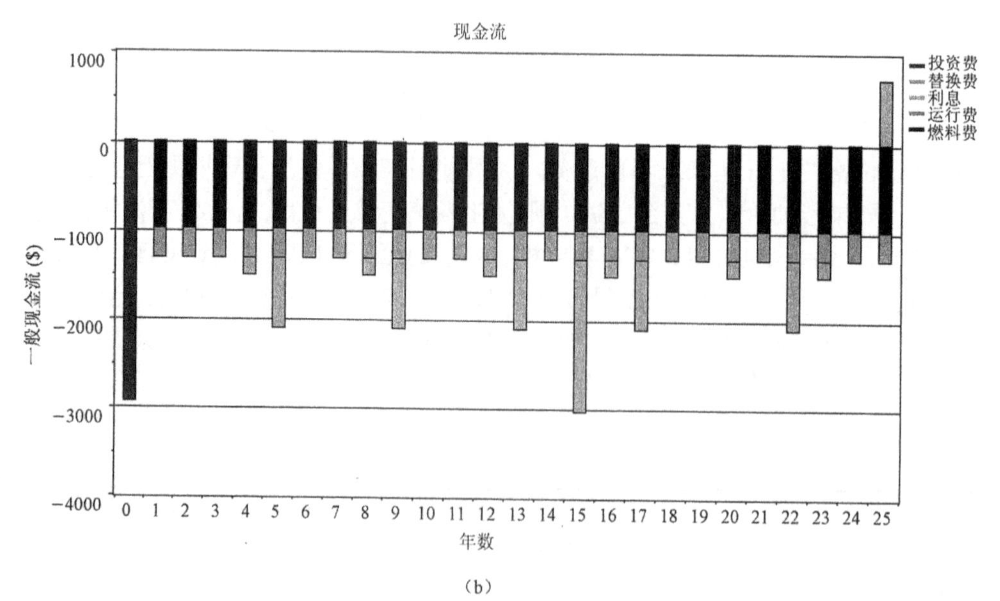

（b）

图 3-21　供电系统不同部分全寿命费用和现金流向

如果供电系统不采用柴油发电机，而直接采用风光互补供电系统，则用户供电系统的最优结果如图 3-20（a）中的第 9 行所示，优化供电系统组成为 3kW 光伏、3 台 400W

风电机组、32 块蓄电池、1kW 控制逆变器。和有柴油机的优化系统相比，该系统初始投资增加了 15620$，全寿命费用增加了 9361$，每度电费用增加了 0.161$，光伏电池增加了 3kW，增加了 24 块蓄电池，但没有了柴油的损耗和温室气体排放，年运行费用减少了 490$，用户全年不发生缺电事故，风光互补供电系统污染物排放量见表 3-2 第 4 列，蓄电池性能见表 3-3 第 3 列。结论是如果柴油价格继续上涨，基站供电系统中可再生能源发电的比例将越来越高，温室气体排放量将减少，同时系统全寿命费用和每度电费用都会增加。

3．算例敏感性分析

通信基站优化供电系统的全寿命费用在实际运行过程中可能遇到柴油价格和银行利率波动、风电机组和蓄电池寿命变化等不可预测因素的影响，因此必须分析不可预测敏感性因素对系统运行的影响。敏感性分析重点考虑柴油价格、银行利率、风电机组寿命和蓄电池寿命变化对系统全寿命费用的影响，敏感性变量见表 3-4 所示，共有 81 种可能的组合形式。

表 3-4 敏感性变量

柴油价格（$/L）	风电机组寿命（年）	蓄电池寿命（年）	银行利率（%）
0.76	15	4	6
0.5	20	3.5	5
1	10	4.5	7

图 3-22（a）显示了敏感性变量对优化系统全寿命费用的影响，风电机组寿命的下降将导致全寿命费用的上升，风电机组寿命的上升将导致全寿命费用的下降；柴油价格上升将导致全寿命费用的上升，柴油价格下降将导致全寿命费用的下降；银行利率的上升将导致全寿命费用的下降，银行利率的下降将导致全寿命费用的上升；蓄电池寿命的变化对供电系统全寿命费用影响不大。其中银行利率和柴油价格的变化对全寿命费用的影响最大，在选择系统配置时应重点考虑银行利率和柴油价格可能的变化。

图 3-22（b）显示了在风电机组和蓄电池寿命一定的情况下，对于不同的银行利率和柴油价格变化，系统应该采用的最佳匹配方式。例如，银行利率处于 6.65%～7%，柴油价格低于 0.51$/L 的情况下，优化系统应采用柴油发电机直接供电方式，由于柴油价格几乎不可能长期处于这一低价位，所以这种方式不可行；在柴油价格低于 0.743$/L 的情况下，优化系统应采用风电机组/发电机/蓄电池方式，目前来看这种方式较为合理；如果柴油价格继续上涨，则优化系统应采用风电机组/光伏/发电机/蓄电池方式，随着能源价格的上涨，这种方式在未来最为合理。通过上述分析并根据当地多年的气象资料，本节实现了风电机组/光伏/发电机/蓄电池混合的互补发电系统，和原始算例相比明显优化了供电系统配置。

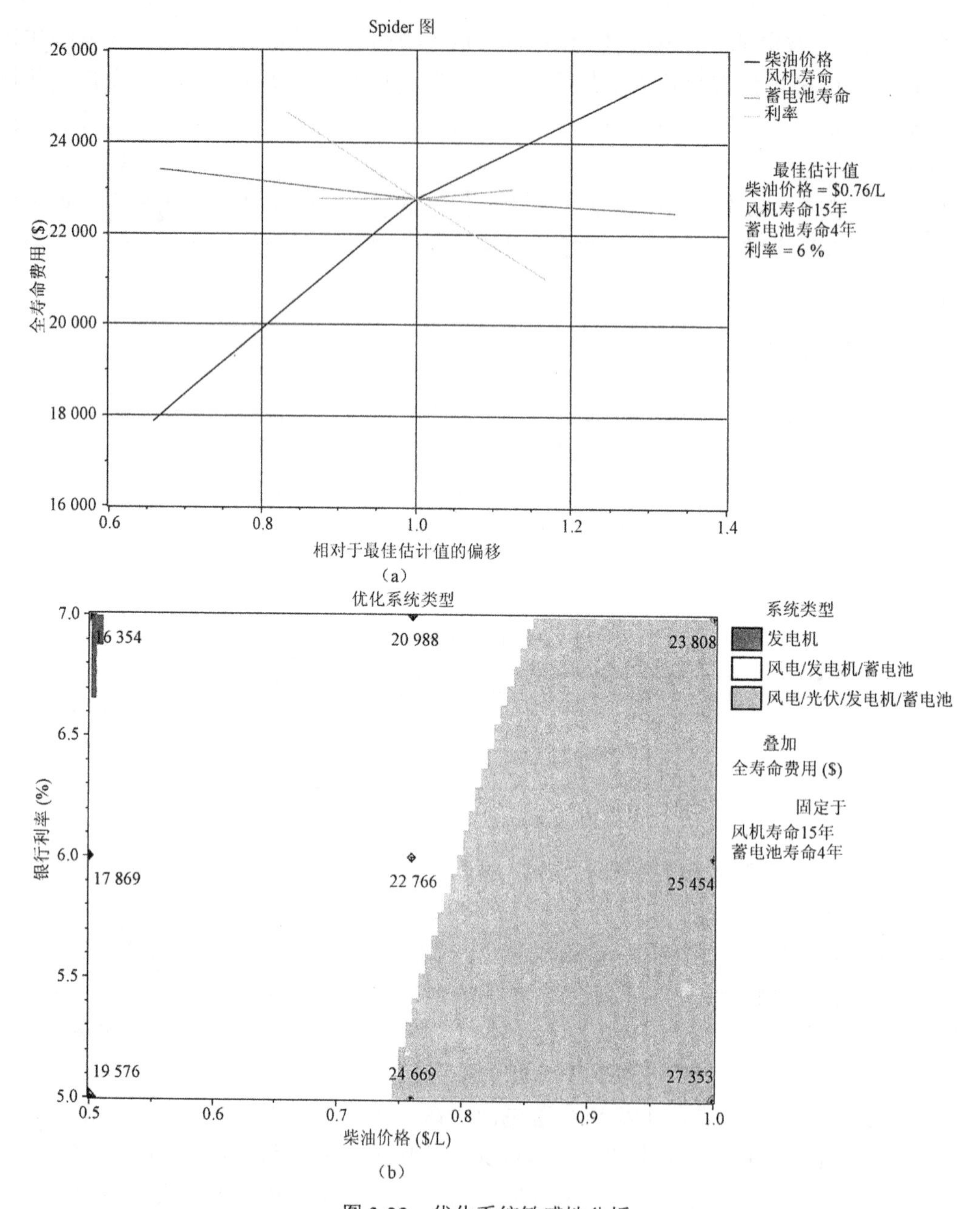

(a)

(b)

图 3-22　优化系统敏感性分析

3.4　风力发电关键技术

3.4.1　最大功率跟踪

为了让风力发电系统从风能中提取尽可能多的电能，最大功率跟踪控制技术是必不可少的。由于风速的随机性与风电系统的非线性，最大功率跟踪控制比较困难，也是风力发电领域的研究热点问题之一。图3-23显示了定桨距角风力机在不同电机转速下的最大输出功率曲线，风电系统常用的MPPT控制方法包括测量法、扰动观察法、最优叶尖速比法、功率信号反馈法和智能方法等。

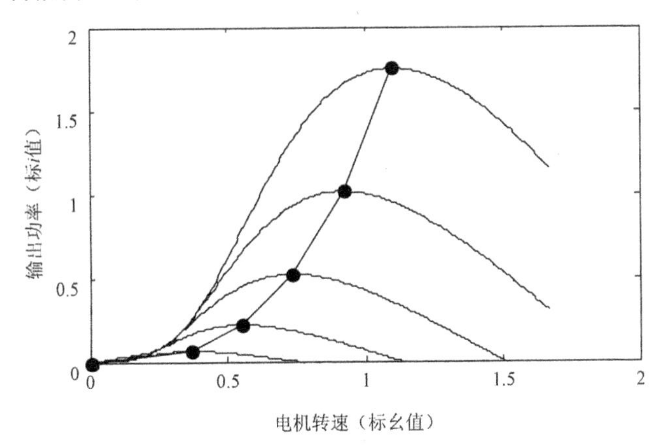

图3-23 定桨距角风力机最大输出功率特性

1. 测量法

（1）测风速法

如果风速可测得，则在$V_{ci} \leqslant V \leqslant V_{co}$的情况下，$C_p$是一个常数，则由式（3-51）可以很容易得到风电机组的最大功率值P_{max}，将其与发电机的输出功率值相比较，得到误差值，然后通过PI调节器给出发电机可控参数的值，调节发电机的输出电流或电压的大小，实现发电机的输出功率的调节。

优点：原理简单，控制方法简洁明了，理论上输出效率非常高。

缺点：需要知道风电机组的功率特性和电机的相关参数，以便确定最佳功率线；需要安装风速计以便测量风速，增加了成本，降低了可靠性，而且由于风速的测量一般不可能非常准确，所以实际输出效率不是非常高。

（2）测转速法

如果电机转速n可以测得，则$\omega = 2\pi n/60$已知，而由于风轮与电机轴直接连接，所以风轮角速度等于电机角速度，而λ_{opt}为已知量，则可得到该时刻的风速。这时就非常容易求取该时刻的最大功率值，将该值作为MPPT控制的给定值就可以实现最大功率跟踪，所以关键的问题是求取电机转速n，例如可采用测速电机和编码盘等采集转速信息。

优点：原理简单，控制方法简洁明了，成本比测风速法有所降低。

缺点：需要知道风电机组和电机的相关参数，以便确定最佳功率线；需要安装测转速的装置，增加了成本，降低了可靠性，同时由于发电机所具有的较大的转动惯量使得风轮转速对风速的快速变化有一定的延迟，即测得的转速信息不能反映实际的风速情况，所以输出效率不高。

此外，无速度传感器的研究是风力发电机MPPT的热点之一，目的是得到精确的电机转速，如Kalman滤波、高频信号注入、直接转矩控制和矢量控制等方法已经被应用到估算电机转速当中去，但需要精确的电机内部参数如磁链、转矩值和测量设备；同时即使是同一批次生产的同一型号永磁电机，它们的内部特性也不完全相同，而且随着电机的运行发热，内部特性也会改变。因此，对于小型风电机组而言，无速度传感器的方式目前还不可行。

2．扰动观察法（爬山法）

以功率扰动法为例，就是给系统的输出电流加上一个扰动，通过测量输出功率的变化来决定扰动的变化方向，该方法在光伏发电中应用较多。

优点：原理简单，控制方法简洁明了，成本较低，不需要知道风电机组和电机的相关参数。

缺点：必须对控制信号加入扰动量，在系统输出稳定时振动不可避免，输出效率降低，另外在风速变化较快的情况下，跟踪速度较慢。

3．智能方法

模糊法是智能方法的一种，它根据专家经验设计出模糊规则和隶属函数，用模糊控制器的输出去控制PWM，从而实现MPPT。

优点：不需要知道风电机组和电机的相关参数，实现容易，成本较低。

缺点：在系统输出稳定时振动不可避免，控制效果多基于专家经验。

4．最优叶尖速比法

最优叶尖速比法是指当风速变化时要维持风力机的叶尖速比λ始终在最佳值λ_{opt}处，λ_{opt}一般通过计算或实验获得，这样在任何风速下风力机对风能的利用率都最大。它将风速V和风力机转速n的测量值作为控制系统的输入信号，通过计算得出此时的实际叶尖速比λ，然后与最优叶尖速比λ_{opt}相比较，将所得误差值送入控制器，控制器控制逆变器的输出来调节风机转速，从而保证叶尖速比最优。

优点：原理简单，控制方法简洁明了，在风速测量精确的前提下，具有很好的准确性和反应速度。

缺点：需要测量风速和转速，而风速的准确测量较为困难，导致控制精度较差；如采用高性能的测风速系统或装置，则会导致成本上升。

5．功率信号反馈法

功率信号反馈法是测量出风力发电机组的转速n，并根据风电机组的最大功率曲线，计算出与该转速所对应的风力机的最大输出功率P_{max}，将它作为风力机的输出功率给定值P_{ref}，并与发电机输出功率的观测值P相比较得到误差量，经过调节器对风力机进行控制，以实现对最大功率点的跟踪。

优点：不需要知道精确的风电机组特性，也不需要测风装置，控制思路简单，易于实现。

缺点：需要检测风电机组转速和发电机输出功率；还需要知道最优功率曲线，此曲线较难获得。

此外，还有在上述控制策略上改进的最优转矩法、小信号扰动和极值搜索等方法。

3.4.2　偏航控制

偏航系统是水平轴风力发电机组必不可少的组成系统之一。偏航系统的主要作用有两个。一是与风力发电机组的控制系统相互配合，使风力发电机组的风轮始终处于迎风状态，充分利用风能，提高风力发电机组的发电效率；二是提供必要的锁紧力矩，以保障风力发电机组的安全运行。风力发电机组的偏航系统一般分为主动偏航系统和被动偏航系统。被动偏航指的是依靠风力通过相关机构完成机组风轮对风动作的偏航方式，常见的有尾舵、舵轮和下风向3种形式；主动偏航指的是采用电力或液压拖动来完成对风动作的偏航方式，常见的有齿轮驱动和滑动两种形式。小型风机一般采用尾舵的形式，即被动偏航方式，如图3-24所示。

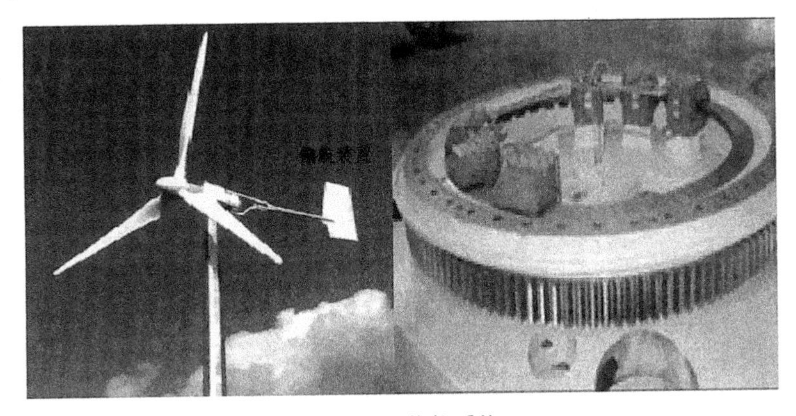

图3-24　偏航系统

对于大型的（并网型）风力发电机组来说，通常都采用主动偏航的齿轮驱动形式。机舱的偏航是由电动偏航齿轮自动执行的，根据风向仪提供的风向信号，由控制系统控制，通过驱、传动机构，实现风电机组叶轮与风向保持一致，最大限度地吸收风能。偏航时间的长短，是由计算机控制的，一旦风向仪出现故障，自动偏航操作将中止，仅能从控制柜或机舱顶部控制盒上以人工方式操作偏航。偏航的控制：在风速低于3m/s或3.5m/s时，自动偏航不会工作，风电机组将不会偏航到与风向一致；只有风速大于该值后，风电机组才自动扑捉风向，这样可以避免不必要的偏航和电能消耗。

3.4.3　变桨距

变桨距也就是调节桨距角。在风力机中，桨距角最重要的作用是调节功率。当风轮开始旋转时，采用较大的正桨距角可以产生一个较大的启动力矩。停机时，经常使用90°的桨距角，因为在风力机刹车制动时，这样做可使风轮的空转速度最小。采用90°正桨距角时，叶片称为“顺桨”。

当风速在额定风速以下时，风力发电机组应该尽可能地捕捉较多的风能，所以这时没有必要改变桨距角，此时的空气动力载荷通常比在额定风速以上时小，因此也没有必要通过变桨距来调节载荷。然而，恒速风力发电机组的最佳桨距角随着风速的变化而变化，因此对于一些风力发电机组，在额定风速以下时，桨距角随风速仪或功率输出信号的变化而缓慢地改变几度。

当风速在额定风速以上时，变桨距控制可以有效调节风力发电机组吸收功率及叶轮产生的载荷，使其不超过设计的限定值。然而，为了达到良好的调节效果，变桨距控制应该对变化的情况迅速做出响应。这种主动的控制器需要仔细设计，因为它会与风力发电机组的动态特性产生相互影响。

变桨系统的所有部件都安装在轮毂上，如图 3-25 所示。风机正常运行时所有部件都随轮毂以一定的速度旋转。变桨系统通过控制叶片的角度来控制风轮的转速，进而控制风机的输出功率，并能够通过空气动力制动的方式使风机安全停机。

风机的叶片（根部）通过变桨轴承与轮毂相连，每个叶片都要有自己相对独立的电控同步的变桨驱动系统。变桨驱动系统通过一个小齿轮与变桨轴承内齿啮合联动。

风机正常运行期间，当风速超过机组额定风速时（风速在 12～25m/s 时），为了控制功率输出，变桨角度被限定在 0°～30°（变桨角度根据风速的变化进行自动调整），通过控制叶片的角度使风轮的转速保持恒定。任何情况引起的停机都会使叶片顺桨到 90° 位置。

变桨距控制可以改善风力发电系统的输出功率和电能质量，使风力发电机在各种工况下都能够获得最佳的性能，减少风力对风机的冲击。对于大型风力发电机组来说，控制策略将直接影响风力发电的经济效益和社会效益。

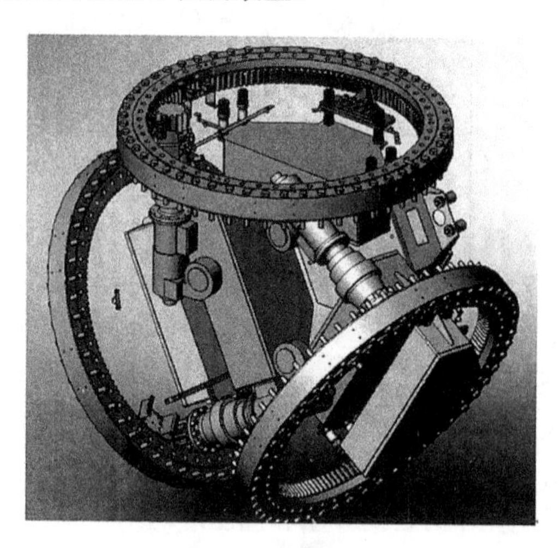

图 3-25　变桨系统

3.4.4　低电压穿越

风电机组的低电压穿越（Low Voltage Ride Through，LVRT），指在风力发电机并网点电压跌落时，风机能够保持并网，甚至向电网提供一定的无功功率，支持电网恢复，直到电网恢复正常，从而“穿越”这个低电压时间（区域）。

目前风电市场发展迅猛，风电场装机容量逐年上升，尤其是在一些发达国家，风力发电所占电网供电比例已经非常高，如丹麦已超过 20%。因此，必须考虑电网故障时风机的各种运行状态对电网稳定性的影响。为此各国电网公司依据自身实际对风电场的风电机组并网提出了严格的技术要求，包括低电压穿越能力、无功控制能力、有功功率变化率控制和频率控制等。其中 LVRT 被认为是风电机组设计制造控制技术上的最大挑战，直接关系到风机的大规模应用。

电压跌落会给电机带来一系列暂态过程，如出现过电压、过电流或转速上升等，严重危害风机本身及其控制系统的安全运行。一般情况下若电网出现故障，风机就实施被动式自我保护而立即解列，并不考虑故障的持续时间和严重程度，这样能最大限度地保障风机的安全，在风力发电的电网穿透率（即风力发电占电网供电的比重）较低时是可以接受的。然而，当风电在电网供电中占有较大比重时，若风机在电压跌落时仍采取被动保护式解列，则会增加整个系统的恢复难度，甚至可能加剧故障，最终导致系统其他机组全部解列，因此必须采取有效的 LVRT 措施，以维护风场电网的稳定。

LVRT 是对并网风机在电网出现电压跌落时仍保持并网的一种特定的运行功能要求。不同国家（和地区）所提出的 LVRT 要求不尽相同。目前在一些风力发电占主导地位的国家，如丹麦、德国等已经相继制定了新的电网运行准则，定量地给出了风电系统离网的条件（如最低电压跌落深度和跌落持续时间），如图 3-26 所示，只有电网电压跌落低于规定曲线以后才允许风力发电机脱网，当电压处于凹陷部分时，发电机应提供无功功率。这就要求风力发电系统具有较强的低电压穿越能力，同时能方便地为电网提供无功功率支持，但目前的双馈型风力发电技术是否能够应对自如，学术界尚有争论，而永磁直接驱动型变速恒频风力发电系统已被证实在这方面拥有出色的性能。

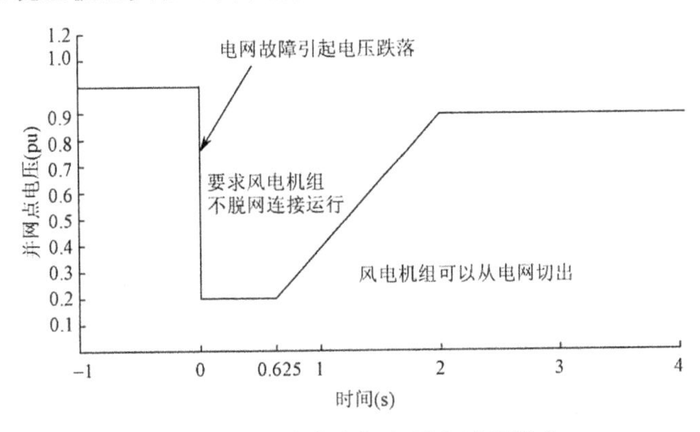

图 3-26　风力发电低电压穿越的要求

1. 风电场的低电压穿越要求

对于风电装机容量占其他电源总容量比例大于 5%的省（区域）级电网，该电网区域内运行的风电场应具有低电压穿越能力。对风电场的低电压穿越要求如图 3-26 所示。

（1）风电场内的风电机组具有在并网点电压跌至 20%额定电压时保证不脱网连续运行 625ms 的能力。

（2）风电场并网点电压在发生跌落后 2s 内能够恢复到额定电压的 90%时，风电场内的风电机组能够保证不脱网连续运行。

2. 不同故障类型的考核要求

对于电网发生不同类型故障的情况，对风电场低电压穿越的要求如下。

（1）当电网发生三相短路故障引起并网点电压跌落时，如果风电场并网点各相电压在图3-26中电压轮廓线及以上的区域内，场内风电机组必须保证不脱网连续运行；如果风电场并网点任意相电压低于或部分低于图3-26中的电压轮廓线，则场内风电机组允许从电网切出。

（2）当电网发生两相短路故障引起并网点电压跌落时，如果风电场并网点各相电压在图3-26中电压轮廓线及以上的区域内，场内风电机组必须保证不脱网连续运行；风电场并网点任意相电压低于或部分低于图3-26中的电压轮廓线时，场内风电机组允许从电网切出。

（3）当电网发生单相接地短路故障引起并网点电压跌落时，如果风电场并网点各相电压在图3-26中电压轮廓线及以上的区域内，场内风电机组必须保证不脱网连续运行；如果风电场并网点任意相电压低于或部分低于图3-26中的电压轮廓线，则场内风电机组允许从电网切出。

3. 有功恢复

对电网故障期间没有切出电网的风电场，其有功功率在电网故障清除后应快速恢复，以至少10%额定功率/秒的功率变化率恢复至故障前的值。

4. 动态无功支撑

对于百万千瓦（千万千瓦）风电基地内的风电场，其场内风电机组应具有低电压穿越过程中的动态无功支撑能力，要求如下。

（1）电网发生故障或扰动，机组出口电压跌落处于额定电压的20%～90%时，机组需要通过向电网注入无功电流支撑电网电压，该动态无功控制应在电压跌落出现后的30ms内响应，并能持续300ms的时间。

（2）机组注入电网的动态无功电流幅值为$K(1.0-V_t)I_n$。其中I_n为机组的额定电流；V_t为故障区间机组出口电压标幺值，$V_t = V/V_n$，其中V为机组出口电压实际值，V_n为机组的额定电压；$K \geqslant 2$。

5. 低电压穿越的典型方案

低电压穿越是太阳能光伏发电和风力发电所面临的共同问题，以光伏并网系统为例，常用的低电压解决方案如下。

（1）基于储能设备的解决方案

在正常情况下，也就是电网未发生故障时，电网给超级电容器充电；当电网发生故障时，超级电容器放电给并网点注入能量，提供并网点的支撑电压，可以继续使光伏设备并网做正常运行。

（2）基于无功补偿设备的低电压穿越实现解决方案

电网侧发生瞬时故障时，光伏电站本身不能提供瞬间的电压支撑。此时容性动态无功补偿装置尤为必要。同时，容性动态无功补偿装置可显著提高光伏电站各母线电压，增强光伏电站低电压穿越能力。动态无功补偿装置可以采用静止无功补偿器（SVC），虽然动态性能略差，故障时反向冲击电压略大，但能满足运行要求。考虑到动态无功补偿装置（SVG）价格的逐步降低，今后也可考虑采用 STATCOM 等新型动态无功补偿设备，以提高光伏电站整体动态响应性能。

3.5 MATLAB 实例

3.5.1 风力机特性

首先，要了解如何将一些风力机的公式输入 m 文件中，例如：

```
D=2*sqrt((2*P)/(p*Pi*Vw^3*Cpmax));      %风力机直径
P=1/2*p*Pi*r^2*Vi^3*Cpmax;              %风力机输出功率
n=(30*Vw*js)/(Pi*r);                    %风力机转速
js=(2*Pi*r*n)/(60*Vw);                  %风力机减速比
```

其次，在 m 文件中输入一些常数量，如 π 、风机半径、直径和空气密度等。

再次，对风力机的数学模型进行编程，需要注意的是由于需要一系列的数据来实现非线性特性输出，因此每次程序运算得到的数据都需要保存。在本例中，首先设置空矩阵，然后将运算得到的数据依次保存在矩阵中，便于输出时调用。

最后，利用 subplot 命令对输出图像分块，利用 plotyy 命令实现双数据的输出，如图 3-27 所示。

具体程序如下：

```
%第一部分常数及空矩阵的输入

%常数输入
clc;
clear;
Pi=3.14;                 %π
D=1.4;                   %风力机直径
r=0.7;                   %风力机半径
p=1.211;                 %空气密度
bd=2;                    %风力机桨距角为 2°
C1 = 0.5176;             %C1～C6 根据 MATLAB 帮助中的风能利用率公式的参数设置
C2 = 116;
C3 = 0.4;
C4 = 5;
C5 = 21;
C6 = 0.0068;
```

```
%空矩阵输入
js=[];
w=[];
M=[];
Cp=[];

%第二部分风力机输出特性

m=0;                          %计数开始设置
for Vw1=2.3：0.1：20;         %风速设置，切入风速为2.3m/s，切出风速为20m/s
    m=m+1;                    %计数
    Vw(m)=Vw1;                %保存风速值
if (Vw1<2.3)                  %如果风速小于2.3m/s
    Cp=0;                     %风能利用率Cp为零
else if (Vw1>12.1)            %如果风速大于12.1m/s
        Cpm(m)=2*685/(p*Pi*r*r*Vw1*Vw1*Vw1);  %求解风能利用系数
        ne(m)=1639.5/1639.5;                  %求解转速标幺值
        u=Pi*D*(1639.5)/60;                   %求解风力机风叶叶尖速度
        jss(m)=u/Vw1;                         %求解叶尖速比
        Pe(m)=685/685;                        %求解功率标幺值
        else
i=0;                                          %计数开始设置
for n=1:1:1640;                               %转速循环输入
  i=i+1;                                      %计数
  nn(i)=n;                                    %保存转速
  w(i)=2*Pi*n/60;                             %设置了一个计算变量
  js(i)=w(i)*(D/2)/Vw1;                       %求解叶尖速比
  jsi(i)=1/(1/(js(i)+0.08*bd)-0.035/(bd^3+1));  %MATLAB帮助中求Cp所需的1/λi
  Cp(i)=C1*((C2/jsi(i))-C3*bd-C4)*exp(-C5/jsi(i))+C6*js(i); %求风能利用系数
  nn(i)=nn(i)/1639.5;                         %求解转速标幺值
end
Cpm(m)=max(Cp);                               %求风能利用系数最大值
Pe(m)=0.5*p*Cpm(m)*Pi*r*r*Vw(m)*Vw(m)*Vw(m)/685;  %求解输出功率
for w=1:1:1640;                               %计数设置
if (Cp(w)-Cpm(m)==0)                          %如果Cp等于Cpm
    jss(m)=js(w);                             %保存叶尖速比
      ne(m)=nn(w);                            %保存转速标幺值
end
end
    end
```

```
end
end

%第三部分输出曲线
%此处采用了分块输出的方法

subplot(2，3，1);plotyy(Pe，Cpm，Vw，Pe);xlabel('(a) Wind Speed (m/s)');
                                            %Cpm、Pe 和 Vw 间的关系
subplot(2，3，2);plotyy(Vw，Cpm，Vw，ne);xlabel('(b) Wind Speed (m/s)');
                                            %Cpm、ne 和 Vw 间的关系
subplot(2，3，3);plotyy(Vw，Cpm，Vw，jss);xlabel('(c) Wind Speed (m/s)');
                                            %Cpm、jss 和 Vw 间的关系
subplot(2，3，4);plotyy(Vw，Pe，Vw，ne);xlabel('(d) Wind Speed (m/s)');
                                            %Pe、ne 和 Vw 间的关系
subplot(2，3，5);plotyy(Vw，Pe，Vw，jss);xlabel('(e) Wind Speed (m/s)');
                                            %Pe、jss 和 Vw 间的关系
subplot(2，3，6);plotyy(Vw，jss，Vw，ne);xlabel('(f) Wind Speed (m/s)');
                                            %jss、ne 和 Vw 间的关系
hold on;                                    %保存曲线
hold on;
```

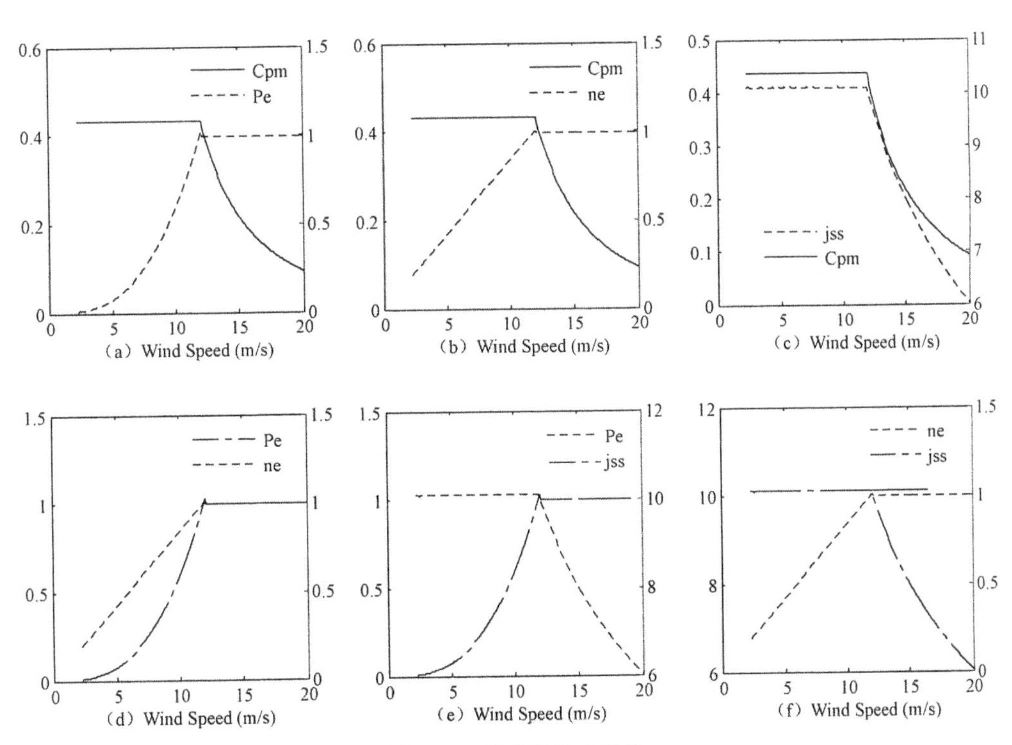

图 3-27　风力机输出特性

3.5.2 风力发电系统仿真

风力发电系统一般包括风轮、发电机、电力电子电路、控制器等。本例中风轮采用 MATLAB 中的 Wind Turbine，发电机采用同步发电机，电力电子电路采用不控整流电路，负载采用直流负载，如图 3-28 所示。风轮输出功率特性如图 3-29 所示，在风速为 12m/s 时达到额定输出功率。图 3-30 显示了所选择的同步发电机参数，滤波电容采用 9e-1 法，直流负载为 10Ω。

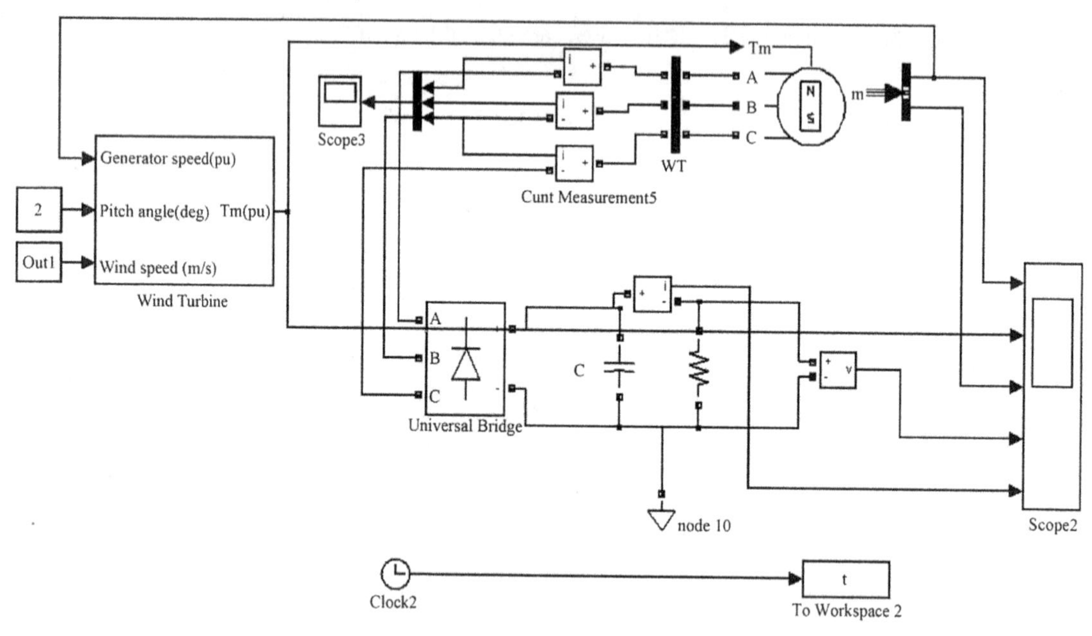

图 3-28　风力发电系统仿真

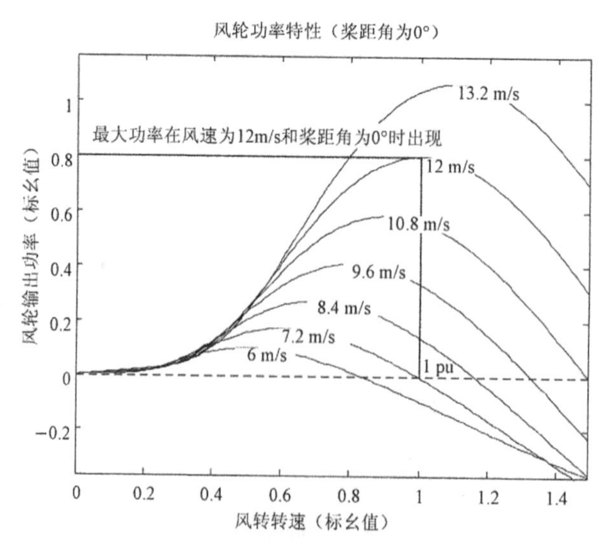

图 3-29　风轮输出功率特性（桨距角为 0°）

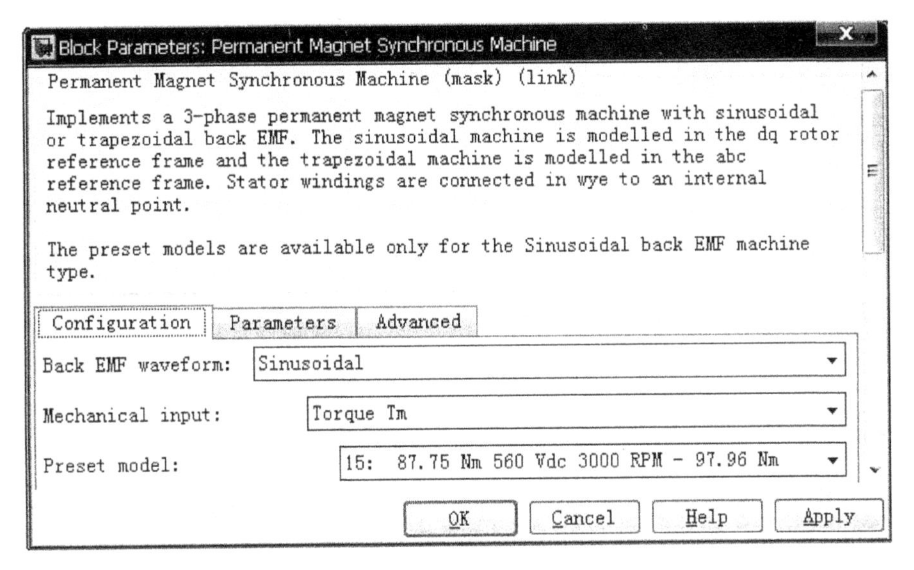

图 3-30　同步发电机参数

图 3-31 显示了风力发电系统电机转速、机械转矩、电磁转矩的变化。图 3-32 显示了系统输出电压和电流的变化，其中风轮桨距角为 2°，风速在 5s 时由 10m/s 变为 15m/s。由该图可知在风速突变的情况下，系统的输出电压和电流也会发生突变，关键是本例中没有采用相应的电压和电流控制策略，如在系统中加入电压控制策略则可以有效改善系统输出，因此此处的不控整流电路后应增加相应的 DC/DC 电路；而为了提高系统的输出效率，也可在 DC/DC 处增加最大功率跟踪控制策略，和第 2 章光伏发电系统的最大功率跟踪控制相似。

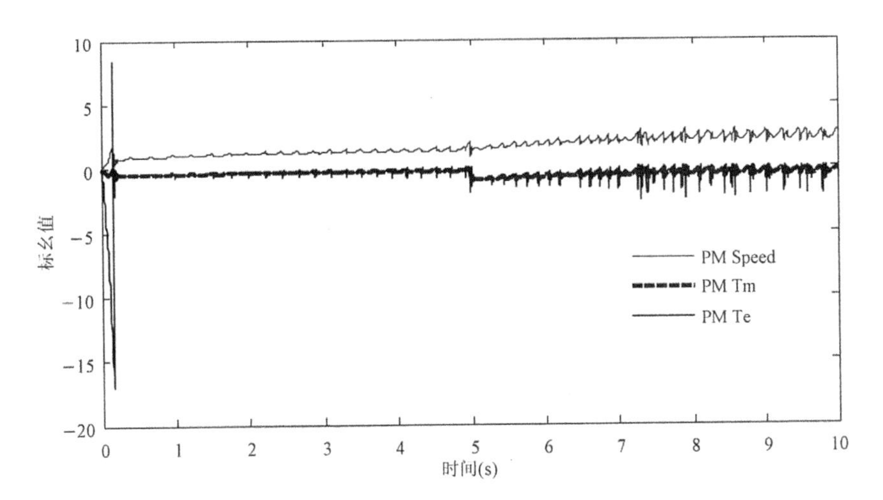

图 3-31　风力发电系统电机转速、机械转矩、电磁转矩的变化

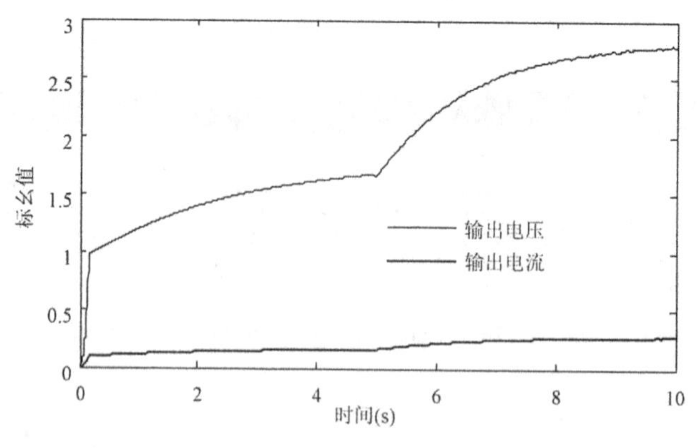

图 3-32　风力发电系统输出电压和电流的变化

3.6　风能利用未来发展前景

1．与建筑一体化的风力发电系统

为了能够发挥高层建筑的独特优势充分利用风能，日前，英国的建筑师们计划在伦敦的一些高层建筑上安装三片装的风力涡轮，每个涡轮的直径为 9m，通过高空获取的风能来为建筑供电，如图 3-33 所示。此外，垂直轴风力发电机也可以放置在高层建筑的顶部，和雨水收集系统一起为建筑提供部分电能和水。

图 3-33　与建筑一体化的风力发电系统

2．像草原的野草般的风力发电厂

常规的风力发电机叶片，有可能会对鸟类和动物造成伤害，而声、光的污染也不是轻而易举就可以解决的。纽约 DNA 设计公司工作室有一个新颖的像草原的野草一样的风力发电厂的设想，如图 3-34 所示。首先将碳纤维材料做成高大的“草身”，在表面喷涂上附着力极强的“压电”陶瓷涂料，地基用水泥盘固定。粉状的压电陶瓷（喷涂太阳能电池的技术）按一定的“线路”进行喷涂，最外层喷上高强度的保护层，用于防潮、防水、防辐射。

图 3-34　像野草的风力发电厂

工作原理：碳纤有弹性，不易折断，能保持直立，被风吹弯时能很快恢复原状，就像野草那样；而当振动压电陶瓷时，则会产生电荷，因此当风吹这些高大的“草”时，其表层的压电陶瓷就能发电，即“草”被吹弯时发一次电，伸直时又发一次电。当然这些“草”的发电电路是非常复杂的，有整流、调压、变频等各种电路及各种传感器。

优点：没有机械传动装置，无须保养；只要有一点点风就能发电；建设密度大，在同样的面积上，比叶片发电机可多装几十倍的发电机；无噪声，环保美观；对生物不会造成伤害，甚至能保护它们。

3. 风筝风力发电系统

据英国《卫报》报道，荷兰代尔夫特工业大学的科学家最近将一只面积为 $10m^2$ 的风筝放入高空，另一端拴在一个发电机上，成功地从风中捕获了能源，产生了 10kW 的电力，可以满足 10 户家庭的用电需求，如图 3-35 所示。

研究人员已经计划试验他们制造的一个能产生 50kW 电量的更大的风筝，称之为“梯形电站”，最终他们将建一个由众多风筝组成的能产生 100MW 电量的梯形电站，产生的能量足够 10 万个用户使用。可持续能源工程教授和前宇航员乌波·欧克斯斯领导了梯形电站项目，他相信风筝是从距离地面 1km 或更高的高空捕获很多能量的一种比较廉价的方法，高空风能比地面的风能高数百倍。

图 3-35　风筝风力发电系统

4．可再生能源桥梁

桥梁一般暴露在空气中，这意味着它能得到比较强烈的侧风及很好的太阳辐射。基于这些原因，可再生能源桥梁通过镶嵌在公路上的太阳能电池利用太阳能，同时通过桥梁的支柱空间上集成的风力涡轮机利用侧风来发电，如图 3-36 所示。

图 3-36　可再生能源桥梁

5．未来纳米表层的风力涡轮机

使风力变得更容易获取、更容易推广的最明智的方法之一便是纳米表层的设计。简单的说，这是由无数个微型涡轮机组成的一个系统组织。它可以弯折成任意形状和尺寸，安装在建筑物的表面，每一个微型涡轮机都为巨大的网络效果贡献出一份微小的力量。该系统可以安装在现有建筑物的表面，从而大大减少建造成本，不需要附加材料及破坏现有结构。这使得风能可以与太阳能竞争，这是前所未有的。就像太阳能吸热板可以灵活地安装在屋顶一样，纳米表层的风力涡轮机也可以灵活地安装在建筑物表面。

第 4 章　电动汽车功率变换技术

4.1　电动汽车概述

4.1.1　电动汽车及其分类

现代的电动汽车已不是 100 年前陈旧电动汽车技术的重复，它是以电池为动力源，全部或部分由电动机驱动，集中了机、电、化等各个学科领域中的高新技术，以及汽车、电力拖动、功率电子、自动控制、化学能源、计算机、电动、新材料等工程技术中的最新成果的集成产物。电动汽车按动力源一般分为 3 类，即纯电动汽车（Pure Electric Vehicle，PEV）、混合动力电动汽车（Hybrid Electric Vehicle，HEV）、燃料电池电动汽车（Fuel Cell Electric Vehicle，FCEV）。纯电动汽车的动力来源于蓄电池；混合动力电动汽车的动力来源两种或两种以上的能源，如蓄电池和汽油发动机或柴油发动机，这些能源可分别用作汽车的动力来源，也可相互协作或以主辅关系来驱动汽车；燃料电池电动汽车的动力来自燃料电池。近年在传统混合动力汽车的基础上，派生出一种外接充电式（plug-in）混合动力汽车（PHEV）。

1．纯电动汽车

纯电动汽车又称为蓄电池电动汽车，是一种仅采用蓄电池作为储能动力源的汽车。电池通过功率变换装置向电动机提供电能并驱动其运转，电动机经传动装置带动车轮旋转，从而推动汽车运动。纯电动汽车主要由蓄电池、电池管理系统、驱动电动机和驱动系统、车身和底盘，以及安全保护系统等构成。电动车用蓄电池主要有铅酸电池、镍氢电池、镍锌电池、钠硫电池、锌空气电池等。

2．燃料电池电动汽车

燃料电池电动汽车以氢气为燃料，氢气与大气中的氧气发生化学反应，通过电极将化学能转换为电能，以电能作为动力驱动汽车前进。燃料电池的化学反应过程不会产生有害产物，具有高效率、无污染、零排放、无噪声等优点。燃料电池的能量转换效率比内燃机要高 2～3 倍，因此从能源的利用和环境保护方面看，燃料电池汽车是一种理想的车辆。

燃料电池汽车按驱动形式可分为纯燃料电池驱动和混合驱动两种；按能量来源可分为

车载纯氢和燃料重整两种；根据燃料电池所提供的功率占整车总需求功率比例的不同，可分为能量混合型和功率混合型两种。

3．混合动力电动汽车

混合动力电动汽车是在目前还找不到理想的高质量比能量和高质量比功率的车载电源，电动汽车的发展暂时受到限制的情况下发展起来的新型车型，混合动力电动汽车既是一种过渡型车型，也是一种独立型车型。根据国际机电委员会下属的电力机动车委员会的建议，混合动力电动汽车是指有两种或两种以上的储能器、能源或转换器做驱动能源，其中至少有一种能提供电能的车辆。根据这个通用定义，混合动力电动汽车有多种形式，可以是汽油机和蓄电池混合、柴油机和蓄电池混合、柴油机和燃料电池混合、蓄电池和超大容量电容器混合、蓄电池和飞轮混合、蓄电池和蓄电池混合等。但是一般认为混合动力电动汽车是既有内燃机又有电动机驱动的车辆。混合动力电动汽车能够把电动汽车的续驶里程延长，而且能够快速添加汽油和柴油，并且内燃机稳定的工况使得对其排放气体的成分易于控制，不过其结构相对复杂，也不是完全零排放。与燃油车相比，在相同行驶里程条件下，它的燃油消耗和排放量要小得多，也可以工作在零排放区域。混合动力电动汽车按照能量合成的形式主要分为串联式、并联式、混联式和复合式。

纯电动汽车是国际公认的电动汽车的最佳解决方案，但在充电基础设施完善之前，混合动力电动汽车仍将是过渡产品，燃料电池电动汽车在发展大型固定路线交通工具方面占有优势。无论以何种电动汽车为研发重点，各个国家和地区都依据自身情况做了不同选择。日本的混合动力汽车最为成熟，以丰田 Prius 为代表的混合动力电动汽车，在世界低污染汽车开发销售领域已占据了不可动摇的领先地位。在燃料电池电动汽车领域，日本的丰田和本田汽车公司也是当今世界燃料电池汽车市场上的重要企业。欧洲最初想通过大力发展纯电动汽车（如标致 106）来减轻交通污染，但终因未能解决续航里程问题而作罢，转而研发燃料电池电动汽车。美国也寄希望于燃料电池电动汽车。我国在国家“863”计划中，明确了电动汽车的发展重点首先是燃料电池电动汽车，其次为混合动力电动汽车和纯电动汽车。

4.1.2　电动汽车的发展现状

全球能源危机的不断加剧、石油资源的日趋枯竭，以及大气污染、全球气温上升的危害加剧，使各国政府及汽车企业普遍认识到节能和减排是未来汽车技术发展的主攻方向。汽车生产商、电池生产商、电力公司、能源和环保机构、研究所和大学都在不断研究电动汽车新技术，大力发展电动汽车产业，以使电动汽车能与燃油汽车相竞争。

1．美国电动汽车发展现状

美国电动汽车的研究和开发，得到了美国政府的支持，投入了大量的资金和科研力量，使资金来源有了可靠的保证，在应用现代技术上得到了广泛的支持。美国以三大汽车公司为主导，利用大汽车公司雄厚的技术开发力量和先进制造条件，开发出不同特点的电动汽车。同时，还充分利用汽车、机电、电子、控制和材料等行业的优势，分工开发电动汽车的各种组成和技术单元，也使电动汽车得以迅速发展和不断改进提高。美国发展电动汽车主要有以下几项计划：PNGV 计划（新一代汽车伙伴计划）、Freedom CAR 计划（自由车计划）、EV 电池利用研究项目、2 亿美元代用燃料示范项目、氢研究发展计划、公共汽车氢燃料演示项目、绿色校车示范项目和 AVP 计划。

通用汽车公司一直致力于电动汽车的开发和研制。在 1990 年洛杉矶车展上，通用推出了 Impact 电动概念车，此后通用花费 400 万美元、6 年时间在此车的基础上开发了 CM EVl 纯电动跑车。在燃料电池车方面，1966 年通用推出了世界上第一辆可驾驶的燃料电池示范车 Electrovan。2001—2007 年，通用汽车先后推出了在欧宝赛飞利多功能旅行车基础上开发的"氢动一号"，以及具备更优化动力系统的"氢动二号"、"氢动三号"和"氢动四号"。"自主魔力"是通用汽车公司第一款从零开始全新设计的燃料电池概念车，也是第一款将燃料电池动力系统和"线控"技术相结合，以实现电气控制转向、制动及其他系统的汽车。在混合动力方面，通用在 1998 年推出了 EVI 型混合动力电动汽车；2000 年推出了 Precept 概念车，百公里油耗仅 3L ，这是全球第一辆达到此标准的汽车。

2. 日本电动汽车发展现状

日本是最早开始发展电动汽车的国家之一。日本国土狭小，工业发达，人口密度大，石油资源匮乏，城市污染严重，因此日本政府特别重视电动汽车的研究和开发。日本通产省 1965 年正式把电动汽车列入国家项目，开始进行电动汽车的研制。1967 年，日本成立了日本电动汽车协会，以促进电动汽车事业的发展。1971 年，日本通产省制定了《电动汽车的开发计划》。1991 年，日本通产省制定了《第三届电动汽车普及计划》，提出了到 2000 年日本电动汽车的年产量达到 10 万辆，保有量达到 20 万辆的目标。在日本，几乎所有的汽车生产商，如丰田、尼桑、本田、马自达、大发、三菱、铃木、五十铃等汽车公司都制定了自己的商业化电动汽车发展计划。为促进环保车的普及，日本从 2009 年 4 月 1 日起实施"绿色税制"，它的适用对象包括纯电动汽车、混合动力车、清洁柴油车、天然气车，以及获得认定的低排放且燃油消耗量低的车辆。前 3 类车被日本政府定义为"下一代汽车"，购买这类车可享受免除多种税赋的优惠。日本环境省设立了"下一代汽车"在各阶段的普及目标：到 2020 年"下一代汽车"数量达到 1350 万辆，到 2030 年达到 2630 万辆，到 2050 年增至 3440 万辆，届时 3440 万辆将相当于日本全国汽车总量的 54%。

丰田汽车公司从 1992 年起致力于发展电动汽车。1997 年丰田公司研制出 RAV4-EV 型纯电动轿车并上市销售，这是当时世界上最先进、最成熟的电动车，采用永磁同步电动机，最大功率为 45kW，由 288V 镍氢电池提供电能，充电时间为 6.5h，最高车速为 125km/h，一次充电行驶里程为 220km。1996 年通用展示了其采用储氢合金方式储氢的燃料电池汽车，1997 年又展示了其第一辆采用车载甲醇重整制氢的燃料电池汽车，2001 年先后推出燃料电池电动汽车 FCHV-3、FCHV-4、FCHV-5。在 2009 年上海国际汽车展上，丰田汽车展出了全新燃料电池车 FCHV-adv。FCHV-adv 配备了燃料电池和镍氢蓄电池，续驶里程为原 FCHV 燃料电池车的两倍以上，达到 830km 左右，燃料电池组的功率为 90kW，镍氢蓄电池的输出功率为 21kW。丰田汽车公司也是走在混合动力汽车发展前沿的汽车公司。1997

年，对未来车市走势向来有敏锐嗅觉的丰田，首先用一款混合动力车 Prius 为自己奠定了市场霸主地位。2003 年，第二代 Prius 上市，第二代 Prius 的核心是丰田第二代油电混合动力系统 THSII。2009 年丰田第三代 Prius 在底特律车展上亮相，这款车的最大特点就是省油。目前，丰田的混合动力系统的车型已扩展到小型厢式车、SUV 及前置后驱轿车等，丰田已有 10 种混合动力乘用车在约 50 个国家和地区销售。

3. 中国电动汽车发展现状

我国虽然在传统汽车领域落后于发达国家近 30 年，但在电动汽车领域，我国与国外的技术水平和产业化程度差距相对较小，基本处在同一起跑线上，并有机会在该领域获得重要席位。

国家从维护我国能源安全、改善大气环境、提高汽车工业竞争力、实现我国汽车工业的跨越式发展的战略高度出发，在“十五”期间设立了“电动汽车重大科技专项”，组织企业、高等院校和科研机构，集中国家、地方、企业、高校、科研院所等方面的力量进行联合攻关。为此，从 2001 年 10 月起，国家共计拨款 8.8 亿元作为这一重大科技专项的经费。我国电动汽车重大科技专项实施几年来，经过 200 多家企业、高校和科研院所的 2000 多名技术骨干的努力，目前已取得重要进展：燃料电池汽车已经成功开发出性能样车，燃料电池轿车累计运行 4000km，燃料电池客车累计运行 8000km，混合动力客车已在武汉等地公交线路上试验运行超过 1.4×10^5km，纯电动轿车和纯电动客车均已通过国家有关认证试验。与此同时，国内各大汽车生产厂商也十分重视电动汽车的开发和研究。民营企业众泰是中国电动汽车产业的奇兵。2009 年 3 月，众泰汽车成为挂上中国第一块电动汽车牌照“浙A2279A”的电动汽车产品生产商，在汽车业内引起了强烈反响。2010 年 3 月，电动汽车长安奔奔 Mini 正式上市，这是国内唯一功率突破 51kW 的 1.0L 四缸发动机汽车，达到世界顶尖水平。2011 年 10 月 26 日，定名为 E6 先行者的比亚迪纯电动车在深圳正式上市。该车采用比亚迪核心的铁电磁技术，处于国际领先水平，对国内甚至国际电动汽车产业产生了重大影响。2011 年 3 月底，奇瑞 Ml 纯电动汽车在上海交付给第一批私人用户，率先开启了上海市电动汽车个人购买市场。

4.1.3 电力电子技术在电动汽车中的应用

电力电子技术作为目前电动汽车中主要应用的关键技术，对电动汽车的发展起着不可替代的作用。2009 年国家颁布的《汽车产业调整和振兴规划》提出了明确的电动汽车近期产业化目标，即 2011 年电动汽车要实现 50 万辆产能。电池、电机、电力电子等关键部件成本占电动汽车成本的 30%～50%。50 万辆电动汽车年产值预计达到 1000 亿元以上，电池、电机、电力电子等关键部件年产值将达到 300 亿元以上。另一方面，2009 年 3 月，国家发改委制定了《汽车技术进步和技术改造项目及产品目录》，有关电动汽车的部分见表 4-1，该目录中的电机及驱动系统、电驱动变速系统、电动车大功率电子器件、车用 DC/DC、车载充电机等产品研究的关键技术难点，主要都是通过电力电子技术来解决的。

表 4-1　电动汽车及部件技术进步和技术改造项目及产品目录

编号	项目或产品名称
1	利用现有能力生产纯电动汽车改造项目或动力模块建设项目
2	利用现有能力生产插电式混合动力汽车改造项目或动力模块建设项目
3	先进动力电池系统
4	电池管理系统
5	电机及驱动系统
6	电驱动变速系统
7	电动车用大功率电子器件
8	车用 DC/DC
9	车载充电机
10	混合动力汽车专用动力耦合及传动装置
11	乘用车用空调电动压缩机

1. 电机及其驱动控制

电动汽车中，除具有传统汽车所拥有的一些电机外，还需要作为动力源的辅助电机，电动汽车用电机系统举例如图 4-1 所示。

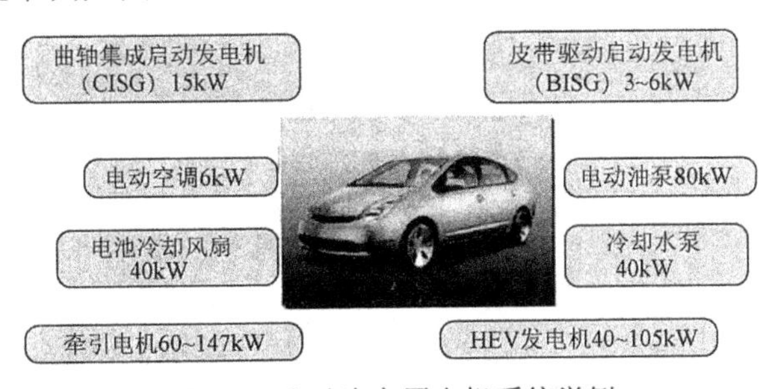

图 4-1　电动汽车用电机系统举例

电动汽车在运行工作时对驱动系统的要求很高。电动汽车使用的电机应具有瞬时功率大、过载能力强、加速性能好、使用寿命长的特点。同时必须具有较大的调速范围，包括恒转矩区和恒功率区，在恒转矩区低速运行时有大转矩，以满足启动和爬坡要求；在恒功率区低转矩时有高的速度，以满足在平坦路面能高速行驶。电动汽车还要具有在减速时实现再生制动的能力，将能量回收并反馈回蓄电池，使电动汽车有最佳的能量利用率；在整个运行范围内要有高的效率，以提高 1 次充电的续驶里程。另外，要求可靠性好，能在较恶劣的环境下长期工作；结构简单，适于大批量生产；运行噪声低，使用维修方便，价格便宜等。

目前我国自主开发的永磁同步电机、交流异步电机和开关磁阻电机等均实现了整车小批量配套能力。其中轿车用永磁电机比功率超过 1300W/kg，电机系统最高效率达 93%以上，功率覆盖 200kW 以下民用电动车辆范围。90kW 车用永磁驱动电机技术指标接近国际先进水平，系统功率密度≥1.36kW/kg，电机峰值效率≥97%，高效区（系统效率≥80%）≥70%。如图 4-2 所示为某电动汽车品牌所开发的永磁同步电机。

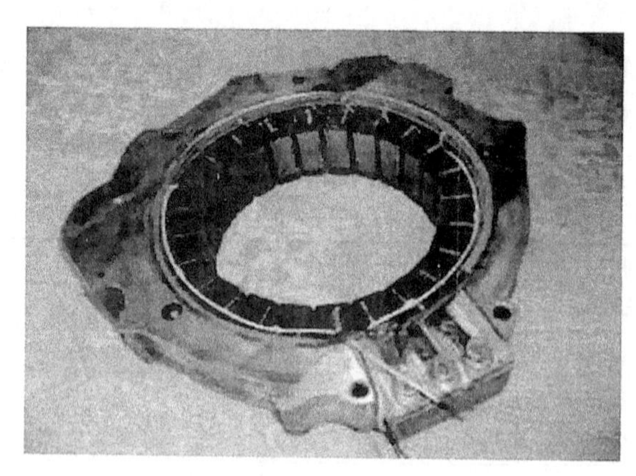

图 4-2　汽车用永磁同步电机

就一定的电机而言，在不考虑散热限制的前提下，电机在低速下的最大输出转矩取决于逆变器的电流输出能力，最大输出功率由逆变器的 KVA 决定。因此，电机驱动控制器的设计是整个电动汽车系统设计中的重点和难点。电动汽车中的电机驱动控制器一方面要求效率高，电磁干扰小；另一方面要求环境适应性强，工作可靠，体积小。如图 4-3 所示是某电动汽车所用电机驱动控制器。

图 4-3　汽车用永磁同步电机驱动控制器

控制系统采用水冷工作方式。其结构如图 4-4 所示，主要由主电路、功率驱动电路、以单片机为核心的控制电路和保护电路等部分构成。

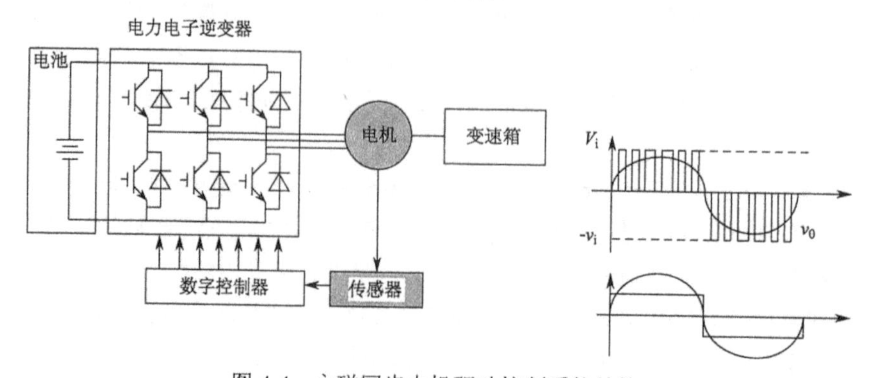

图 4-4　永磁同步电机驱动控制系统结构

控制器通常采用矢量控制，通过引入坐标变换，实现了交流电机的磁链和转矩的解耦，这样可以在保持磁场定向的情况下模仿直流电机进行转矩控制，使交流电机的动态性能可以与直流电机相媲美。在基速以下为恒转矩运行，采用最大转矩电流比控制方法，最大限度地利用插入式永磁同步电机的磁阻力矩，提高电机单位定子电流的力矩输出能力和车辆的动力性，以适应车辆的启动、加速、负荷爬坡、频繁起停等复杂工况；在电机输出相同力矩时，减小定子电流和铜耗，提高电机及其驱动系统的整体运行效率。在基速以上为恒功率运行，采用弱磁控制方法，拓宽电机调速范围，以适应最高车速、超车等要求。在驱动器效率优化控制策略上，采用空间矢量脉宽调制技术，着眼于如何使电动机获得幅值恒定的圆形旋转磁场，以三相对称正弦电压供电时永磁同步电机的理想磁链圆为基准，用逆变器不同的开关模式所产生的有效磁链矢量来追踪理想磁链圆，由追踪的结果决定逆变器的开关模式。这可以有效地扩展逆变器输出基波电压的线性范围，提高直流母线电压的利用率，使电机定子电流波形畸变减小，输出转矩脉动降低。

2. 车用电源管理及DC/DC变换器

汽车电子系统越来越复杂。同时，汽车恶劣的工况使得汽车环境对任何电子产品都是很大的挑战，因为汽车电子系统要求运行电压很宽，并且有很大的瞬态电压和温度变化。另外，对性能要求也越来越高。电源必须具备以下特点。

（1）输入运行范围宽。14V供电系统的汽车稳压器通常被设置成能够在6～18V的输入电压范围内工作，而且必须能够承受80V的瞬间电压和反电压。有些汽车系统还要求电源14V和24V通用。

（2）宽负荷范围内效率高。宽负荷的高效率电源转换在大部分汽车系统中都至关重要。例如，在10mA～12A负荷范围内的5V输出，要求电源转换效率在85%左右。

（3）具有多种保护。车载电源及汽车电子系统的电源模块保护电路一般都要有电源极性接反保护电路、电压的瞬变和浪涌保护电路、电源电压过高保护电路、电源电压过低保护电路、电源稳压电路、短路保护电路、过电流保护电路、过热保护电路等。

（4）在汽车系统中，还有很多应用需要持续电源，即使是在停车时也是如此。这些应用最重要的要求是低静态电流。在轻负荷电流情况下，开关稳压器需要自动转换到突发模式运行。在这种模式下，12V到3.3V转换器要求静态电流应该下降到100μA以下。内置基准和电源良好状态电路在休眠状态下也是启动的，能够检测输出电压。静态电流在关机状态下应该低于1μA。

（5）噪声和EMI最低。尽管开关稳压器比线性调压器产生更多的噪声，但它的效率要高得多。只要开关电源情况可以预测，噪声和EMI水平在很多敏感性应用中被证明是可行的。如果开关稳压器在正常状态下以恒定的频率切换，而且开关的边缘干净且可以预测，并没有过冲或高频率的振荡，那么EMI可以最小化。小封装尺寸和高运行频率可以提供小而紧凑的布局，从而使EMI最小化。此外，如果稳压器可以与低ESR陶瓷电容器一起使用，则输入和输出电压纹波都可以被最小化，它们是系统里另外的噪声来源，应用时应特别注意。

电动汽车采用的动力电源主要有燃料电池、动力蓄电池和超级电容等，受其自身性能、初始成本和昂贵消耗费用的影响，短时间内难以达到集比能量、比功率、低成本、长寿命、高能量密度和超快速放电能力于一体。从现有水平出发，发挥最高效的能量转化和多能源优化组合，是最可行的思路。

双向 DC/DC 变换器在保持输出端直流电压极性不变的情况下，能够根据实际需要完成能量双向传输。电动车行驶过程中需要频繁加减速和爬坡，由于蓄电池或燃料电池的比功率指标的限制，直接用它们去驱动电机，会造成电机驱动性能恶化。而使用双向 DC/DC 变换器可将蓄电池组或超级电容器的电压稳定在一个相对高的数值上，以明显提高电动机的驱动性能。再者，由于较低的输入感抗会导致电机电流波形中出现较大的纹波，带来很大的铁损和开关损耗，从而带来电机的转矩脉动，采用双向 DC/DC 变换器能很好地解决这一问题。

电动汽车的车载复合电源对 DC/DC 变换器的要求是十几安培到上百安培的级别，再加上 DC/DC 变换器装载在汽车内部的狭小空间，受到旁边电机与发动机强烈的电磁干扰，这对 DC/DC 变换器的设计要求非常高。如图 4-5 所示为某混合动力汽车用双向 DC/DC 变换器。

图 4-5　混合动力汽车用双向 DC/DC 变换器

该 DC/DC 变换器采用如图 4-6 所示的结构。用变压器作为隔离，高、低压侧分别有既可整流又可逆变的变流装置。用 IGBT 作为开关器件构成桥式整流逆变电路。为充分发挥电路的功能，在高频变压器的右侧接入一个电感 L_k，用于电压提升。考虑到在保持功率平衡的条件下，需要低压侧提供较大的电流，低压侧的电压波动对高压侧电压的稳定影响较大，因此在高压侧接入储能电感，这样控制输出电压的效果更好。正常情况下的能量流向是从高压侧向低压侧，低压侧的蓄电池处于充电状态，另外低压侧负载需要消耗一定的能量。当能量从低压侧向高压侧流动时，具有短时和大电流的特点，通常只在系统启动或故障状态下出现。

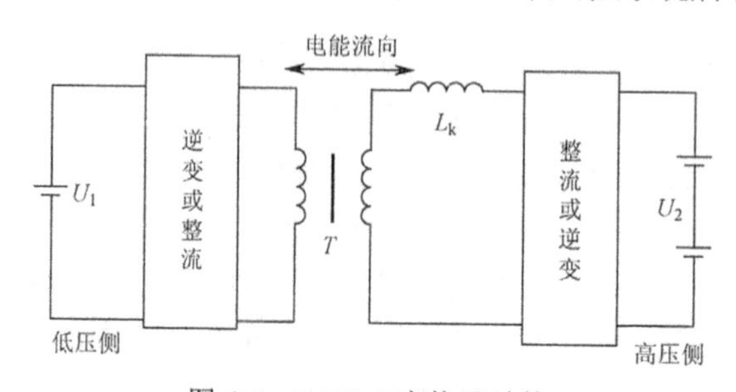

图 4-6　DC/DC 变换器结构

4.2　电动汽车功率变换器概述

电动汽车功率变换技术是电动汽车的变速和方向变换等动力控制系统的关键技术，其基本作用就是通过合理、有效地控制电源系统的电压、电流输出和驱动电动机的电压、电流输入，完成对驱动电动机的驱动转矩和旋转方向的控制。

电动汽车用驱动电动机通常要求能够频繁启动/停车、加速/减速，低速和爬坡时要求高转矩，高速行驶时要求低转矩，且变速范围大，所以电动汽车的动力需求对驱动电动机系统提出了很高的要求。另外，作为电动汽车能量源的动力电源系统担负着为驱动电动机提供能量保证的任务，二者是通过功率变换装置联系在一起的。如何适应二者的技术现状，最大限度地保证电动汽车的动力性，成为功率变换系统的基本任务。

本节在分析电动汽车电源系统的基础上，就目前电动汽车功率变换技术的有关问题进行研究讨论。

电动汽车动力电池系统是电动汽车系统的能量源，而驱动电动机及其构成的驱动系统是电动汽车电能转化为车辆机械动能的具体实施者，如何把两者有机结合在一起，是电动汽车技术的一个关键。不论是相对成熟的电动机及其驱动系统，还是电源系统，目前在技术和应用方面仍存在着一些问题。如何把电源系统的能量（功率）有机地传输给驱动系统，满足驱动系统动力特性的要求，已经成为一个至关重要的问题。

一般来说，电动汽车电源系统输出的是直流能量，而电动机驱动系统输入的也是直流能量。因而，电源系统和驱动系统的功率变换问题，实际上就是一个直流功率的变换问题，即 DC/DC 的变换问题。

电动车功率变换器的功能是把不可调的直流电源变为可调的直流电源。如何有效地设计和控制变换器的各个参数，直接关系到电动汽车的动力性能、能源利用效率及其他控制系统的可靠运行。一般电动车动力电源系统的输出特性偏软，难以直接与电动机驱动器匹配。在电源系统加负载的起始阶段，输出电压下降较快，但随着负载的增加，电流增大，电压下降，下降的斜率会出现一个特定的曲线，这种特性使电源系统的输出功率波动，进而导致车辆整体效能下降。

在电池系统与汽车驱动之间加入 DC/DC 变换器，使电池系统和 DC/DC 变换器共同组成电源系统对驱动系统供电，从而增强驱动系统的稳定性。因此，合理的 DC/DC 变换器的设计对电动汽车电源系统也具有重要意义。

电动汽车功率变换器的主体结构为 DC/DC 直流功率变换器。这种变换器有一般功率变换器的特点和性能，但由于电动汽车动力特性的要求，又具有其特殊性。电动汽车功率变换器不仅与提供能量的电源系统紧密相关，而且还受到驱动系统电动机特性要求的制约，不同的电动机系统，具有不同的输出特性要求。从整体上看，电动汽车的功率变换器，不仅是一个功率变换器，更确切的说还是一个电动机功率控制器。

一般电动汽车功率变换器要求具有如下特点：

（1）变换功率大。由于电动汽车电动机系统在启动、爬坡、加速时要求的功率较大，为保证车辆的动力性能，功率变换器一般功率较大，采用大电流电力电子器件，进行双路或多路设计。

（2）输出响应快捷。电动汽车在行驶过程中对驱动系统的动力响应提出了很高的要求，其实也是对功率变换器提出了很高的要求，功率变换器的输出响应必须跟上车辆路况等因素对驱动电动机输出功率变化的要求，否则会影响整车性能。

（3）工作稳定，抗电磁干扰。电动汽车行驶的安全性，要求功率变换器具有很强的稳定性，特别是在相对恶劣的电磁环境下，抗电磁干扰性能尤其重要。

（4）控制方便、准确。从整体上看，电动汽车的功率变换器完成的不仅是一个功率变换的过程，实际上也是一个动力系统能量输出的控制过程。因此要使其功率变换器有好的可控制性，在设计功率变换器时，明确其控制策略是很重要的环节。

（5）具有能量回馈功能。电动汽车能量回收系统是电动车有限能量高效率使用的一个重要措施。作为沟通动力系统和电源系统的桥梁，功率变换器还必须具有能量回馈功能，以满足能量回收的需要。因此，电动汽车的功率变换器一般为双向设计。

4.2.1 一般功率交换器技术

一般的 DC/DC 变换器按是否采用高频变压器分为隔离式和非隔离式两类，隔离式 DC/DC 变换器可由非隔离式演变而来，非隔离式 DC/DC 变换器的基本拓扑结构是降压变换器（Buck 电路）和升压变换器（Boost 电路），这两种基本电路的组合又构成了另外两种基本变换器：降压-升压变换器（Buck-Boost 电路）和升压-降压变换器（CUK 电路）。这几种电路都有电感电流连续与断续的工作状态，而对电动汽车用 DC/DC 变换器，则要求电感电流工作在连续的状态。

4.2.2 一般功率变换器分类

隔离式变换器由基本的非隔离式变换器和隔离变压器组成，这类功率变换电路包括单端正激、单端反激、推挽式、半桥和全桥等几种。

（1）非隔离式 DC/DC 变换器的电路拓扑形式：降压电路（Buck）、升压电路（Boost）、降压-升压电路（Buck-Boost）、Cuk 电路、Sepic 电路、Zeta 电路。变换器拓扑及优缺点见表 4-2。

表 4-2 非隔离式升/降压变换器拓扑及其优缺点

种类	工作特性	器件要求	输出特性	缺点
Buck-Boost	LRD 回路工作	较少	输出反极性	电流脉动大
Cuk	DRL 回路工作	较少	输出零波纹	电容要求高
Sepic	LDR 回路工作	较多	正极零波纹	重量较大
Zeta	LDC 回路工作	较多	正极零波纹	可靠性较差

由表 4-2 可见，Buck-Boost 电路简单可靠，但是输出电流脉动大，对电容要求高，且为反极性输出。而 Cuk、Zeta、Sepic 电路用到两个储能电感，对器件要求高，虽然合理设

置耦合系数可输出零纹波，但在大功率应用中过度追求纹波并不经济。

（2）隔离式 DC/DC 变换器的电路拓扑形式：单端正激（Forward）、单端反激（Fl 如 Back）、推挽式（Push-pull）、半桥式（Half-bridge）、全桥式（Full-bridge）。其拓扑结构及特点见表 4-3。

表 4-3　隔离式升/降压变换器拓扑结构及其特点

种类	结构	极性	输入	功率
单端正激	简单	单向励磁	能量较小	小功率电路
单端反激	简单	单向励磁	能量较小	十瓦级
推挽式	复杂	偏磁直通	能量较大	百瓦级
半桥式	复杂	偏磁直通	能量较大	千瓦级
全桥式	复杂	偏磁直通	能量大	千瓦以上

表 4-3 对隔离式升/降压变换器拓扑及其优缺点进行了简单的分析。可以看到，Buck-Boost 电路简单可靠，但是输出电流脉动大，对电容要求高，且为反极性输出。而 Cuk、Zeta、Sepic 电路用到两个储能电感，体积和重量难以达到要求；同时，开关管的电压电流应力大，对器件要求高，虽然合理设置耦合系数可输出零纹波，但在大功率应用中过分追求纹波并不经济。

隔离式 DC/DC 变换器可以提供输入/输出的隔离，能够得到相互隔离的多路输出，并且可以使输入/输出的电压比远大于或远小于 1。而电动汽车用变换器只需要将 280～520V 的直流电压稳定在 400V，这样升降压的最大电压比都为 2 左右，并且不用多路输出，所以隔离变压器在较大范围内调节电压的优点并没有体现出来。虽然隔离可以消除输出端对燃料电池的冲击，但动力系统的配置保证了刹车的反馈能量可以通过双向 DC/DC 变换器由超级电容充电吸收，同时由于隔离变压器的体积较大，漏磁严重，输出端对燃料电池产生冲击，不能很好地满足体积小、重量轻的要求，并且影响效率的提高，故隔离式变换器作为燃料电池车用直流变换器需要做进一步的优化。

4.2.3　一般功率变换器的主要拓扑结构

1. 降压变换器

降压变换器（Buck 变换器）将直流输入电压变换成相对低的平均直流输出电压，其特点是输出电压比输入电压低，但输出电流比输入电流高。它主要用于直流稳压电源中，在这些应用场合，变换器的输出电压可根据输入电压和负载阻抗进行调节。

假设图 4-7（a）中的开关为理想开关，即不计其损耗。从图 4-7（b）中可以看出，当开关管断开时，输出电压为 0。因此，可以由开关管占空比计算平均输出电压，即

$$U_{\mathrm{o}} = \frac{t_{\mathrm{on}}}{T_{\mathrm{S}}} U_{\mathrm{d}} = DU_{\mathrm{d}} \tag{4-1}$$

由式（4-1）可知，通过改变占空比 D 即可控制平均输出电压，并且平均输出电压总是小于或等于输入电压，因此这种变换器称为降压变换器。

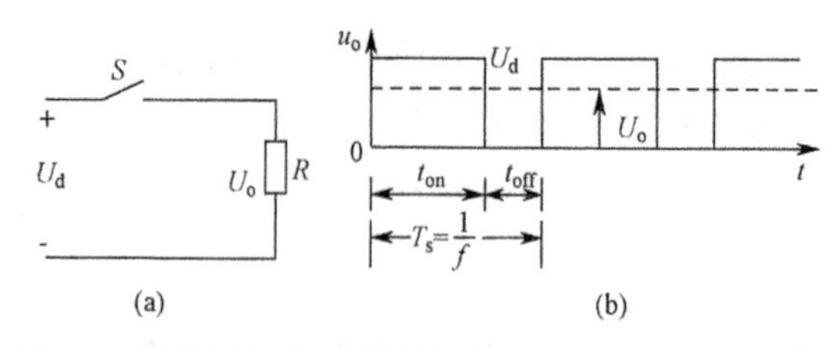

图 4-7　最简单的降压变换器的电路拓扑及电压波形图

（1）连续导电模式

图 4-8（a）为一可实际应用的降压变换器的电路拓扑，图 4-8（b）为输出电压波形。这种降压变压器的工作原理如下：当开关 S 导通时，通过电感 L 传递能量，此时 i_L 增加，电感储能增加，如图 4-9（a）所示；当 S 断开时，由于电感电流 i_L 不能突变，故 i_L 通过二极管续流，电感上的能量逐步消耗在电阻 R 上，i_L 减小，L 上的储能减少，如图 4-9（b）所示。由于二极管的单向导电性，i_L 不可能为负，即总有 $i_L \geqslant 0$，从而可在负载上获得单极性的输出电压。

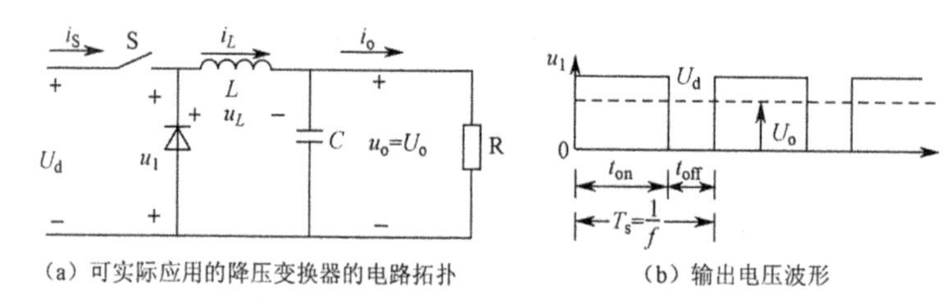

图 4-8　降压变换器电路拓扑及电压波形图

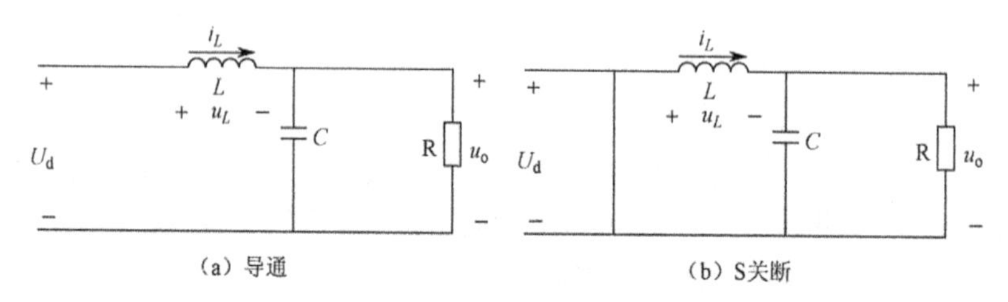

图 4-9　降压变换器开关变化对应电路

由于在稳态分析中假定输出端滤波电容很大，则输出电压可认为是平直的，即 $U_o(t) \approx U_o$。同样，由于稳态时的电容的平均电流为 0，因而降压变换器中电感的平均电流等于平均输出电流 I。

由降压变换器的原理可以看出，电感可以工作在连续电流状态下，也可以工作在不连续电流状态下。电感电流连续的状态称为连续导电模式，反之则称为不连续导电模式。

图 4-10 给出了连续导电模式下降压变换器电路中的相关波形。当开关导通处于 t_{on} 区间时，电感中有电流流过且二极管为反向偏置，导致电感两端呈现正电压 $u_L = U_d - U_o$，在该电压作用下电感中电流 i_L 线性增长。当开关断开处于 t_{off} 区间时，由于电感所储存的能量的作用，i_L 经二极管继续流通，此时 $u_L = -U_o$ 呈现负电压，电感中电流线性衰减。

由于稳态工况下的电感电压 u_L 波形必然周期性重复，并且在一个周期（即 $T_s = t_{on} + t_{off}$）内的积分结果等于 0，因此有

$$\int_0^{T_S} u_L \mathrm{d}t = \int_0^{t_{on}} u_L \mathrm{d}t + \int_{t_{on}}^{T_S} u_L \mathrm{d}t = 0 \tag{4-2}$$

式（4-2）表明图 4-10 中的电压波形面积 A 与面积 B 相等，因而有

$$(U_d - U_o)t_{on} = U_o(T_S - t_{on}) \tag{4-3}$$

或用占空比表示为

$$\frac{U_o}{U_d} = \frac{t_{on}}{T_S} = D \tag{4-4}$$

在这种工作方式下，若给定的输入直流电压不变，则输出直流电压只随开关占空比呈线性变化，与其他电路参数无关。

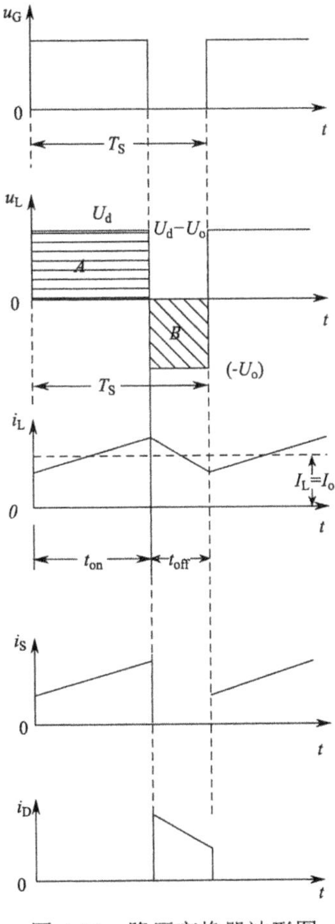

图 4-10　降压变换器波形图

（2）不连续导电模式

由上面的分析得知，Buck 变换器工作在电感电流连续的工况下，在每个周期结束时，电感上的电流 i_L 都大于 0；电流间断工况则是在每个周期结束时，电感电流都等于 0，而且这种等于 0 的状态已经保持一定时间；而这两种工况的临界工作点就是在一个周期结束时，电感电流 i_L 恰好为 0。图 4-11 给出了连续与间断临界条件下的电感电压 u_L 和电感电流 i_L 波形。根据定义，此时电感电流 i_L 在关断周期结束点为 0。

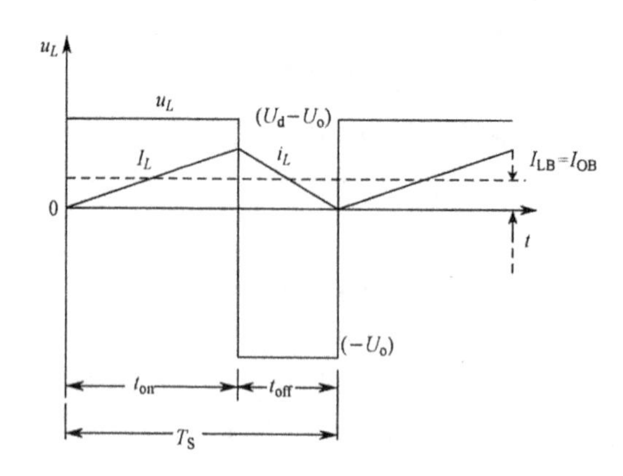

图 4-11　连续与间断临界条件下的电感电流和电压波形

若用下标 B 表示临界参数值，从图 4-11 可推导出临界电感平均电流为

$$I_{LB}=\frac{1}{2}I_{L\max}=\frac{t_{on}}{2L}\left(U_d-U_o\right)=\frac{DT_S}{2L}\left(U_d-U_o\right)=I_{OB} \tag{4-5}$$

其中，$I_{L\max}$ 为电感电流的峰值。

根据临界条件关系式（4-5）可知，在给定参数的工作环境下，如果平均输出电流（即电感平均电流）小于其临界值 I_{LB}，变换器将进入不连续导电模式。

根据对连续导电模式和临界工作点的分析，可以得到 Buck 电路在电流不连续方式下的各点波形，如图 4-12 所示。

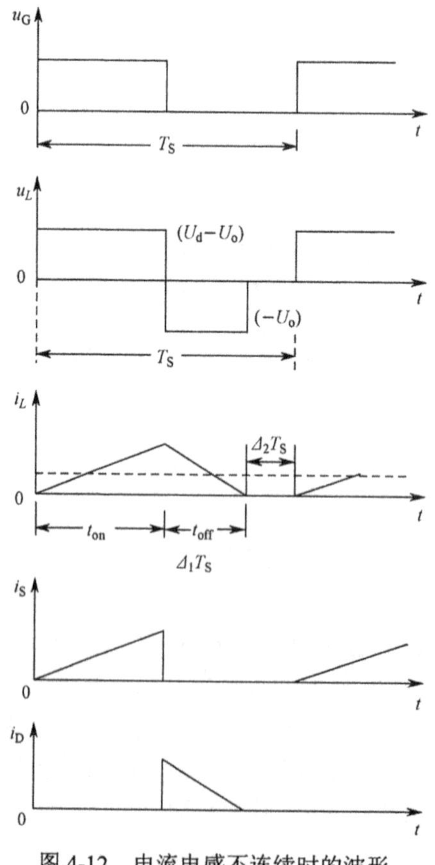

图 4-12　电流电感不连续时的波形

2．升压变换器

升压变换器又称为 Boost 变换器，它对输入电压进行升压变换，其电路结构如图 4-13 所示。

通过控制开关管 S 的导通比，可控制升压变换器的输出电压。电路工作原理如下：设开关管 S 由信号 u_G 控制，u_G 为高电平时，S 导通，反之 S 关断。S 导通时 $u_L = U_d > 0$，i_L 增加，电感储能增加，同时负载由 C 供电；S 关断时，因电感电流不能突变，i_L 通过 D 向电容 C 和负载供电，电感上储存的能量传递到电容和负载侧，此时 i_L 减小，L 上的感应电势 $u_L < 0$，故 $U_o > U_d$。

在以下分析中假定输出端滤波电容足够大，保证稳态输出电压 $u_o(t) \approx U_o$ 为常数。

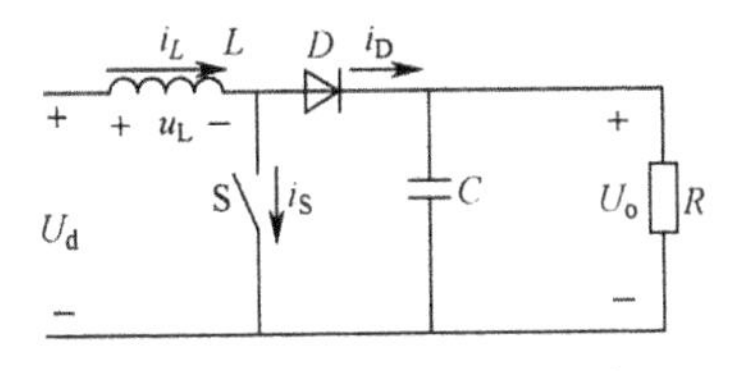

图 4-13　升压变换器电路

（1）连续导电模式

图 4-14 给出了连续电感电流 $(i_L(t) > 0)$ 下开关管动作时的等效电路，在此过程中，各点的波形如图 4-15 所示。已知此时电感两端的电压在一个周期内的积分为 0，则有

$$U_d t_{on} + (U_d - U_o) t_{off} = 0 \tag{4-6}$$

等式两边同除 T_s，整理后得到输出电压与占空比的关系为

$$\frac{U_o}{U_d} = \frac{T_S}{t_{off}} = \frac{1}{1-D} \tag{4-7}$$

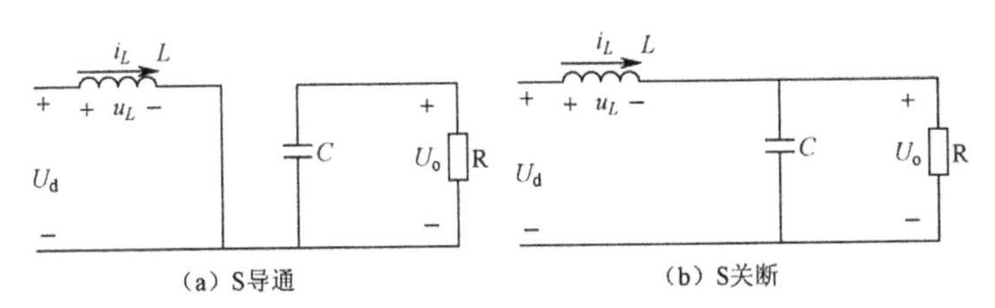

图 4-14　开关管动作时的等效电路

由式（4-7）可知，输出电压与输入电压的比值始终大于等于 1，即输出电压比输入电压高，与前面工作原理分析中得到的结论一致。

若假定该电路无损耗，输入功率等于输出功率，即 $P_d = P_o$，$U_d I_d = U_o I_o$，则可得到平均输出电流与占空比的关系为

$$\frac{I_o}{I_d} = 1 - D \tag{4-8}$$

（2）不连续导电模式

与 Buck 变换器类似，Boost 变换器也可以分为电感电流连续和不连续状态。在每个周期结束时，电感上的电流恰好为 0，是这两种状态的临界状态。

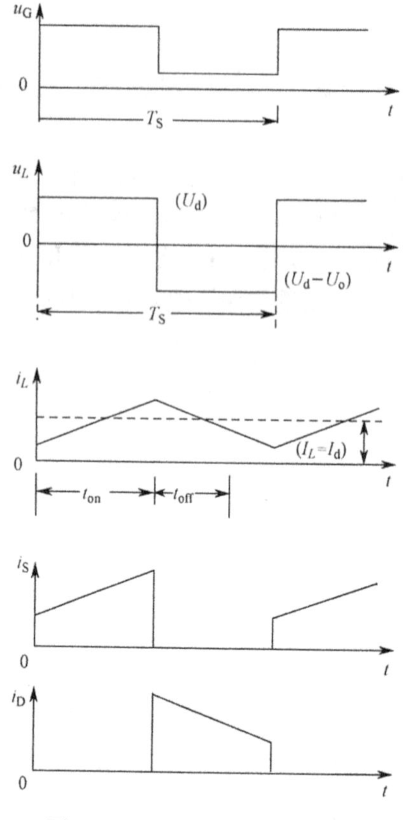

图 4-15　连续导电模式波形图

为了理解升压变换器不连续导电模式，我们假定输出功率减小，而让 U_d 和 D 均保持不变（实际上为维持 U_o 恒定，占空比 D 总是在调整），从而得到如图 4-16 所示的不连续导电模式下的波形图。

在图 4-16 所示的不连续导电模式中，电流的间断是由于输出功率 $P_o(=P_d)$ 下降引起的，但由于假定输入电压 U_d 保持不变，则只有使输入电流减小。

由于电感两端的电压在一个周期内的积分等于 0，则有

$$U_d DT_S+(U_d-U_o)\varDelta_1 T_S=0 \tag{4-9}$$

因此

$$\frac{U_o}{U_d}=\frac{\varDelta_1+D}{\varDelta_1} \tag{4-10}$$

从图 4-16 可知，输入平均电流（等于电感平均电流）为

$$I_o=(\frac{T_S U_d}{2L})D\varDelta_1 \tag{4-11}$$

实际上，为了维持 U_o 恒定不变，占空比 D 将随 U_d 的变化而调整。因此 U_o/U_d 取不同值时，作为负载电流因变量的占空比是很有用的。我们得到

$$D=[\frac{4}{27}(\frac{U_o}{U_d})(\frac{U_o}{U_d}-1)\frac{I_o}{I_{oB\max}}]^{\frac{1}{2}} \tag{4-12}$$

在不连续导电模式下，如果不能够在每一个开关周期里对 U_o 加以控制，则从输入端送向输出端的电容和负载的能量至少有

$$\frac{L}{2}I_{L\max}^{2}=\frac{(U_{\rm d}DT_{\rm S})^{2}}{2L} \tag{4-13}$$

而当负载不能吸收这些能量时，电容上的电压将升高，直到能量平衡为止。在轻负载时 $U_{\rm o}$ 的升高可能造成电容器被击穿或出现危害性的高电压。

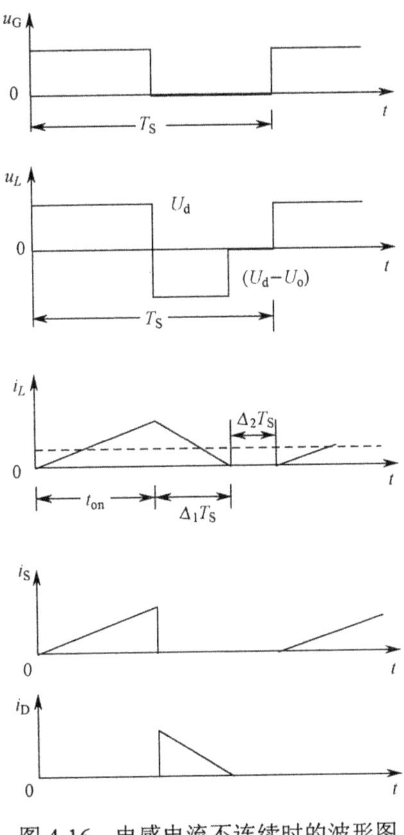

图 4-16　电感电流不连续时的波形图

3. 升降压变换器

升降压变换器又称为 Buck–Boost 变换器，它是一种既可以升压，又可以降压的变换器。其电路拓扑如图 4-17 所示。

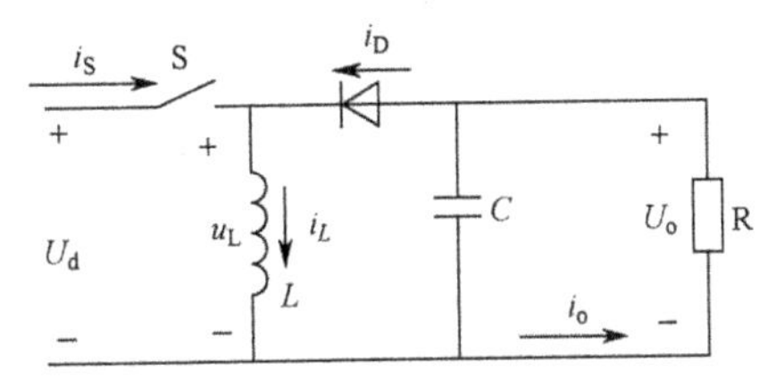

图 4-17　升降压变换器电路

Buck–Boost 电路工作原理如下：开关管 S 导通，二极管截止时，输入电压 $U_{\rm d}$ 加在 L 上，电感从电源获取能量，此时靠滤波电容 C 维持输出电压不变；当 S 截止时，电感 L 中储存的能量传递给电容及负载。S 占空比越高，传递到负载的能量就越多。当占空比为 0 时，输出电压也为 0；当占空比近似为 1 时，通过 L 的电流将趋于无穷大（不考虑 L 寄生电阻），因此此时传递给负载的能量也将足够大。这说明通过控制开关管 S 的占空比，从理论上讲，可控制输出电压在 0～∞变化。

$$I_{\mathrm{d}}=\frac{U_{\mathrm{d}}}{2L}DT_{\mathrm{S}}(D+\Delta_{1}) \tag{4-14}$$

（1）连续导电模式

连续导电模式下，升降压变换器等效电路如图 4-18 所示，电路工作波形如图 4-19 所示。

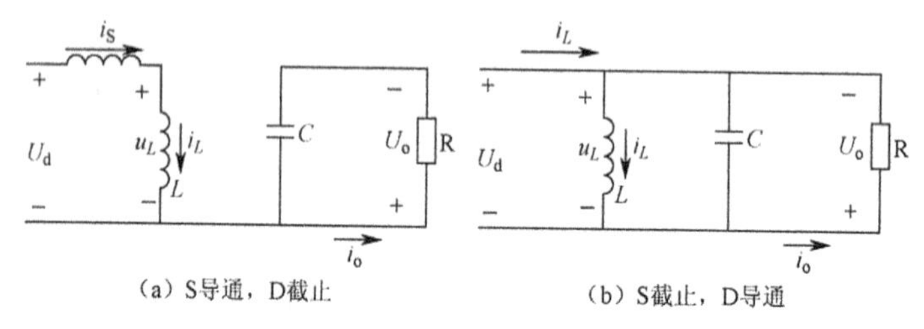

图 4-18　连续导电模式下升降压变换器等效电路

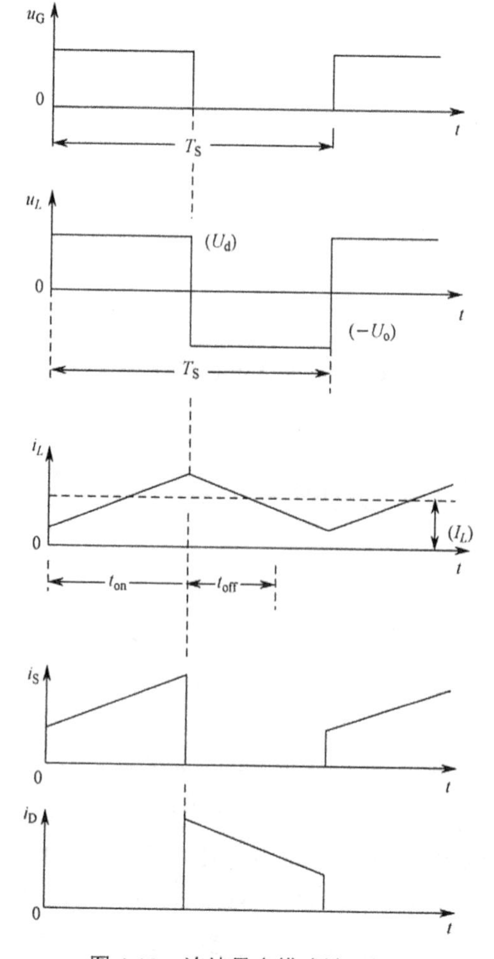

图 4-19　连续导电模式波形图

图 4-18 给出了升降压变换器电路中电感电流为连续模式的例子。已知电感两端电压在一个周期内的积分为 0，对照图 4-19 中的电压波形可以得到

$$U_{\mathrm{d}}DT_{\mathrm{S}}+(-U_{\mathrm{o}})(1-D)T_{\mathrm{S}}=0 \tag{4-15}$$

所以

$$\frac{U_{\mathrm{o}}}{U_{\mathrm{d}}}=\frac{D}{1-D} \tag{4-16}$$

并且

$$\frac{I_{\mathrm{o}}}{I_{\mathrm{d}}}=\frac{1-D}{D} \tag{4-17}$$

式（4-16）和式（4-17）表示连续电流模式下平均输出电压和电流与占空比之间的关系。换句话说，以输入电压为基准，通过改变占空比的大小，可使升降压变换器的输出电压在升和降两个方向调节。

（2）不连续导电模式

不连续导电模式各点波形如图 4-20 所示。已知稳态时电感两端电压在一个周期内的积分为 0，因而有

$$U_{\mathrm{d}}DT_{\mathrm{S}}+(-U_{\mathrm{o}})\varDelta_1T_{\mathrm{S}}=0 \tag{4-18}$$

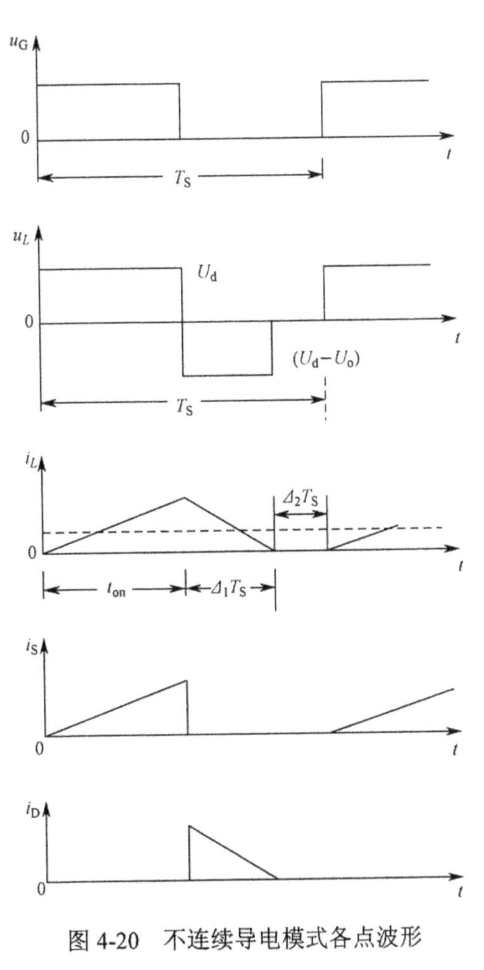

图 4-20　不连续导电模式各点波形

所以

$$\frac{U_o}{U_d}=\frac{D}{\Delta_1} \tag{4-19}$$

并且

$$\frac{I_o}{I_d}=\frac{\Delta_1}{D} \tag{4-20}$$

从图 4-20 中还可知

$$I_L=\frac{U_d}{2L}DT_S(D+\Delta_1) \tag{4-21}$$

在 U_o 保持恒定的条件下，对于不同的 U_o/U_d 值，得到占空比 D 与平均输出电流 I_o 的函数关系是很有用的。利用前面的公式进行推导，可以得出

$$D=\frac{U_o}{U_d}\sqrt{\frac{I_o}{I_{oB\max}}} \tag{4-22}$$

图 4-21 描绘了式（4-22）的函数关系曲线，其中虚线表示连续与间断电路的临界线。与升压变换器相同，升降压变换器无源元件的损耗对变换器的稳定性也有较大影响，其关系曲线类似于图 4-21。

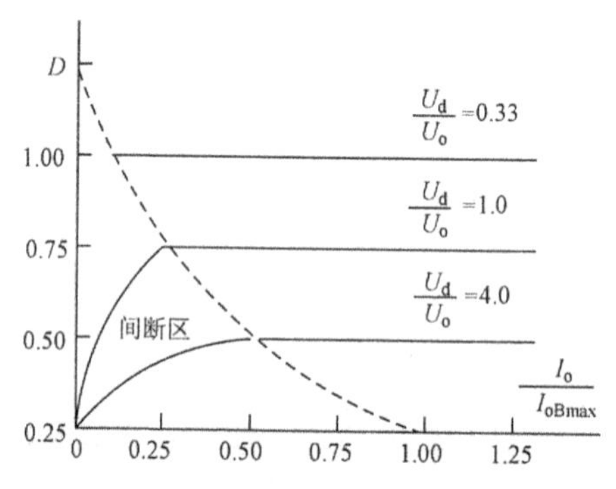

图 4-21　升降压变换器特性（U_o=常数）

4．库克变换器

库克（Cuk）电路也属于升降压型直流电压变换电路，即输出电压的平均值既能高于输出电压，又能低于输入电压。其电路拓扑如图 4-22 所示，图中 L_1 和 L_2 为储能电感，D 是快速恢复续流二极管，电容 C_1 是传递能量的耦合电容，C_2 为滤波电容。这种电路的特点是输出电压极性与输入电压相反，输出端电流的交流纹波小，输出直流电压平稳，降低了对外部滤波器的要求。

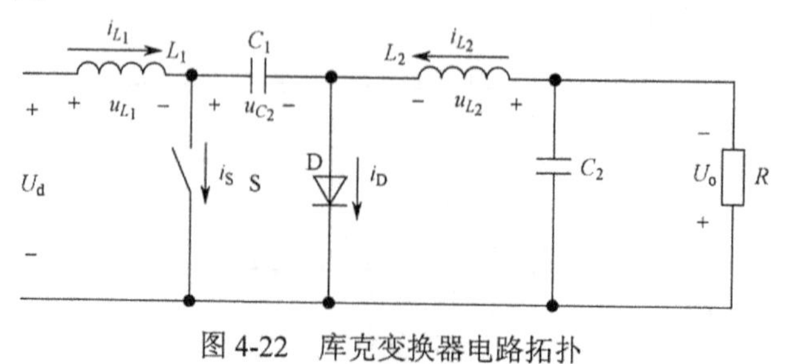

图 4-22　库克变换器电路拓扑

电路工作原理如下：当控制信号使开关管 S 导通时，二极管 D 截止，电源 U_d 向电感 L_1 传递能量，电感电流 i_{L_1} 上升，L_1 储能增加。导通时间越长，L_1 中储存能量增加越多，此时 C_1 中储存的能量释放给负载侧，即 R、L_2、C_2 上；当控制信号使开关管 S 截止时，二极管 D 导通，电感 L_1 中的电流流经 C_1，即给 C_1 充电，电源 U_d、储能电感 L_1 同时向 C_1 传递能量，此时输出电压 U_o 靠电容 C_2 和电感 L_2 维持基本不变。由上述分析可知，控制开关管 S 的占空比，即可控制向 C_1 传递能量的多少，从而可控制输出电压的大小。

为了便于对系统进行稳态分析，假设电路中的元器件均为理想元器件，同时还认为电容电压基本上是平直的，即忽略 C_1、C_2 上的纹波影响。

由上面对库克变换器的分析，可以得到在连续导电模式下库克变换器在 S 导通与截止时的等效电路图，如图 4-23 所示。

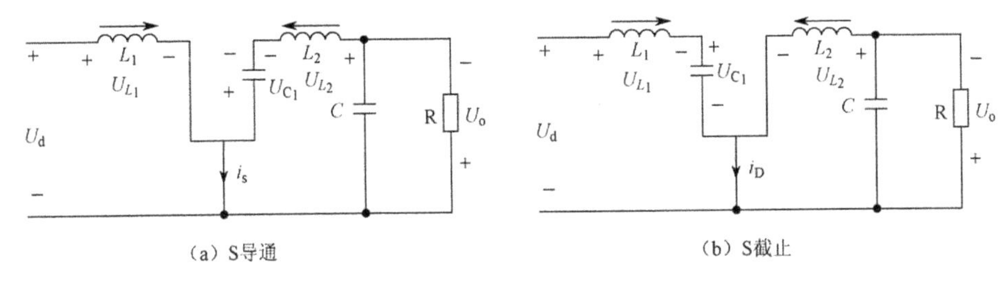

图 4-23　连续导电模式下库克变换器等效电路图

假定电感电流 i_{L1} 和 i_{L2} 为连续的，现推导稳态时电流与占空比的关系。如果电容 C_1 上的电压不变，而电感 L_1 和 L_2 上的电压在一个周期内的积分等于 0，则对于电感 L_1 有

$$U_d DT_S + (U_d - U_{C_1})(1-D)T_S = 0 \tag{4-23}$$

所以

$$U_{C_1} = \frac{1}{1-D} U_d \tag{4-24}$$

对于电感 L_2，同样有

$$(U_{C_1} - U_o)DT_S + (-U_o)(1-D)T_S = 0 \tag{4-25}$$

所以

$$U_{C_1} = \frac{1}{D} U_o \tag{4-26}$$

进而由式（4-24）和式（4-26）得到

$$\frac{U_o}{U_d} = \frac{D}{1-D} \tag{4-27}$$

假定 $P_d = P_o$，则有

$$\frac{I_o}{I_d} = \frac{1-D}{D} \tag{4-28}$$

式中，$I_d = I_{L_1}$，$I_o = I_{L_2}$。

此外，我们还可用另一种方法推导出同样的结果：先假定电感电流 i_{L_1} 和 i_{L_2} 无纹波（即 $i_{L_1} = I_{L_1}$，$i_{L_2} = I_{L_2}$）。当开关断开时，电容 C_1 中储存的电荷量为 $I_{L_2}(1-D)T_S$。当开关闭合时，电容释放的总电荷量为$I_{L_2}DT_S$。已知稳态情况下电容C_1的电荷净变化量在一个周期内必然等于0，从而得到

$$I_{L_1}(1-D)T_S = I_{L_2}DT_S \tag{4-29}$$

所以

$$\frac{I_{L_2}}{I_{L_1}}\frac{I_o}{I_d} = \frac{1-D}{D} \tag{4-30}$$

当$P_d = P_o$时，有

$$\frac{U_o}{U_d} = \frac{D}{1-D} \tag{4-31}$$

可见两种分析结果完全相同，其输入和输出平均值的关系与升降压变换器也是相同的。由式（4-31）可知：

（1）当$D=0.5$时，$U_o = U_d$；

（2）当$D<0.5$时，$U_o < U_d$为降压式；

（3）当$D>0.5$时，$U_o > U_d$为升压式。

由此可得，只要改变开关管占空比D，就可以实现调节输出电压U_o的目的。库克变换器的优点是输入电流和供电输出级的电流是无纹波的，从而降低了对外部滤波器的要求。缺点是要有足够大的储能电容C_1。

5. Sepic 斩波电路和 Zeta 斩波电路

图 4-24 分别给出了 Sepic 斩波电路和 Zeta 斩波电路。

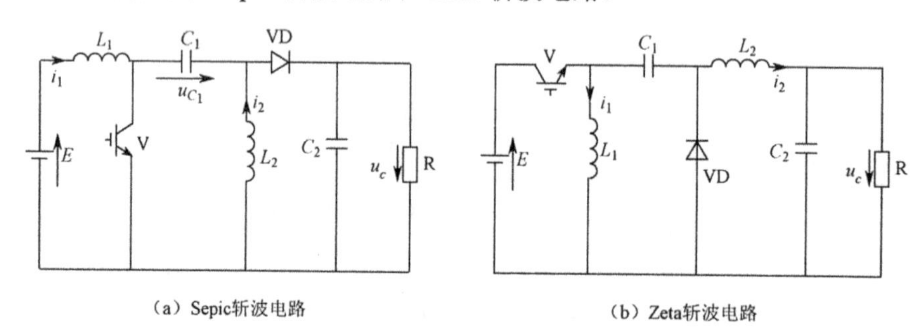

图 4-24　Sepic 斩波电路和 Zeta 斩波电路

Sepic 斩波电路的基本工作原理如下：在 V 处于通态期间，电源E经斩波开关 V 向电感L_1储能，并且C_1储存的能量向L_2转移。E-L_1-V 回路和C_1-V-L_2回路同时导电，L_1和L_2储能。当斩波开关 V 关断后，E-L_1-C_1-VD-负载（C_2和R）回路及L_2-VD-负载回路同时导电，此阶段E和L_1既向负载供电，也向C_1充电，C_1储存的能量在 V 处于通态时向L_2转移。

Sepic 斩波电路的输入、输出关系由下式给出：

$$U_o = \frac{t_{on}}{t_{off}}E = \frac{t_{on}}{T-t_{on}}E = \frac{D}{1-D}E \tag{4-32}$$

Zeta 斩波电路也称双 Sepic 斩波电路，其基本工作原理如下：在斩波器件 V 处于通态期间，电源E经斩波器件 V 向电感L_1储能。当斩波器件 V 关断后，L_1经 VD 与C_1构成振

荡回路，其储存的能量转移至 C_1，至振荡回路电流过零，L_1 上的能量全部转移至 C_1 上之后，VD 关断，C_1 经 L_2 向负载供电。Zeta 斩波电路的输入、输出关系为

$$U_o = \frac{D}{1-D}E \tag{4-33}$$

这两种电路具有相同的输入、输出关系。Sepic 电路中，电源电流和负载电流均连续，有利于输入、输出滤波；反之，Zeta 电路的输入、输出电流均是断续的。另外，与前面所述的几种电路相比，这两种电路的输出电压均为正极性的，且输入输出关系相同。

4.3　电动车用功率变换器

一般电动车由于驱动电动机系统采用的电动机不同，对功率变换器的要求也不尽相同。在设计具体的电动车用功率变换器时，除了要考虑电源系统的输出特性，还应着重分析电动机系统的输入特性要求，有针对性地设计具体电路，以满足驱动系统驱动电动机控制调速的要求。

下面以 3 种电动机系统的功率变换器设计方案为例，从不同角度对电动车功率变换器设计问题进行分析讨论。

4.3.1　高功率密度变换器

车用电机驱动系统既是电动汽车的关键技术又是共性技术，因受车辆空间限制和使用环境的约束，车用电机驱动系统比普通电传动系统要求更高，用于普通电传动的电力电子与电机技术已不能适应其要求。车用电机驱动系统技术发展趋势基本可归纳为永磁化、数字化和集成化。与国际先进电动汽车发展水平相比，当前我国车用电机驱动系统的技术差距主要体现在功率密度、可靠性及成本 3 方面。电动汽车用电动机作为电动汽车的关键技术之一，一般都具有高功率密度的特点。所以，在进行功率变换器的设计时，首先要考虑到功率密度问题，以满足电动车高功率输出时的要求。

多相高功率密度斩波电路如图 4-25 所示。开关管关断，V 工作在 PWM 方式，则此时电路等效于一个 Buck 电路。其与 Buck 电路的区别仅仅是多了一个常通二极管 VD_2，但这并不影响其工作方式。该电路有两种工作模式：电感电流连续模式（Continuous Current Mode，

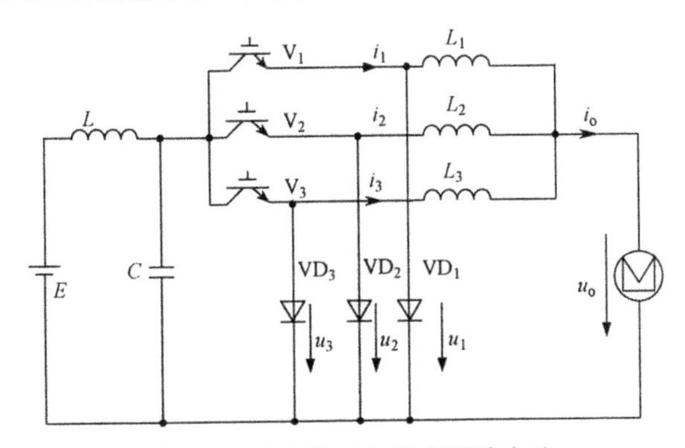

图 4-25　多相高功率密度斩波电路

CCM）和电感电流断续模式（Discontinuous Current Mode，DCM）。假定所用电力电子器件理想，在一个开关周期中，输入电压 E 保持不变，输出滤波电容电压即输出电压有很小的纹波，但可认为基本保持不变，其值为 U_o。电感和电容均为无损耗的理想储能元件，不计线路阻抗，Buck 模式下 CCM 及 DCM 条件下的电路各点波形如图 4-26 所示。

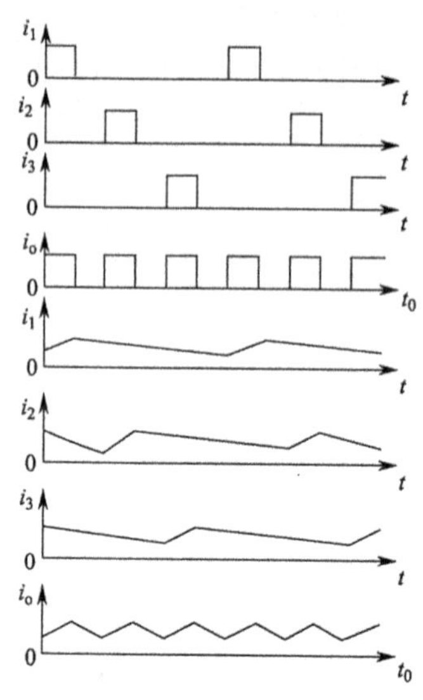

图 4-26　多相高功率密度斩波电路波形

4.3.2　DSPM 功率变换器

双凸极永磁电动机（DSPM）系统是随着功率电子学和微电子学的飞速发展在 20 世纪 90 年代刚刚出现的一种新型的机电一体化可控交流调速系统。该系统由双凸极永磁电动机、功率变换器、位置传感器和控制器 4 部分组成。电动机定转子结构外形与开关磁阻电动机相似，呈双凸极结构，但它在转子（或定子）上放有永磁体，从而使运行原理和控制策略与开关磁阻电动机有本质区别。DSPM 系统的主要优点是结构简单，控制灵活，动态响应快，调速性能好，转矩/电流比大，可实现各种特殊要求的转矩/转速特性，功率因数接近 1，效率高，是电工学科近年来继开关磁阻电动机之后又一全新的研究方向。与开关磁阻电动机相比，永久磁钢的存在，可以进一步减小和抑制转矩脉动，改善换相，减小噪声。外转子结构电动机可以实现电动汽车轮毂直接驱动，显著提高了驱动效率，是一种非常理想的电动汽车驱动用电动机。

与传统的异步电动机和 DC 电动机不同，DC 不能直接在 AC 和 DC 电源下运行，需要根据转子位置，控制 DSPM 定子绕组电流的开或关而产生电动转矩。因此，在 DSPM 驱动系统中功率变换器和位置传感器是必不可少的。控制系统的性能和成本在很大程度上取决于控制器所采用的功率变换电路，即主电路的结构。功率变换器在整个 DSPM 系统中占有重要地位，起着分配脉冲电流的作用，其功能是调节电流的大小以满足负载转矩的变化和调速的需要，驱动电动机运行。

由于设计必须与电动机的结构相匹配，而且必须满足效率高、控制方便、结构简单、成本低等基本要求，根据双凸极永磁电动机的基本工作原理，DSPM 功率变换器应具有如下特点：

（1）低开关/相数比；

（2）各相可以独立控制；

（3）低速时以斩波方式工作，绕组的磁场储能能够迅速被释放；

（4）可以通过主开关器件调制，具有有效、快速、精确控制电流脉冲的能力；

（5）每相开关关断后，绕组的磁场储能能够迅速被释放；

（6）高效，可靠，耐用。

4.3.3　大功率移相调宽功率变换器

大功率直流变换系统主要用于稀土电动机作为驱动电动机的功率变换。

功率变换器在电动机低速运转时电流上升率及有效值均很大，必须以较高的斩波频率工作才能保证启动转矩并限制电流峰值，这些都会造成稀土永磁电动机及其功率变换器存在较大的设计困难。为此，在设计稀土永磁变换器时，采用一种变结构功率变换器拓扑及相应的控制策略，用控制器的不同工作状态，控制电动机的两套三相独立绕组和相应的两套三相功率变换器分别串联和并联运行，可缓解设计矛盾，实现发电的可控性。

大功率移相调宽功率变换器如图 4-27 所示，图 4-28 为其工作模式。图 4-27 中稀土永磁电动机的一套三相 U 连接绕组由 0～100VA 组成的三相全桥功率变换器控制，可单独进行机电能量变换；另一套三相 U 连接绕组由 100VA 组成的三相全桥功率变换器进行控制。两套绕组之间无直接电器连接，按照同相序、同相位、同槽原则嵌入稀土永磁电动机定子铁芯中。0～100VA 功率开关由专用控制电路控制。

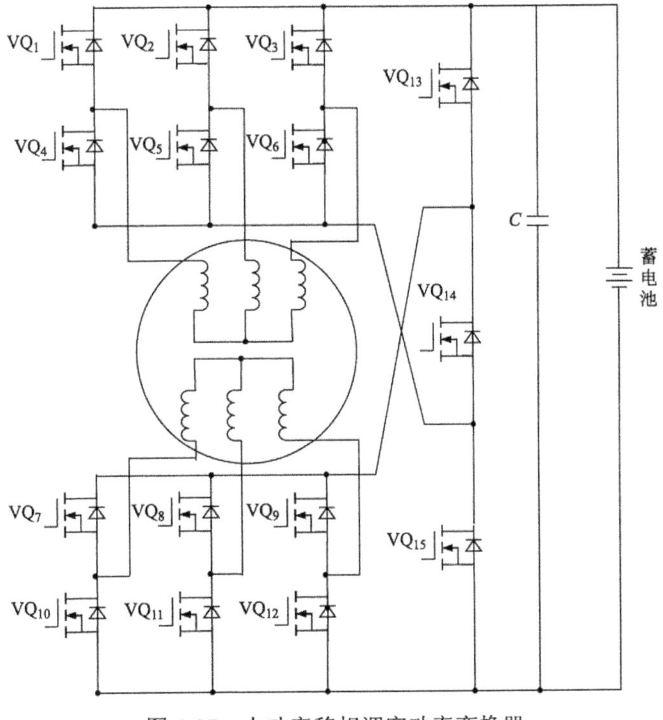

图 4-27　大功率移相调宽功率变换器

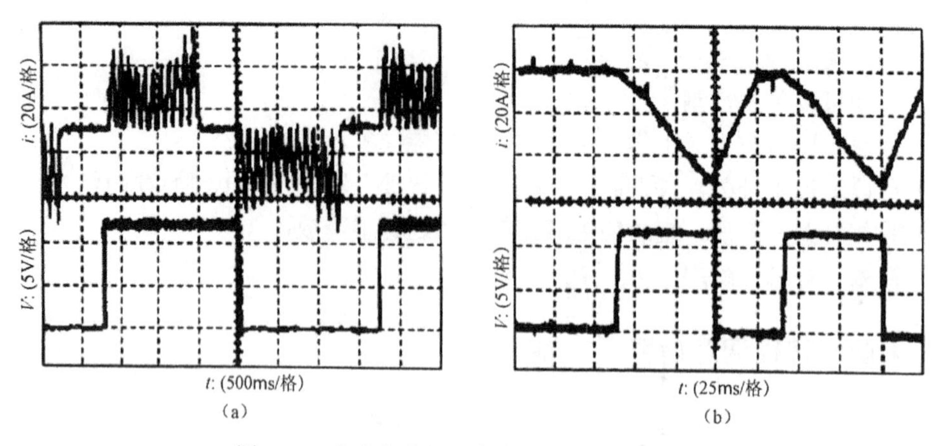

图 4-28　大功率移相调宽功率变换器工作模式

4.4　电动汽车功率变换器的抗干扰（电磁兼容）设计

电磁兼容性（EMC）是指设备或系统在其电磁环境中符合要求运行并不对其环境中的任何设备产生无法忍受的电磁干扰的能力。因此，EMC 包括两个方面的要求：一方面是指设备在正常运行过程中对所在环境产生的电磁干扰不能超过一定的限值；另一方面是指设备对所在环境中存在的电磁干扰具有一定程度的抗扰度，即电磁敏感性。

电磁兼容是一门多种学科相互交叉的新型边缘性学科。电磁兼容技术已经广泛应用在很多领域中，在机电一体化领域也越来越受到重视。电磁兼容研究的主要问题就是如何使处于同一电磁环境中的各种设备和系统都能正常工作而又互不干扰。

电磁干扰（EMI）和电磁敏感度（EMS）已经成为现代电气工程研究人员在设计过程中必须考虑的问题。一方面，这是由于当前电力电子技术正朝着高频、高速、高灵敏度、高可靠性、多功能、小型化的方向发展，这样就导致了现代电子设备产生和受到电子干扰的概率大大增加。另一方面，随着电子装置本身功率容量和功率密度的不断增大，电网及其周围的电磁环境遭受的污染也日益严重，所以 EMI 已成为许多电子设备与系统能够在应用现场正常、可靠运行的主要障碍之一。

4.4.1　电动车用功率变换器抗干扰问题的提出

电动汽车用 DC/DC 变换器所处的电磁环境十分复杂，产生电磁干扰的因素很多，良好的电磁兼容设计是其能顺利装车并可靠运行的关键。燃料电池电动汽车（FCEV）动力系统主要由燃料电池发动机、DC/DC 变换器、DC/AC 逆变器、汽车总控制器和驱动电动机等组成。燃料电池的输出特性偏软，难以直接与电动机驱动器匹配，故需采用 DC/DC 变换器改善其输出特性。为了满足燃料电池轿车用 DC/DC 变换器体积小、重量轻、效率高等方面的要求，设计中采用了非隔离式、硬开关型的 DC/DC 降压电路。在 DC /DC 变换器中，既涉及大功率、大电流的电力电子等强电设备，又涉及小功率、小电流的微电子器件等弱电设备，强电设备运行中产生的电磁干扰对弱电设备的正常工作和周围环境构成了很大的威胁。因此，对 DC/DC 变换器中的电磁干扰加以分析，并在此基础上进行电磁兼容设计具有非常重要的意义。电磁兼容性控制是一项系统工程，应在设备和系统的设计、研制、生产、使用与维护的各个阶段都给予充分的考虑和实施，才能使设备和系统可靠运行。

国家军用标准 GJB72—1985 规定：电磁兼容（EMC）指设备（分系统、系统）在共同的电磁环境中能执行各自功能的共存状态，即该设备不会由于受到同一电磁环境中的其他设备的电磁发射而导致或遭受不允许的降级，也不会使同一电磁环境中的其他设备（分系统、系统）因受其电磁发射而导致或遭受不允许的降级。

电磁兼容学科研究的主要内容围绕着构成干扰的三要素，即电磁干扰、传输途径和敏感设备。

产生电磁干扰必须有 3 个因素同时存在，即：

（1）电磁干扰（发射体）；

（2）对干扰敏感的接收装置（接收体）；

（3）耦合途径。

一般升降压 Buck-Boost 和双向 Buck-Boost 变换器，工作频率为 100kHz，开关管以此频率开通和关断，同样电感器也以此频率流过脉动的电流。流过开关管的电流很大，但是开关的时间却很短，所以在开关管动作时的电流变化率 di/dt 很大，将产生高频噪声。

4.4.2 功率变换器电磁干扰产生的原因

1. DC/DC 变换器降压型主电路分析

图 4-29 为非隔离式、硬开关型 DC/DC 变换器降压电路。该电路可以改善燃料电池偏软的输出特性，还能防止后续电路对燃料电池的能量反馈，从而明显改善燃料电池和整车的动力性能。图 4-29 中，V_{in} 为燃料电池的输出电压，V_{out} 为输出端电压，电感 L_1 为电路的降压电感，Z_1 为开关管 IGBT，D_1 为续流二极管，C 为输出端的滤波电容。在 $t=T_{on}$，Z_1 开通，图 4-29 中的电流 i_s（$=i_L$）流过电感线圈 L_1，电流线性增加，在负载 R 上流过电流 I_o，两端输出电压 V_{out} 极性上正下负。当 $i_s>I_o$ 时，电容处于充电状态，这时 D_1 承受反向电压。$t=T_{off}$，Z_1 关断，线圈中的磁场将改变线圈 L_1 两端的电压极性，以保持其电流 i_L 不变。负载 R 两端的电压仍是上正下负。在 $i_s<I_o$ 时，电容处在放电状态，有利于维持 I_o、V_{out} 不变，这时 D_1 承受正向偏压，为电流 i_L 构成通路。

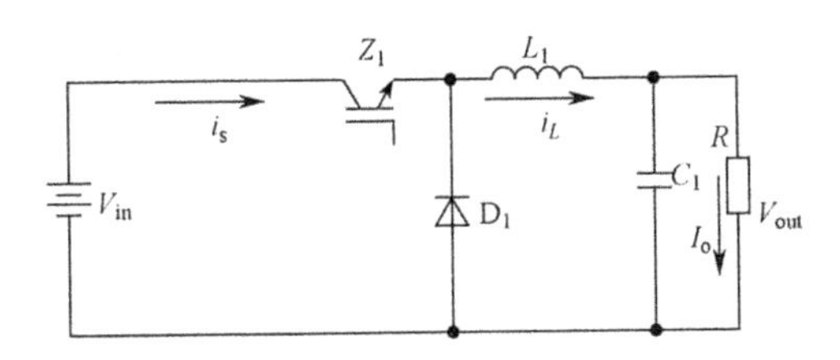

图 4-29 非隔离式、硬开关型 DC/DC 变换器降压电路

2. DC/DC 变换器的电磁干扰分析

通过对 DC/DC 变换器降压主电路的分析可知，电路开关过程中会产生很大的 di/dt 与 du/dt，从而形成较强的电磁干扰，这种干扰通过输入、输出电源线以共模或差模的形式向外传导，同时还向周围空间辐射。此外，还有涉及接地设计、器件选择及安装位置等方面的干扰因素。

（1）功率晶体管关断时的电压尖

开关管所在主电路原理图如图 4-30 所示。在实际电路中从电源 V_m 到开关管 Z_1 之间，有分布电感场的存在。在 Z_1 导通期间，由于电磁感应，电感电压的方向是左正右负，这样会减缓加在 Z_1 上的电压，所以在开通时，电压变化率不是很大；但是在 Z_1 关断时，由于电流很快减小到零，电感的存在会阻止电流的减小，感应电压的方向为左负右正，与电源电压方向一致。电压之和加到 Z_1 的两端，使 Z_1 两端产生很高的电压尖峰。此时电压尖峰通过 L_p 和 IGBT 的结电容形成的高频振荡是主要的电磁干扰源。同时，由于 IGBT 的结构，在 IGBT 的内部寄生着一个 NPN 晶体管和主开关的 PNP 晶体管组成的寄生晶闸管。IGBT 结构图如图 4-31 所示。

由图 4-31 可见，如果集电极的电流过大，NPN 管的射极电流会在电阻 R 上产生一个压降导致 PNP 管也导通，形成正反馈，栅极就失去了对集电极电流的控制作用，导致集电极的电流过大烧毁 IGBT。由于芯片内部的结电容存在，电压变化率过高，会使电流过大而导致上述结果。

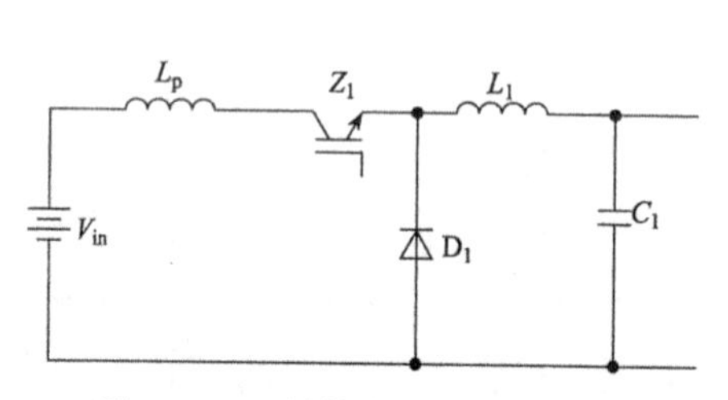

图 4-30　开关管所在主电路原理图

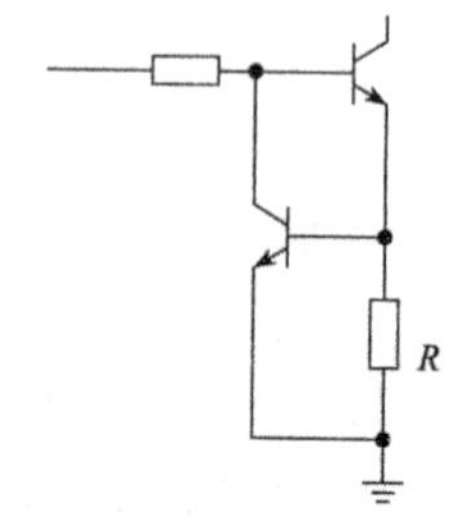

图 4-31　IGBT 结构图

Z_1 导通和关断时，集电极和发射极之间电压和电路中存在的分布电感和分布电容，将使电压尖峰形成高频振荡而产生高频噪声，可直接向空间辐射，也可通过 DC/DC 变换器的输入、输出线向外传导，干扰附近的通信、广播和其他敏感电子设备。

（2）输入、输出传输线与其他传输线间的电容性耦合和电感性耦合引起的干扰

变换器工作过程中，开关管两端存在很大的 di/dt 和 du/dt，由于电压变化率和寄生电容之间的耦合影响，会产生结点漏电流。该耦合电容电流可能和线路电感之间产生振荡，并且导线间以及导线与地之间存在分布电容，很容易引起传输线、屏蔽线等之间的电容性耦合串扰；导线之间、外壳间封闭电路的存在，容易引起传输线之间的电感性耦合，干扰变换器中的敏感元件。

3. 二极管关断时的电压尖峰

在实际电路的连线中，连接 D_1 的导线上也存在一定的杂散电感 L_2，如图 4-32 所示。

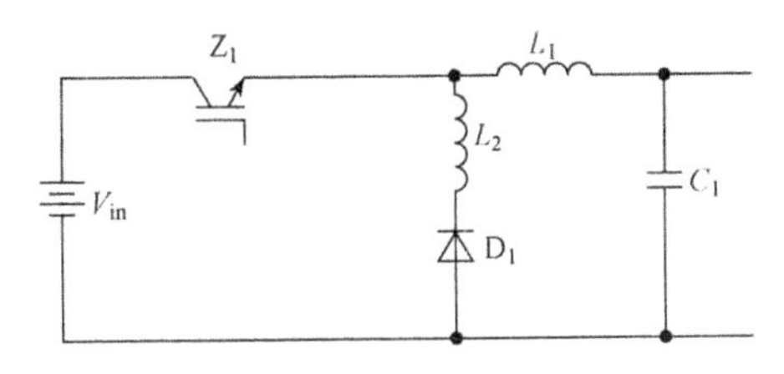

图 4-32　杂散电感等效电路图

二极管在正向导通时，PN 结内的电荷被积累，加反向电压时电荷将消失并产生反向电流，如图 4-33 所示。由于二极管由导通转变为截止的时间很短，在短时间内要让存储电荷消失就产生了反向电流的浪涌。反向恢复时，电流很快减小，感应电压在电感 L_2 上的方向为上负下正。此时，二极管和开关管同时导通，并且分布电感的电压方向与电源的电压方向相同。因此在二极管关断的过程中，也会产生一个电压的尖峰。这不但增加了其关断损耗，而且当电压过高时，可能击穿器件。

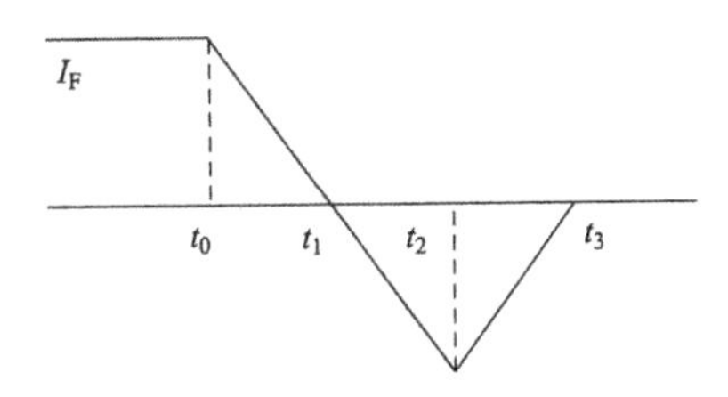

图 4-33　Z_1 关断二极管电流波形

由于反向恢复电流很快降到零，di/dt 很大。当电流流过由开关管 Z_1、分布电感 L_2、二极管 D_1 和 D_1 的结电容组成的回路时，该回路就会向空间辐射电磁波，造成干扰。

4．由连续波干扰源等造成的空间辐射干扰

电感电流 i_L 在 Z_1 开通和关断的瞬间都会出现高频振荡，高频振荡电流将流过由 Z_1、电感 L_1 和电源组成的回路。若回路面积较大，向周围空间辐射的高频电磁波将严重干扰周围的敏感设备。D_1 通断时的高频反向浪涌电流由于输出线路的分布电容和电感产生高频衰减振荡，通过空间向外形成辐射干扰。

4.4.3　功率变换器电磁干扰的辐射与传导

电磁干扰自干扰源产生以后，以辐射和传导的形式向外传输。

传导是 DC/DC 变换器中重要的干扰传播途径，主要有共模干扰和差模干扰两种形式。共模干扰是存在于任何一个电源线或者信号线与地线之间的干扰，两个干扰的相位相同；差模干扰则是在电源线之间或者信号线之间的干扰，是一种直接的干扰。

差模干扰主要由变换器的脉动电流（尤其是二极管的反向恢复电流）引起，在 DC/DC 变换器工作时 di/dt 很大，并且由于在直流输入、输出的线路上存在分布电容与分布电感，高频浪涌电流流过时将产生高频衰减振荡，对直流输入、输出端形成差模干扰。为了稳定燃料电池的工作性能和提高它的使用寿命，对燃料电池不能有能量回馈。升降压 DC/DC 变换器与燃料电池直接相连，工作时产生的电流振荡会使燃料电池的输出电压出现严重的畸变，这可能导致加在燃料电池输出端的电压高于燃料电池电压，对燃料电池产生能量回馈，从而使它的工作性能不稳定和使用寿命大大降低。

差模干扰的产生主要是由于开关管工作在开关状态。当开关管开通时，流过电源线的电流呈线性上升，开关管关断时电流突变为零，因此流过电源线的电流为高频的三角脉动电流，含有丰富的高频谐波分量，对输出端形成差模干扰。随着频率的升高，该谐波分量的幅度越来越小，因此差模干扰随频率的升高而降低。

共模干扰通常通过辐射或者串扰耦合进入电路中，只有转化成差模干扰才能对电路产生影响。共模噪声产生的主要原因是电源与大地（保护地）之间存在分布电容。DC/DC变换器中，du/dt 较大，与杂散参数间相互作用而产生的高频振荡通过分布电容传入大地，与电源线构成回路，产生共模干扰。抑制它的方法就是采用共模扼流圈来削弱共模干扰的影响。

差模干扰和共模干扰都与电压的切换密切相关，二者在很多情况下同时产生。另外，由于线路阻抗的不平衡，两种干扰在传输中还会相互转化，对主电路和控制电路的输入和输出产生干扰。通常低频时差模干扰占主导地位，高频时共模干扰处于主导地位。主电路产生的电磁干扰，会通过电源线、信号线、互连线、接地导线等对 DC/DC 控制电路、电动汽车动力系统中其他控制系统和敏感设备产生传导干扰，其他零部件产生的电磁干扰也会对 DC/DC 变换器产生传导干扰。

对于二极管，为抑制其电压尖峰，应采用快速恢复二极管，因为恢复时间与反向电流的幅值以及输出噪声的幅值有直接关系。当反向恢复时间 $t=300$ns 时，反向恢复电流 $I=2.3$A，输出 50mV（峰-峰值）的噪声电压；当 $t=35$ns 时，$I=300$mA，噪声电压仅为 10mV（峰-峰值）。

快速恢复二极管承受反压的能力不强，所以当采用一般的主续流二极管 VD_1 时，在其杂散电感两端并联一个快速恢复二极管，给分布电感提供一个续流的通道，可以降低二极管 VD_1 上的电压尖峰。

4.4.4 功率变换器的抗干扰设计

由于所有的传导干扰只有通过适当的空间和导体才可能用到 DC/DC 变换器输入、输出电源端子，因此，尽量减少传递的途径也是降低干扰的有效方法。例如，将所有的干扰源安装在离输入、输出端子较远的位置，输入、输出的电源线、信号线不从干扰源附近走线，在干扰源的进出位置加强抑制处理，通过屏蔽手段将干扰源和其他部分进行空间隔离，电源的输入、输出等分别设置在整机的相对较远位置等。

1. 干扰源的特性

电磁能量以场的形式向四周传播，就形成了辐射干扰。场的特性取决于周围的介质和辐射源到观察点的距离等因素。距离辐射源比较近的点，其场的特性主要由辐射源的特性决定；距离辐射源比较远的点，其场的特性主要取决于场传输过程中所经由的介质。所以，辐射源周围的空间可以据此划分为两个区域，距离辐射源比较近的区域称之为近场或者感应场，距离辐射源大于λl（$2n$）（λ为波长）的区域称为远场或者辐射场。在远场的条件下，波阻抗（EIH）的大小等于介质的特性阻抗；在近场的情况下，波阻抗的大小由辐射源的特性和辐射源到场中观察点的距离决定。如果辐射源具有大电流、低电压的特性，那么近场为磁场；反之，如果辐射源具有高电压、小电流的特性，则近场是电场。由于DC/DC变换器工作在高电压、大电流的状态下，所以近场既有电场，又有磁场，同时也会有远场辐射。DC/DC 变换器中的辐射干扰（包括电场和磁场干扰）与电流频率、截流导体包围的回路面积和电路中的电流大小有关。

如前所述，电感电流I_L在Z_1开通和关断的瞬间都会出现高频振荡。高频振荡电流将流经由Z_1、电感L_1和电源组成的回路，若回路面积较大，将向周围空间辐射高频电磁波，会严重干扰周围的敏感设备。在二极管反向恢复的过程中，流过二极管的电流发生剧烈的变化，因此会在具有接线电感的回路中产生感生电动势。同时由于二极管具有结电容，所以在整个电路中将产生高频衰减振荡。开关电源输出端的滤波电容上的等效串联电感削弱了电容本身的高频旁路作用，因此在开关电源的输出端会出现频率很高的尖峰干扰。显然接线电感越大，二极管的反向恢复电流变化率就越大，出现的尖峰也越大，同时会存在漏感，导致电磁能量的泄漏，向外发射电磁能量。产生辐射干扰的条件有两个：辐射源和接收天线。任何存在射频电位差的两个金属体，就构成了一副不对称振子天线，两个金属导体分别是天线的两个极。闭合回路面积越大，辐射干扰就越大。差模电流的辐射干扰在各个极化方向上有不同分布。此外，制约整体屏蔽效能的主要因素是屏蔽体上的缝隙及孔洞等结构的不连续性。对于DC/DC变换器，主要的缝隙出现在箱体的焊缝以及顶盖处。由于顶盖需要密封，所以，在机箱的永久性接缝处采用焊接工艺密封。在机箱的非永久性接缝处加入实心导电橡胶条作为导电衬垫，从而有效保证了屏蔽的完整性。为了减小开关管与散热板间的分布电容，需要二者紧密接触，必要时可以加绝缘屏蔽金属层。

控制电路中电源的稳定性和信号传输的完整性、准确性对控制电路的稳定工作至关重要。同时主功率管 IGBT 的控制信号为小信号，如果控制电路产生很大的电磁干扰，会对IGBT 驱动信号产生影响，误触发导致事故。

2．抗干扰措施

DC/DC 变换器的 EMC 设计通常要考虑的问题包括：

（1）缩短输入、输出连线，使用屏蔽双绞线，以减小“天线”效应；

（2）缩短控制电源输出端与负载间的距离，并增大连接导线的截面积，以减小连接电阻对负载调整率的影响；

（3）在控制电源进线处接电源滤波器，此滤波器采用双L型滤波，可有效减小由电源进线引入的传导干扰；

（4）因为电源及其输出配电线都会存在一定的输出电阻和输出电感，所以在高速的模拟电路和数字电路的负载上并联去耦电容；同时，在负载上还并联旁路电容，以获得对中频和高频干扰信号的旁路作用，从而防止多个负载之间的相互干扰。

1）使用母线

在硬开关的电力电子装置中，开关管在开通或关断时，由于换流回路的杂散电感，会形成电压尖峰，同时造成损耗增大。为了减小损耗，通常情况下要限制开关频率的上限。更重要的是，回路中的杂散电感增大，可能产生振荡。在 DC/DC 变换器的开关过程中，杂散电感导致的浪涌电压很高，可能导致功率模块的损坏。

另外，为了减小滤波电感的体积、重量和音频噪声，通常需要提高开关频率。由于开关速度的增加，DC/DC 变换器会产生更高的电压尖峰和更大的瞬态电流。开关管和续流二极管是主要的电磁干扰源，这是因为布线时寄生电感的存在，电磁干扰不可能完全被清除。为了减小寄生电感，可以考虑使用母线。

低母线电感电路可以适应大电流工作。采用双层镀锡铜板叠加技术的平板式结构可以起到减小功率电路中寄生电感的作用。同时，宽平正、负母线极板也方便与功率模块和滤波电容器的直接相连。

总之，使用母线具有比较明显的优点：较小的杂散电感和较小的特征阻抗。

2）敏感元件合理布局

敏感元件的布局应保证噪声与敏感电路分离，在考虑散热效果、寄生电感和寄生电容的特点的基础上合理布局；总线及芯片与 I/O 线及连线器分离。对于控制电路，芯片应靠近连接器放置，输出电路应在靠近驱动器件的地方加电阻、电感或磁阻，不同类型电路（数字、模拟及电源电路）分离，其接地也分离，正确选择单点接地与多点接地相结合，尽量加粗接地线，将接地线构成闭环路。

引出线通常选用同轴电缆。如果同轴电缆的每端设计都合理，则同轴电缆不会产生辐射。但若电路阻抗不匹配，同轴电缆就会产生辐射，必须另加一个屏蔽层（即为三同轴电缆），最外层应与机壳地相接。电缆的端接在一般情况下，其屏蔽层可捏成小辫，焊到接地点上。但在高频下为了确保屏蔽效能和端接点上的阻抗连续，要求端接的屏蔽层能均匀地包住导线，并用同轴接头来完成360°的电接触，以保护电场屏蔽的完整性。要实现正确的端接，需要注意两个问题。一是将屏蔽层连接到干净的“地”上，对于屏蔽机箱，这个地可以是机箱外壁；对于非屏蔽机箱，这个地可以是一块专门设置的金属板，或者是线路板上的一块专门设计的“干净地”。二是屏蔽层与屏蔽机箱要在360°范围内搭线。

3）滤波电容器设计

在 DC/DC 变换器中开关管 Z_1 以十几千赫的频率开通和关断，由于线路上存在分布电容和电感，可能产生的高次谐波电流流过燃料电池内阻抗时会产生高次谐波压降，使燃料电池的端电压波形发生畸变。因此，在 DC/DC 变换器的输入端必须并联滤波电容。DC/DC 变换器工作时，输出端也会出现高频干扰，故在输出端也要并联滤波电容。为了滤除电路中的高频成分，同时稳定燃料电池的输出电压，输入、输出端采用 2 个电容相并联，即一个电容值较大的电解电容与一个电容值较小的无感电容相并联的方法。无感电容的分布电感很小，截止频率较高，适用于高频滤波，可以滤除线路中由于谐振而产生的高频干扰，但无感电容的电容值较低，要稳定燃料电池输出的电压，必须并联一个电容值较大的电解电容，以减小变换器输出电压纹波。

4）屏蔽和接地设计

除前述的 DC/DC 变换器内部的辐射干扰外，在电动轿车中 DC/DC 变换器和其他控制电路、DC/AC 电路等设备安置在一起，相互之间要辐射电磁能量，因此需要采用外壳屏蔽和缝隙屏蔽相结合的屏蔽方式来抑制辐射干扰，考虑到材料、厚度和孔缝对屏蔽效能的影响，采用不锈钢板作为外壳。外壳上开口的电磁泄漏与开口的形状、辐射源的特性和辐射源到开口处的距离有关。合理设计开口尺寸和辐射源到开口的距离，能够改善屏蔽效能；若机箱的孔缝尺寸不合理，将使屏蔽效能大大降低。一般来说，应使孔缝的尺寸小于 0.1 λ，以达到相应的屏蔽效果。由于开关电源的电磁辐射频率范围一般为 30～500MHz，故屏蔽的上限频率按 500MHz 考虑。

接地作为电路的公共参考点起着很重要的作用，在布局中应仔细考虑接地线的放置，将各种接地混合会造成电源工作不稳定。用以下方法可得到较好的效果：①正确选择单点接地与多点接地相结合；②将数字电路与模拟电路分开；③尽量加粗接地线；④将接地线构成闭环路。

5）其他措施

DC/DC 主电路在空间产生的磁场强度随输入、输出母线中通过电流的强弱而变化，功率模块产生的电磁干扰信号很容易耦合到功率模块的驱动线上。通过合理的布局，可以使功率驱动端附近和驱动线一带的干扰信号最小。采取滤波电容到功率模块的直接连接，或采用双层镀锡铜板叠加技术，以及输入、输出母线与外部直流输入、输出端通过铜条连接的措施，不仅可以减小寄生电感，而且可以对功率模块产生的空间交变电磁场起到很好的屏蔽作用。

可以通过钎焊、铜焊、银焊等焊接的办法进行搭接，但这仅适用于永久性搭接。对于非永久性搭接，一般使用螺钉连接、铆接和电磁密封衬垫连接，此时搭接的稳定性是一个突出的问题。在 DC/DC 变换器中，许多地方是需要使用螺钉来固定的，但螺钉的螺纹孔在高频下就是一个等效小电感，有可能对整个系统产生不利影响，应尽可能避免过多地使用螺钉。

4.5　具有制动能量回馈能力的功率变换器技术

电动汽车的关键部件是动力电源，动力电源系统储存能量的多少是决定电动汽车续驶里程的重要因素。但是目前动力电源技术仍然是发展电动汽车的瓶颈，未能取得突破性进展。电动汽车的续驶里程还不能满足用户的需求，如果将车辆减速时的动能转化为电能，回收入动力电源系统，而不是被摩擦浪费掉，这无疑相当于增加了动力电源系统的容量。在现有的技术条件下，对于提高电动汽车的续驶里程，这无疑是一个最直接有效的措施。

4.5.1　制动能量回收的技术要求

尽管各种制动能量回收装置的原理都基本相同，即都是将车辆制动时的动能转化为电能，并给动力电源系统充电，但具体的装置及其工作特点却有所不同。

按照有无独立的发电机，可将能量回收装置分为以下两种。

1. 无独立发电机的能量回收装置

该装置在车辆需要减速时，将驱动电动机转化为发电机工作，在车辆减速时，带动发电机发电，将电能回收入蓄电池。由于驱动电动机在较低车速下无法回收能量，因此该系统在车速低于 6m/s 时不起作用，此时只有通常的液压制动系统工作。当车速高于 6m/s 时，若驾驶员踩下制动踏板，主缸中的压力传感器将产生一个与制动系统压力成正比的电信号。当制动系统压力未上升到计量阀导通压力时，电信号输入驱动电动机的电子控制模块触发旁通阀导通。此时能量回收系统将每个车轮的驱动电动机变成发电机，产生与传感器信号值成正比的反扭矩阻止车轮运转，驾驶员通过调节制动踏板力来调节控制扭矩及车速，这时汽车处于电力制动状态。随着制动踏板力的增大，系统最后达到最大能量回收状态，这时压力增大到某个值，使计量阀开启，制动液进入液压制动系统中，液压制动和电力制动共同作用。当汽车减速至 6m/s 以下时，断开回收系统，液压制动系统以全压力工作，此时为纯液压制动，制动踏板被放松时只有通常的液压制动系统工作。

2. 有独立发电机的能量回收装置

该装置带有发电机，且发电机与驱动电动机是独立安装的，即将独立的发电机连接到电动汽车的驱动系统中。电动汽车能量制动回收过程如图 4-34 所示，其中忽略了液压制动系统。

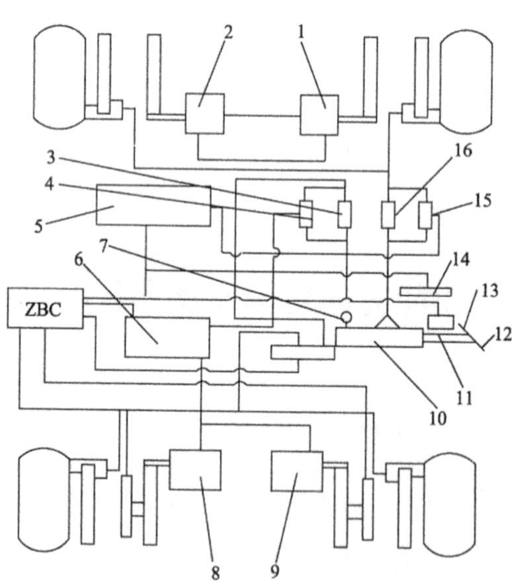

1，2—前轴制动电机；3—后计量阀；4—后旁道阀；5—前轴电控模块；6—后轴电控模块；7—液压阀；8，9—后轴驱动电机；10—EBC 阀；11—制动主缸；12—制动踏板；13—制动开关；14—压力传感器；15——前旁道阀；16—前计量阀

图 4-34　电动汽车能量制动回收过程

该装置的工作过程及特点如下。

当车辆行驶时，驱动电动机工作，通过变速器和差速器驱动车辆行驶，这时发电机空转不工作。

当车辆需要减速时，控制系统使驱动电动机停止工作，这时车辆的惯性动能拖动车轮驱动轴变速器和差速器驱动电动机转动，也强制带动连接的发电机转动。此时，控制系统使发电机通电工作，发电机产生一个与车辆运动方向相反的电磁力矩作用于运动系统，使车辆开始减速。

当车辆速度较低或紧急制动时，仍需要液压制动。可通过控制系统调节发电机工作电流的大小来调节制动力矩。同时，把发电机所发电能回收入蓄电池。这样就完成了制动能量的有效回收。这种方式控制可靠、经济实用，但结构较复杂。

电动汽车制动能量回收就是将电动汽车回收的制动能量转化为蓄电池储存的电能。这种储能方式存在功率密度低、充放电频率低、不能迅速转化所吸收的能量的缺点。而车辆在制动或启动时，需要迅速得到或释放大量能量，因此这使储能蓄电池的应用受到很大的限制。现在，技术人员正加紧研制大容量、高性能蓄电池，目前超级电容蓄电池的出现可望对制动能量回收的棘手问题有所帮助。

但就电动汽车而言，更重要的是对蓄电池充电。在电动汽车制动期间所产生的电流很容易达到较高的值，约几百安，比蓄电池所能吸收的充电电流大得多，对于在这类场合普遍使用的蓄电池来说，最大充电电流的强度通常是蓄电池所能产生电流强度的 1/10 左右。在蓄电池充电不足的情况下，电制动期间产生的电能就会使蓄电池不适当地充电，损害蓄电池并大大降低其寿命。当蓄电池电量接近最大充电量时，电制动期间所产生的电能就会使蓄电池过度充电，这会导致蓄电池电极上的电压近似等于充电电路所输送的电压，换句话说，会限制或抑制电流在蓄电池中循环，大大降低电制动效果。

因此，在对蓄电池充电的过程中，若能对制动能量加以调节，则有助于改善充电的效果，也能提高蓄电池的使用寿命。目前，在内燃机汽车的制动能量回收装置上，都配有二次调节机构，其产生的效果非常显著。但是，是否能将这样的二次调节机构引用于电动汽车的制动能量回收，需要进一步论证。因为，这样做会使其制动能量回收装置的结构更加复杂，并且使电动汽车的重量增加，这会削弱制动能量回收的优势。此外，从经济性方面考虑，这样做会增加电动汽车的成本，对电动汽车的市场竞争力产生影响。

4.5.2　超级电容技术在电动汽车能量回收系统中的应用

电动汽车的频繁启动和停车，使得蓄电池的放电过程变化很大。在正常行驶时，电动汽车从蓄电池中吸取的平均功率相当低，而加速和爬坡时的峰值功率又相当高，一辆高性能的电动汽车的峰值功率与平均功率之比可达到 16∶1。事实上，电动汽车在行驶中用于加速和爬坡的能量占到总能耗的 2/3。在现有的电池技术条件下，蓄电池必须在比能量和比功率以及比功率和循环寿命之间做出平衡，而难以在一套能源系统上同时追求高比能量、高比功率和长寿命。为了解决电动汽车续驶里程与加速爬坡性能之间的矛盾，可以考虑采用两套能源系统，其中由主能源提供最佳的续驶里程，而由辅助能源在加速和爬坡时提供短时的辅助动力。辅助能源系统的能量可以直接取自主能源，也可以在电动汽车刹车或下坡时回收可再生的动能，选用超级电容做辅助能源。

1. 超级电容的特点

（1）很高的功率密度。超级电容器的内阻很小，且在电极液界面和电极材料本体内均能够实现电荷的快速储存和释放，因而它的输出功率密度高达数 kW/kg，是一般蓄电池的数十倍。与充电电池和燃料电池等电池相比，超级电容器功率密度较高。

（2）极长的充放电循环寿命。超级电容器在充放电过程中没有发生电化学反应，其循环寿命可达 10^4 次以上。目前蓄电池的充放电循环寿命只有数百次，只有超级电容器的几十分之一。

（3）储存寿命极长。超级电容器充电之后储存过程中，虽然也有微小的漏电电流存在，但这种发生在电容器内部的离子或质子迁移运动乃是在电场的作用下产生的，并没有出现化学或电化学反应，没有产生新的物质，而且所用的电极材料在相应的电解液中也是稳定的，故理论上超级电容器的储存寿命几乎可以认为是无限的。

（4）高可靠性。超级电容器工作过程中没有运动部件，维护工作极少，因而超级电容器的可靠性是非常高的。

（5）比能量低。比能量低是目前超级电容器的显著缺陷，并在一定程度上限制了电动汽车的续驶里程。

（6）非常短的充电时间。从目前已有的超级电容器充电实验结果来看，全充电时间只要 10～12min，蓄电池在这么短的时间内是无法实现全充电的。

2. 超级电容应用技术

电池的输出功率应与车辆平均行驶功率需求相当，而超级电容应输出高于平均功率需求的功率，并且可吸收再生能量。当车辆的实际行驶功率需求高于超级电容的最大功率时，多余部分由电池提供。超级电容由再生能量为其充电，若没有充足的电，剩余部分由主电池在车辆低功率行驶时进行补充。当超级电容充满电时，再生制动能量为主电池充电。在主电池和超级电容之间采用两象限 DC/DC 变换器控制功率分配，并限制主电池在车辆低功率行驶时对超级电容的充电率。若没有 DC/DC 变换器，则主电池和超级电容将具有相同的电压，导致超级电容仅在电池电压发生快速变化。

3. 超级电容与蓄电池性能比较

1）蓄电池的不足

电动汽车动力源蓄电池在加速或爬坡时要进行大电流放电，在减速或下坡时要快速充电实现制动能量回收，这要求蓄电池具有优良的倍率快速充放电特性，使用寿命长且性能稳定。而对蓄电池实行大电流充放电将使之寿命大大缩短。同时由于电动汽车放置蓄电池的空间有限，布置非常紧凑，热量易积累，使得蓄电池暴露在高温环境中造成高温失效。尽管针对电动汽车所使用的铅酸蓄电池做了许多改进，但是其在高温时性能恶化快、寿命短、充放电效率低已经成为电动汽车发展的难题之一。

2）超级电容器的优势

超级电容器存储能量大，质量轻，可多次充放电，是一种新型的储能装置。超级电容器有以下优势。

（1）电容量大。超级电容器采用活性炭粉与活性炭纤维作为可极化电极，与电解液接触的面积大大增加。根据电容量的计算公式，两极板的表面积越大，则电容量越大。因此，一般双电层电容器容量很容易超过 1F，它的出现使普通电容器的容量范围骤然跃升了 3～4 个数量级。

（2）充放电寿命很长。超级电容器充放电寿命可达 500 000 次或 90 000h，而蓄电池的充放电寿命很难超过 1000 次；超级电容器可以提供很高的放电电流，一般蓄电池通常不能有如此高的放电电流，一些蓄电池在如此高的放电电流下的使用寿命将大大缩短。

（3）快速充放电。超级电容器可以在数十秒到数分钟内快速充电，而蓄电池在如此短的时间内充满电将是极危险的或是几乎不可能的。

（4）很宽的工作温度范围。蓄电池很难在高低温，特别是低温环境下工作。超级电容器用的材料是安全和无毒的，而铅酸蓄电池、镍镉蓄电池均具有毒性。

（5）超级电容器可以任意并联使用来增加电容量，如采取均压措施，还可以串联使用。尽管有在能量存储上的优势，但超级电容器还是不能和电化学蓄电池相比，即使是铅酸蓄电池也能比超级电容器多存储 10 倍以上的能量。

4.6　电动汽车用双向 DC/DC 变换器

4.6.1　电动汽车发展面临的问题

电动汽车是用蓄电池替代传统的汽油作为车载能源的，但在现有的技术条件下，动力电池的性能是电动汽车发展的主要瓶颈。蓄电池单独作为电动汽车的能量源存在以下问题：

（1）蓄电池的比功率低，电动汽车在启动、加速或爬坡时所需的瞬时大功率将造成蓄电池大电流放电，进而影响其寿命；

（2）蓄电池的循环充放电次数有限，增加了使用及更换电池的费用；

（3）蓄电池单次使用的放电时间短，但充电时间一般较长；

（4）废旧的蓄电池存在较大污染。

如果想让蓄电池提供大电流和高功率，蓄电池的体积和质量都要增加，这样不但给电动汽车增加了重量，而且整车的成本也会增加。电池问题始终得不到很好的解决，致使电动汽车始终难与传统燃油汽车竞争。既然单一的能量源不能满足需要，人们想到用其他能量源和蓄电池组合成复合电源，比如超级电容，充分利用超级电容比功率高和蓄电池比能量高的特点。

超级电容是一种介于电池和静电电容器之间的储能元件，具有比静电电容器高得多的能量密度和比电池高得多的功率密度，不仅适合做短时间的功率输出源，而且还可利用它比功率高、一次储能多等优点，在电动汽车启动、加速和爬坡时有效地改善汽车的性能。此外，超级电容还具有内阻小、充放电效率高（90%以上）、循环寿命长（几万至十万次）、无污染等独特的优点，和其他能量元件（发动机、蓄电池、燃料电池等）组成联合体共同工作，是实现能量回收利用、降低污染的有效途径，可以大大提高电动车一次充电的续驶里程。因此，超级电容在电动车领域有着广阔的应用前景，是电动车发展的重要方向之一。但是，要将超级电容与蓄电池并联应用到电动汽车上，则需要建立蓄电池与超级电容之间的能量双向转换控制系统，即双向 DC/DC 变换器。因此，研究高效率、快响应、高功率密度和高可靠性的双向 DC/DC 变换器对电动汽车有着十分重要的意义。

4.6.2 双向 DC/DC 变换器在电动汽车中的研究现状

典型的纯电动汽车的动力系统结构如图 4-35 所示。纯电动汽车以车载蓄电池为能量源，通过蓄电池向电动机提供电能，驱动电动机运转，从而推动汽车前进。从外形上看，电动汽车与人们日常见到的其他汽车并没有较大的差别，区别主要在于能量源及其驱动系统。纯电动汽车的电动机相当于传统汽车的发动机，蓄电池相当于传统汽车的油箱。

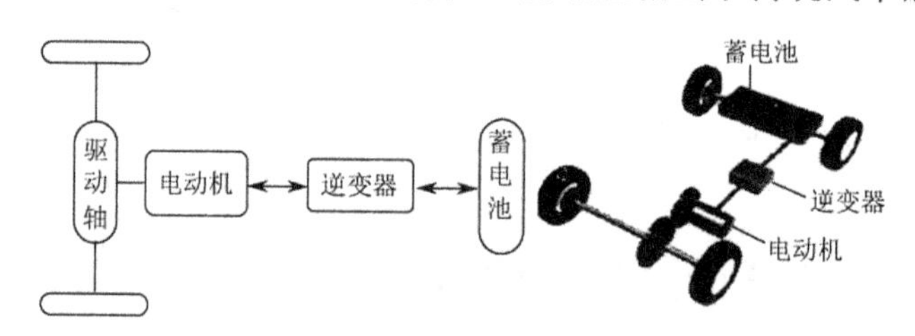

图 4-35 典型纯电动汽车的动力系统结构

但是，上述结构的电动汽车蓄电池端直接接逆变器驱动电动机运转，对蓄电池的电压和容量要求较高，考虑到安全性、经济性以及能量管理等方面，该结构实用性并不高。日产汽车于 1997 年发布的 Prairiejoy 即采用了这种结构，其车载蓄电池为 12 个 28.8V 的锂电池，驱动最大功率为 62kW 的电动机，最大转速可达 8500r/min。因此，出于体积和成本的考虑，国内外厂商生产的纯电动汽车所采用的车载蓄电池端电压一般较低，多为 100～200V。但是，如果逆变器的直流侧采用的电压较低，逆变器的效率也将大大降低，其能耗会缩短电动汽车的续航里程。

在蓄电池和逆变器之间加入双向 DC/DC 变换器，通过双向 DC/DC 变换器将较低的蓄电池电压升压，达到后级逆变器高效率运行的要求；同时，汽车制动时的能量也可以通过双向 DC/DC 变换器吸收给蓄电池充电。加装双向 DC/DC 变换器的纯电动汽车动力系统结构如图 4-36 所示。

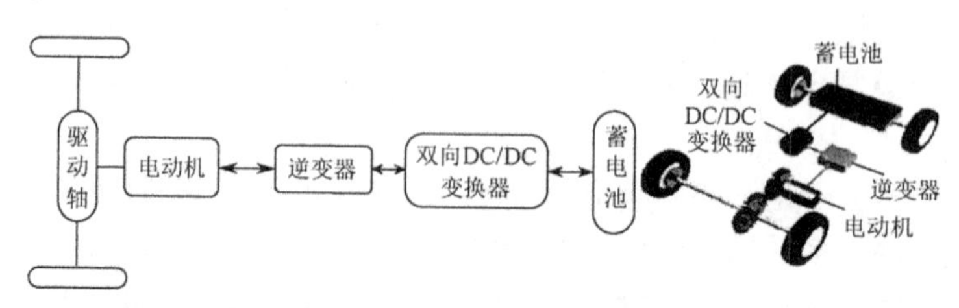

图 4-36 加装双向 DC/DC 变换器的纯电动汽车动力系统结构

上述结构很好地解决了较低电压的蓄电池与较高输入的逆变器之间的矛盾，但是如前文所述，电动汽车的瓶颈在于车载蓄电池的比功率低、循环寿命短、充电时间长等严重缺点，在蓄电池和逆变器之间加入双向 DC/DC 变换器并没有解决以上问题，这种结构的发展也受到了限制。

以上两种方案都针对采用蓄电池的纯电动汽车，但是由于目前国内外研究中，动力电池的性能和价格都没有取得重大突破，因此纯电动汽车的发展没有达到预期的目的。混合动力汽车正是在纯电动汽车开发过程中出现的一种有利于市场化的新车型。在多能量源的混合动力汽车中，双向 DC/DC 变换器、蓄电池和发动机的结合得到了很好的发展应用。借鉴混合动力汽车多能量源的特点，引入超级电容，将超级电容和蓄电池组合成复合电源，充分利用超级电容比功率高和蓄电池比能量高的特点，以解决纯电动汽车的缺陷和不足。加装超级电容的电动汽车动力系统结构如图 4-37 所示。将超级电容作为辅助电源与动力电池组成复合电源共同工作，可以将蓄电池的高比能量和超级电容的高比功率的优点结合到一起，电动汽车在启动或加速时，可以由超级电容提供较大的瞬时功率，避免了蓄电池大电流放电带来的直流母线电压跌落和蓄电池的损伤；同时，刹车时制动回馈的能量通过超级电容得以存储，在吸收能量的同时也减少了频繁充放电对蓄电池寿命的影响。

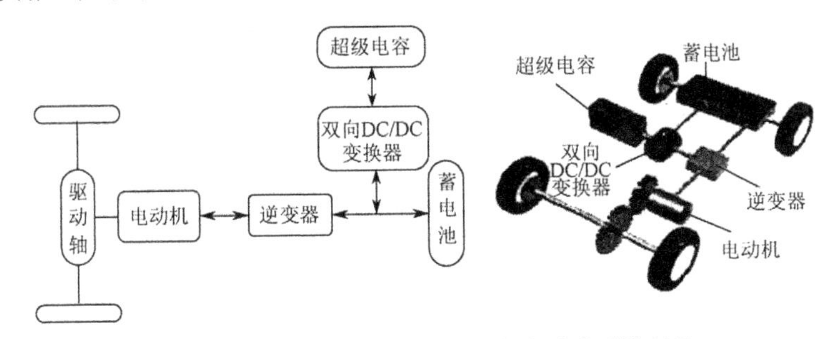

图 4-37　加装超级电容的电动汽车动力系统结构

由于超级电容和蓄电池的电压一般都较低，而汽车启动和制动时的瞬时功率可达数十千瓦，这就决定了此种双向 DC/DC 变换器低电压、大电流的特性。同时，考虑到汽车在早晚交通高峰期频繁启停的特性，必然要求所需的双向 DC/DC 变换器能做到动态响应快。

图 4-38 中显示了意大利 ROMATRE 大学在 2002 年提出的一种混合电动汽车（HEV）的动力系统结构图，它包括燃料电池、超级电容器和蓄电池组。燃料电池是动力系统的主电源。由于燃料电池在轻载的情况下效率很低，这时就需要由蓄电池储能装置来提供牵引功率。燃料电池发电系统通过设定可以提供 80%的最大行驶功率，而另外 20%的最大行驶功率就由蓄电池储能装置提供。但是燃料电池发电系统既不能回收功率，又不具有较好的动态响应条件。为了提高电能利用效率和减少排放，就需要辅助储能装置来快速提供汽车启动/加速时的功率输出和减速制动时的能量回馈。然而在蓄电池单独作为辅助储能元件的情况下，当驱动大功率脉动负载时，由于蓄电池需要补偿瞬时的峰值功率需求，这会造成损耗的增加和温度的升高，降低蓄电池的寿命。超级电容器由于充放电速度快，效率高，在瞬时储能方面要优于蓄电池，将蓄电池与超级电容器结合，应用到汽车动力系统中，通过超级电容器的充放电来满足加速和减速瞬间的功率需求，可以提高功率特性和效率，降低成本，延长蓄电池使用寿命，缩小储能装置的体积和重量。

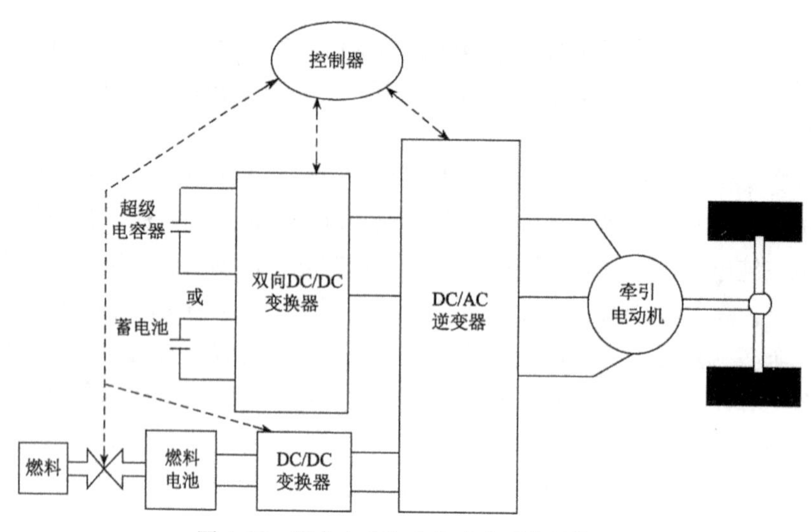

图 4-38 混合电动汽车的动力系统结构图

4.6.3 双向 DC/DC 变换器的概念

双向 DC/DC 变换器原理图如图 4-39 所示，变换器的两端电压为直流电压，通过不同的控制信号，实现功率的双向流动，且在这期间变换器两端的电压极性不变。

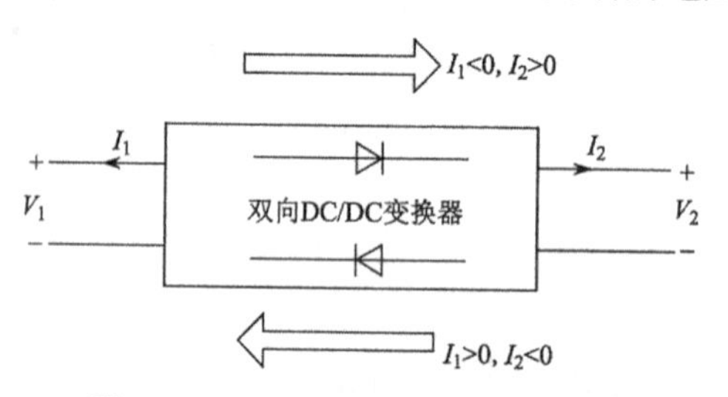

图 4-39 双向 DC/DC 变换器原理图

在功率由左侧向右侧流动时，电流 $I_1 < 0$，$I_2 > 0$，此时变换器工作在正向模式；在功率由右侧向左侧流动时，电流 $I_1 > 0$，$I_2 < 0$，此时变换器工作在反向模式。因此，仅仅使用单一的变换器，通过改变不同的控制信号就可以实现能量的双向流动，达到一机两用的效果。双向 DC/DC 变换器在不间断电源、航空电源、电动汽车等需要双向功率流的场合使用，可以大幅度缩小设备的体积，减少成本。随着控制技术和器件技术的发展，越来越多的变换器拓扑被提出，促使双向 DC/DC 变换器更加广泛地应用于实际生产和生活中。

4.6.4 双向 DC/DC 变换器的拓扑构成

双向 DC/DC 变换器的拓扑基本上可以看成是由单向 DC/DC 变换器的拓扑经过简单的改造得来的。在单向 DC/DC 变换器中总是用一个或多个单向二极管来阻止电流反向通过，如果把二极管换成一个开关管和二极管的反方向并联的组合开关管，那么就可以实现电流的双向通过。把 6 种基本的单向 DC/DC 变换器中的单向二极管替换成组合开关管后，就可以得到相应的 6 种双向 DC/DC 变换器，如图 4-40 所示。由 6 种基本变换器组合生成的单向变换器如全/半桥变换器、正/反激变换器、推挽变换器等也可变成相应的双向 DC/DC 变换器。

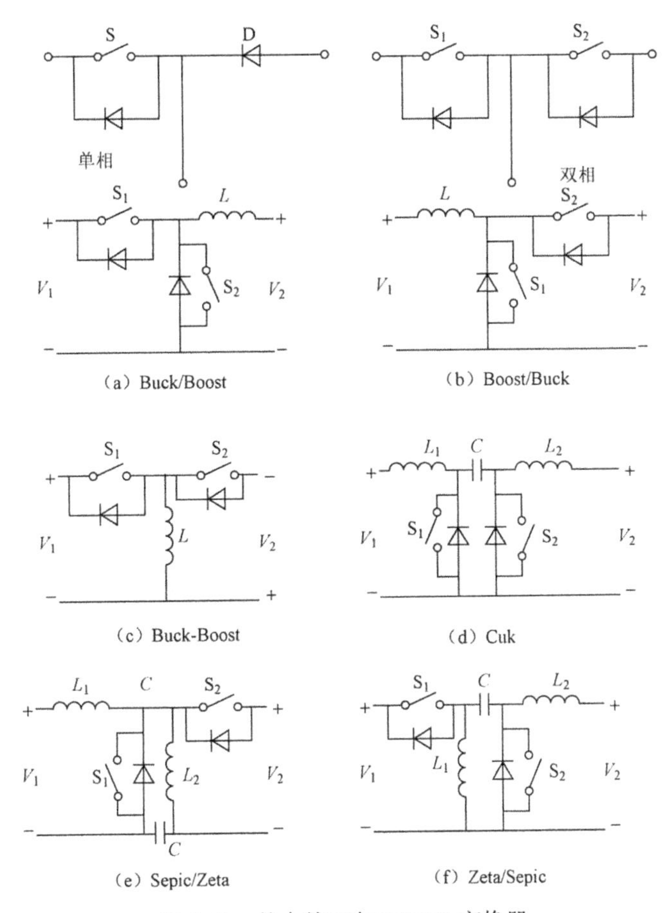

（a）Buck/Boost　（b）Boost/Buck

（c）Buck-Boost　（d）Cuk

（e）Sepic/Zeta　（f）Zeta/Sepic

图 4-40　基本的双向 DC/DC 变换器

如图 4-41 所示是由基本 Buck/Boost 双向变换器构成的两种简单的变换器，一个是级联型结构，一个是两相交错式结构。对于图 4-41（a）来说，通过控制其中的两个开关管（Q_1 和 Q_2、Q_3 和 Q_4）就可以实现升压或降压变换，大大提高了变换器的功率密度。

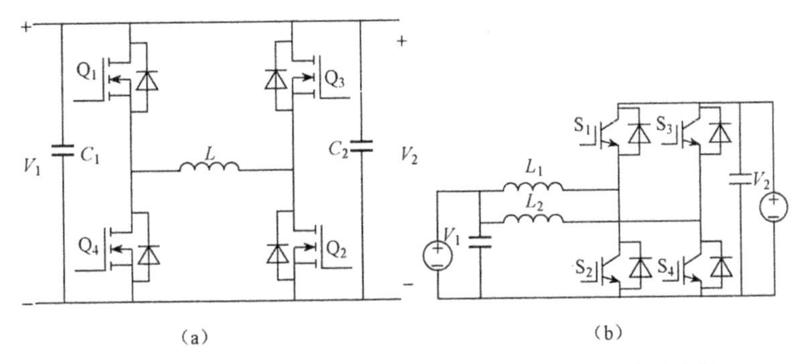

（a）　（b）

图 4-41　基本 Buck/Boost 双向变换器构成的两种简单的变换器

4.6.5 软开关控制技术

为了减小变换器开关损耗，提高效率，变换器多采用软开关技术。软开关技术就是在开关导通和关断过程中使流过开关的电流和开关两端电压的乘积为零，即可使开关损耗为零。为了获得较大的功率密度，高频化是开关电源发展的必经之路。而开关损耗与开关工作频率的平方成正比，故在开关电源发展过程中，软开关技术尤为重要。

目前软开关技术实现主要有 3 种：缓冲型软开关技术，谐振型软开关技术和控制型软开关技术。

缓冲型软开关技术旨在加入缓冲电路以改善电路的开关环境。按缓冲电路中是否包含可控功率开关器件分为有源缓冲型和无源缓冲型。绝大多数缓冲电路可以实现边缘谐振方式，即只在主电路开关更迭时才与其联系，而其他时间则与主电路脱离。

谐振型软开关利用谐振环的方式改善电路的开关环境。谐振型软开关技术与缓冲型软开关技术的出发点十分相似，但目前已有的附加谐振环电路已部分或全部包含在主电路中。

以上两种软开关技术均要添加额外的器件线路，结构复杂，成本较大，软开关控制较为复杂。控制型软开关技术是指在基本不改变硬开关主电路拓扑的前提下，依靠控制方法实现软开关的技术，是一种很有发展前途的技术，具有简易和可靠的特点。其最初的概念是由林渭勋教授提出的控制型软 PWM 电路，以及顾亦磊博士加入谐振型调频控制的控制型软 FM 电路。控制型软开关技术主要有移相全桥式、不对称半桥式、LLC 串联谐振式等。

4.6.6 双向 DC/DC 变换器的控制方式

双向 DC/DC 变换器的控制方式有两种，一种是单闭环电压型控制方式，另一种是双闭环电流型控制方式。对于电压型控制来说，系统设计简单，实现方便，但是系统的动态响应较差，鲁棒性也较差，一般只适用于对系统动态性能要求不高的场合。在系统稳定性要求较高的场合，为了克服电压型控制方式的不足，提出了电流型控制方式，它在电压环的基础上进行状态反馈校正，以输出电感的电流为反馈量构成电流环。根据电流反馈网络的不同，电流型控制方式又分为 3 种：峰值电流模式（Peak Current Mode）、平均电流模式（Average Current Mode）和电荷模式（Charge Mode）。在峰值电流模式中，由于占空比变化时电感电流会跟着变化，因此它不能用于需要精度控制电感电流或输出电流的场合。在平均电流模式中，由于电流反馈网络积分环节的存在，可以控制电感电流平均值等于电流给定值，从而可以精确控制输出电流；同时对于电流模式控制系统存在的份额振荡现象，可以通过调整电流调节器的 PI 参数加以消除。电流型控制方式由于采用了电压外环和电流内环的双闭环结构，所以采用此类方式控制的系统一般具有动态响应快、稳定性好、电流冲击较小等特点。

近年来一些新的控制理论被提出，少部分被应用到实际的系统中，取得了良好的效果。一些文献提出的控制方式有状态反馈控制、非线性控制、自适应控制、滑膜变结构控制、函数控制及智能控制（包括模糊控制、神经网络和遗传算法）等。但这些研究工作中目前能真正很好地用于实际双向 DC/DC 变换器系统的案例少之又少。如何结合系统设计的实际要求应用现代控制理论的最新研究成果则显得尤为关键。

在控制系统控制方式实现的过程中，以前主要是通过模拟逻辑器件搭建电路实现，实现起来一般较困难，电路也较为复杂。一些半导体公司根据这一状况相继开发了一系列控制电路集成芯片，如美国 Unitrode 公司开发的民用 UC38 系列、德克萨斯仪器公司 TL49 系列等，这就大大降低了控制的设计难度，为工程师设计带来了极大方便。近年来随着数字技术的发展，芯片的计算能力大大提高，完全可以实现复杂的算术逻辑运算，这可以把模拟电路的数字实现部分通过芯片生成，即通过控制算法编程实现复杂的电路功能。随着芯片技术的发展，利用芯片采用数字控制方式实现复杂的逻辑控制信号将是未来的发展方向。

4.6.7　电动汽车双向 DC/DC 变换器

1. 燃料电池电动汽车能量管理系统

双半桥双向变换器的结构简单，隔离变压器的两端各有一个对称半桥。变换器中的功率传输由两个对称半桥之间的移相控制，无须另外加入任何辅助开关或无源谐振网络，变换器中的所有开关均可在双向变换中工作于零电压开通状态，且开关的电压应力低。另外电路中没有大的延时器件存在，变换器的动态响应较快。此变换器主要用于混合动力汽车燃料电池的辅助启动。该变换器实现了输入端与输出端之间的双向功率流动，与前述其他拓扑的直流变换器相比较，具有下列优势：①元器件数目少；②在没有辅助器件和谐振电路的情况下，能够在较大的负载范围内实现软开关；③控制简单。此外，双半桥（DHB）DC/DC 变换器的另一个重要优势是可以提供连续的输入电流，从而适合于连接蓄电池、超级电容器等储能元件。通过对输入电感电流的控制，也可以很容易地实现每个输入端之间的功率分配。

近年来国内外的研究表明，蓄电池与燃料电池混合使用，蓄电池能量密度大的特性可以显著提高功率和电能利用效率，降低成本。蓄电池构成辅助储能装置连接的双向 DC/DC 变换器是此能量管理系统中的重要组成部分之一。通过双向 DC/DC 变换器可以满足两个方面的要求：①蓄电池供电时，双向 DC/DC 变换器工作在升压放电（Boost）模式，在输入电池电压波动的情况下，使输出直流母线电压稳定在高压 288V，实现燃料电池的快速启动，并提高牵引电动机的驱动性能；②在汽车刹车制动时，双向 DC/DC 变换器工作在降压充电（Buck）模式，将由机械能转化而来的电能回馈给蓄电池。燃料电池电动汽车能量管理系统框图如图 4-42 所示。要使蓄电池和主电源（燃料电池）与负载之间有效地结合起来，需要一种合适的双端口双向 DC/DC 变换器。这里选择双端口双半桥（DHB）DC/DC 变换器作为蓄电池和逆变器接口电路。

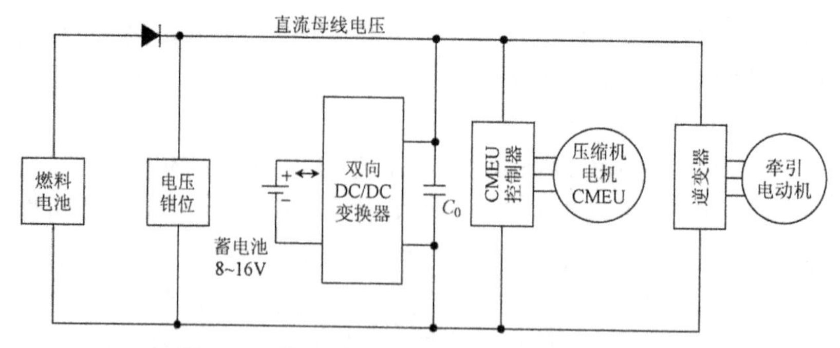

图 4-42　燃料电池电动汽车能量管理系统框图

2．燃料电池电动汽车动力系统工作模式分析

燃料电池电动汽车驱动牵引系统根据汽车行驶过程中的不同状态，有以下 3 种工作模式。

模式 1：在汽车启动和加速时，燃料电池所发出的功率小于电动机负载所需要的功率，此时燃料电池和储能元件蓄电池同时向负载供电。

模式 2：当汽车行驶速度稳定时，燃料电池不但要保证给牵引电动机供电，同时还要将蓄电池充电到合理状态，以备加速或爬坡时能提供瞬时功率输出，或者回收制动能量。

模式 3：在刹车制动阶段，燃料电池停止供电，牵引电动机工作在发电机状态，此时将制动能量回馈给储能装置，向蓄电池充电。

图 4-43 中显示了各种工作模式下系统的能量流动方向。其中在模式 1 中，蓄电池处于放电状态，此时双半桥 DC/DC 变换器工作在正向 Boost 升压模式，使电能由低压侧流向高压侧时，高压侧电压达到预期值并保持恒定；而在模式 3 中，双半桥 DC/DC 变换器工作在反向 Buck 降压模式，通过回收制动能量对混合储能装置进行充电；在模式 2 中，双半桥变

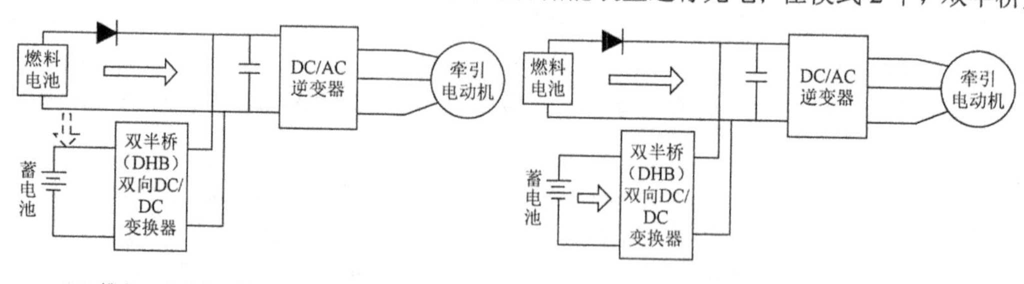

（a）模式1，启动/加速模式　　（b）模式2，稳定运行模式

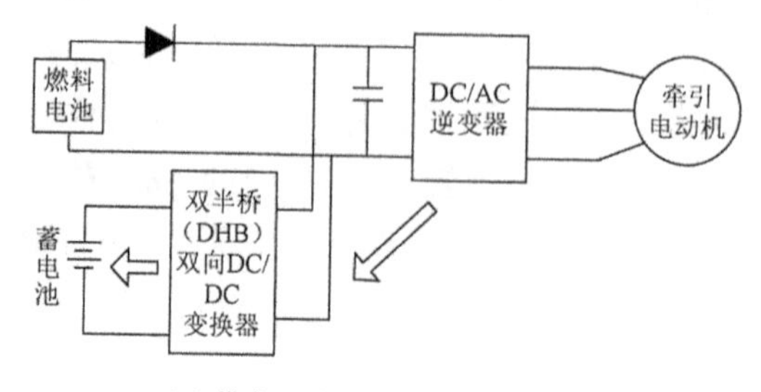

（c）模式3，刹车/制动模式

图 4-43　燃料电池电动汽车驱动牵引系统的工作模式示意图

换器的工作状态处于半工作或待工作状态，实际上是 Boost 和 Buck 模式的过渡阶段。为了实现高效的电动功率分配和制动能量回馈，双半桥 DC/DC 变换器需要采用合理的控制方式，根据不同的负载情况来决定能量的流动方向，从而确定双向变换器的工作状况。

4.6.8 双半桥双向 DC/DC 变换器拓扑结构的选择与分析

1. 主功率拓扑的选择

在 DC/DC 变换器中，Buck、Boost、Buck-Boost、Cuk、FIyback 和 Forward 等单管构成的电路一般只适用于中小功率场合，而在中大功率场合则一般采用半桥变换器。此外，由于本节讨论的 DC/DC 变换器要将蓄电池输出的低压 24V 直流电变换成 300V 稳定不变的直流电输出，输入与输出差别比较大，所以非隔离型 DC/DC 变换器是不适用的。在隔离型 DC/DC 变换器中，正激电路需要磁复位绕组，变压器单向磁化，利用效率低。推挽电路铁芯容易引起直流偏磁饱和。反激变换器的功率很难做大，一般只用在数十瓦到百瓦级的功率变换场合。

对于半桥 DC/DC 变换器，由于开关管承受的电压电流应力小，功率变压器为双向磁化，磁芯利用效率高，易于实现大功率输出。半桥 DC/DC 变换器可以分为两类：一类是电压型，一类是电流型。电压型 DC/DC 半桥变换器是一种类似于 Buck 型的变换器，电路结构简洁，控制简单；电流型 DC/DC 半桥变换器则是一种类似于 Boost 型的变换器，该变换器的电感处于输入电源侧，可用于大功率因数校正电路。

综上所述，变换器的主功率电路采用的是带隔离变压器的双向（正向升压 Boost，电流型；反向降压 Buck，电压型）DC/DC 双半桥拓扑结构。

2. 拓扑电路的分析

该电路包含一个输入级升压半桥电路、一个两绕组的高频变压器，以及一个输出级电压型半桥电路。从图 4-44 中可知，该双向 DC/DC 变换器两端分别为高压侧和低压侧，可工作在升压和降压两种模式下，具有能量双向流动的特点。开关管 S_1 和 S_2 互补导通，S_3 和 S_4 互补导通，当开关管 S_1 的导通相位超前于开关管 S_3 的导通相位时，变换器工作在正向升压模式；而当开关管 S_1 的导通相位滞后于开关管 S_3 的导通相位时，变换器工作在反向降压模式。由此可根据开关管 S_1、S_3 的导通相位来控制变换器能量的双向流动。

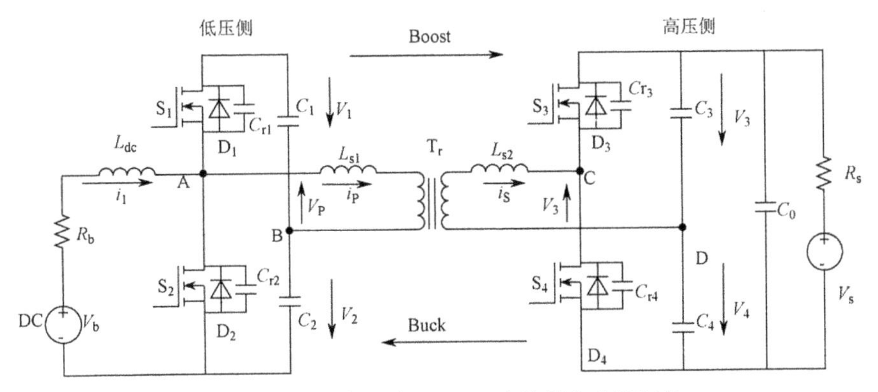

图 4-44 双半桥双向 DC/DC 变换器主电路拓扑

由图 4-44 可以看出，该变换器输入级的组合式升压半桥拓扑单元是一个 Boost 升压电路与一个电压型半桥电路的复合。在 Boost 电路中，S_2 的导通使得电感 L_{dc} 充电，导通时间的长短决定了 L_{dc} 中存储能量的大小，也决定了 AB 两点间的电压高低。半桥电路中的 S_1 与 S_2 互补导通，使得加在变压器原边上的电压正负幅值分别等于电容 C_1 和 C_2 上的直流电压，形成了高频交流方波电压，导通的占空比决定了该交流方波电压的宽度。变压器副边高压侧是一个电压型半桥拓扑单元，利用 S_3 和 S_4 的反并联二极管，把变压器上的脉冲交流电压整流成直流电，并对电容 C_3 和 C_4 充电，从而实现了输入电源与高压侧负载之间通过隔离变压器的电能传递。而当变换器工作在反向 Buck 电路中时，拓扑结构是一个降压电路与电流型半桥电路的复合。在 Buck 电路中，能量由高压侧向低压侧传递，其工作过程与正向升压电路类似。

3．变换器等效电路

图 4-45 中的双绕组变压器中 L_{S1} 和 L_{S2} 分别为变压器原副边的漏感。变压器在变换器中所起的作用：①提供储能元件与负载（逆变器）之间的电气隔离；②从低压侧（LVS）到高压侧（HVS）的升压。变压器漏感被用作输入和输出负载之间的能量传递元件。

由于变换器工作过程中以变压器 T_r 漏感作为低压侧和高压侧能量传递元件，因此在进行电路简化分析时，可以用漏感来代替变压器，并将变压器副边的参数折算到原边变压器的漏感 $L_S = L_{S1} + L_{S2}$，双半桥 DC/DC 变换器的等效电路如图 4-45 所示。

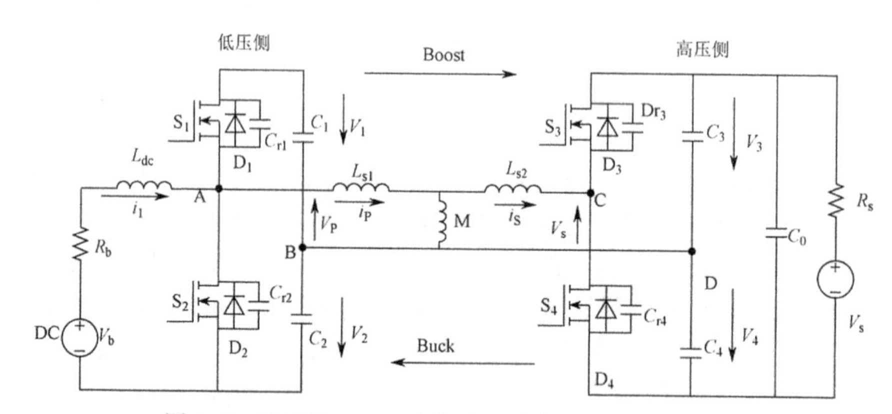

图 4-45　双半桥 DC/DC 变换器以原边为参考的等效电路

图 4-46 中显示了以原边为参考时变压器两侧的电压与电流波形，从图中可以看出该变换器的能量传递原理。低压侧（LVS）的半桥电路在变压器原边生成了一个方波电压 V_P，而高压侧（HVS）的半桥电路在变压器副边生成了一个方波电压 V_S。变压器两侧所传递的能量大小由方波电压之间的移相角来决定。而电流波形是由移相角，以及（V_1，V_2）与（V_3，V_4）之间的关系来共同确定的。

4．变换器换流分析

在分析该变换器的工作原理和换流过程之前，先做如下假设：

（1）变换器已达到稳态工作；

（2）所有开关管、二极管均为理想器件；

（3）D_n 为与开关管 S_n 相对应的寄生二极管，C_{rn} 为开关管 S_n 的对应结电容和外并电容之和（其中 n=1～4）；

（4）输入电感 L_{dc} 足够大，使得其中通过的电感电流 i_1 保持连续和恒定，纹波电流很小；

（5）变压器 T_r 的激磁电感足够大，激磁电流较小，对功率流动的影响可以忽略不计；

（6）两侧的均压电容 C_1～C_4 及输出滤波电容 C_o 足够大，使 V_1～V_4 保持恒定。

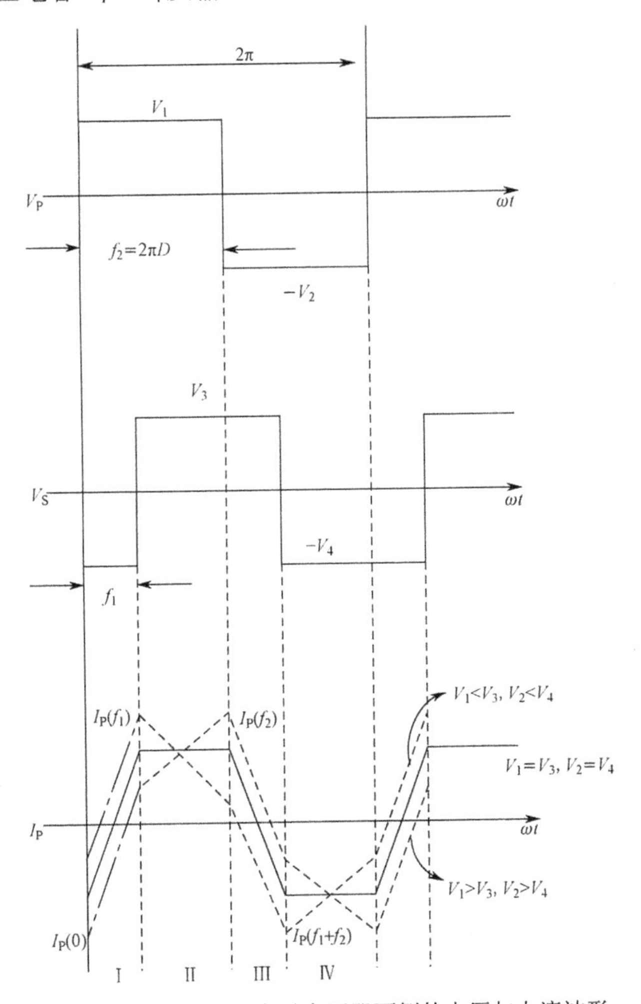

图 4-46　以原边为参考时变压器两侧的电压与电流波形

5．正向工作模式

在 Boost 模式下，隔离式双半桥 DC/DC 变换器变压器原副边在一个开关周期内的电压、电流波形及开关时序如图 4-47 所示。每个开关周期所对应的变换器工作模态都是相同的。一个完整的开关周期根据状态的不同可以划分成 13 个工作区间（t_1～t_{12}，12 个时间点）。这里假设 t_1 时刻之前的稳态对应于开关管 S_1 和 D_3 导通。

在模态分析中，有两个概念说明如下。

零电压开通（ZVS）：指的是工作电流从开关管的反并联二极管流过，在此期间，向开关管加驱动信号的状态。

开关管导通：指的是开关管在已施加正向驱动信号的状态下，工作电流从反并联二极管转移到开关管的状态。

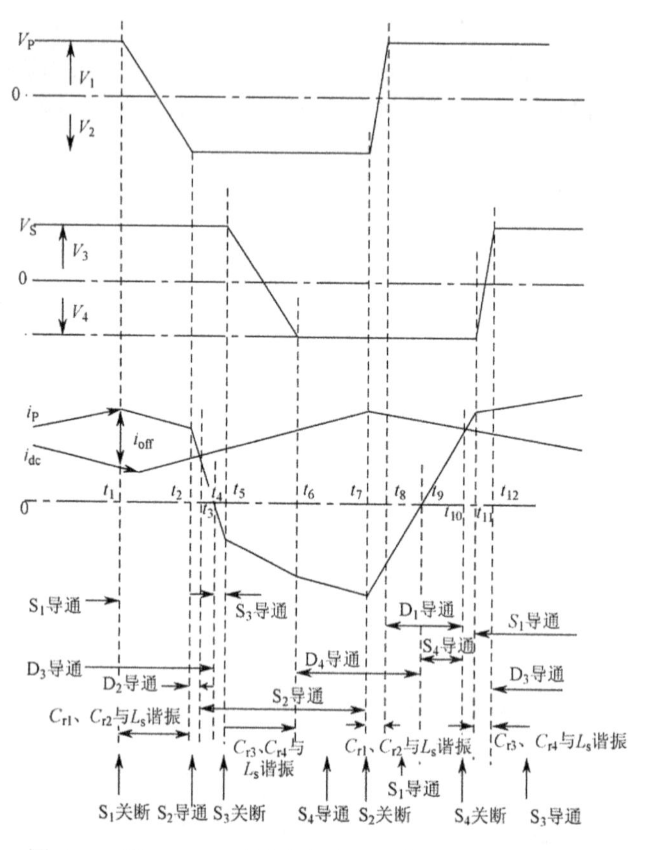

图 4-47　正向 Boost 模式下的电压、电流波形及开关时序

为了便于理解和分析，在图 4-48 中分别给出了与每个模态相对应的等效电路图，下面对各个模态做出简要说明。

模态 1（t_1之前）：电路处于稳定状态，S_1 和 S_3 导通。

模态 2（$t_1 \sim t_2$）：在t_1时刻，S_1关断。C_{r1}、C_{r2}与变压器漏感 Ls 发生谐振，使得通过 C_{r2} 两端的电压V_{r2}从 V_1+V_2 开始下降，通过C_{r1} 两端的电压V_{r1}从 0V 开始上升。V_{r1}的上升率和V_{r2}的下降率相同，取决于 S_1关断前流过开关管 S_1的电流 L_{off}，即在t_1时刻变压器原边电流i_p与输入电流i_{dc}的差值。

模态 3（$t_2 \sim t_3$）：在t_2时刻，V_{r2}下降到 0V，此后 D_2 正偏导通。在这段时间内，S_2可以零电压导通。

模态 4（$t_3 \sim t_4$）：从t_3时刻开始，i_p 小于i_{dc}，所以通过二极管 D_2的电流转移到 S_2上。i_p 一直减小到t_4时刻为 0A，因此在t_4时刻之前 D_3一直导通。

模态 5（t_4～t_5）：从 t_4 时刻开始，i_p 开始改变极性，因此 D_3 上的电流将转移到 S_3 上，S_3 零电压导通。

模态 6（t_5～t_6）：在 t_5 时刻，S_3 关断。C_{r3}、C_{r4} 与变压器漏感 L_s 发生谐振，使得通过 C_{r4} 两端的电压 V_{r4} 从 V_3+V_4 开始下降，通过 C_{r3} 两端的电压 V_{r3} 从 0V 开始上升。V_{r3} 的上升率和 V_{r4} 的下降率相同，取决于 t_5 时刻 i_p 的值。

模态 7（t_6～t_7）：在 t_6 时刻，当 V_{r4} 过零变负时，D_4 正向偏置。在这段时间里，S_4 可以零电压导通。

模态 8（t_7～t_8）：在 t_7 时刻，S_2 关断。C_{r1}、C_{r2} 与变压器漏感 L_S 又一次发生谐振，使得通过 C_{r1} 两端的电压 V_{r1} 从 V_1+V_2 开始下降，通过 C_{r2} 两端的电压 V_{r2} 从 0V 开始上升。V_{r1} 的下降率和 V_{r2} 的上升率相同，取决于 S_2 关断前流过开关管 S_2 的电流，即在 t_7 时刻变压器原边电流 i_p 与输入电流 i_{dc} 之和。

模态 9（t_8～t_9）：在 t_8 时刻，当 V_{r1} 开始过零变负时，D_1 正向偏置导通，i_p 一直增加到 t_9 时刻为 0A。在这期间，S_1 能够零电压导通。

模态 10（t_9～t_{10}）：从 t_9 到 t_{10} 时刻，i_p 开始改变极性并持续增长，直到 t_{10} 时刻等于 i_{dc}，电流从 D_4 转移到 S_4。

模态 11（t_{10}～t_{11}）：从 t_{10} 时刻开始，i_p 开始超过 i_{dc}，电流从 D_1 转移到 S_1，S_1 零电压导通。

模态 12（t_{11}～t_{12}）：在 t_{11} 时刻，S_4 关断。C_{r3}、C_{r4} 与变压器漏感 L_S 又一次发生谐振，使得通过 C_{r3} 两端的电压 V_{r3} 从 V_3+V_4 开始下降，通过 C_{r4} 两端的电压 V_{r4} 从 0V 开始上升。V_{r3} 的下降率和 V_{r4} 的上升率相同，取决于 t_{11} 时刻 i_p 的值。

模态 13（t_{13} 之后）：在 t_{12} 时刻，当 V_{r3} 过零变负时，D_3 正向偏置而导通，电路回到初始状态（模态 1）。在这段时间里，S_3 能够零电压导通。

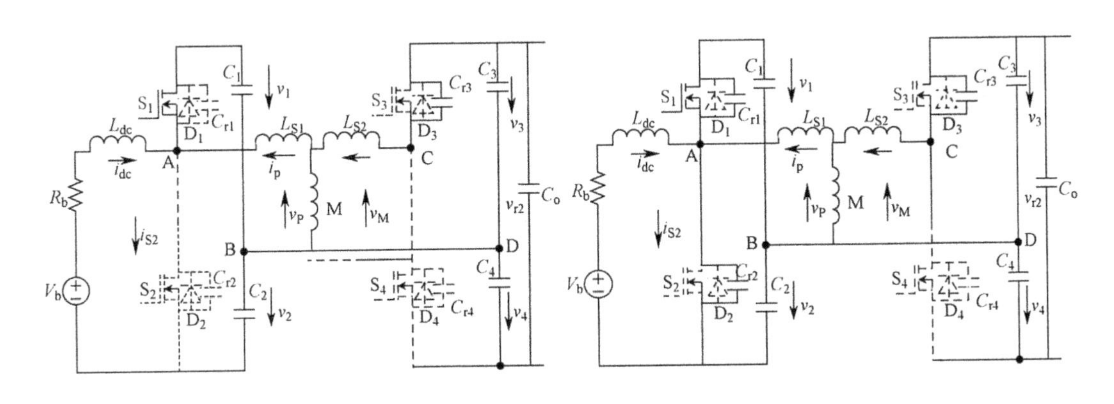

（a）模态1（t_1之前）：电路处于稳定状态，S_1和D_3导通

（b）模态2（t_1~t_2）：在t_1时刻，S_1关断

图 4-48　Boost 模式下一个开关周期中各模态的换流分析

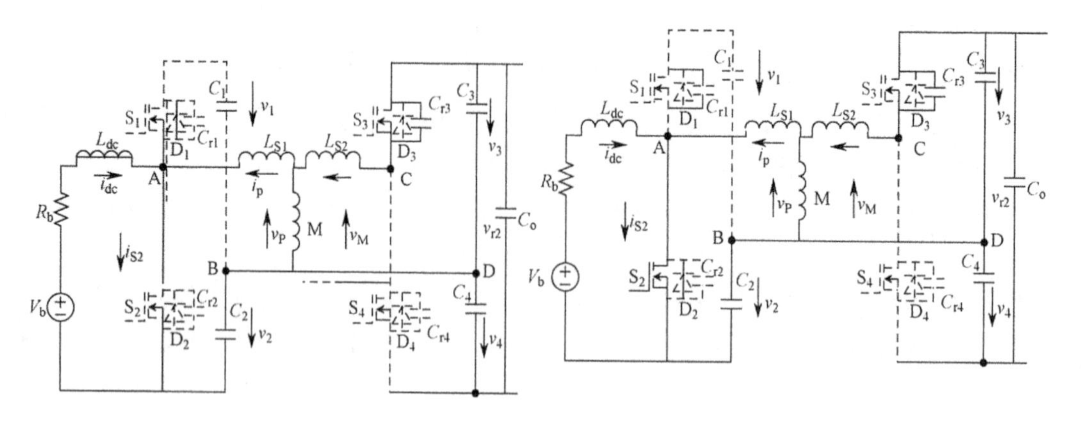

（c）模态3（t_2~t_2）：在t_2时刻
V_{r2}下降到0V，i_p此后D_2正偏导通

（d）模态4（t_3~t_4）：从t_3时刻开始，
i_p小于i_{dc}并一直减小到0A，在t_4时
刻之前D_3一直导通

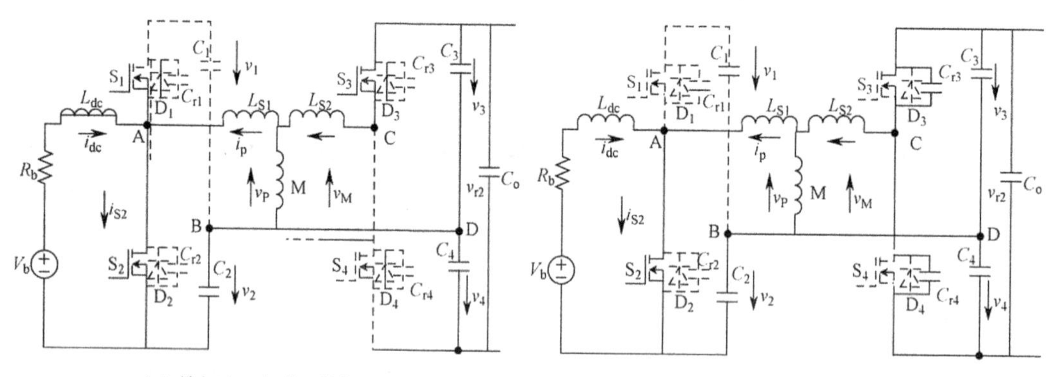

（e）模态5（t_4~t_5）：从t_4时刻i_p开e
始改变极性，S_3零电压导通

（f）模态6（t_5~t_6）：t_5时刻，S_3关断

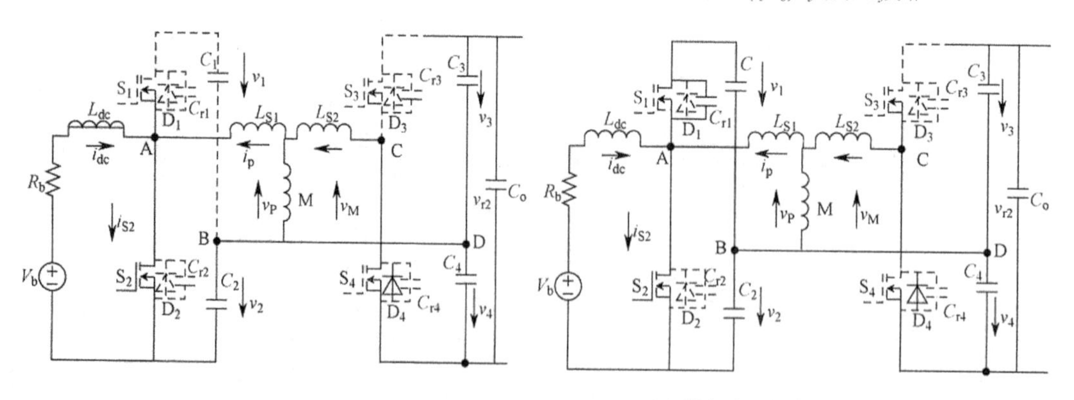

（g）模态7（t_6~t_7）：在t_6时刻，
V_{r4}过零变负，D_4正向偏置

（h）模态8（t_7~t_8）：在t_7时刻，S_2关断

图 4-48　Boost 模式下一个开关周期中各模态的换流分析（续）

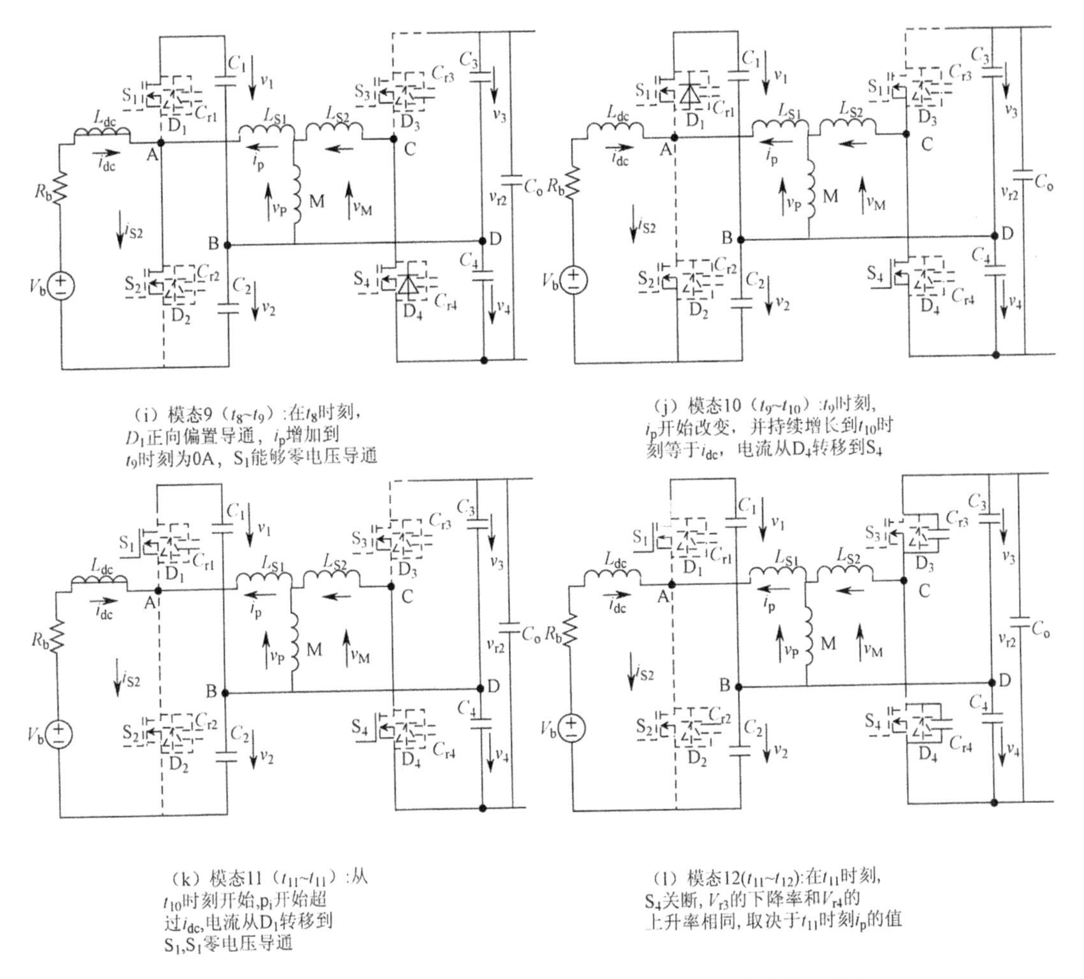

（i）模态9（t_8~t_9）:在t_8时刻，D_1正向偏置导通，i_p增加到t_9时刻为0A，S_1能够零电压导通

（j）模态10（t_9~t_{10}）:t_9时刻，i_p开始改变，并持续增长到t_{10}时刻等于i_{dc}，电流从D_4转移到S_4

（k）模态11（t_{11}~t_{11}）:从t_{10}时刻开始，p_i开始超过i_{dc}，电流从D_1转移到S_1，S_1零电压导通

（l）模态12(t_{11}~t_{12}):在t_{11}时刻，S_4关断，V_{r3}的下降率和V_{r4}的上升率相同，取决于t_{11}时刻i_p的值

图 4-48　Boost 模式下一个开关周期中各模态的换流分析（续）

6. 反向工作模式

由于双半桥 DC/DC 变换器两侧半桥拓扑结构的对称性，反向（Buck）模式的工作原理与正向（Boost）模式是相似的。由于电能流动的方向是相反的，电压的相角要超前于V_p。此外，输入电感电流 I_{dc} 也要反向流动。Buck 工作模式的开关周期也可以被划分为 13 个区间，每个区间的工作过程和换流分析都与正向（Boost）模式相似，这里不再论述。

双半桥双向 DC/DC 变换器在正向模式下的工作原理：开关器件关断时，会将其中通过的电流转移到相应的相位电容中，从而使相位电容与变压器漏感谐振，与同一桥臂上两个开关管并联的相位电容分别进行充电和放电，电压线性上升和下降，从而实现零电压关断，而零电压开通的实现是通过使已施加正向驱动信号的开关管在反并联二极管导通时开通。

在 Boost 模式下开关管 S_1～S_4 的零电压开关（ZVS）的实现与开关管关断前时刻的原副边电流的状态有关，不同时刻的电流要求如下：

$$\begin{cases} i_p(t_1) > i_{dc}(t_1) \\ i_p(t_7) < i_{dc}(t_7) \\ i_p(t_5) < 0 \\ i_p(t_{11}) > 0 \end{cases} \qquad \begin{cases} i_p(t_1) < 0 \\ i_p(t_7) > 0 \\ i_p(t_5) > i_{dc}(t_5) \\ i_p(t_{11}) > i_{dc}(t_{11}) \end{cases}$$

对于 Buck 模式，由于电路结构的对称性及功率流向的反向关系，各模态及各开关管的零电压开关（ZVS）条件与 Boost 模式相同。

4.7 DC/DC 变换器的 MATLAB 仿真

4.7.1 计算机仿真技术简介

计算机仿真技术是把现代仿真技术与计算机发展结合起来，并在某些实验条件下对模型进行动态实验的一门综合性技术。它具有高效、安全、受环境条件的约束较少、可改变时间比例尺等优点，已成为分析、设计、运行、评价、培训系统（尤其是复杂系统）的重要工具。在我国，自从 20 世纪 50 年代中期以来，系统仿真技术就在航天、航空、军事等尖端领域得到应用，取得了重大的成果。自 20 世纪 80 年代初开始，随着微机的广泛应用，数字仿真技术在自动控制、电气转动、机械制造、造船、化工等工程技术领域也得到了广泛应用。

近年来计算机仿真技术在电力电子技术行业得到了广泛的应用，促进了电力电子产品研究、开发水平的提高，改善了电力电子产品的性能，缩短了产品的创新周期。可见，电路与系统的计算机仿真在电力电子技术的应用研究和产品开发中占有重要的地位，它可以加深工程师对电路与系统工作原理的理解，加速电路的设计和理论的完善，帮助生产企业提高自身开发的水平，改善产品性能并能有效地缩短产品更新换代的周期。

目前常用的仿真软件有 PSpice、Saber、Simplis 和 MATLAB 等几种。通常把电力电子仿真软件分为两种，即侧重于电路的仿真软件和侧重于方程求解的仿真软件。PSpice 和 MATLAB 分别是两类仿真软件的代表。

PSpice 是较早出现的 EDA 软件之一，由 MICROSIM 公司于 1985 年推出。在电路仿真方面，它的功能可以说是最为强大的，在国内被普遍使用。PSpice 最大的优点就是能够把仿真与电路原理图的设计紧密地结合在一起。PSpice 广泛应用于各种电路分析、激励建立、温度与噪声分析、模拟控制、波形输出、数据输出，并可同一个窗口内同时显示模拟与数字电路。无论对哪种器件、哪些电路进行仿真，包括 IGBT、脉宽调制电路、模/数转换、数/模转换等，都可以得到精确的仿真结果，可以满足电力电子电路动态仿真的要求。但 PSpice 的仿真数据处理量庞大，仿真和处理速度慢，输出数据格式和兼容性差，这些方面也限制了 PSpice 的应用。

MATLAB 是自动控制领域应用最广泛的仿真软件。其凭借应用广泛的模块集合工具箱、可视化建模仿真、文字处理及实时控制等功能，成为广大科研人员最值得信赖的助手和朋友。

MATLAB 中的 Power System Blockset（PSB）含有在一定条件下使用的元件模型，包括电力系统网络元件、电机、电力电子器件、控制和测量环一相及二相元件库等，再借助于其他模块库或工具箱，在 Simulink 环境下，可以进行电力系统的仿真计算，可以实现复杂的控制方法仿真，同时可以观察仿真的执行过程。仿真结果在仿真结束时利用变量存储在 MATLAB 的工作空间中。PSpice 和 PSB 仿真软件各有其应用的优势，其版本也在不断更新。PSB 适用于中等规模电路的仿真，以及变/定步长仿真算法的电路仿真。

4.7.2　DC/DC 变换器 MATLAB 仿真实例

直流斩波电路仿真实验包括两种最基本的斩波电路：降压斩波电路和升压斩波电路。

1．降压斩波电路

如图 4-49 所示是降压斩波电路的原理图。降压斩波电路的基本原理如下：在开关 VT 导通期间，电源 E 向负载供电，负载电压 $U_o = E$，负载电流 i_o 按指数曲线上升；在 VT 关断期间，负载电流经二极管 VD 续流，负载电压 U_o 近似为零，负载电流按指数曲线下降。为了使负载电流连续且脉动小，通常使串接的电感 L 值较大。负载电压的平均值为

$$U_o = \frac{t_{on}}{t_{on} + t_{off}} E = \frac{t_{on}}{T} E = aE \tag{4-34}$$

式中，$a = t_{on}/T$，称为占空比，$a \leqslant 1$，调节 a 的大小即可改变输出电压的大小。由上式可见，降压斩波电路的输出电压低于电源电压。

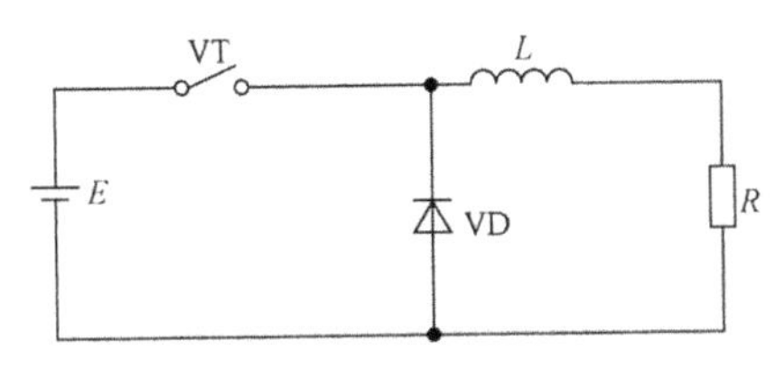

图 4-49　降压斩波电路的原理图

根据以上讨论建立如图 4-50 所示的直流降压斩波电路仿真模型。

设直流降压变压器电源电压 $E = 200\text{V}$，输出电压为 100V，负载电阻为 5Ω。观察 IGBT 和二极管的电流波形，并设计电感和输出滤波电容值。

在模型中设置参数，设置电源电压为 200V，电阻的阻值为 5Ω，脉冲发生器脉冲周期为 0.2ms，脉冲宽度为 50%，IGBT 和二极管的参数可以保持默认值。设置仿真时间为 0.002s，算法采用 ode15s。设置完成后启动仿真。仿真结果如图 4-51 所示。

2．升压斩波电路

如图 4-52 所示为升压斩波电路的原理图。分析升压斩波电路的工作原理时，首先假设电路中电感 L 值很大，电容 C 值也很大。在 VT 处于通态期间，电源 E 向电感 L 充电，充电电流基本恒定为 I_1。同时电容 C 上的电压向负载 R 供电，因 C 值很大，故基本保持输出

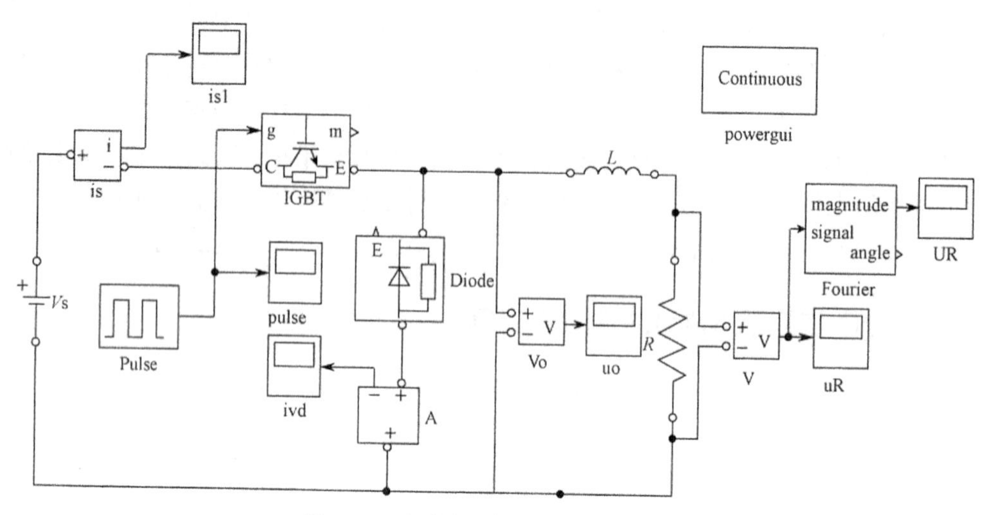

图 4-50　直流降压斩波电路仿真模型

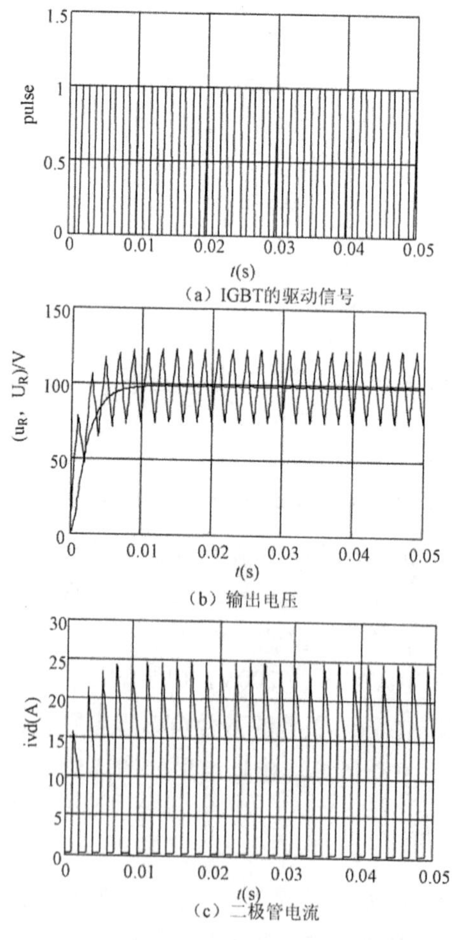

图 4-51　直流降压斩波电路仿真结果

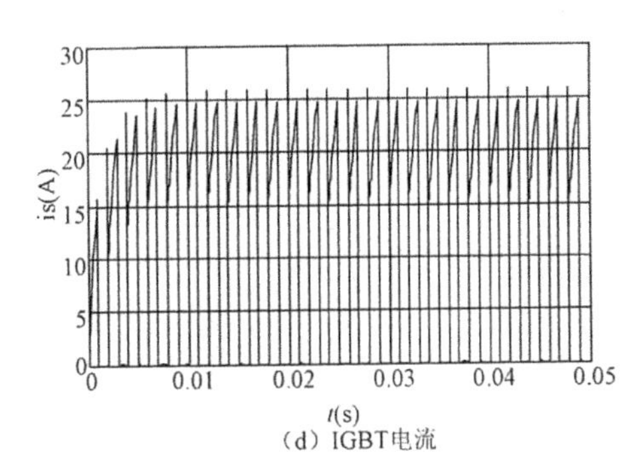

图 4-51　直流降压斩波电路仿真结果（序）

电压 u_o 为恒值，记为 U_o。设 VT 处于通态的时间为 t_{on}，此阶段电感 L 上积蓄的能量为 EI_1t_{on}。当 VT 处于断态时，E 和 L 共同向电容 C 充电并向负载 R 提供能量。设 VT 处于断态的时间为 t_{off}，则在此期间电感 L 释放的能量为 $(u_o-E)I_1t_{off}$。当电路工作于稳态时，一个周期 T 中电感 L 积蓄的能量与释放的能量相等，即

$$EI_1t_{on}=(u_o-E)I_1t_{off} \tag{4-35}$$

化简得

$$u_o=\frac{t_{on}+t_{off}}{t_{off}}E=\frac{T}{t_{off}}E \tag{4-36}$$

升压斩波电路的输出电压高于电源电压。

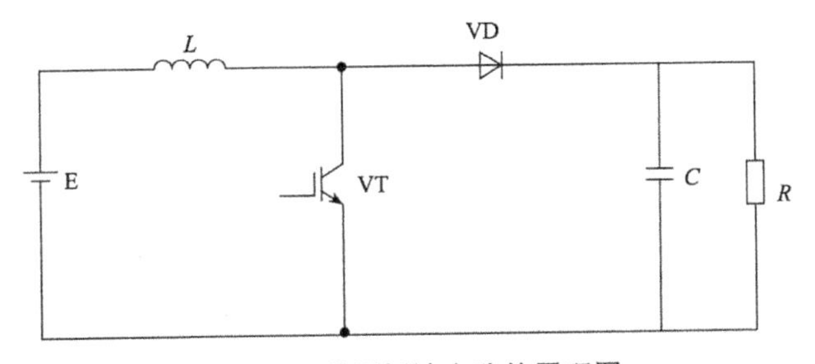

图 4-52　升压斩波电路的原理图

已知直流电源 24V，要求将电压提升到 100V，且输出电压的脉动控制在 10%以内，负载的等值电阻为 5Ω。设计一个直流升压变流器，并选择斩波频率、电感和电容参数。建立如图 4-53 所示的直流升压斩波电路仿真模型。

设置元件参数。脉冲发生器脉冲周期为 0.2ms，脉冲占空比为 $\alpha=\frac{U_o-E}{U_o}=\frac{100-24}{100}=0.76$，脉冲宽度为 76%，初选 L 的值为 0.1mH，C 的值为 100 μF。

设置仿真参数，取仿真时间为 0.01s，仿真算法采用 ode15。仿真结果如图 4-54 所示。

从图 4-54 可见，选择的参数已经能够满足要求，输出电压达到 100V，脉动在 10%以内。如果需要进一步减小输出电压波动，可以提高脉冲发生器产生脉冲的周期，并选择多组 LC 参数比较，以得到更满意的结果。

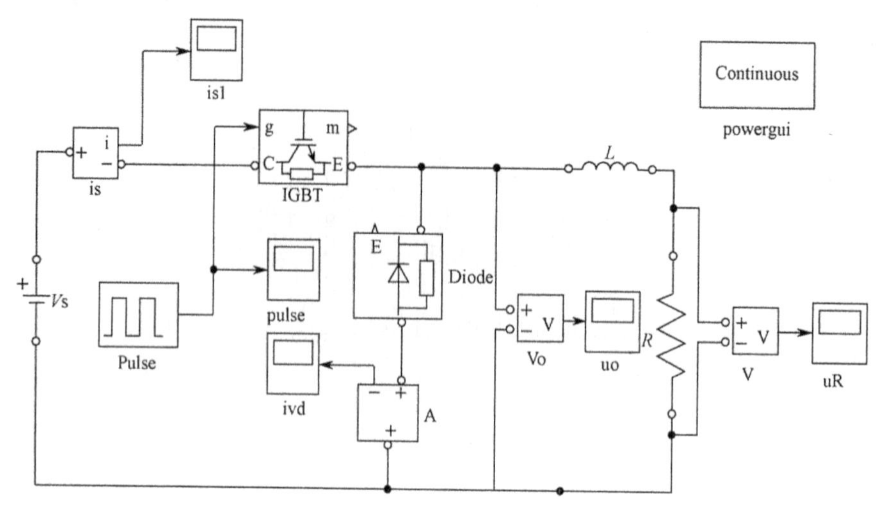

图 4-53　直流升压斩波电路仿真模型

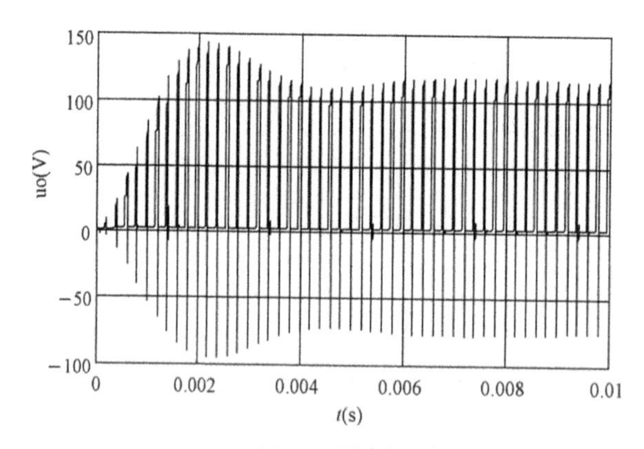

（a）IGBT两端电压波形

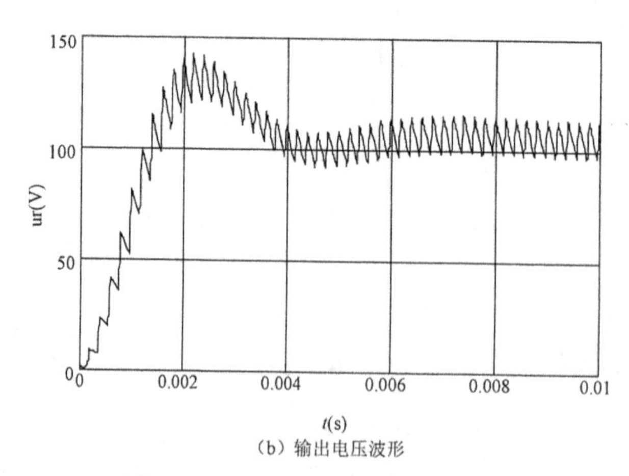

（b）输出电压波形

图 4-54　直流升压斩波电路仿真结果

4.8　电动汽车未来发展前景

电动汽车在汽车行业的发展中是一支新生的力量，也是汽车能够继续发展的前进动力。其中，电力电子技术已是电动汽车的核心控制技术之一，电力电子器件的性能关系到电动汽车的可靠性，在电动汽车中正在起着越来越重要的作用。电力电子技术被用于提高电功率发生部位的功率输出能力和效率，也为提高电动汽车的性能、安全性和功能的新技术的应用提供了可能。

可以说电动车的灵魂和核心实际上是电力电子转换装置，也就是能量的存储和电能的转换。因此，电力电子技术在未来电动汽车急速的发展中必将继续起着重要的作用。

第5章 储 能

5.1 概述

5.1.1 储能技术概况

电能是现代社会人类生活、生产中必不可少的二次能源。随着社会经济的发展，人们对电的需求越来越大。电力需求昼夜相差很大，但发电厂的建设规模必须与高峰用电相匹配，存在着投资大、利用率较低的问题。同时，随着化石能源的不断枯竭，人们对风能、水能、太阳能等可再生能源的开发和利用越来越广泛。为了满足人们生产和生活中的用电需求，缩小发电厂的建设规模，减少投资，提高电能的利用率是极为重要的。能源的便利使用需要两个基本条件：一是能源可以及时可靠地传输至用户，二是过多的能源可以被储存起来以备不时之需。其中储能是很重要的一个环节。

事实上，化石能源及可再生燃料如生物质燃料等都可以被视为一种能源的储存形式。目前储能技术所关注的领域集中在电力储存上。这主要是指将电能通过一定的技术转化为化学能、势能、动能、电磁能等形态，使转化后的能量具有空间上可转移（不依赖电网的传输）、时间上可转移或质量可控制的特点，可以在适当的时间、地点以适合用电需求的方式释放。

发电—输电—变电—配电—用电是一个完整的电力生产过程，且连续进行，在整个过程中要保证电网系统的平衡，实现供电的稳定性和可靠性。由于电力系统的用户端存在着用电时间的不同和用电量大小的不同，因此也就形成了电网负荷的峰谷差，为了达到既满足使用量又保证供电稳定性的目的，系统要留出足够大的备用容量，以满足最高峰的用电需求。但这样却造成了系统设备运行效率低的弊端，影响电网利用率。

电网储能技术的应用缓解了这一问题，可以对负载削峰填谷，提高系统可靠性和稳定性，减少系统备用需求及停电损失。电网储能技术是在传统的电网系统中加入一个能量存储的环节，使原来的“刚性”系统转变成“柔性”系统，电网运行的安全性、可靠性、经济性、灵活性也得到大幅度的提高。

1. 储能技术的原理

电网中的储能系统由储能装置和电网接入系统（PCS）两大部分组成。储能装置主要由储能元件构成，可以进行能量的储存、释放和功率转换。电网接入系统主要由电力电子器件构成，主要作用是充放电控制、交直流变换、功率调节和控制、运行参数检测和监控、安全防护。储能系统的容量范围比较宽，从几十千瓦到几百兆瓦；放电时间跨度大，从毫秒级到小时级；应用范围广，贯穿整个发电、输电、配电、用电系统。

2. 储能技术在电网中的作用

（1）当前化石能源匮乏，已经成为制约社会经济发展的顽疾，加之现今社会的环境污染问题日益严重，各个国家都在寻求新的能源来应对当前的局面。风能和太阳能凭借来源丰富和没有污染的特点受到了越来越多的关注。但在其使用中受气候条件影响很大，存在间歇性、不稳定性和不可控性等缺陷，不能大规模开发和投入使用。储能技术的发展可以在很大程度上改变这一弊端，实现大规模可再生能源的接入。

（2）传统的大电网供电方式存在着项目投资大、能耗高、供电安全性低和控制灵活性差的弊端，已经不能满足日益发展的供电质量和安全性的要求。在这种背景下，大电网与分布式发电相结合的供电方式应运而生，其兼具两种方式的优点，不仅可以提高电网安全性，而且可以节省投资、降低能耗。基于电网稳定性和经济性考虑，分布式发电系统要存储一定数量的电能，用以应付突发事件。所以，储能技术的应用和发展，可以促进分布式发电系统的建设，形成分布式电源的接入，变革传统电网升级方式，灵活配置能源供应，提高现有输配网络利用率，延缓输配电设备投资，从而优化整个供电网络。

（3）储能系统可以夜间储电、日间放电，对于电网企业和终端的用电用户来讲，可以从峰谷电价差中优化资源配置，从而获得大量经济效益。此外，在电网发生故障和检修的情况下，用户可以通过储能系统保证正常的供电，用户用电的安全可靠性大大提高，可大幅减少停电次数（时间）和停电损失。

（4）储能技术可以实现功率的平滑输出，降低功率波动越限概率以及爬率，增强电网系统的调频能力；提供快速的有功支撑，实现电压控制，保证供电可靠性，削峰填谷；借助大容量储能系统解决峰值负荷需求，满足特殊负荷的供电需求，提升需求侧的供电服务。

3. 储能技术的分类

各文献对电能存储技术做出的分类并不一致，甚至有不少错误。能量是守衡的，电力的储存和释放要通过物理和化学变化来实现。按照其能量形式，储能分为物理形式和化学形式，物理形式又可以分为机械储能和电磁场储能，如图 5-1 所示。

（1）抽水蓄能：抽水蓄能属于机械储能方式，由可逆式水轮发电机实现电能和储存于上水库水的势能之间的转化。

（2）压缩空气储能：属于机械储能方式，通过空气压缩机和涡轮机实现电能和储存于密闭气室的空气的势能之间的转化。

（3）飞轮储能：这是一种机械储能方式，通过电动机（发电机）实现电能和飞轮转动动能之间的转化。

（4）超导线圈储能：这是一种电感储能方式，将直流电以磁场形式储存于超导螺旋管中。

（5）超级电容储能：超级电容包括双电层电容和法拉第准电容。前者像普通电容器一样储存电场能；后者实际发生了氧化还原反应，只是其充放电具有电容特性，储存的是化学能。

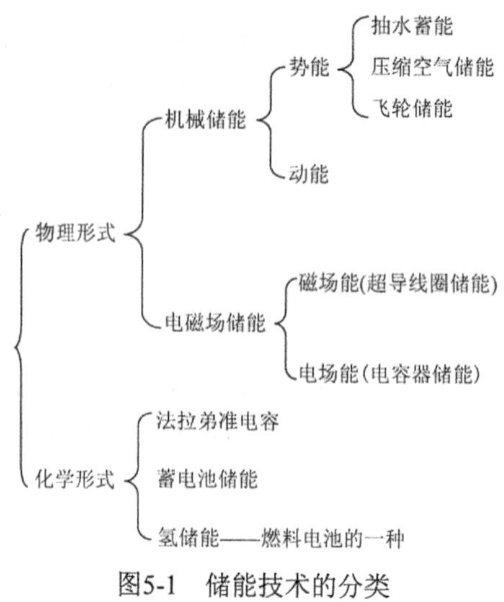

图5-1 储能技术的分类

（6）蓄电池储能：无论是传统的铅酸电池还是先进的NaS和Li电池，都发生了电化学反应，显然是化学储能方式。

（7）氢储能：氢储能是燃料电池的主要形式，充放电都是氧化还原反应，也是一种化学储能方式。

除超导和超级电容是直接储存电磁场能量外，其他方式都是将电能转化为其他能量形式储存的。

5.1.2 新能源发电和储能技术的展望

中国“十二五”规划的七大战略性新兴产业中，节能环保、新材料、新能源及新能源汽车4项产业均涉及储能技术。可再生能源发电的不稳定特性是制约其普及应用的瓶颈，大规模储能技术是解决这一问题的关键核心技术。同时，这对中国智能电网的建设至关重要。2010年，中国风能与太阳能光伏装机容量分别是30GW和10GW，2015年的目标分别是150GW和20GW。2020年，可再生能源在全部能源消费中的占比将达到15%，风电装机容量将达到1.5亿千瓦。国家发改委能源研究所副所长李俊峰认为，风能与太阳能等可再生能源的应用比例占能源总量20%以上时，必须应用储能技术。目前，我国的风电已经存在严重的弃风问题。国家电监会《风电、光伏发电情况监管报告》显示：截至2010年上半年，我国因风电无法上网而导致的弃风达27.76亿千瓦时。因此，大规模储能应用已是箭在弦上。不过，国家能源局新能源与可再生能源司副司长史立山表示，“当前储能技术比较多，但储能产业没有统一标准。因此需要建立具体标准和要求，规定哪种技术更适合在哪个方面发展。当前的储能技术重要的还是要降低成本，以便推广储能技术的应用。”中国工程院院士杨裕生、国家973液流储能电池重大基础研究项目首席科学家兼中科院大连化学物理研究所研究员张华民及业内众多技术专家均支持上述观点，他们认为，对于可再生能源及储能等新兴产业，应该让不同种类的技术在竞争中发展，未来让市场做出合理选择。

另外，发展大规模储电技术要重点考虑以下因素：安全性、成本与寿命、能量转换效率、易维护性、比能量和比功率、环境友好。

5.1.3 中国的新能源储能技术

比亚迪的新能源微网系统是以太阳能光伏+磷酸铁锂电池储能为基础的供电解决方案，功率为 100～500kW，主要适用于无电海岛、边远地区和电网末端。

比亚迪的分布式储能系统是以太阳能光伏+磷酸铁锂电池储能为基础的家庭新能源解决方案，功率为 3～5kW，可储能 2～4h，具有（单相）并网和离网带载功能，是针对德国等欧洲市场开发的产品。其按储能母线方式可以分为直流储能和交流储能两种方案。

比亚迪正在或已经参加的大中型项目有：张北 1MW×1h 风电调功电站，南方电网 3MW×4h 储能系统，国家电网 6MW×6h 风光储能系统，美国某能源公司 2MW×2h 集装箱式储能系统。另外还参加了美国电力科学研究院 50kW/45kWh 储能单元项目、欧洲某电力公司 15kW/11.5kWh 储能系统等中小型项目。

深圳雄韬电源开发了 VISION 纳米级磷酸铁锂和 VISION EV—VRLA 铅酸混合电池，其特性参数见表 5-1，适用于 UPS、风光储能示范系统、太阳能和风能储能、电动汽车等。

表 5-1 深圳雄韬电源的 VISION 纳米级磷酸铁锂和 VISION EV—VRLA 铅酸混合电池特性参数

	循环寿命（100%放电深度）		购买价格（元/电量）		使用价格（元/电量每循环周期）	
铅酸混合	500	差	0.45	0.35	0.0009	1.1
碳酸锂	400	差	3.0	1.85	0.0075	9.3
生物	2000	良好	2.8	1.73	0.0014	1.7
混合动力	1000～2000	良好	1.62	1	0.00081	1

另外，大连化学物理研究所正在领头筹备国家电工行业液流电池标准委员会，组织各课题单位参与液流电池行业标准的制定。

5.1.4 国际新能源储能市场与技术

1. 美国

为支持美国在储能技术方面的全球竞争力，2007 年，美国能源自主和安全法案要求能源部成立储能技术咨询委员会，负责咨询制订储能技术研究计划；创建 4 个储能技术研究中心，实施储能技术的研究开发及应用示范。

考虑到新能源产业尚处于发展初期，过早集中在选定的一两项技术上不太明智，故储能技术研究开发计划主要包括了以下多个方面：氧化还原液流电池（Redox Flow Cell）、钠盐电池、锂离子电池、高级铅酸电池、压缩空气储能和飞轮储能。

尽管美国的新能源储能技术实力很雄厚，但其不乏忧患意识，认为中、日等国已经远远走在了前面。对此，总统奥巴马于 2009 年 8 月宣布拨款 24 亿美元，资助新一代环保电动汽车与储能电池的研发与制造，同时明确提出要建设坚强的智能电网。据美国市场研究机构 Lux Research 近期的预测，2015 年，智能电网配备的储能市场规模将达 158 亿美元。

2010 年 6 月，美国 Charge Point 充电站网络计划中的第一座充电站在佛罗里达州奥兰多市建成。

据美国加州能源委员会储能项目经理 Avtar Bining 博士介绍，加州的可再生能源法案规定，2020 年底之前，每年可再生能源发电量至少要占零售电量的 1/3。4200MW 规模的太阳能热电厂已通过审批，其中 300MW 在建。2020 年，加州的可再生能源将达到 20GW，分布式发电量将实现 12GW。由公共能源研究计划（PIER）负责提供商业化之前各阶段的技术开发资金，对于高风险、高回报的早期项目可由风险投资介入。美国复苏与再投资法案（ARRA）在加州的 18 个智能电网与储能项目总值达 13 亿美元。

对于目前业内普遍忧虑的储能系统成本过高的问题，AES 储能公司认为，要客观评价储能系统的价值（见图 5-1）。成本对电池储能系统固然重要，但储能系统可以为电力公司提供多种应用方案，其每千瓦所提供的价值已超出了成本支出。另外，还可以全面提高电力系统的性能，电池系统可以自由放电而不需要任何特定的外部环境限制。因此，电力公司可以节约很多时间和精力，实现对电力的有效管理。而且，随着今后电动汽车的普及，储能系统的成本将进一步降低。

对于电网堵塞问题，C&D 公司认为，在边际成本很低的可再生能源发电中，堵塞限制了低边际成本的可再生能源发电的流通。在堵塞点部署储能系统有助于将更多的可再生能源发电输送至荷载消耗大的城市，提高受限制传输区间的传输线路容量，减少输送堵塞，增加低成本发电流量，有利于消费者，可提升风能和其他可再生能源发电和输电的能力，部分成本可由峰价销售抵消。

C&D 公司采用铅碳技术的 ALCESS 储能系统可以移动，当堵塞点变化时，可重新部署其位置；循环寿命更长，在传输利用之外还可提供应急储电以及实现峰价销售，无须过度规划系统规模，降低了成本；铅碳电池 95%使用的是可循环利用材料，报废后可充分再利用。

2．欧洲

据 Pike Research 的调研数据，2011—2021 年期间，全球在储能项目上的总投资将超过 1220 亿美元。欧洲输电协作联盟（UCTE）预测，以 2008 年为基准，2020 年风电将增长 128%，水电将增长 14%，其他可再生能源将增长 175%。

2010 年，德国可再生能源占能源总量的 17%。据德国可再生能源发电规划，2020 年可再生能源的比例将提升至 35%，2030 年和 2050 年将分别升至 50% 和 80%。

2011 年 5 月 18 日，德国经济技术部，环境、自然保护与核安全部及教研部三部委联合推出 2 亿欧元储能技术研究开发计划。

丹麦 2008 年的风电占总需求的 20%，预计到 2020 年，这一比例将提高至 50%。

传统的水电储能技术是水泵蓄能（HPS），但大型抽蓄电站通常建在山区，远离风电场，这会增加已经超负荷电网的负担和输电损失。为了补偿非常不稳定的风能，水泵的入力应当连续变化。目前这只能在非常昂贵的变转速机组（双馈异步电动发电机）上实现，而且只在欧洲和日本有少量应用。

奥地利 Andritz 水电公司开发了一种小型分布式抽水蓄能电站，采用标准变转速水泵水轮机、同步电动发电机配全容量变频器。抽蓄电站可在当地建设，靠近风电场。典型水头范围为 50～200m，典型单机容量为 10～25MW（如 50MW 风电场需要 2～5 台机）。

由于采用全容量变频器，水泵的入力可以在大范围内连续调节，允许更大的水头变幅，水泵工况和水轮工况的效率特性在很宽的运行范围内非常平滑。变转速技术使得 3 个不同的机型就可以涵盖很大的运用范围，比定做的小型蓄能机组具有成本优势。

对于传统的在高山抽蓄电站到平地和山坡地带风电场和太阳能电站之间的输电线路，这种小型分布式抽水蓄能电站允许增加可再生能源的生产而不增加输电网的容量。

2020 年，英国 15%的能耗将来自可再生能源，2030 年会继续上升至 30%。液态空气储能系统的发明者、Highview（海维尤）储能公司首席运营官兼创始人 Toby Peters 认为，上述目标几乎只能靠风能实现。

英国国家电网预计，其在储能方面的年度花费将从 2010 年的 2.6 亿英镑增加至 2020 年的 5.5 亿英镑。

Highview 研制出的液态空气储能技术，与压缩空气储能（CAES）、泵送水力、流体电池、优质铅酸和钠硫电池技术相比，具有成本低、循环次数多和效率高的特点。另外，还将开发可以集成较大装置的 100MW 单模块。现有的 LNG 可以存储 10 亿度电。

3. 日本

目前，日本电动汽车锂离子电池系统的能量密度和功率密度分别在 70Wh/kg 和 1800W/kg 以上。2015 年，能量密度和功率密度将分别增至 200Wh/kg 和 2500W/kg。2030 年，能量密度将超过 500Wh/kg。之后的目标是，能量密度继续提高到 700Wh/kg，功率密度则下降到 1000W/kg。

5.2　飞轮储能技术

5.2.1　飞轮电池的组成与工作原理

飞轮储能技术作为一种使能技术已经应用到航空航天、电动汽车、通信、医疗、电力等领域。

早在 20 世纪 50 年代就有人提出了用于电动汽车的飞轮储能技术，并持续进行了多年的研究，由于受当时科技发展水平的限制，飞轮的边缘速度被限制在 150m/s 左右，单位质量储能低，损耗大，能量传递和转换系统也非常复杂，所以飞轮储能技术一直未取得突破性的进展。近年来，与飞轮储能技术密切相关的三项技术取得了重要突破：一是磁悬浮技术的研究进展很快，磁悬浮配合真空技术，可把轴系的摩擦损耗和风损降到人们所期望的限度；二是高强度碳素纤维和玻璃纤维的出现，允许飞轮边缘速度达到 1000m/s 以上，大大增加了单位质量的动能储量；三是现代电力电子技术的发展给飞轮电机与系统之间的能量交换提供了灵活的桥梁。这三项技术的新进展使飞轮储能技术也取得了突破性的进展，并在许多领域中获得成功应用，其潜在价值和优越性逐渐体现出来，飞轮储能的研究进一步引起人们的重视。

飞轮储能系统又称飞轮电池或机电电池，它已经成为电池行业一支新生的力量，并在很多方面有取代化学电池的趋势。与化学电池相比，飞轮电池的优势主要表现在：①储能密度大，瞬时功率大，功率密度甚至比汽油的还高，因而在短时间内可以输出更大的能量，这非常有利于电磁炮的发射和电动汽车的快速启动；②在整个寿命周期内，不会因过充电或过放电而影响储能密度和使用寿命，而且飞轮也不会受到损坏；③容易测量放电深度和剩余“电量”；④充电时间较短，一般在几分钟内就可以将电池充满；⑤使用寿命主要取决于飞轮电池中电子元器件的寿命，一般可达到 20 年左右；⑥能量转换效率高，一般可达 85%～95%，这意味着有更多可利用的能量、更少的热耗散，而化学电池的能量转换效率最高仅有 75%；⑦对温度不敏感，对环境十分友好（绝对绿色产品）；⑧当它与某些其他装置组合使用时，如用于卫星上与卫星姿态控制装置结合在一起，它的优势更加明显。

现在飞轮电池使用复合材料飞轮和主动、被动组合磁悬浮支承系统已实现飞轮转子转速达 60000r/min 以上，放电深度达 75%以上，可用能量密度大于 20Wh/1b（44Wh/kg）。而镍氢电池的能量密度仅有 5～6Wh/1b（11～12Wh/kg），放电最大深度不能超过 40%。总体来说，目前飞轮电池的可用能量密度最低也在 40Wh/kg 以上，最高的已经达到 944Wh/kg，可见它的优势是十分明显的。当它用于电动汽车时，使得现代汽车制造业者完全不必考虑汽车废气的排放，从而真正开创无废气排放汽车的历史。

不管飞轮电池应用于哪个领域，对飞轮电池的开发研究都会涉及以下几个方面的新技术：

- 复合材料的成型和制造技术；
- 高矫顽力稀土永磁材料技术；
- 磁悬浮技术；
- 用于 VVVF（变压变频）电机的电力电子技术；
- 高速双向电动机/发电机技术。

这些技术通过系统工程技术（包括系统结构仿真和分析）而被融合在一起。

1. 飞轮电池的组成

典型的飞轮储能系统一般由三大主体、两个控制器和一些辅件所组成，包括：①储能飞轮；②集成驱动的电动机/发电机；③磁悬浮支承系统；④磁力轴承控制器和电机变频调速系统控制器；⑤辅件（如着陆轴承、冷却系统、显示仪表、真空设备和安全容器等）。

如图 5-2 所示为一种飞轮电池的结构简图。

2. 飞轮电池的工作原理

飞轮电池类似于化学电池，它有以下两种工作模式。

（1）“充电”模式

当飞轮电池充电器插头插入外部电源插座时，打开启动开关，电动机开始运转，吸收电能，使飞轮转子速度提升，直至达到额定转速时，由电机控制器切断与外界电源的连接。

在整个充电过程中，电机作为电动机使用。

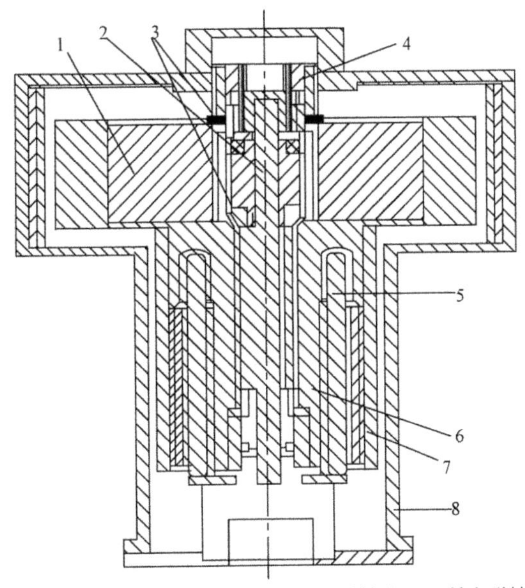

1—飞轮；2—径向磁轴承的定子；3—径向磁轴承；4—轴向磁轴承；

5—电机定子；6—电机内转子部分；7—电机外转子部分；8—真空壳体

图5-2　飞轮电池结构图

（2）“放电”模式

当飞轮电池外接负载设备时，发电机开始工作，向外供电，飞轮转速下降，直至下降到最低转速时由电机控制器停止放电。在放电过程中，电机作为发电机使用。这两种工作模式全部由电机控制器负责完成。

飞轮转子在运动时由磁力轴承实现转子无接触支承，而着陆轴承则主要负责转子静止或存在较大的外部扰动时的辅助支承，避免飞轮转子与定子直接相碰而导致灾难性破坏。真空设备用来保持壳体内始终处于真空状态，减少转子运转的风耗。冷却系统则负责电机和磁悬浮轴承的冷却。安全容器用于避免转子产生爆裂或定子与转子相碰时发生意外。显示仪表则用来显示剩余电量和工作状态。

5.2.2　飞轮电池的应用领域

飞轮电池的应用十分广泛，但主要分为两大类型：一是用于储能，如卫星和空间站的电源、车辆的动力装置、各种重要设备（如计算机、通信系统、医疗设备等）的不间断电源（UPS）等；二是作为峰值动力，如电力系统峰值负载的调节、分布式发电系统中电网电力的波动调节、混合动力车辆负载的调节、运载火箭和电磁炮等的瞬时大功率动力供应源、脉冲动力设备等。

1．在电动汽车和军用车辆上的应用

目前，飞轮储能系统可以单独或与其他动力装置一起用于电动汽车上，极大地改善汽

车的动力性和经济性，以及汽车尾气的排放状况。飞轮储能系统在军事车辆的脉动负载和运行负载调节方面也担负着重要角色，如得克萨斯大学奥斯丁电动力学研究中心（UT-CEM）就为军用车辆开发了脉动负载和运行负载调节的飞轮储能系统，该系统能储存25MJ的能量，能提供5MW的瞬时功率，可满足14t级军用车辆的脉动动力要求。

2. 在卫星和航天器上的应用

Fare公司、马里兰大学及受NASA资助的刘易斯（Lewis）研究中心共同开发了空心飞轮系统，它是将马里兰大学的500Wh的空心飞轮系统按比例缩小成50Wh的空心飞轮系统。该系统用于近距离地球轨道（LEO）卫星和地球同步轨道（GEO）卫星的动力装置，取代了原先的化学电池。同时，它结合飞轮储能和卫星的姿态控制，使其优势更加明显。

3. 在电热化学炮和电磁炮上的应用

飞轮储能系统在电磁炮应用中具有明显优势，使一种8级逐级驱动的线性感应线圈发射炮能将3kg的炮弹以2km/s的速度发射。电热化学炮要求在1～5ms内将脉动动力传到枪炮后膛，而由飞轮储能装置构成的脉冲盘交流发电机（PDA）就能满足这种要求。

4. 用于电力质量和电网负载调节

电力质量问题是一直困扰着电力工业的老大难问题。但随着UPS市场的发展壮大，各种重要的敏感设备（如计算机、通信设备和医疗设备等）因电网电力波动或突然的电力供应中断而造成的损失问题逐步得到了解决。飞轮储能系统完全可以担负起UPS的职能，而且电力供应质量可大大改善，供电时间可大大延长。此外，大功率、高储能的飞轮储能系统还可以用来调节电网用电高峰的电力供应，使电网负载更加平稳。在风力发电机组中应用飞轮储能系统可使输出电压更加平稳。

5. 不间断电源

不间断供电电源有着强大的应用市场。除目前通用的UPS外，飞轮电池作为一支新生的力量已经逐步参与到UPS市场中来。

5.2.3 国内外飞轮储能技术的发展概况

飞轮的起源可以追溯到一百多年以前的瓦特蒸汽机时代，那时的飞轮主要用来保持机器的平稳运转，用途比较单一。第一个真正具有划时代意义的里程碑是A. Stodola博士撰写的关于飞轮转子形状和应力分析的书，该书于1917年首次被翻译成英文，直到今天它仍然有很重要的参考价值。

第二个里程碑诞生于20世纪70年代早期，当时由于出现了石油禁运和天然气危机，飞轮储能才开始引起人们的足够重视。当时，美国能量研究发展署（ERDA）和美国能源部（DoE）开始资助飞轮储能系统的许多应用研究与开发，如针对电动汽车的超级飞轮的研究。刘易斯（Lewis）研究中心（LeRC）在ERDA的协助和美国航天航空局（NASA）

的资助下研究用于真空下的机械轴承和用于混合车辆的飞轮系统的传动系统。NASA 同时也资助戈达德（Goddard）空间飞行中心（GSFC）研究适用于飞行器动量飞轮的电磁轴承。20 世纪 80 年代，尽管 DoE 削减了对飞轮储能研究的资助，但 NASA 继续资助空间飞行中心研究卫星飞轮系统的电磁轴承，同时还资助了兰利（Langley）研究中心（LaRC）及马歇尔（Marshall）空间飞行中心（MSFC）关于组合能量储存和姿态控制的动量飞轮构形的研究。直到 20 世纪 90 年代，飞轮储能才真正进入高速发展期。在此期间，磁悬浮技术的快速发展，提供了高速或超高速旋转机械的无接触支承，配合真空技术，使摩擦损耗包括风损耗降到最低水平；同时，高强度复合材料的大量涌现，如高强度的碳素纤维复合材料（抗拉强度高达 8.27GPa）的出现，使飞轮转子不发生破坏的转速极大地提高，线速度可达 500～1000m/s，已超过音速，从而大大地增加了飞轮储能系统的储能密度；电机技术的快速发展，尤其是大功率密度双向电动机/发电机的诞生，使得飞轮电池驱动能力进一步增强；电力电子技术的新进展，尤其是变频调速技术的高速发展为飞轮储能的动能与电能之间高速、高效率的转化提供了条件。

飞轮储能技术必须借助于磁悬浮技术、电机技术、电力电子技术、传感技术、控制技术和新型材料（复合材料和高矫顽力永磁材料）技术，并将这些技术有机结合起来才能真正研制出具有使用价值的飞轮储能系统。迄今为止，国内外对飞轮电池的研究主要集中在以下几个方面：

（1）磁力轴承（含高温超导磁力轴承）；

（2）飞轮技术；

（3）电机及其控制技术；

（4）安全与容器；

（5）面向不同应用对象的飞轮储能系统的综合研究等。

5.2.4　飞轮电池能量转换原理与矢量控制

飞轮电池是一种机电能量转换装置。其能量的转换主要通过电机及其电力电子控制装置来完成。飞轮转子运行的转速很高，普通的电机是不可能达到这样高的转速的，如果采用变速箱来提速又会影响飞轮电池的效率，现代电力电子技术的发展使得变频调速技术日益成熟。电动机的转速公式如下：

$$n=\frac{60f}{p} \tag{5-1}$$

式中：n——电动机的转速；

f——电源的频率；

p——电动机的极对数。

由式（5-1）可知，改变电源的频率即可达到改变电动机的运行速度的目的。其实现方法一般为：先通过整流器将三相交流电源整流成直流电源，再通过逆变器将直流电源逆变为电压和频率可控的交流电源提供给电动机，然后通过频率的提高来达到提高电动机转速的目的。

1. 飞轮电池能量转换方案

1）飞轮电池能量转换系统的要求

飞轮电池能量转换主要通过变频调速系统来实现，其变频调速系统应满足如下要求：

① 能可靠地调节电机的转速，使电机能够平稳地升速；

② 能可靠地将储存在飞轮中的机械能通过发电机转换成电能，能可靠地保证电能以恒频、恒压的方式稳定地输送给用电设备；

③ 交流、直流之间的功率流是双向控制的，这样既可以实现整流，又可以实现逆变。

2）飞轮电池能量转换系统分析

飞轮电池不但要将电能转换成机械能储存于飞轮中，还要将机械能转换成电能输送给外部用电设备。传统的电机变频调速装置均采用 AC-DC-AC 的方式，即先将交流电源转换成直流电源，然后再将直流电源转换成电压和频率可调的交流电源来驱动电机。由于不能实现能量的双向输送，故不能采用传统的变频调速装置作为飞轮电池的能量转换装置。下面就几种飞轮电池能量转换系统进行分析。

（1）采用双变频调速系统模式

将飞轮电池的“充电”和“放电”分别采用两套系统来实现，其工作原理如图 5-3 所示，变频器 1 的功能是实现飞轮电池“充电”，变频器 2 的功能是实现飞轮电池“放电”。其工作原理如下：当飞轮电池处于“充电”阶段时，系统控制开关 S 与 A 接通，变频器 1 处于工作状态，变频器 2 不参与工作，变频器 1 先将外部电源整流成直流电源，再由逆变器逆变为电压和频率可调的交流电源来驱动含有飞轮电池的永磁电机，电机带动飞轮加速旋转，将电能转换成机械能储存起来；当飞轮电池处于“放电”阶段时，高速旋转的飞轮用做原动机，驱动电机将机械能转换为电能，系统控制开关 S 与 B 接通，变频器 2 处于工作状态，变频器 1 不参与工作，变频器 2 将飞轮电池电机发出的交流电先整流成直流电源，再经过逆变器的调压、调频作用，将直流电源转换成工频交流电源提供给用电设备。

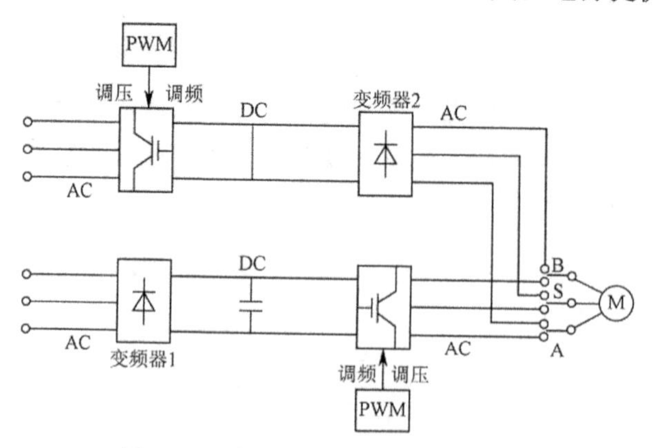

图5-3　双变频器调速系统工作原理图

（2）采用双换向开关模式

飞轮电池的“充电”和“放电”功能由一个变频器和两个换向开关来实现，双换向开关模式工作原理如图 5-4 所示。当飞轮电池处于“充电”状态时，换向开关 S_1 与 A 接通，

换向开关 S_2 与 C 接通，整流器通过开关 S_1 与电网接通，将交流电源转换成直流电源，再由逆变器将直流电逆变为电压、频率可调的交流电通过开关 S_2 输送给含有飞轮电池的电机，电机带动飞轮加速旋转，将电能转换成机械能储存在飞轮电池中；当飞轮电池处于“放电”状态时，换向开关 S_1 与 B 接通，换向开关 S_2 与 D 接通，整流器通过开关 S_2 与飞轮电池接通，将飞轮电池发出的交流电转换成直流电，再由逆变器将直流电逆变为电压、频率稳定的工频电源通过开关 S_1 输送给外部用电设备。

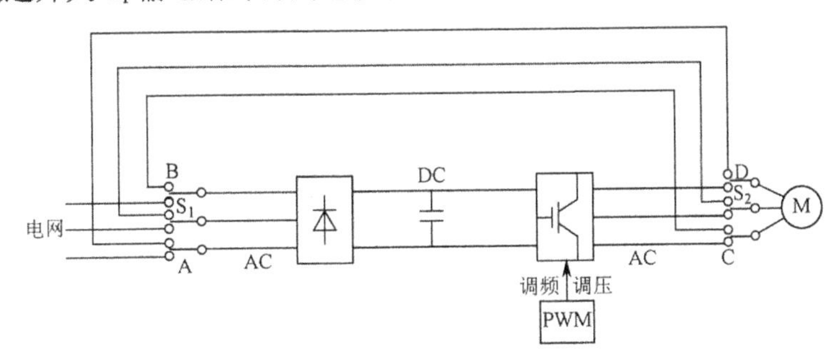

图5-4　双换向开关模式工作原理图

（3）PWM 变流器模式

飞轮电池的“充电”和“放电”功能由 PWM 变流器来控制实现，其工作原理如图 5-5 所示，由于 PWM 变流器能工作于整流和逆变两种状态，因此可以实现能量的双向输送。当飞轮电池处于“充电”状态时，PWM 变流器 1 工作于整流状态，将交流电整流成直流电，PWM 变流器 2 工作于逆变状态，将直流电逆变为电压和频率可调的交流电源来驱动含有飞轮电池的永磁电机，电机带动飞轮加速旋转，将电能转换成机械能储存起来；当飞轮电池处于“放电”阶段时，飞轮电池中高速旋转的飞轮驱动电机发电，将机械能转换为电能，PWM 变流器 2 工作于整流状态，PWM 变流器 1 工作于逆变状态，将直流电源转换成工频交流电源提供给用电设备。

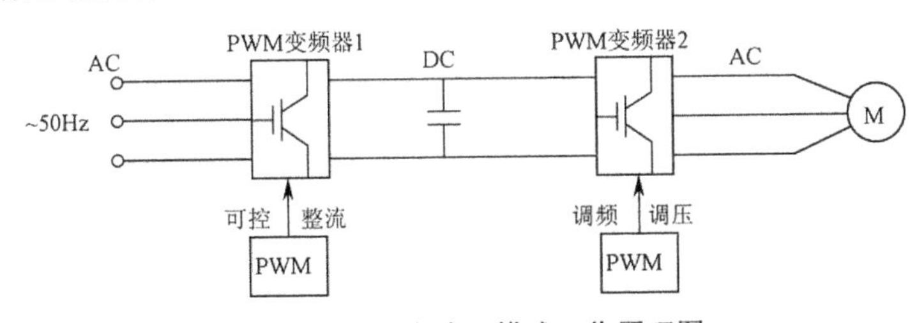

图5-5　PWM变流器模式工作原理图

上述 3 种方式中，第一种方式采用两套变频装置来实现飞轮电池的能量转换，虽然控制较为简单，但价格较高，且只能用于单一的储能用途；第二种方式由两个换向开关和一套变频装置来实现飞轮电池的能量转换，控制起来要比第一种方式复杂，价格也较贵，也只能用于单一的储能用途；第三种方式通过 PWM 变流器来实现飞轮电池的能量转换，电路较前两种方式简单，控制系统要相对复杂一些，但由于 PWM 变流器能实现能量的双向流动，采用该方式控制的飞轮电池除了可以作为能量储能装置外，还可以用来调节电能质量，下面将重点分析 PWM 变流器的工作原理。

2．PWM 变流器的工作原理分析

1）单相 PWM 变流器工作原理

图 5-6 为单相 PWM 整流器主电路，其中：L 为等值电感，起到传递能量、抑制高次谐波和平衡桥臂终端电压和电网电压的作用；R 为等值电阻，通常情况下较小，可以忽略不计；C_{dc} 为滤波电容，为高次谐波电流提供低阻抗通路，减少直流电压波纹。

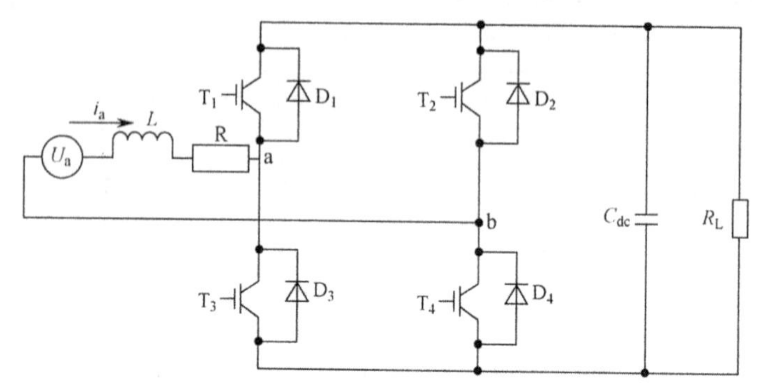

图5-6　单相PWM整流器主电路

图 5-7 为单相 PWM 整流器简化等效电路，考虑把开关器件（如 IGBT、MOSFET）视为理想开关元件 S_i（i=1，2，3，4），它的通断可以用开关逻辑函数来描述。不考虑器件换向所需的时间，定义开关函数 s_i 为

$$s_i=\begin{cases}1, & \text{表示开关闭合，处于导通状态}\\ 0, & \text{表示开关断开，处于截止状态}\end{cases}$$

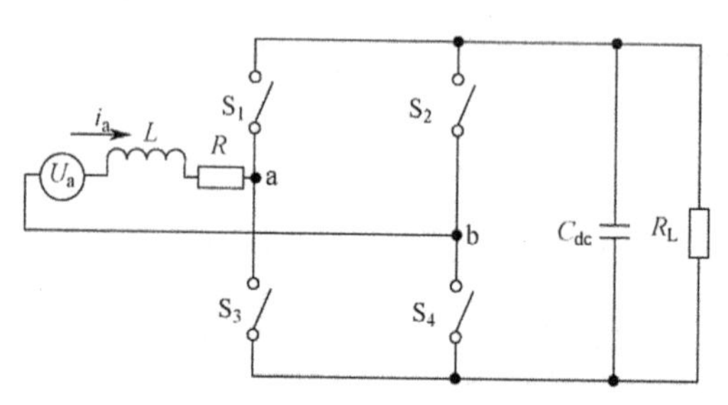

图5-7　单相PWM整流器简化等效电路

由于上、下桥臂不能够出现直通现象，即 S_1 和 S_3、S_2 和 S_4 不能够同时导通和关断，驱动信号应该互补。此时，U_{ab} 取值有 0、U_{dc} 和 $-U_{dc}$ 三种电平，有效开关状态组合为 $2^2=4$ 种，对应开关逻辑 s_1 s_2 分别为 00、10、01、11，则整流器输入电压 u_{ab} 为

$$u_{ab}=(s_1-s_2)U_{dc} \tag{5-2}$$

忽略回路的等值电阻 R，系统的瞬时等值电路如图 5-8 所示。

此回路电压矢量平衡方程式为

$$u_a=L\frac{di_a}{dt}+u_{abf} \tag{5-3}$$

式中：u_{abf}——输出脉宽中基波分量的有效值。

单相 PWM 整流桥在不同开关逻辑状态下的运行情况如下。

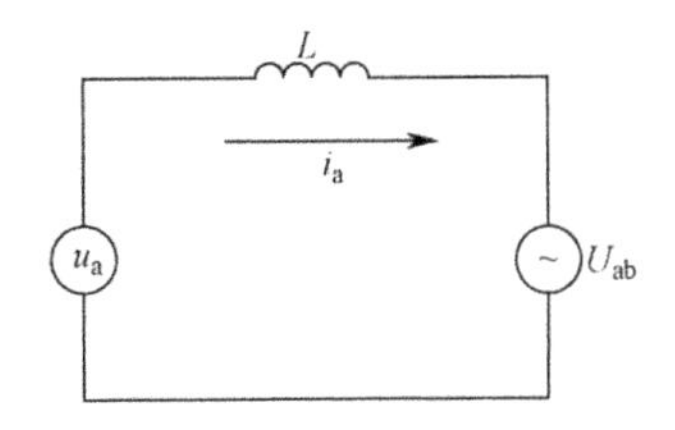

图5-8　单相等值电路

当 $s_1s_2=00$ 或 11 且 $s_1s_2=11$ 或 00 时，即下桥臂开关或上桥臂开关全部导通，其等效电路如图 5-9（a）所示。此时 $u_{ab}=0$，负载消耗的能量由电容 C_{dc} 提供，直流电压通过负载形成回路释放能量，电压下降。另一方面，电源 u_a 直接加在电感 L 上，当 $u_a>0$ 时，即 u_a 处于正半周，电感中电流 i_a 上升，T_2 和 D_1 导通或 T_3 和 D_4 导通，只要 T_2、T_3 中的一个导通即可；u_a 处于负半周时，电感中电流 i_a 下降，T_1 和 D_2 导通，只要 T_1、T_4 中的一个导通即可，这两种状态使电感储存能量，并满足

$$u_a=L\frac{di_a}{dt} \tag{5-4}$$

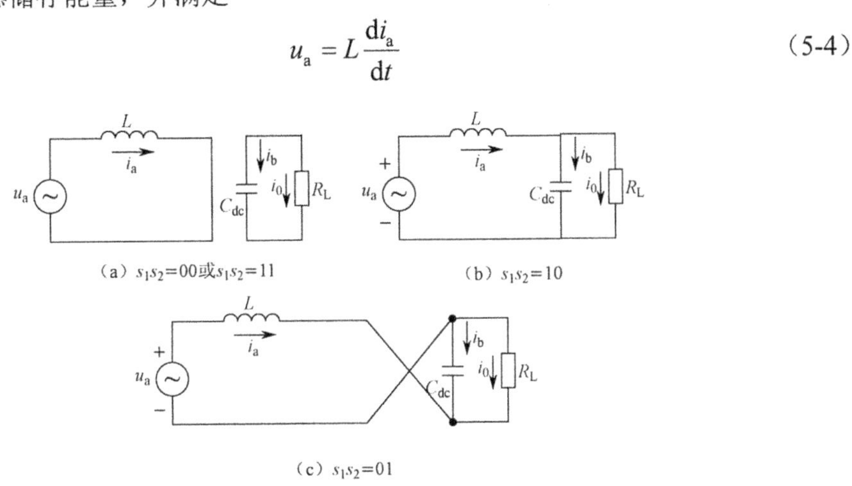

（a）$s_1s_2=00$或$s_1s_2=11$　（b）$s_1s_2=10$

（c）$s_1s_2=01$

图5-9　各个开关逻辑状态的等值电路

当 $s_1s_2=10$ 且 $s_3s_4=01$ 时，其等效电路如图 5-9（b）所示。此时 $u_{ab}=u_{dc}$，储存于电感中的能量逐渐流向负载和电容上，电流 i_a 下降，$u_a>0$，通过 D_1、D_4 形成回路，且 T_2、T_3 同时关断。一方面给电容充电，使得直流电压上升，保证直流电压稳定，同时高次谐波电流通过电容形成低阻抗回路；另一方面给负载提供恒定的电流，并满足

$$L\frac{di_a}{dt}=u_a-u_{dc} \tag{5-5}$$

当 $s_1s_2=01$ 且 $s_3s_4=10$ 时，其等效电路如图 5-9（c）所示。此时 $u_{ab}=-u_{dc}$，电流 i_a 上升，$u_a<0$，通过 D_2 和 D_3 形成回路，且 T_1、T_4 同时关断，并满足

$$L\frac{di_a}{dt}=u_a+u_{dc} \tag{5-6}$$

在任意瞬间，电路只能工作于上述开关模式中的一种。在不同时区，可以工作于不同模式，以保证输出电流 I_0 的双向流动，即实现能量的双向流动。从单相工作原理可以看到当电容充电时，主要依靠 IGBT 并联的二极管工作，输入电感释放能量，输入电流的变化取决于输入电压的正负；当电容放电时，主要依靠 IGBT 本身和二极管工作，输入电感储

存能量，输入电流的变化同样取决于输入电压的正负。这是 Boost 型电路拓扑结构和 IGBT 所决定的工作方式。

在 PWM 控制方式下，s_i（i=1，2，3，4）为一离散的脉冲序列，当采用移相 SPWM 控制时，可知等效开关函数表达式为 $\tilde{s} = M\sin(\omega t + \varphi)$，忽略高次分量，其中 M 为调制深度（取值在 0～1），ω 表示电源电压的角频率，φ 表示调制波的初相角，表达式的含义是单相基波电压的峰值和直流电压的比值。此时 u_{ab} 的基波分量 u_{abf} 为

$$u_{abf}(t) = \tilde{s}u_{ab} = u_{ab}M\sin(\omega t + \varphi) \tag{5-7}$$

设电网电压 $u_a = u_m\sin(\omega t)$，当整流器在单位功率因数运行时，矢量关系如图 5-10 所示。电网侧整流器输入电流为

$$i_a = I_m\sin(\omega t) = \frac{\sqrt{(u_{dc}M)^2 - U_m^2}}{\omega L}\sin(\omega t) \tag{5-8}$$

$$\varphi = \arctan\left(\frac{\omega L I_N}{U_N}\right) \tag{5-9}$$

式中：I_N，U_N——整流器输入电流和电压的有效值。

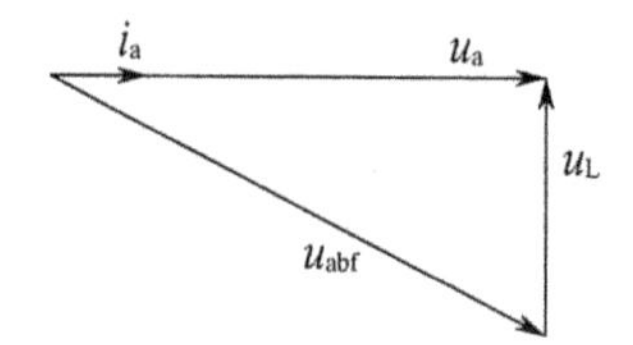

图5-10　各个矢量间的关系

根据参考文献，等效开关函数为

$$s(t) = \varDelta + \frac{1}{2}\sum_{n=1}^{4}\frac{4}{n\pi}\sin\left\{\frac{n\pi}{2}(\varDelta - 1)\right\}\cos(n\omega_a t) - \frac{1}{2}\sum_{n=1}^{\infty}\frac{4}{n\pi}\left\{\frac{4}{n\pi}(-\varDelta - 1)\right\}\cos(n\omega_a t) \tag{5-10}$$

式中：$\varDelta = M\sin(\omega t + \varphi)$；

ω_a——三角波的载波频率；

ω——电源电压的角频率。

因此，整流器输出直流电流可以表示为

$$i_{dc} = i_a s(t) \tag{5-11}$$

而整流器就是通过式（5-11）建立起输入侧和输出侧的关系的，直流电压在整流器输入侧反映的是受控电压源，交流侧的输入电流在整流器输出侧反映的是受控电流源。因此，可以得到单相电压型 PWM 整流器的等效电路模型如图 5-11 所示。

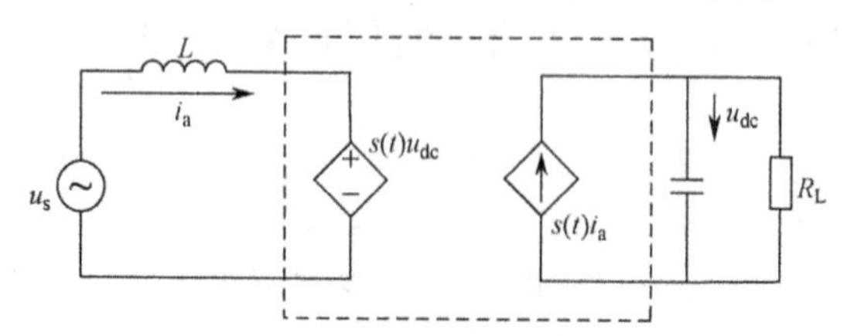

图5-11　单相电压型PWM整流器等效电路模型

单相电压型 PWM 整流器还有其他运行状态，简单介绍如下。

（1）单位功率因数，能量反馈，如图 5-12（a）所示。

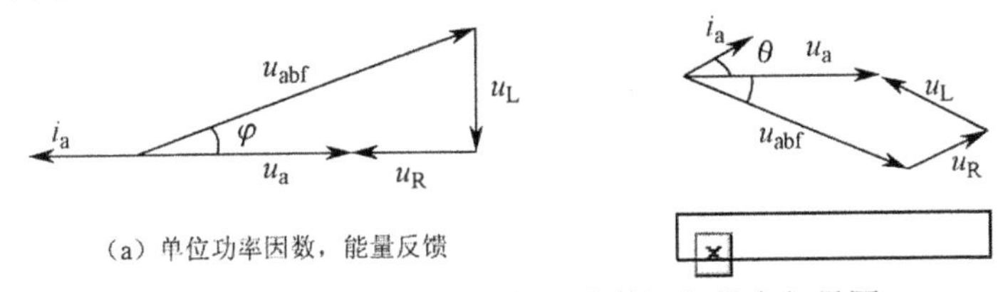

图5-12　单相PWM整流器其他运行状态矢量图

电网电压 u_a 和电流 i_a 之间反相，夹角为180°，电路运行于再生状态，能量从负载侧反馈回电网，类似于逆变器运行。这种情况在双变频调速时可以把电机的制动能量重新反馈送入电网中，节约电能；在超高压直流输电（HVDC）中，通过这种方式可以使有功功率和无功功率在两个结点之间相互流动。

（2）非单位功率因数运行，如图 5-12（b）所示。

电网电压 u_a 和电流 i_a 之间不同相，有夹角 θ。不仅电网向整流器提供有功功率，而且 PWM 整流器也向电网提供无功功率。极端情况下，PWM 整流器工作于无功功率补偿运行方式下，向电网提供动态无功功率，仅吸收少量有功功率以维持直流侧电压平衡和补偿系统损耗。这种情况在静止无功发生器（SVG）中应用较多。

2）三相电压型 PWM 变流器工作原理

理想的交流/直流（AC/DC）双向变换器应该具备如下几种功能：

（1）输出直流电压平稳且可以迅速地调节控制；

（2）输入的交流电源电流波形正弦化；

（3）输入的交流电流的功率因数（PF）可控制为任意正或负的指令值；

（4）交流与直流之间的功率流向是双向可控的，既可实现整流，又可实现逆变；

（5）变换器是无损耗的，即变换器中的电感、电容、变压器及开关器件都是理想的无损耗元件，变换器效率为 1。

在图 5-13(a)所示的三相桥式交流/直流变换器电路中，交流电源三相电压 $u_a(t)$、$u_b(t)$、$u_c(t)$ 经电感 L 和线路电阻 R 接到三相全控桥式变换器。T_1～T_6 为 6 个反并联二极管的自关断器件。输出端接大电容 C 及直流负载（或直流电源）。直流侧电压为平稳的直流 U_0，三相桥式变换器交流输入端的交流相电压为 $u_{ia}(t)$、$u_{ib}(t)$、$u_{ic}(t)$，电流为 i_a、i_b、i_c，如果交流电源电压为

$$
\begin{aligned}
u_a(t) &= \sqrt{2}U_s \cdot \sin \omega t \\
u_b(t) &= \sqrt{2}U_s \cdot \sin(\omega t - 120^\circ) \\
u_c(t) &= \sqrt{2}U_s \cdot \sin(\omega t + 120^\circ)
\end{aligned} \tag{5-12}
$$

式中：U_s——交流电源相电压有效值，则理想的交流/直流变换应该是

$$
\begin{aligned}
i_a(t) &= \sqrt{2}I_s \cdot \sin(\omega t - \phi) \\
i_b(t) &= \sqrt{2}I_s \cdot \sin(\omega t - \phi - 120^\circ) \\
i_c(t) &= \sqrt{2}I_s \cdot \sin(\omega t - \phi + 120^\circ)
\end{aligned} \tag{5-13}
$$

式中：I_s——交流电源流入双向变换器的电流有效值；

ϕ——I_s滞后于U_s的功率因数角。

理想的三相桥式变换器交流侧相电压应是

$$u_{ia}(t)=\sqrt{2}U_i\cdot\sin(\omega t-\delta)$$
$$u_{ib}(t)=\sqrt{2}U_i\cdot\sin(\omega t-\delta-120^\circ)$$
$$u_{ic}(t)=\sqrt{2}U_i\cdot\sin(\omega t-\delta+120^\circ) \tag{5-14}$$

式中：U_i——三相桥交流输入端相电压有效值；

δ——U_i滞后于U_s的相位角，如图 5-13（b）所示。

电压、电流的矢量关系为

$$U_s=U_i+RI_s+jI_sX \tag{5-15}$$

式中电感 L 的电抗 $X=\omega L$。电压、电流的矢量关系如图 5-13（b）所示，图中取横轴为 d 轴，纵轴为 q 轴。变换器交流输入端电压矢量U_i的 d 轴分量U_{id}和 q 轴分量U_{iq}为

$$U_{id}=U_i\cos\delta=OF=OH-KH-FK=U_s-XI_q-RI_d \tag{5-16}$$

$$U_{iq}=U_i\sin\delta=FE=KN-MN=XI_d-RI_q \tag{5-17}$$

如果忽略电阻 R，则

$$U_{id}=U_i\cos\delta=U_s-XI_q \tag{5-18}$$

无功电流为

$$I_q=(U_s-U_{id})/X=(U_s-U_i\cos\delta)/X=I_s\sin\phi \tag{5-19}$$

$$U_{id}=U_i\cos\delta=U_s-XI_q \tag{5-20}$$

有功电流为

$$I_d=\frac{U_{iq}}{X}=\frac{U_i\sin\delta}{X} \tag{5-21}$$

复数功率 S 的定义是电压矢量U_s与电流共轭矢量I_s^*的乘积。在图 5-13（b）中，有

$$I_s=I_d-jI_q,\quad I_s^*=I_d+jI_q \tag{5-22}$$

因此

$$S=P+jQ=3U_sI_s\cos\phi=3U_sU_{iq}/X=3U_sU_i\sin\delta/X \tag{5-23}$$

再利用式（5-19）和式（5-20），得到有功功率 P 和无功功率 Q 为

$$P=3U_sI_d=3U_sI_s\cos\phi=3U_sU_{iq}/X=3U_sU_i\sin\delta/X \tag{5-24}$$

$$Q=3U_sI_q=3U_sI_s\sin\phi=3U_s\frac{U_s-U_i\cos\delta}{X} \tag{5-25}$$

定义I_s是交流电源流入变流器的电流，ϕ是I_s滞后于U_s的功率因数角。图 5-13 中的矢量关系：I_s滞后于U_s的角度为ϕ，即ϕ为正值，因而滞后的无功电流$I_q=I_s\sin\phi$为正值，滞后的无功功率 Q 为正值，表示电源的输出滞后于电压U_s的电流I_s，电源向变换器输出滞后的无功功率；若I_s超前一个角度（I_s在横轴上方），则ϕ为负值，此时I_q为负值，Q 为负值，表示电源输出超前于电压U_s的电流。电源向变换器输出超前的无功功率，或交流电源从变换器得到（输入）滞后的无功功率。

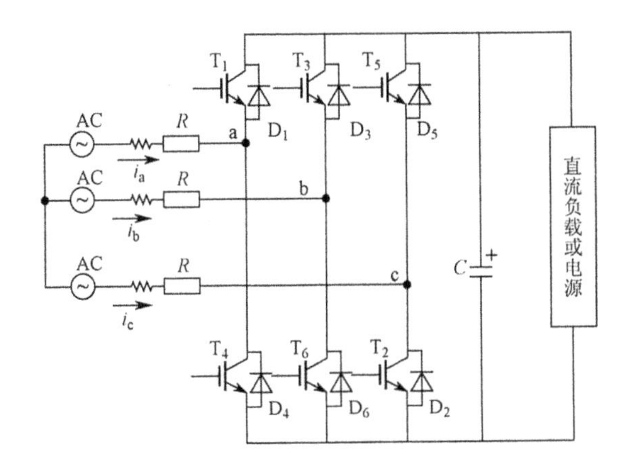

（a）三相桥式交流/直流变换器电路

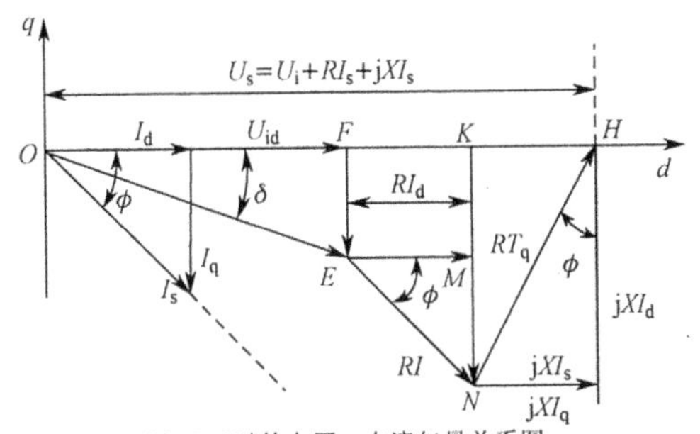

（b）R≠0时的电压、电流矢量关系图

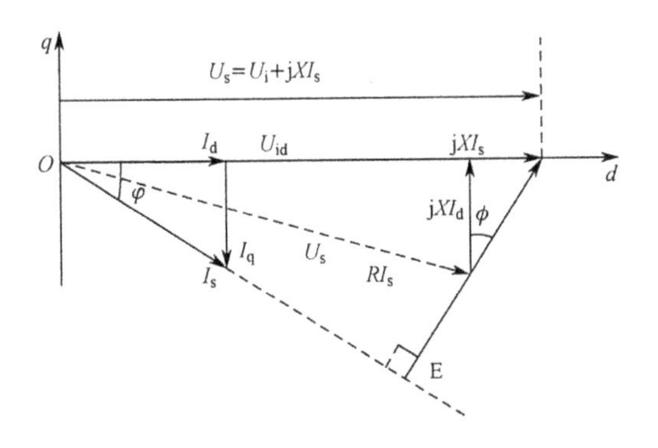

（c）理想化的AC/DC变换器

图5-13　交流/直流变换器原理图

当变换器交流输入端电压U_i滞后于U_s，即滞后角δ为正值时，式（5-21）和式（5-24）中的有功电流I_d为正值，P为正值，表示交流电源输出有功功率，经AC/DC变换器输出直流电能给直流负载，变换器工作于整流状态；反之，当变换器交流输入端电压U_i的相位超前U_s时，此时滞后角δ为负值，I_d为负值，P为负值，表示交流电源输入有功功率，即AC/DC变换器将直流电源电能变为交流电能反送给交流电源，变换器工作于逆变状态。当电压U_i较大，以致$U_i\cos\delta > U_s$时，I_q为负值，Q为负值，即交流电源向AC/DC变换器输出容性（超前）无功电流、无功功率，或交流电源从AC/DC变换器输入感性（滞后）无功电流、无功功率。当电压U_i较小，$U_i\cos\delta < U_s$时，I_q为正值，Q为正值，即交流电源向

AC/DC 变换器输出感性（滞后）无功电流、无功功率，或交流电源向从 AC/DC 变换器输入容性（超前）无功电流、无功功率。因此，两个交流电源 U_s 和 U_i，它们之间的有功电流 I_d、有功功率 P 总是从相位超前的电源流向相位滞后的电源。电压高的电源才有可能向电压低的电源输出滞后的感性无功电流 I_q 和感性无功功率 Q。

因此，由式（5-19）、式（5-21）、式（5-24）、式（5-25）可知，控制 U_i 的大小和 U_i 相对于 U_s 的相位角 δ，即可控制 I_d、I_q 的大小和正、负值，以及 P 的大小和方向（正、负值）。

图 5-13（a）中在一定的负载阻抗情况下，输出直流电压 U_o 的大小取决于有功功率 P 与负载消耗功率 P_o 之间的平衡关系，增大 P，U_o 自然升高；反之，U_o 降低。在一定的负载情况下，保持 P 恒定，U_o 随之恒定不变，调节 P 也就调节控制了输出电压 U_o。

综上所述，只要对图 5-13（a）中的 AC/DC 变换器进行适当的控制，能使变换器交流端的三相电压为互差 120° 的正弦波，控制三相变换器交流侧电压 U_i 的大小和相位，那么图 5-13（a）所示的交流/直流变换器就是一个理想的 AC/DC 双向功率变换器。理想化的 AC/DC 变换器如图 5-13（c）所示。

3. PWM 变流器的数学模型

1）三相电压型 PWM 变流器的数学模型

如图 5-14 所示为三相电压型 PWM 整流器的主电路拓扑结构，假设主电路的开关元件为理想开关，通断可以用开关函数来描述。根据基尔霍夫电压和电流定理，可以列出下列等式：

$$
\begin{aligned}
& u_{sa} - i_a R - L\frac{di_s}{dt} - s_a U_{dc} = u_{ab} - i_b R - L\frac{di_b}{dt} - s_b U_{dc} \\
& = u_{ab} - i_c R - L\frac{di_c}{dt} - s_c U_{dc}
\end{aligned}
\tag{5-26}
$$

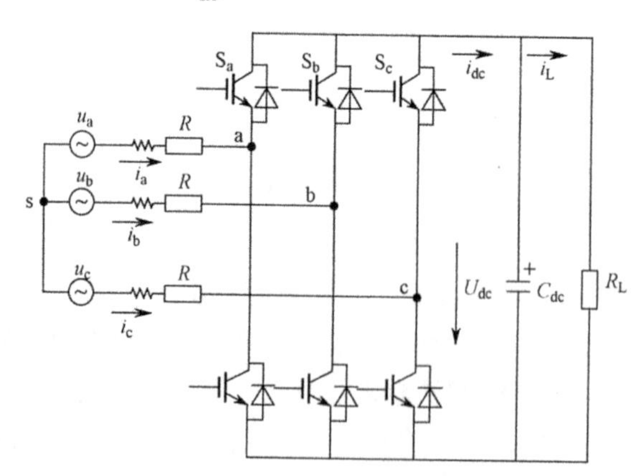

图5-14　三相电压型PWM整流器主电路拓扑结构

$$
C_{dc}\frac{dU_{dc}}{dt} = i_{dc} - i_L = s_a i_a + s_b i_b + s_c i_c - i_L \tag{5-27}
$$

式中：u_a，u_b，u_c——等效的三相电压源；

i_a，i_b，i_c——电网向整流器输入的三相电流；
s_a，s_b，s_c——三相桥臂的开关函数，与单相定义的相同；
i_{dc}——变流器的直流侧输出电流；
i_L——变流器的直流侧负载电流；
U_{dc}——变流器的输出直流电压；
C_{dc}——变流器的输出直流滤波电容；
R，L——变流器每相的等值电阻和电感。

式（5-26）和式（5-27）是对 PWM 变流器最一般且精确的数学描述，一般情况下都适用这两个公式，其他不同形式的数学描述都可由这两个公式推得。考虑三相无中线系统，三相电流之和为零，即 $i_a+i_b+i_c=0$。在大多数情况下，考虑三相电网电压基本平衡，即 $u_a+u_b+u_c=0$，把这两个条件代入式（5-26）和式（5-27）中，可以推得三相电压型 PWM 整流器在 abc 坐标系下的状态方程，如式（5-28）所示。由于开关状态在一个周期内可能变化几次，导致在一个周期内的不同时刻对应几种不同状态方程。因此，考虑状态空间平均法，以每个开关状态在一个开关周期内的占空比作为权值，对这些不同的状态方程进行加权平均，就得到平均状态空间模型。

$$\begin{cases} L\dfrac{\mathrm{d}i_a}{\mathrm{d}t}=-Ri_a+u_a-\left(s_a-\dfrac{s_a+s_b+s_c}{3}\right)U_{dc} \\ L\dfrac{\mathrm{d}i_b}{\mathrm{d}t}=-Ri_b+u_b-\left(s_b-\dfrac{s_a+s_b+s_c}{3}\right)U_{dc} \\ L\dfrac{\mathrm{d}i_c}{\mathrm{d}t}=-Ri_c+u_c-\left(s_c-\dfrac{s_a+s_b+s_c}{3}\right)U_{dc} \\ C_{dc}=\dfrac{\mathrm{d}U_{dc}}{\mathrm{d}t}=s_ai_a+s_bi_b+s_ci_c-i_L \end{cases} \tag{5-28}$$

（1）在静止两相坐标系中的数学模型

由三相 abc 系统向两相系统变换时，存在 2/3、$\sqrt{2/3}$ 两种变换方式。其中，2/3 变换遵循每相功率不变，但是变换前后系统总功率发生变化；$\sqrt{2/3}$ 变换遵循变换前后系统总功率保持不变，而每相功率变换后为变换前的 2/3。这里遵循变换前后系统功率不变，变换矩阵 $T_{abc/\alpha\beta}$ 和 $T_{\alpha\beta/abc}$ 分别为

$$T_{abc/\alpha\beta}=\sqrt{\frac{2}{3}}\begin{bmatrix} 1 & -\frac{1}{2} & -\frac{1}{2} \\ 0 & \frac{\sqrt{3}}{2} & -\frac{\sqrt{3}}{2} \end{bmatrix},\quad T_{\alpha\beta/abc}=\sqrt{\frac{2}{3}}\begin{bmatrix} 1 & 0 \\ -\frac{1}{2} & \frac{\sqrt{3}}{2} \\ -\frac{1}{2} & -\frac{\sqrt{3}}{2} \end{bmatrix} \tag{5-29}$$

使用矩阵变换，把式（5-28）变换到 $\alpha\beta$ 坐标系的状态方程为

$$\begin{bmatrix} L & 0 & 0 \\ 0 & L & 0 \\ 0 & 0 & C_{dc} \end{bmatrix}\begin{bmatrix} \dfrac{di_{\alpha}}{dt} \\ \dfrac{di_{\beta}}{dt} \\ \dfrac{dU_{dc}}{dt} \end{bmatrix} = \begin{bmatrix} -R & 0 & -s_{\alpha} \\ 0 & -R & -s_{\beta} \\ s_{\alpha} & s_{\beta} & -\dfrac{1}{R_L} \end{bmatrix}\begin{bmatrix} i_{\alpha} \\ i_{\beta} \\ U_{dc} \end{bmatrix} + \begin{bmatrix} 1 & 0 & 0 \\ 0 & 1 & 0 \\ 0 & 0 & \dfrac{1}{R_L} \end{bmatrix}\begin{bmatrix} u_{\alpha} \\ u_{\beta} \\ 0 \end{bmatrix} \tag{5-30}$$

利用拉普拉斯变换把式（5-30）变换到 s 域中，得到系统传递函数方程为

$$I_{\alpha}(s) = \frac{1}{R+sL}\left[U_{\alpha} - s_{\alpha}U_{dc}\right] \tag{5-31}$$

$$I_{\beta}(s) = \frac{1}{R+sL}\left[U_{\beta} - s_{\beta}U_{dc}\right] \tag{5-32}$$

$$U_{dc}(s) = \frac{R_L}{sC_{dc} + R_L + I}\left[s_{\alpha}I_{\alpha}(s) + s_{\beta}I_{\beta}(s)\right] \tag{5-33}$$

式中：$\begin{bmatrix} U_{\alpha} & U_{\beta} \end{bmatrix}^T = T_{abc/\alpha\beta}\begin{bmatrix} U_a & U_b & U_c \end{bmatrix}^T$

$\begin{bmatrix} i_{\alpha} & i_{\beta} \end{bmatrix}^T = T_{abc/\alpha\beta}\begin{bmatrix} i_a & i_b & i_c \end{bmatrix}^T$

$\begin{bmatrix} s_{\alpha} & s_{\beta} \end{bmatrix}^T = T_{abc/\alpha\beta}\begin{bmatrix} s_a & s_b & s_c \end{bmatrix}^T$

（2）在旋转两相 dq 坐标系中的数学模型

经过 Park 变换后，空间矢量以电网角频率 ω 速度旋转。在两相同步 dq 坐标系中，空间矢量是静止的，在坐标轴上的分量也是静止直流量。$\alpha\beta$ 坐标系与 dq 坐标系之间的变换矩阵为

$$T_{\alpha\beta/dq} = \begin{bmatrix} \cos(\omega t) & \sin(\omega t) \\ -\sin(\omega t) & \cos(\omega t) \end{bmatrix}, \quad T_{dq/\alpha\beta} = \begin{bmatrix} \cos(\omega t) & -\sin(\omega t) \\ \sin(\omega t) & \cos(\omega t) \end{bmatrix} \tag{5-34}$$

由式（5-34）推得从 abc 坐标系到 dq 坐标系的变换矩阵为

$$T_{abc/dq} = T_{\alpha\beta/dq}\cdot T_{abc/\alpha\beta} = \sqrt{\frac{2}{3}}\begin{bmatrix} \cos(\omega t) & -\dfrac{1}{2}\cos(\omega t) + \dfrac{\sqrt{3}}{2}\sin(\omega t) & -\dfrac{1}{2}\cos(\omega t) - \dfrac{\sqrt{3}}{2}\sin(\omega t) \\ -\sin(\omega t) & \dfrac{1}{2}\sin(\omega t) + \dfrac{\sqrt{3}}{2}\cos(\omega t) & \dfrac{1}{2}\sin(\omega t) - \dfrac{\sqrt{3}}{2}\cos(\omega t) \end{bmatrix} \tag{5-35}$$

在使用变换矩阵时，由于静止 $\alpha\beta$ 坐标和旋转 dq 坐标之间变换正交矩阵的元素是时间的函数，因此，不能简单地认为 α 、β 轴电流的导数经过旋转变换就是 d、q 轴电流的导数，而是存在如下关系式：

$$\frac{d}{dt}\begin{bmatrix} i_d \\ i_q \end{bmatrix} = \frac{d}{dt}\left[T_{\alpha\beta/dq}\begin{bmatrix} i_{\alpha} \\ i_{\beta} \end{bmatrix}\right] = T_{\alpha\beta/dq}\frac{d}{dt}\begin{bmatrix} i_d \\ i_q \end{bmatrix} + \begin{bmatrix} 0 & \omega \\ -\omega & 0 \end{bmatrix}\begin{bmatrix} i_d \\ i_q \end{bmatrix} \tag{5-36}$$

利用变换矩阵，把式（5-28）变换成 dq 坐标系下的状态方程为

$$\begin{bmatrix} L & 0 & 0 \\ 0 & L & 0 \\ 0 & 0 & C_{dc} \end{bmatrix} \begin{bmatrix} \frac{di_d}{dt} \\ \frac{di_q}{dt} \\ \frac{dU_{dc}}{dt} \end{bmatrix} = \begin{bmatrix} 1 & 0 & 0 \\ 0 & 1 & 0 \\ 0 & 0 & \frac{1}{R_L} \end{bmatrix} \begin{bmatrix} U_d \\ U_q \\ 0 \end{bmatrix} \tag{5-37}$$

利用拉普拉斯变换把式（5-37）变换到 s 域中，得到系统传递函数方程为

$$I_d(s) = \frac{1}{R+sL}\left[\omega L I_q - s_d U_{dc} + U_d\right] \tag{5-38}$$

$$I_q(s) = \frac{1}{R+sL}\left[-\omega L I_d - s_q U_{dc} + U_q\right] \tag{5-39}$$

$$U_{dc}(s) = \frac{R_L}{sC_{dc}R_L + 1}\left[s_d I_d(s) + s_q I_q(s)\right] \tag{5-40}$$

式中：$\begin{bmatrix} U_d & U_q \end{bmatrix}^T = T_{abc/dq}\begin{bmatrix} U_a & U_b & U_c \end{bmatrix}^T$

$\begin{bmatrix} I_d & I_q \end{bmatrix}^T = T_{abc/dq}\begin{bmatrix} i_a & i_b & i_c \end{bmatrix}^T$

$\begin{bmatrix} s_d & s_q \end{bmatrix}^T = T_{abc/dq}\begin{bmatrix} s_a & s_b & s_c \end{bmatrix}^T$

从同步旋转 dq 坐标系下的数学模型可看出，PWM 整流器中两相电流之间存在耦合。因此，基于 dq 坐标系的数学模型，在设计电流控制器时，应考虑这种关系。

2）基于虚拟磁链的 PWM 变流器数学模型

虚拟磁链概念是基于电压型 PWM 逆变器调速系统中感应电机在定子侧可以等效为交流反电势、定子漏电感和定子电阻提出的。三相电压型 PWM 整流器电网侧可以等效为一个虚拟电机，三相电网电压可以认为是由虚拟磁链所感应出的，尽管不存在空间对称分布的三相绕组，也不存在其他物理意义上的电机内部的电磁关系，但是可以使用虚拟磁链的概念来分析问题，用虚拟磁链参与控制。

如图 5-15 所示为 PWM 变流器虚拟电路模型，认为线电压 U_{ab}、U_{bc}、U_{ca} 是由虚拟磁链感应产生的，满足 $\psi_L = \int U_L dt$，其中

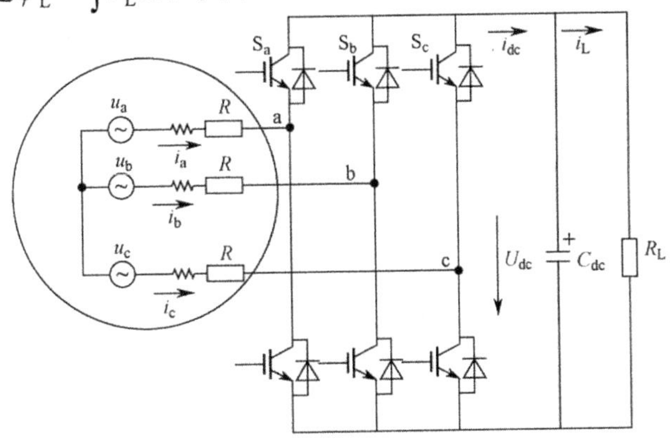

图5-15　PWM变流器虚拟电路模型

$$U_{\mathrm{L}}=\begin{bmatrix}U_{\mathrm{La}}\\U_{\mathrm{LS}}\end{bmatrix}=\sqrt{\frac{2}{3}}\begin{bmatrix}1 & \dfrac{1}{2}\\0 & \dfrac{\sqrt{3}}{2}\end{bmatrix}\begin{bmatrix}U_{\mathrm{ab}}\\U_{\mathrm{bc}}\end{bmatrix} \tag{5-41}$$

$$\psi_{\mathrm{L}}=\begin{bmatrix}\psi_{\mathrm{L\alpha}}\\\psi_{\mathrm{L\beta}}\end{bmatrix}=\begin{bmatrix}\int U_{\mathrm{L\alpha}}\mathrm{d}t\\\int U_{\mathrm{L\beta}}\mathrm{d}t\end{bmatrix} \tag{5-42}$$

这种关系用图 5-16 来描述，其中ψ_{L}为虚拟磁链合成矢量，滞后于三相电压合成矢量U_{L}的角度为$\dfrac{\pi}{2}$；U_{S}为变流器桥臂输入电压的合成矢量，对时间的积分就是ψ_{S}；U_{L}为线电压合成矢量，与相电压U_{a}、U_{b}、U_{c}合成的矢量为同一矢量；U_{I}为电感上的电压合成矢量；i_{L}为线电流合成矢量，与相电流合成矢量相同。

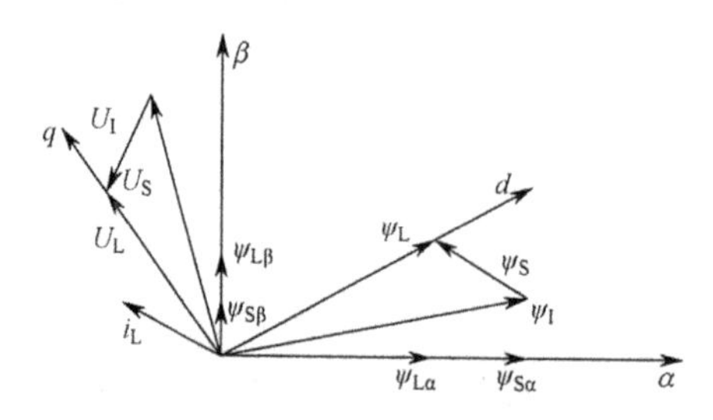

图5-16　虚拟磁链在坐标系中的关系

三相电压U_{a}、U_{b}、U_{c}经过 Park 变化后的合成电压矢量U_{L}表示为

$$\begin{aligned}U_{\mathrm{L}}&=\frac{\mathrm{d}}{\mathrm{d}t}\psi_{\mathrm{L}}=\frac{\mathrm{d}}{\mathrm{d}t}\left(\psi_{\mathrm{L}}\mathrm{e}^{\mathrm{j}\omega t}\right)=\frac{\mathrm{d}\psi_{\mathrm{L}}}{\mathrm{d}t}\mathrm{e}^{\mathrm{j}\omega t}+\mathrm{j}\omega\psi_{\mathrm{L}}\mathrm{e}^{\mathrm{j}\omega t}\\&=\left.\frac{\mathrm{d}\psi_{\mathrm{L}}}{\mathrm{d}t}\right|_{\alpha}+\mathrm{j}\left.\frac{\mathrm{d}\psi_{\mathrm{L}}}{\mathrm{d}t}\right|_{\beta}+\mathrm{j}\omega\left(\psi_{\mathrm{L\alpha}}+\mathrm{j}\psi_{\mathrm{L\beta}}\right)\end{aligned} \tag{5-43}$$

$$U_{\mathrm{S}}=\left.\frac{\mathrm{d}\psi_{\mathrm{S}}}{\mathrm{d}t}\right|_{\alpha}+\mathrm{j}\left.\frac{\mathrm{d}\psi_{\mathrm{S}}}{\mathrm{d}t}\right|_{\beta}+\mathrm{j}\omega\left(\psi_{\mathrm{S\alpha}}+\mathrm{j}\psi_{\mathrm{S\beta}}\right) \tag{5-44}$$

当三相电网电压平衡对称且正弦变化，开关函数形成的电压合成矢量平衡对称时，磁链矢量ψ_{L}、ψ_{S}的微分为零，即$\dfrac{\mathrm{d}\psi_{\mathrm{L}}}{\mathrm{d}t}=\dfrac{\mathrm{d}\psi_{\mathrm{S}}}{\mathrm{d}t}=0$。定义电感上的虚拟磁链$\psi_{\mathrm{I}}=Li_{\mathrm{L}}$，进而在$\alpha\beta$坐标系下满足$\psi_{\mathrm{I\alpha}}=Li_{\mathrm{L\alpha}}$，$\psi_{\mathrm{I\beta}}=Li_{\mathrm{L\beta}}$。根据电压平衡关系式，以及虚拟磁链和合成矢量间的关系，可以推导出$\alpha\beta$坐标系下三相电压型 PWM 变流器虚拟磁链的数学模型，把电感上的虚拟磁链作为状态变量，推出系统状态方程为

$$U_{\mathrm{S\alpha}}=\begin{bmatrix}L & 0 & 0\\0 & L & 0\\0 & 0 & C_{\mathrm{dc}}\end{bmatrix}\begin{bmatrix}\dfrac{\mathrm{d}\psi_{\mathrm{I\alpha}}}{\mathrm{d}t}\\\dfrac{\mathrm{d}\psi_{\mathrm{IS}}}{\mathrm{d}t}\\\dfrac{\mathrm{d}U_{\mathrm{dc}}}{\mathrm{d}t}\end{bmatrix}=\begin{bmatrix}R & 0 & 0\\0 & R & 0\\\dfrac{s_{\alpha}}{L} & \dfrac{s_{\beta}}{L} & -\dfrac{1}{R_{\mathrm{L}}}\end{bmatrix}\begin{bmatrix}\psi_{\mathrm{L\alpha}}\\\psi_{\mathrm{L\beta}}\\U_{\mathrm{dc}}\end{bmatrix}+\begin{bmatrix}0 & -\omega L & 0\\\omega L & 0 & 0\\0 & 0 & 0\end{bmatrix}\begin{bmatrix}\psi_{\mathrm{L\alpha}}\\\psi_{\mathrm{L\beta}}\\0\end{bmatrix}$$

$$+\begin{bmatrix} 0 & \omega L & 0 \\ -\omega L & 0 & 0 \\ 0 & 0 & 0 \end{bmatrix}\begin{bmatrix} \psi_{S\alpha} \\ \psi_{S\beta} \\ 0 \end{bmatrix} \tag{5-45}$$

式中：$\psi_{S\alpha} = \int U_{S\alpha}\mathrm{d}t$

$\psi_{S\beta} = \int U_{S\beta}\mathrm{d}t$

$U_{S\alpha} = \frac{2}{3}U_{dc}\left(s_{\alpha} - \frac{1}{2}(s_b + s_c)\right)$

$U_{\alpha\beta} = \frac{1}{\sqrt{3}}U_{dc}(s_b - s_c)$

利用拉普拉斯变换可以把式（5-45）变换到 s 域中，系统传递函数方程为

$$\psi_{L\alpha}(s) = \frac{sL}{R+sL}(\psi_{L\alpha} - \psi_{S\alpha}) \tag{5-46}$$

$$\psi_{L\beta}(s) = \frac{sL}{R+sL}(\psi_{L\beta} - \psi_{S\beta}) \tag{5-47}$$

$$U_{dc}(s) = \frac{R_L}{sC_{dc}+1}\left(\frac{s_{\alpha}}{L}\psi_{L\alpha} + \frac{s_{\beta}}{L}\psi_{S\alpha}\right) \tag{5-48}$$

在旋转 dq 坐标系中，电压合成矢量 U_L 和虚拟磁链的关系为 $U_L = \mathrm{j}\omega\psi_{Ld}$。同理，可以获得整流器桥臂输入电压合成矢量 U_S 的表达式为 $U_S = \mathrm{j}\omega(\psi_{Sd} + \mathrm{j}\psi_{Sq})$。因此，三相电压型 PWM 变流器在 dq 坐标系中的虚拟磁链数学模型为

$$\begin{bmatrix} L & 0 & 0 \\ 0 & L & 0 \\ 0 & 0 & C_{dc} \end{bmatrix}\begin{bmatrix} \frac{\mathrm{d}\psi_{Ld}}{\mathrm{d}t} \\ \frac{\mathrm{d}\psi_{Lq}}{\mathrm{d}t} \\ \frac{\mathrm{d}U_{dc}}{\mathrm{d}t} \end{bmatrix} = \begin{bmatrix} -R & \omega L & 0 \\ -\omega L & -R & 0 \\ \frac{s_d}{L} & \frac{s_q}{L} & -\frac{1}{R_L} \end{bmatrix}\begin{bmatrix} \psi_{Ld} \\ \psi_{Lq} \\ U_{dc} \end{bmatrix} + \begin{bmatrix} 0 & 0 & \omega L \\ \omega L & -\omega L & 0 \\ 0 & 0 & 0 \end{bmatrix}\begin{bmatrix} \psi_{Ld} \\ \psi_{Sd} \\ \psi_{Sq} \end{bmatrix} \tag{5-49}$$

虚拟磁链无论在同步旋转坐标系还是静止坐标系中，它的磁链关系式都是不变的，磁链幅值是固定的，不随坐标系变化而变化，而且磁链 $\psi_{S\alpha}$ 是连续变化量，可以作为反馈信号参与控制。

4．飞轮电池能量转换关系的矢量控制

自 T. Kataaoto 等人提出 PWM 控制用于改善整流器输入波形以来，PWM 可逆变流器以其优越的性能广泛地应用于功率因数补偿、电能回馈、有源滤波等电力电子领域，近十年来越来越受到学术界关注。目前研究热点多集中在拓扑结构简单、动态响应迅速的电压型变流器上，继德国 J. Hoitz 等人提出基于在线优化开关模式的预测电流控制器后，日本学者 Akira Naba 等人在此基础上提出了性能更为优越的电压矢量优化控制方案，该方案提出了无须对交流负载反电势进行检测的控制规则，特别适合于对交流电机的驱动控制。近年来，源于交流电机变频传动控制的电压空间矢量 PWM 控制技术，已被移植用于电压逆变控制器中。本节将介绍三相逆变器电压空间矢量 PWM 控制的一些基本原理，分析电压空

间矢量在变流器中的应用。

（1）电压空间矢量的计算

设电网三相电压分别为

$$u_{\mathrm{an}} = U_{\mathrm{m}} \cos(\omega t) \tag{5-50}$$

$$u_{\mathrm{bn}} = U_{\mathrm{m}} \cos(\omega t - 120^{\circ}) \tag{5-51}$$

$$u_{\mathrm{cn}} = U_{\mathrm{m}} \cos(\omega t + 120^{\circ}) \tag{5-52}$$

式中：U_{m}——相电压的基波幅值；

ω——角频率，$\omega=2\pi f$；

f——基波频率。

如图 5-17 所示为三相逆变器主电路，与三相电压型 PWM 整流器基本相同。上述三个相电压瞬时值可以用一个以角速度$\omega=2\pi f$在空间旋转的电压矢量 u（$u = U_{\mathrm{d}} + U_{\mathrm{q}}$）在 a、b、c 各相轴线上的投影表示，u 的大小为相电压幅值U_{m}，u 以角速度ω逆时针方向旋转，如图 5-18 所示。在任意瞬时 t，u 的相位角为ωt，由于电压矢量 u 可以表示为$U_{\mathrm{d}} = U_{\mathrm{m}}\cos(\omega t)$，$U_{\mathrm{q}} = U_{\mathrm{m}}\sin(\omega t)$，则

$$\begin{aligned}
u_{\mathrm{an}} &= U_{\mathrm{m}}\cos(\omega t) = U_{\mathrm{d}} \\
u_{\mathrm{bn}} &= U_{\mathrm{m}}\cos(\omega t)\cos\frac{2\pi}{3} + U_{\mathrm{m}}\sin(\omega t)\sin\frac{2\pi}{3} \\
&= -\frac{1}{2}U_{\mathrm{d}} + \frac{\sqrt{3}}{2}U_{\mathrm{q}} \\
u_{\mathrm{cn}} &= U_{\mathrm{m}}\cos(\omega t)\cos\frac{2\pi}{3} - U_{\mathrm{m}}\sin(\omega t)\sin\frac{2\pi}{3} \\
&= -\frac{1}{2}U_{\mathrm{d}} + \frac{\sqrt{3}}{2}U_{\mathrm{q}}
\end{aligned}$$

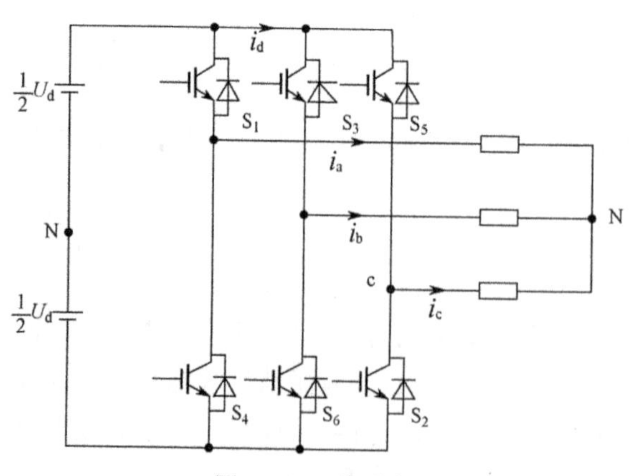

图5-17　三相逆变器电路

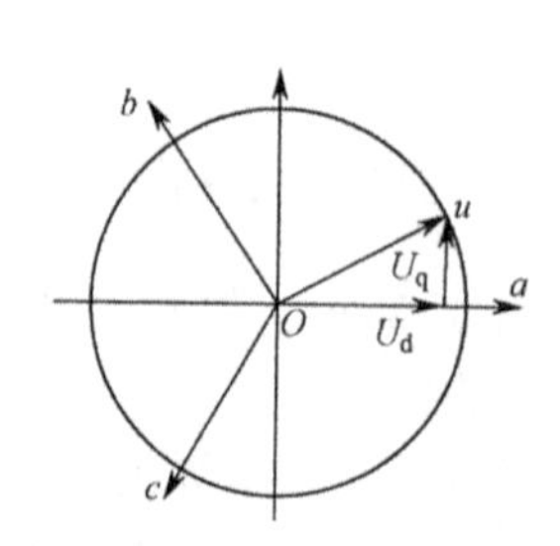

图5-18　空间矢量

上式表明三相相电压u_{an}、u_{bn}、u_{cn}可以用一个空间电压矢量 u 及其两个分量U_{d}、U_{q}来表示，反之亦然。

三相逆变器主电路是由 a、b、c 三个桥臂构成的。定义 N 点为参考电位，P 点为U_{d}，

Q 点为零电位，s_a、s_b、s_c 为桥臂的开关变量，开关逻辑的定义与前面相同。用（$s_a\ s_b\ s_c$）表示逆变器的开关状态，s_a、s_b、s_c 有两种开关状态：0 或 1。因此，整个逆变器有 8 种开关状态，8 个矢量的分布情况如图 5-19 所示。每一种开关状态对应一组确定的相电压和线电压瞬时值，如图 5-20 所示为矢量 U_4（100）的等效电路，其中相电压 $u_{bn}=u_{cn}=-\frac{1}{3}U_d$，$u_{an}=\frac{2}{3}U_d$；线电压 $u_{ab}=-u_{cn}=U_d$，$u_{bc}=0$。

其他 7 种开关状态可以用相同的方法获得线电压和相电压瞬时值。因此，最后得到表 5-2 中的开关状态和输出电压之间的关系，而且空间电压矢量 U_4、U_6、U_2、U_3、U_1、U_5 分别对应空间矢量 U 处于 $\omega t=0°$，60°，120°，180°，240°，300° 的瞬时值，也是三相正弦交流电压在上述各个角度处的瞬时值。

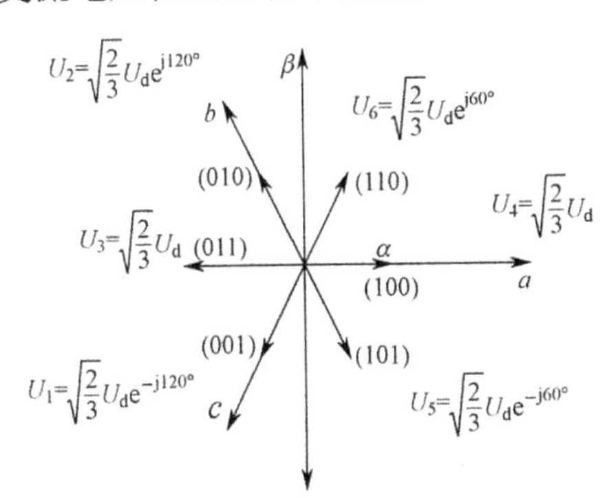

图5-19　8个矢量的分布情况

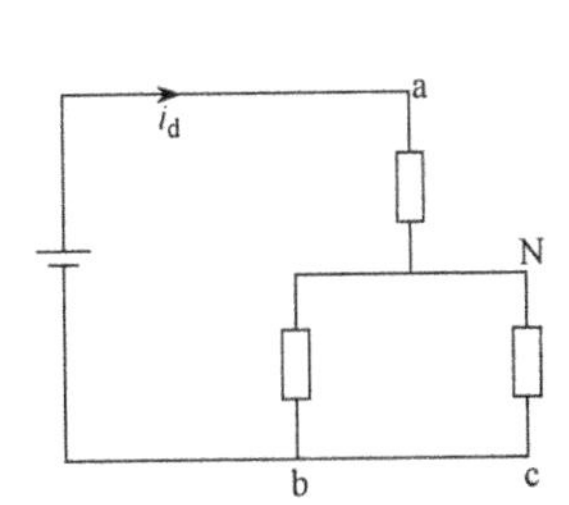

图5-20　矢量 U_4（100）的等效电路

表 5-2　开关状态和电压矢量以及逆变器输出电压的关系

$s_a s_b s_c$	U	u_{ab}	u_{bc}	u_{ca}	u_{an}	u_{bn}	u_{cn}
000	U_0	0	0	0	0	0	0
001	U_1	0	$-U_d$	U_d	$-\frac{1}{3}U_d$	$-\frac{1}{3}U_d$	$-\frac{2}{3}U_d$
010	U_2	$-U_d$	U_d	0	$-\frac{1}{3}U_d$	$-\frac{2}{3}U_d$	$-\frac{1}{3}U_d$
011	U_3	$-U_d$	0	U_d	$-\frac{2}{3}U_d$	$-\frac{2}{3}U_d$	$-\frac{2}{3}U_d$
100	U_4	U_d	0	$-U_d$	$-\frac{2}{3}U_d$	$-\frac{1}{3}U_d$	$-\frac{1}{3}U_d$
101	U_5	U_d	$-U_d$	0	$-\frac{1}{3}U_d$	$-\frac{2}{3}U_d$	$\frac{1}{3}U_d$
110	U_6	0	U_d	$-U_d$	$\frac{1}{3}U_d$	$\frac{1}{3}U_d$	$-\frac{2}{3}U_d$
111	U_7	0	0	0	0	0	0

8 个离散的电压矢量经过一定的作用时间近似合成所需要的连续参考量，输出的电压矢量在一个周期内桥臂形成的相电压表现为一种梯形波（5 个电平），线电压表现为一种正弦波（3 个电平）。

（2）逆变器输出波形分析

根据开关变量的定义，各个逆变器桥臂输出电压相对于零电位，可以表示为

$$u_{a0} = s_a U_d$$
$$u_{b0} = s_b U_d$$
$$u_{c0} = s_c U_d$$

则进一步获得线电压和开关变量的关系表达式为

$$\begin{bmatrix} u_{ab} \\ u_{bc} \\ u_{ca} \end{bmatrix} = U_d \begin{bmatrix} 1 & -1 & 0 \\ 0 & 1 & -1 \\ -1 & 0 & 1 \end{bmatrix} \begin{bmatrix} s_a \\ s_b \\ s_c \end{bmatrix} \tag{5-53}$$

各个开关桥臂相对于参考点N而言，有$u_{aN} - u_{bN} = u_{ab}$，$u_{bN} - u_{cN} = u_{bc}$，$u_{cN} - u_{aN} = u_{ca}$。又因$u_{aN} + u_{bN} + u_{cN} = 0$，可以推得相电压和开关变量的关系表达式为

$$\begin{bmatrix} u_{aN} \\ u_{bN} \\ u_{cN} \end{bmatrix} = \frac{1}{3} U_d \begin{bmatrix} 2 & -1 & -1 \\ -1 & 2 & -1 \\ -1 & -1 & 2 \end{bmatrix} \begin{bmatrix} s_a \\ s_b \\ s_c \end{bmatrix} \tag{5-54}$$

已知开关变量s_a、s_b、s_c和直流电流U_d，根据式（5-53）和式（5-54）可以求出相电压和线电压，以及输出电流i_d，如图5-21所示。由图5-21可以看到，相电压为阶梯波，在一周内有5个电平；线电压是120° 宽的方波，一周内只有3个电平；以点M和点N为中心，利用傅里叶分析，可以看出它们所含的谐波阶次及大小是相同的，无三次谐波，只含更高阶奇次谐波。

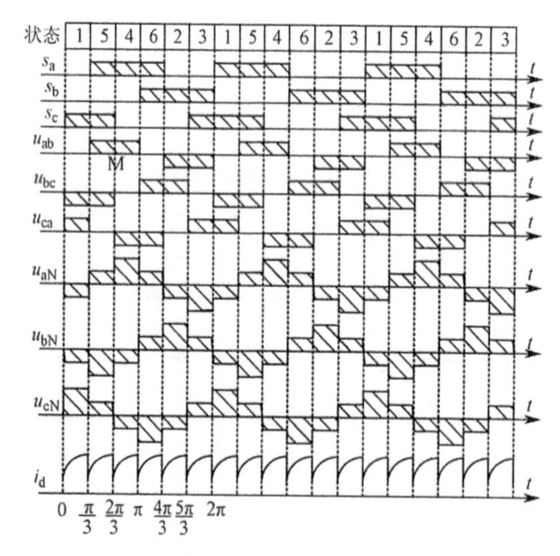

图5-21　输出波形图

（3）开关作用时间与开关区间判断方法

假定给定参考矢量u_r处于第一扇区，相位角为$\theta=\omega t$。在时间很短的一个开关周期T_s内，令相邻的两个开关矢量U_4和U_6分别存在时间T_1和T_2，无效开关矢量U_0或U_7存在时间T_0。也就是在一个很短的开关周期T_s内，参考矢量u_r存在时间T_s的效应可以用U_4存在时间T_1、U_6存在时间T_2及U_0或U_7存在时间T_0来等效，这就是伏秒平衡，公式如下：

$$U_4 \cdot T_1 + U_6 \cdot T_2 + U_0 \cdot T_0 = u_r \cdot T_s \tag{5-55}$$

$$T_0 = T_s - T_1 - T_2 \tag{5-56}$$

求取矢量作用时间的常规方法要涉及一些三角函数运算，使得求取过程占用大量的系统内存，而且精度不太高，影响实时性。因此，这里采用给定矢量u_r（$u_r = u_{r\alpha} + u_{r\beta}$）的两个分量来求取作用时间。根据图 5-22 可以获得下式：

$$u_{r\alpha} = \sqrt{\frac{2}{3}}U_d T_1 + \sqrt{\frac{2}{3}}U_d \cos\left(60^\circ T_2\right) = \sqrt{\frac{2}{3}}U_d T_1 + \frac{1}{2}U_d T_2 \tag{5-57}$$

$$u_{r\beta} = \sqrt{\frac{2}{3}}U_d \sin\left(60^\circ T_2\right) = \frac{\sqrt{2}}{2}U_d T_2 \tag{5-58}$$

进而获得开关作用时间在第一扇区内的表达式为

$$\begin{cases} T_1 = \dfrac{T_s}{\sqrt{2}U_d}\left(\sqrt{3}u_{r\alpha} - u_{r\beta}\right) \\ T_2 = \dfrac{\sqrt{2}T_s}{U_d}u_{r\beta} \\ T_0 = T_7 = \dfrac{1}{2}\left(T_s - T_1 - T_2\right) \end{cases} \tag{5-59}$$

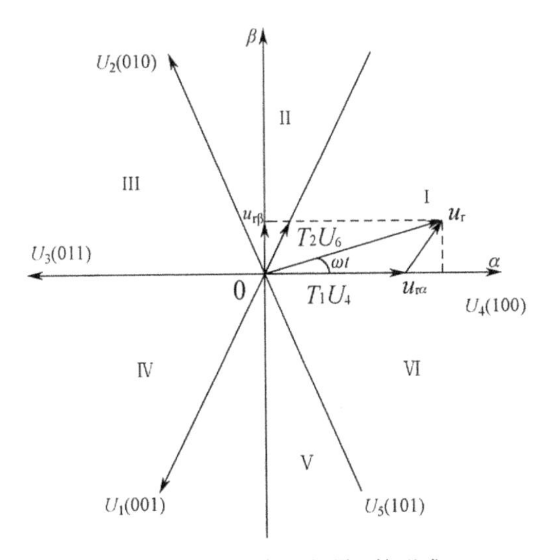

图5-22　等效空间矢量u_r的形成

其他扇区开关作用时间可以采用相同的方法，求出其表达式。综合比较，可以获得在各个扇区内的一般开关作用时间表达式为

$$\begin{cases} T_1 = \dfrac{\sqrt{2}T_s}{U_d}\left(u_{r\alpha}\sin\dfrac{N\pi}{3} - u_{r\beta}\cos\dfrac{N\pi}{3}\right) \\ T_2 = \dfrac{\sqrt{2}T_s}{U_d}\left[u_{r\beta}\cos\dfrac{(N-1)\pi}{3} - u_{r\beta}\sin\dfrac{(N-1)\pi}{3}\right] \\ T_0 = T_7 = \dfrac{T_s - T_1 - T_2}{2} \end{cases} \tag{5-60}$$

式中：N——给定参考矢量u_r所处的扇区（N=1, 2, 3,⋯, 6）。

从式（5-59）和式（5-60）可以看出，在计算开关作用时间T_1、T_2、T_0时，仅需要进行简单的加减运算及移位指令，就可以完成对开关矢量作用时间的快速计算，大大增强了在线控制的实时性，而且在对称扇区内的作用时间是相同的。

空间矢量控制中，通常根据参考给定量u_r的分量$u_{r\alpha}$、$u_{r\beta}$来计算夹角θ的值，然后判断矢量所处的扇区位置。这里提出利用参考矢量u_r的三个分量u_{ra}、u_{rb}、u_{rc}来判断矢量所处扇区的位置，也就是利用参考矢量在a、b、c三个轴上的投影来判断。

定义

$$
\begin{aligned}
U_{pfab} &= \text{sign}(u_{ra} - u_{rb}) \\
U_{pfbc} &= \text{sign}(u_{rb} - u_{rc}) \\
U_{pfca} &= \text{sign}(u_{rc} - u_{ra})
\end{aligned}
\tag{5-61}
$$

式中$\text{sign} = \begin{cases} 1, & x \geqslant 0 \\ -1, & x < 0 \end{cases}$。因此，根据式（5-61）可以获得表5-3中关于区间（30°和60°扇区）判断的结果。

表5-3　区间（30°和60°扇区）判断的结果

60°区间	30°区间	U_{pfab}　U_{pfbc}　U_{pfca}	判断30°区间附加条件
Sector Ⅰ	2	1　1　−1	$U_{rb}<0$
	3		$U_{rb}>0$
Sector Ⅱ	4	−1　1　−1	$U_{ra}>0$
	5		$U_{ra}<0$
Sector Ⅲ	6	−1　1　1	$U_{rc}<0$
	7		$U_{rc}>0$
Sector Ⅳ	8	−1　−1　1	$U_{rb}>0$
	9		$U_{rb}<0$
Sector Ⅴ	10	1　−1　1	$U_{ra}<0$
	11		$U_{ra}>0$
Sector Ⅵ	12	1　1　−1	$U_{rc}>0$
	1		$U_{rc}<0$

（4）开关逻辑作用顺序

以参考矢量u_r所在的第一扇区为例，根据一个开关周期中插入零矢量方程的不同，常用的空间矢量有七段式和五段式。为了降低器件的开关动作次数，使得每次切换只涉及一个开关器件，这里采用七段式，如图5-23所示。以给定矢量处于第一扇区为例，它的主要特点是在一个开关周期内，每个零矢量均以（000）开始和结束，中间的零矢量为（111），非零矢量的顺序保证每次只有一个开关动作。其余扇区内也采用相同的作用顺序和方法。

对于电压空间矢量PWM控制三相变流器，通过合理地选择、安排开关状态的转换顺序和通、断持续时间，改变多个脉冲宽度调制电压波的波形宽度及其组合，与SPWM控制相比，其直流电压利用率要高一些，在调控输出电压基波大小的同时，也可以减少输出电压中的谐波，并且可以减少变流器状态转换时开关管状态转换的次数，因此在获得相同的输出电压波形质量的情况下，开关器件的工作频率也可以低一些。

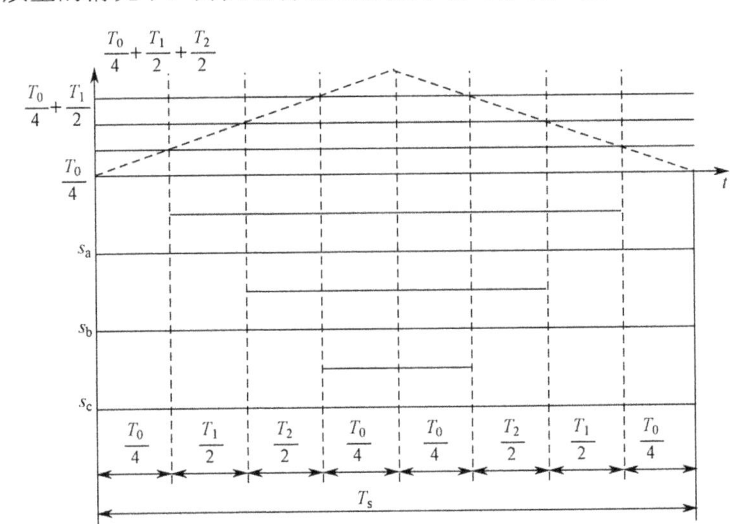

图5-23　第一扇区内空间矢量作用时间和顺序

5.3　飞轮电池在分布式发电系统中的应用

5.3.1　引言

对于那些没有与电网相连的分布式发电系统，开发出对环境友好又能长期储能的持续供电电源是非常重要的。它有利于实现发展中国家农村和偏远山区的电气化。即使在发达国家，这些储能技术对它们的电力系统的持续供电能力也会产生积极的影响，对风力、太阳能或其他高级的分布式发电系统更是如此。此外，它还可以应用到包括发达国家在内的交通运输电网中，提高抵抗电网负载波动的能力。在分布式发电系统中，兼具储能和发电作用的后备电源具有相当重要的角色，它可以改善分布式发电站输出的电力质量和延长发电站的供电时间，满足用户的供电需求。

目前，在我国经济欠发达地区和比较偏远的山区，实现电气化有一定的难度。在这些地区，架设输电线路的成本较高，即使架设了输电线路，运行成本也较高。实际上，我国在某些风力资源或太阳能资源比较丰富的地区已经使用了与铅酸电池相连的太阳能电池板或风力发电机组的分布式发电系统。但由于化学电池的寿命通常只有两年左右，能量转换效率不足 60%，负载波动的调节能力较差，而且化学电池在报废后若得不到妥善处理对环境会有极大的危害，所以，其应用前景不容乐观。对于这些地区，如果利用风力或太阳能发电，将这些分布式发电系统的电力先转换为飞轮的动能储存起来，待需要时再将飞轮的动能转化成电能向外供电将是非常经济的，而且不会对环境产生任何破坏。对于我国大部分农村地区，即使建成了农村电网，也难免时常停电。如果使用飞轮电池，则可以在电力供应时将电力储存起来，而在停电时由飞轮电池供电。即使在我国较发达的城市地区，研究对环境友好、既经济可靠又能长期储能的经济型电源也是非常重要的。在这些发达地区，经济型飞轮电池既可以用于电网负载均衡，即在电力充足时将电力储存在飞轮中，而在电力供应不足时由飞轮电池回馈给电网，保证电网负载始终是均衡的；又可以作为重要负载设备，如通信设备、计算机和医疗设备等的不间断电源（UPS），取代目前使用的 UPS，以及作为应急灯等的应急电源。可见，研究既经济可靠又对环境友好的飞轮电池在我国乃至世界上都是大有市场的，也是符合对环境保护要求的。随着高强度纤维复合材料、低费用的稀土永磁材料和微电子技术的发展，生产持久的、无污染的、低费用的飞轮储能系统已经成为可能。

由于飞轮电池是 20 世纪 90 年代才诞生的新型储能装置，对它在分布式发电中的研究还不多见。目前国内外分布式发电中的飞轮储能系统的应用研究主要集中在风力发电和太阳能发电两个方面。目前，飞轮电池在分布式发电中的应用研究还需要解决以下问题。

（1）需要提供飞轮电池调节太阳能发电站输出特性的通用系统的控制结构。

（2）需要提供用脉宽调节原理调节与控制太阳能发电站中能量流的方法。

（3）需要对太阳能分布式发电系统中的功率流、能量流和飞轮转速进行计算机仿真研究。

5.3.2 含有飞轮电池的太阳能发电站的系统控制结构

含有飞轮电池的小型太阳能发电站系统是由太阳能电池和飞轮电池两大主体，以及控制器电路和输电线路所构成的，而飞轮电池又是由储能飞轮、磁力轴承、集成式电动机、发电机和电力电子等关键零部件组成的。

由于太阳能电池一般只能在白天发电，并且在一天的不同时间段内发出的电力也不一样，因此必须对它输出的电力进行调节和控制。为了达到这种目的，拟订了如图 5-24 所示的 PV 阵列（array）、永磁电机和飞轮系统控制框图，它包含 PV 阵列（太阳能电池板）、升压变换器（DC/DC 变换器）、两个逆变器、集成式电动机/发电机、一个控制器，以及监测和显示仪表等部分。

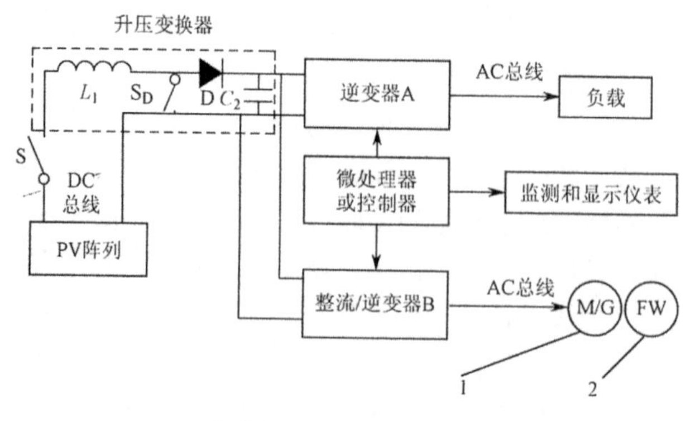

1—集成式电动机/发电机；2—飞轮

图5-24　PV阵列、永磁电机和飞轮系统控制框图

DC/DC 变换器实际上是一种将直流变换成直流的交换器，变换的过程中，将输入端的电压提高，所以也称升压变换器。一般来说，设计 PV 阵列时其输出电压要低于负载的供

电电压。为了两者的匹配，PV 阵列输出的电压要做升压处理。升压变换器由升压电感 L_1、全控型开关管 S_D、续流二极管 D 以及滤波电容 C_2 所组成。升压原理如下：当电感 L_1 的电流减小时，在电感上产生的反电动势 $e_L=-Ldi_L/dt$ 为正值，它与 PV 阵列的输出电压 V_I 一道送入输出端 C_2，从而获得比 V_I 高的输出电压。开关管 S_D 采用脉宽调制（PWM）控制方式，但最大的占空比 K 必须加以限制，不允许在 $K=1$ 的情况下工作，升压比为 $1/(1-K)$。

电流通过升压变换器升压后，仍然为直流并进入直流总线部分。此后，可以经过逆变器 A 将直流变成一定频率和幅值的交流输出到负载，或经过整流/逆变器 B（此时充当逆变器用）将直流变换成频率和幅值可调的交流送入电动机，控制电动机的转速变化，让飞轮电池转速升高而“充电”。

如果 PV 阵列输出的功率不足或完全没有输出能力，则负载要由飞轮电池补充或全部供电。由飞轮电池发电机发出的电力经过整流/逆变器 B（此时充当整流器用）整流后送入直流总线部分，再经过逆变器 A 将直流变成一定频率和幅值（如 220V 和 50Hz）的交流输出到负载，向负载供电。

在图 5-24 中，微处理器或控制器主要用于控制开关管 S、S_D 以及逆变器 A 和逆变器 B 中的开关管及时地通或断，同时控制监测和显示仪表的正常工作。

按照 PV 阵列的输出情况和负载要求，太阳能分布式发电系统应该有 4 种工作模式，如图 5-25 所示。

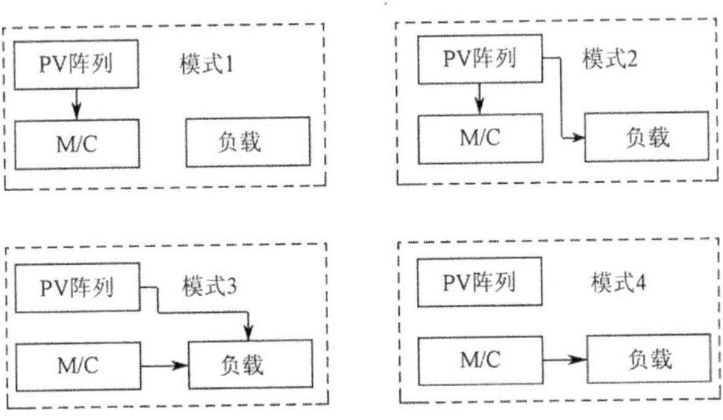

图5-25　太阳能分布式发电系统的4种工作模式

（1）模式 1：负载不需要能量供应，由太阳能电池板发出的电力送到飞轮电池储存起来。

（2）模式 2：太阳能电池板发出的电力大于负载需要的电力，多余的部分被送到飞轮电池储存起来。

（3）模式 3：太阳能电池板发出的电力小于负载需要的电力，由飞轮电池发电补充不足的电力供应。

（4）模式 4：太阳能电池板不发电，负载的电力供应全部由飞轮电池来完成。

这 4 种工作模式是由控制器根据 PV 阵列的输出能力和负载需求进行切换的。

5.3.3　太阳能电池的工作原理、种类及选用

1. 太阳能电池的工作原理

太阳能电池也称 PV 电池，是一种通过光电（Photovoltaic）效应将光能转换为电能（电

流）输出的器件。PV 代表光和电，太阳光的光子能从普通硅片或少数其他材料中激活电子，由此形成电流。PV 电池也是一个具有正向偏置光电压的大面积 PN 结。太阳光照射在半导体 PN 结上，就会形成新的空穴-电子对，在 PN 结电场的作用下，空穴由 N 区流向 P 区，电子由 P 区流向 N 区，接通电路后就形成电流。这就是 PV 电池的工作原理。

2. 太阳能电池的种类

经过多年的发展，太阳能电池主要有以下 4 类。

（1）硅太阳能电池

硅太阳能电池又有单晶硅、多晶硅和非晶硅三种形式。

硅太阳能电池是世界 PV 市场上的主导产品，其中单晶硅太阳能电池是开发得最早、转换效率最高和技术最为成熟的一种。由于单晶硅材料的价格较高且电池制备工艺烦琐，于是发展了薄膜太阳能电池，其中典型代表有以高温、快速制备为发展方向的多晶硅薄膜太阳能电池和叠层（多层）非晶硅太阳能电池。多晶硅薄膜电池所使用的硅量远低于单晶硅，无效率衰减问题，可在廉价底层上制备，其成本远低于单晶硅电池，而效率高于非晶硅薄膜电池，因此，多晶硅薄膜电池不久将会在太阳能电池市场上占主导地位。非晶硅（a-Si）薄膜太阳能电池的成本低，便于大规模生产，但由于其光学禁带宽度为 1.7eV，使得材料本身对于太阳辐射光谱的长波区域不敏感，因此限制了非晶硅太阳能电池的转换效率；此外，其光电效率会随着光照时间的延长而衰减，使得电池性能不稳定。

（2）多元化合物太阳能电池

多元化合物太阳能电池主要包括砷化镓（GaAs）族化合物、硫化镉（CdS）、碲化镉（CdTe）及铜铟硒（CuLnSe2）薄膜等电池。它们由于能量转换率高，目前主要应用在卫星等航天器上，但不足的是镉有剧毒，容易产生环境污染问题，而且铟和硒都是比较稀有的元素，因此，其应用受到限制。

（3）纳米晶化学太阳能电池（NPC 电池）

纳米晶化学太阳能电池是由一种窄禁带半导体材料涂抹、组装到另一种大能隙半导体材料上形成的。窄禁带半导体材料采用过渡金属钌（Ru）及锇（Os）等有机化合物敏化染料。而大能隙半导体材料采用纳米多空二氧化钛（TiO_2）并制成电极。它的工作原理如下：当能量低于半导体纳米 TiO_2 禁带宽度但等于染料分子特征吸收波长的入射光照射在电极上时，吸附于 TiO_2 表面的染料分子中的电子受激发跃迁至激发态，处于激发态的染料分子向 TiO_2 纳米晶导带中注入电子，电子在 TiO_2 纳米晶导带中靠浓度扩散流向基底传向外电路。由于纳米粒子掺杂浓度低，因而减少了复合机会。染料分子失去电子后变成氧化态，氧化态的染料分子由电极提供电子而变成原状态，从而完成一个光电化学反应循环，形成光电流。纳米晶 TiO_2 太阳能电池的主要优点在于它廉价的成本和简单的工艺及稳定的性能。但由于此类电池的研究和开发刚起步，全面进入市场估计还需要一定的时间。

（4）高分子聚合物光电池

高分子聚合物光电池选用导电高分子材料作为光照材料。它与无机太阳能电池的载流子产生过程不同。无机太阳能电池如硅 PN 结太阳能电池，其载流子产生过程非常简单，吸收能量高于禁带宽度的光子直接产生电子-空穴对，电池的光电流是这些自由载流子直接输运的结果，取向的内建电场有助于光生载流子的收集。然而，高分子太阳能电池光生载流子产生过程则比较复杂，高分子吸收光子产生激子，而不是自由载流子。为了产生光电流，这些激子必须离解成自由载流子（电子和空穴），或者在高分子体内，或者在金属电极/高分子层/染料界面。这样离解产生的自由载流子易因成对复合而损失，只有扩散到电极/高分子层/染料界面的激子，被界面的内建电场离解才会对产生光电流有贡献。高分子聚合物光电池由于导电高分子材料兼有聚合物的可加工性和柔韧性以及无机半导体特性或金属导电性，因而具有巨大的潜在商业价值。但不足的是，目前高分子太阳能电池寿命低（仅一年左右），光电转换效率还不能与无机半导体光电池相抗衡。

3. 太阳能电池的选用

纵观这 4 类光电池，在一般工业和民间应用中首选的还是性能稳定和技术成熟的硅太阳能电池，这类光电池已经做成规格不同的太阳能电池板，直接供用户根据需要选用。例如，大禾公司生产的 2 种多晶硅 S-120D 型和 S-80D 型太阳能电池板，其功率分别为 120W 和 80W，工作电压都为 17V，工作电流分别为 7A 和 4.6A。用户可以按照需要，将这些电池板串联或并联构成所需要功率、电压和电流的 PV 阵列。例如，要构成 1.5kW 和 220V 的 PV 阵列，则需要将 13 块 S-120D 型电池板串联起来。如果要构成 3kW 和 220V 的 PV 阵列，则需要将 26 块 S-120D 型电池板平均分成两组，每组 13 块串联，再将两组并联。

5.3.4 飞轮储能单元

由 PV 阵列供电的负载仅在有阳光照射时才能工作。事实上，有很多负载设备可能在夜晚才有电力供应要求，而白天的需求则很少，如果仅由太阳能电池来满足这些负载要求，很显然是达不到的。唯一的做法是，白天将多余的能量储存起来，待到晚上再使用。储能的方法受到储存时间和数量、消耗能量的形式和消耗速度等的影响。理想的储能方案应该满足高效率、无污染、容易存放、可靠、长寿命、容易维护、低费用维护以及安全等。

过去的做法通常是将白天太阳能发的电力先储存到化学电池如铅酸电池中，待到晚上再由铅酸电池供电。前面已经介绍过化学电池的某些致命弱点，因此，它并不是最好的选择。

飞轮储能系统（飞轮电池）能够通过电动机带动飞轮高速旋转来累积和储存动能，待需要时再通过发电机变成电能输出。与一般的铅酸化学电池相比，飞轮电池具有许多优点，如高充放电速度、高能量密度、深度放电而不影响性能、寿命长达 20 年、对环境十分友好、对工作温度不敏感、更高的能量转化效率等。这些优点决定了它是目前与太阳能电池构成分布式发电系统的最好选择。

对于飞轮储存单元，可以从它提取的最大能量为

$$\Delta E = 1/2 \cdot J \cdot \left(\omega_{\max}^2 - \omega_{\min}^2\right) \tag{5-62}$$

式中：ΔE——最大可提取的能量（J）；

J——飞轮的惯性矩（$\mathrm{kg \cdot m^2}$）；

$\omega_{\max}$——飞轮的最大旋转速度（rad/s）；

ω_{min}——飞轮最小的稳定旋转速度（rad/s）。

从式（5-62）中可以看出，飞轮储存的能量与飞轮的转动惯量成正比，与飞轮的旋转速度的平方也成正比。可见，提高飞轮的转速比提高飞轮的转动惯量效果更明显。飞轮的最大旋转速度除跟飞轮的结构有关外，主要取决于飞轮材料的最大许用拉应力。对于薄壳圆筒形飞轮，最大旋转速度取决于下式：

$$\omega_{max} \leqslant \frac{1}{r}\sqrt{\frac{\sigma_h}{\rho}}$$

式中：σ_h——材料的许用拉应力（MPa）；

r——薄壳圆筒的半径（mm）；

ρ——材料的密度（g/cm^3）。

从上式可以看出，对于薄壳圆筒飞轮，提高圆筒的旋转半径与提高飞轮的旋转速度从储能的效果来讲是等价的，但从经济性来讲，提高圆筒的旋转半径势必要增加材料，所以提高飞轮的转速，经济性更好一些。

如果飞轮转子的转动惯量为 $5kg \cdot m^2$，最大转速为 20000r/min（333.3Hz），最小转速为 500r/min（8.333Hz），则飞轮电池可用能量为 2.192×10^2 J（kW·h）。这些能量按 1kW 供电，则可供应 6 小时；按 2kW 供电，则可供应 3 小时。

5.3.5 动力系统的调节与控制

含有飞轮电池的太阳能发电站的动力调节与控制是靠系统的电力电子部分来完成的，它负责对飞轮电池的能量输入与输出以及 PV 阵列的输出进行适当的控制，以满足负载对能量的需求。PV 阵列输出的直流经过升压变换器升压后送入直流总线，如图 5-24 所示；再通过逆变器 A 经变频变压后送给负载，或通过逆变器 B 经变频变压后控制电动机的运转。如果 PV 阵列的输出降低到某个阈值以下，电力调节系统就会断开 PV 阵列与负载的连接，而由飞轮电池取代 PV 阵列给负载供电，飞轮转速开始下降。如果飞轮电池的输出不经过调节，则输出的频率和电压将会随飞轮转子的转速下降而逐渐降低，因而这种输出是不可能直接应用的，而必须经过调制，以便输出频率和电压都固定在某个值上。为了达到这个目的，飞轮的输出经过三相整流/逆变器 B（此时充当整流器）先将输出的交流变换成直流，送入直流总线部分。同样，如果 PV 阵列的输出能力已经达到某个阈值以上，则控制器电路必须停止飞轮电池放电，此时根据 PV 阵列的输出能力，要么怠速运转，要么处于充电状态。如果 PV 阵列的输出能力大于负载需要的电量，则控制器电路必须先保障负载供电，然后用多余的电量给飞轮电池充电。一旦飞轮电池充电到最大电量（即最大的设计转速），控制器电路则要断开飞轮电池与直流总线的连接，让它处于怠速运转状态。

在许多情况下，PV 阵列飞轮电池的输出需要进一步的调节，以满足负载的要求。例如，电力调节系统必须能补偿因温度变化引起的 PV 阵列输出的波动。此外，还必须确保将最大功率传送给负载。最大功率捕捉器（如图 5-24 所示的升压变换器）充当取样 PV 阵列输出的“黑匣子”，随时改变负载的视在阻抗，以获得最大的功率传送。很明显，这种系统降低了电力调节要求（即采用纯电阻性负载），因此是非常有效和经济的。

1．单相逆变器

由于大多市民用负载是单相的，因此图 5-24 中的逆变器 A 可以采用图 5-26 所示的电压型单相逆变器电路，其中全控型开关器件 S_7 和 S_{10} 同时通或断，S_9 和 S_8 同时通或断，S_7（S_{10}）和 S_8（S_9）的驱动信号互补，即 S_7 与 S_{10} 有驱动信号时，S_8 和 S_9 无驱动信号，反之亦然，这 4 个开关采用脉宽调制（PWM）方式工作。电感 L_2 和电容 C_3 提供逆变器的输出电压滤波，并提供给负载频率和电压固定的正弦波。直流总线电容 C_2 则充当直流电压源，对飞轮电池发出的电力进行滤波处理。

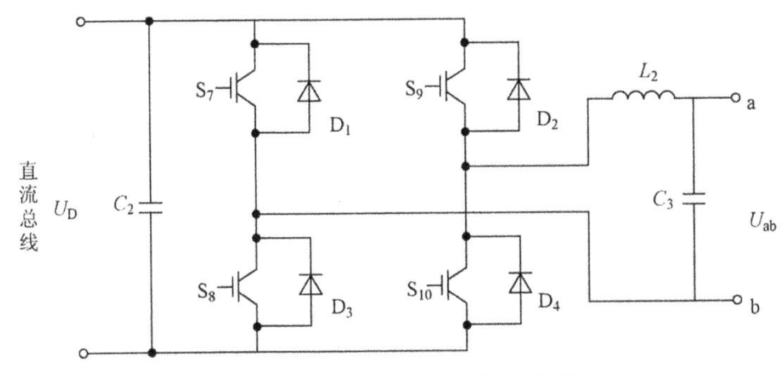

图5-26　电压型单相逆变器电路

在 $0 \leqslant t < T_0/2$ 期间，S_7 和 S_{10} 有门级驱动信号，S_8 和 S_9 截止，$U_{ab}=+U_D$。

在 $T_0/2 \leqslant t < T_0$ 期间，S_8 和 S_9 有门级驱动信号，S_9 和 S_{10} 截止，$U_{ab}=-U_D$。

因此，输出电压 U_{ab} 是 180° 宽的方波电压，幅值为 U_D，如图 5-27（a）所示。在该图中，180° 方波输出电压的瞬时值 v_{ab} 和 U_{ab} 分别为

$$v_{ab}(t) = \sum_{n=1,3,5,\cdots}^{\infty} \frac{4U_D}{n\pi}\sin(n\omega t)$$

$$U_{ab} = \left[\frac{2}{T_0}\int_0^{T_0/2} U_D^2 \mathrm{d}t\right]^2 = U_D$$

其基波分量有效值可表示为

$$U_1 = \frac{4U_D}{\sqrt{2}\pi} = 0.9U_D$$

在图 5-27 中还给出了负载为纯电阻、纯电感和电阻-电感时的输出电流波形，以及负载为电阻-电感时的输入电流波形。

上述单相逆变器输出电压为 180° 宽的方波电压，其基波电压数值仅由输入电压 U_D 唯一确定，但输出电压中还含有大量的谐波成分。若对其中的 3、5、7 等低次谐波采用 LC 滤波器去衰减，则需要很大的 LC 数值。

对逆变器输出电压的控制就是使输出电压的基波分量大小可控，使其输出的电压波形中含有的谐波成分小且最低阶次的谐波阶次高。这样，仅用较小的 LC 滤波器就可起到很好的滤波效果。

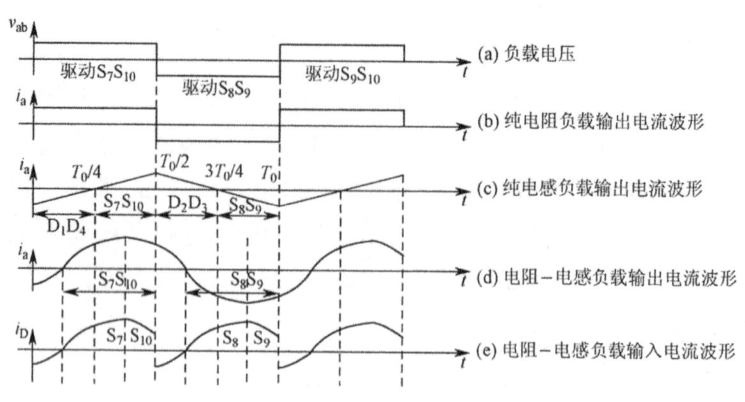

图5-27　单相桥式逆变器电压和电流波形

在实际的应用中，有许多负载希望逆变器的输出电压、功率和频率可调，以满足实际应用中的各种要求。例如，飞轮电池中的电动机就需要逆变器实现电压和频率的协调控制，这种控制就是变压变频控制（VVVF）；而对于外界的负载，则要求逆变器输出的电压和频率恒定，这种控制就是恒频恒压控制（CFCV）。

逆变器输出电压的频率控制相对较简单，只需要控制逆变器中的全控型开关器件的开关频率，通过软件就能实现。而对输出电压的幅值和波形控制，目前基本上采用控制逆变器内部开关器件的脉冲宽度调制（PWM）来实现。对于逆变器而言，其理想的输出电压是如图 5-28（a）所示的正弦波形：$u(t)=U_1 \cdot \sin(\omega t)$。逆变电路的输入电压是直流电压 U_D，依靠开关管的通、断状态变换，逆变电路只能输出 3 种电压源：$+U_D$，0，$-U_D$。对单相桥式逆变器 4 个开关管进行实时、适式的通、断控制，可以得到图 5-28（b）所示的在半个周期内有多个脉波电压的交流电压 $u_{ab}(t)$。在图 5-28（b）中，正、负半周（180°）范围被分成 k 个（图中为 5 个）相等的时区，每个时区的宽度为 36°，每个时区有一个幅值为 U_D、宽度为θ_n（n=1，2，3，4，5）的电压脉波。

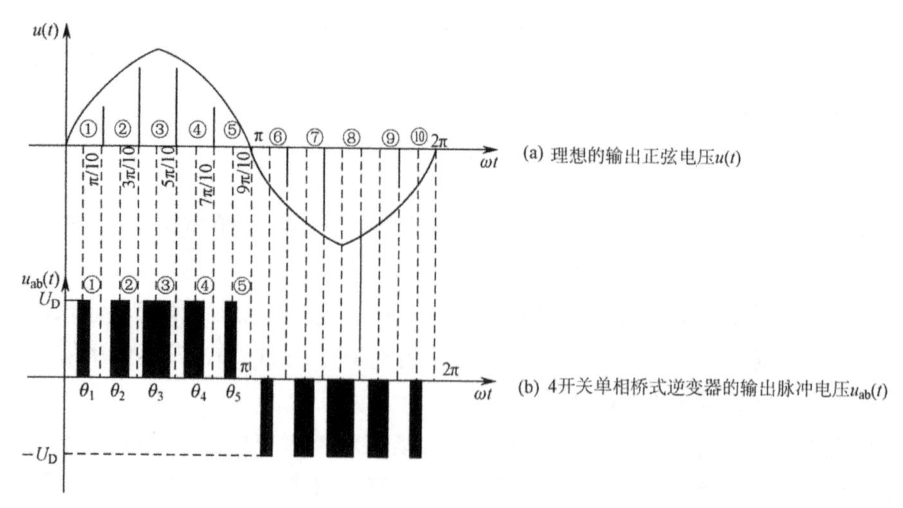

图5-28　用SPWM电压等效的正弦电压

如果要求任何一个时间段的脉宽为θ_n、幅值为 U_D 的矩形脉冲电压等效于该时间段的正

弦电压，首要条件是在该时间段内两电压对时间的积分相等，即

$$\int U_{\mathrm{D}} \cdot \mathrm{d}t = U_{\mathrm{D}} \cdot \Delta t_n = \int U_1 \sin(\omega t)\mathrm{d}t$$

或

$$\Delta t_n = \frac{1}{U_{\mathrm{D}}}\int U_1 \sin(\omega t)\mathrm{d}t$$

式中：$\omega = 2\pi f = 2\pi / T$。

第 n 个时间段的幅值为 U_{D} 的矩形脉冲对应的脉宽应为

$$\theta_n = \frac{1}{U_{\mathrm{D}}} \cdot \int_{(n-1)\frac{\pi}{k}}^{\frac{n\pi}{k}} U_1 \sin(\omega t)\mathrm{d}(\omega t) = \frac{U_1}{U_{\mathrm{D}}}\left[\cos(n-1)\frac{\pi}{k} - \cos\frac{n\pi}{k}\right]$$

按照采样控制理论中的冲量等效原理（即大小、波形不相同的窄脉冲变量作用于惯性系统时，只要它们的冲量即变量对时间的积分相等，其作用效果基本相同），大小、波形不同的两个窄脉冲电压作用于 L、R 电路时，只要两个窄脉冲电压的冲量相等，则它们所形成的电流响应就相同。因此，要使图 5-28（b）中的 PWM 电压波在每一时间段都与图 5-28（a）中该时段的正弦电压等效，除要求每一时间段的面积相等外，每个时间段的电压脉冲还必须很窄，这就要求脉波数 k 必须很大。k 值越大，不连续的按正弦规律改变宽度的多脉波电压 $u_{\mathrm{ab}}(t)$就越等效于正弦电压，输出电压中除基波外仅含某些高次谐波而消除了许多低次谐波。开关频率越高，脉波数越多，消除的低次谐波也就越多，这种按正弦脉宽调制的技术，就是人们通常所说的 SPWM 技术，目前已广泛应用于变频调速技术中。

2. 三相整流/逆变器

在图 5-24 中，三相整流/逆变器有两种作用，其一是作为三相逆变器，其二是作为整流器，电压型三相桥式逆变器电路如图 5-29 所示。

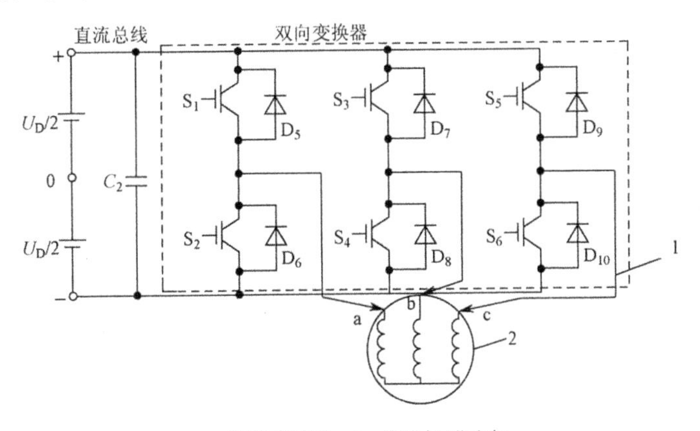

1—整流/逆变器；2—电动机/发电机

图5-29　电压型三相桥式逆变器电路

作为三相逆变器使用时，飞轮电池中的电动机/发电机处于电动机模式，用来控制电动机的旋转速度，间接达到控制飞轮转子的转速之目的。在图 5-29 中，当 S_1 导通时，结点 a 接于直流电源正端，$u_{\mathrm{a0}}=U_{\mathrm{D}}/2$；当 S_2 导通时，节点 a 接于直流电源负端，$u_{\mathrm{a0}}=-U_{\mathrm{D}}/2$。同理，b 和 c 点也是根据上、下管导通情况决定其电位的。其控制原理与单相桥式逆变器相仿，

在此不做详细介绍。

作为整流器使用时，飞轮电池中的电动机/发电机处于发电机模式，用来将发电机发出的电力经三相桥式整流二极管 D_5～D_{10} 送入直流总线部分，电容器 C_2 与前面介绍的作用一样，实现滤波功能。

5.3.6　系统仿真

系统仿真的条件如下：通过含有飞轮电池的小型太阳能分布式发电站（其系统控制框如图 5-24 所示），供应功率为 2kW 的民用负载，并要求从早上 8 点到晚上 11 点都有充足的电力供应。按照负载的这种要求，初步选用 4kW 的太阳能电池板和 2kW 的集成在飞轮电池中的电动机/发电机。

假定负载是一个从早上 8 点到晚上 11 点需要供电的纯阻抗负载，功率为 2kW，一天内负载的电力需求如图 5-30 所示，其中横坐标代表一天 24h，纵坐标代表负载的功率要求，选用的电机的功率大致是 PV 阵列的功率与负载功率之差。PV 阵列的功率选 4kW，则电动机/发电机的功率可选 2kW。

在图 5-31 中，绘制了太阳能电池板一天内输出的功率，横坐标代表一天 24h，纵坐标代表 4kW 太阳能电池板的输出功率。该图忽视了阴雨天等环境因素对太阳辐射的影响。具体数据见表 5-4。

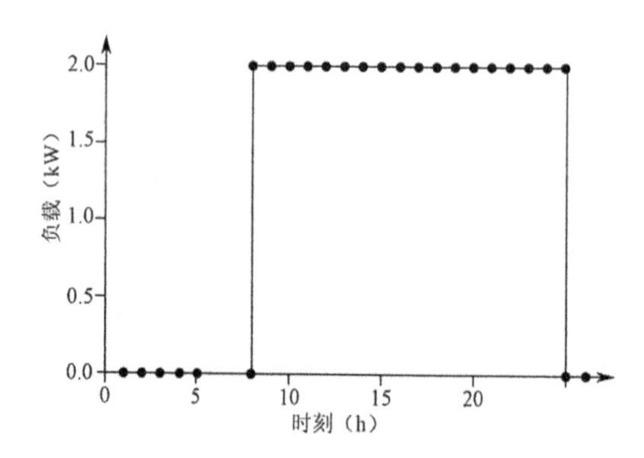

图5-30　一天内负载的电力需求

表 5-4　太阳能电池板的输出功率

时刻/h	1～6	7	8	9	10	11	12	13	14	15	16	17	18	19～24
PV 功率/kW	0	1	1.5	2.5	3.5	4	4	4	4	3.5	2.5	1.5	1	0

从图 5-31 或表 5-4 可以看出，在早上 8 点，由于 PV 阵列提供的功率只有 1.5kW，而负载的功率为 2kW，此时必须启动飞轮电池的发电机发电，补充不足的电量；而到早上 9 点左右，PV 阵列发电量为 2.5kW，大于负载功率 2kW，此时控制器必须停止飞轮“放电”，并由发电模式转为充电模式；到下午 5 点左右，PV 阵列发电量小于 2kW，则控制器必须停止飞轮电池“充电”，并由充电模式转为发电模式，补充 PV 阵列不足的电力；到下午 7 点左右，PV 阵列基本没有电力输出，则控制器必须断开 PV 阵列与系统的连接，转而由飞

轮电池负责全部电力的供应。

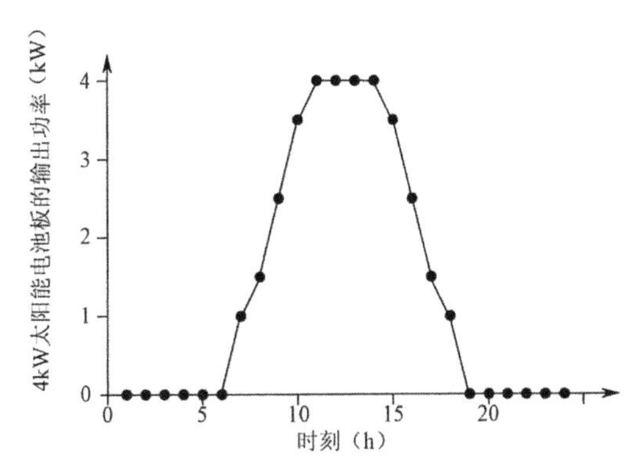

图5-31　太阳能电池板一天内输出的功率

假定没有能量损耗，而且开始时飞轮没有任何可用能量，处于静止状态，则飞轮电池一天内的储能变化如图 5-32 所示。横坐标代表一天 24h，纵坐标代表飞轮储存的能量(kWh)。可以看出，在上午 7 点到 8 点左右，飞轮电池处于充电状态；8 点到 9 点，飞轮电池处于发电状态；9 点到下午 4 点，飞轮电池处于充电状态。下午 4 点左右，飞轮储能最大，转速也最高。随后，随 PV 阵列输出功率的减小，飞轮电池由充电模式转变成放电模式，储存的能量逐步减小，直到负载不需要电力时剩下 1kWh 左右。

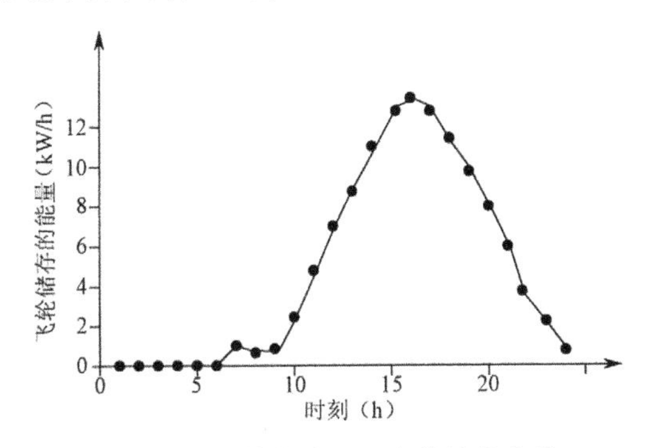

图5-32　飞轮电池一天内的储能变化

飞轮电池内的电动机/发电机在一天内所提供的电力变化如图 5-33 所示，横坐标代表一天 24h，纵坐标代表电机提供的功率（kW）。由图 5-33 可见，从上午 7 点到 8 点，电动机/发电机充当电动机用，向电池充电；8 点到 9 点，电动机/发电机充当发电机用，向负载供电；从上午 9 点到下午 4 点，电动机/发电机充当电动机用，处于充电状态；从下午 4 点到晚上 11 点，电动机/发电机一直充当发电机用，向负载供电。

为了绘制飞轮的转速变化图，在这里假定飞轮的转动惯量为 5kg・m²，初始速度为零。随着飞轮电池的充放电，飞轮储存的能量一会增加，一会减少，从而导致飞轮的转速发生变化，如图 5-34 所示。其中，横坐标代表一天 24h，纵坐标代表飞轮的转速（Hz）。从前面的分析以及图 5-34 中可以看出，经过一天的充放电循环，理论上飞轮电池最后还剩 1kW・h 的电量，转速为 190Hz（11400r/min）。实际上，由于电机损耗、能量转换损耗以及阴雨天的影响，最后剩余电量比理论值小一些。

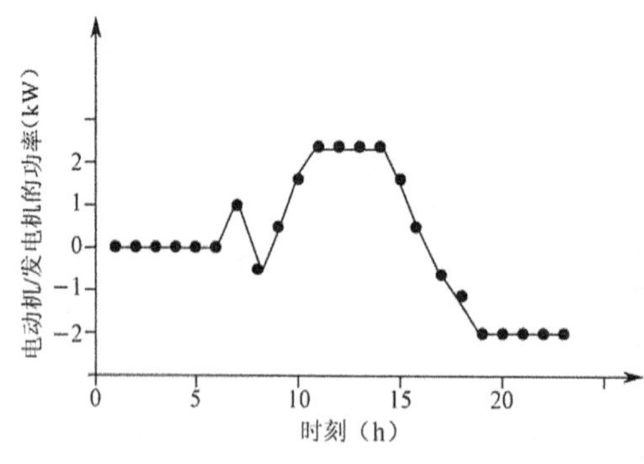

图5-33　一天内电动机/发电机的功率变化

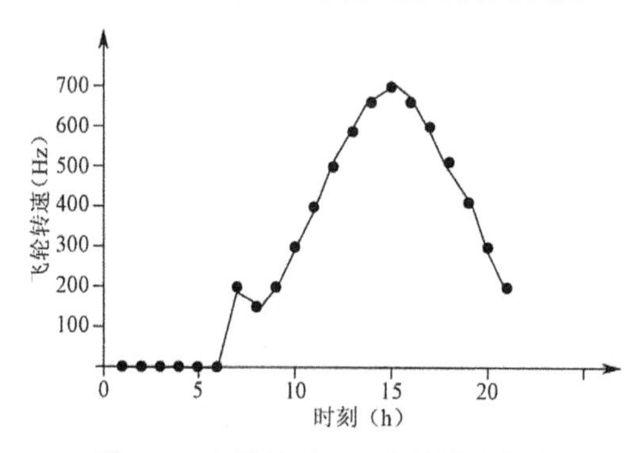

图5-34　飞轮转子一天内的转速变化

以上是选用一台飞轮电池进行仿真的结果，所以，飞轮电池的转速最高达到了675Hz（40/500r/min），这个转速从目前的变频调速技术来看完全可以达到。如果选用两台同样大小的飞轮电池来完成，则飞轮电池的最高转速为477Hz（28 620r/min）；而如果由4台飞轮电池来完成，则最高转速为338Hz（20 280r/min）。可见，从追求经济效应的角度来讲，提高飞轮安全运转的最高旋转速度是最经济的。

从本节仿真结果可以看出，含有飞轮电池的太阳能发电系统可以明显地延长仅由PV供电的时间，弥补太阳能电池供电的不足，同时还能极大地改善PV的输出特性，保证用户在规定的时间段内有充足的电力供应。如果飞轮电池和太阳能电池的容量选择合适，则完全可以满足向用户24h供电的需求。

飞轮电池有许多应用领域，本节主要结合太阳能发电介绍了它在分布式发电系统中的应用，本节所做的工作总结如下。

（1）按照一般民用家庭负载的需求，拟定了用飞轮电池调节小型太阳能电站输出特性的控制系统，详细分析了系统的4种工作方式。

（2）对目前所使用的太阳能电池的工作原理和基本状况进行了分析。

（3）分析了影响飞轮电池最大可提取能量的因素。

（4）详细分析了单相逆变器的工作原理、输出电压的幅值，以及频率和波形的正弦脉宽调制（SPWM）的原理和方法。

（5）以民用家庭2kW负载为例，分析了飞轮电池储能变化、电动机/发电机的功率变化以及飞轮转子的转速变化，并以图形方式给出了仿真结果。

5.4 其他储能技术

5.4.1 超导储能

超导储能是利用超导线圈将电磁能直接储存起来，需要时再将电磁能返回电网或其他负载。超导线圈中储存的能量 W 可由下式表示：

$$W = \frac{1}{2}LI^2$$

式中：L——线圈的电感；

I——线圈电流。

超导线圈在通过直流电流时没有焦耳损耗，因此，如果将电网交流电整流为直流电输入超导储能线圈中，则线圈就可以长时间无损耗地储存能量，待到需要时再将能量取出。

超导储能线圈所储存的是电磁能，它可传输的平均电流密度比常规线圈要高1～2个数量级，且可产生很强的磁场，因此具有很高的能量密度，约为$10^8 J/m^3$。与其他的储能方式如蓄电池储能、压缩空气储能、抽水储能和飞轮储能等相比，超导储能具有如下明显的优点：

（1）超导储能装置可长期无损耗地储存能量，其转换效率可高达95%；

（2）超导储能装置可通过采用电力电子器件的变流器实现与电网的连接，因而响应速度快，为毫秒量级；

（3）超导储能线圈的储能量与功率调制系统的容量可独立地在大范围内选取，所以超导储能装置可建成所需的大功率和大能量系统；

（4）超导储能装置除了真空和制冷系统外没有转动部分，因此装置使用寿命长；

（5）超导储能装置建造不受地点限制，且维护简单、污染小。

超导储能装置也有不足之处，如由于变流装置的电压是有限的，当向电网或负载返回能量时，随线圈中能量的减少，能取出的能量也逐渐减少。另外，超导线圈运行必须维持低温环境，需要液化器或制冷机提供冷却剂和制冷量，而液化器或制冷机运行是要消耗电能的。

超导储能装置一般由超导线圈及低温容器、制冷装置、变流装置和测控系统4个部件组成。超导线圈是超导储能装置的核心部件，它可以是一个螺旋管线圈或环形线圈。螺旋管线圈结构简单，但其周围杂散磁场较大；而环形线圈周围杂散磁场小，但结构较为复杂。目前超导线圈大都用常规的低温超导材料如NbTi或Nb_3Sn绕制而成，它们都要运行在液氦温区，所以需要相应的低温容器及冷却线圈和维持其在液氦温区运行的液氦。目前，有的国家正在研究用高温超导材料绕制储能线圈的方法，但因为高温超导材料如Bi系超导线圈无法在液氮温区产生很强的磁场，但是它在低温如30K以下运行时，不仅电流密度可以提高约一个数量级，而且磁场特性有明显改善，因此，用高温超导材料绕制的储能线圈需要在30K以下的温区运行。

超导储能线圈是在直流情况下运行的，因此线圈必须通过整流装置由电网充电励磁，而后通过逆变装置向电网及负载供电，它们主要由电力电子器件构成。

超导储能线圈有着广泛的应用前景。例如，它可以用来调节电力系统的尖峰负载，消除电力系统低频功率振荡，稳定电力系统的频率和电压，以及用于电力系统无功功率补偿和功率因数调节，从而提高电力系统的稳定性和功率输送能力。此外，它还可以作为太阳能和风能的储能装置、重要负载的备用电源和空间站的电源等。

美国洛斯阿拉莫斯实验室（LANL）自 1969 年以来就开始研究用于电力系统负载调节的超导储能装置，并于 1982 年研制成功储能为 30MJ、最大功率为 10MW 的超导储能装置。该储能装置于 1983 年安装在美国西海岸的两条并联的 500kV 高压输电线路上进行试验，目的是要消除该线路上出现的 0.35Hz 负阻尼振荡，以提高线路的稳定性。经过累计 1200h 的现场试验，证明该超导储能装置在抑制输电线路的低频振荡和无功功率补偿方面都起到了很好的作用。1987 年美国提出了一个“超导储能工程试验模型”（ETM）计划，其目标在于研制一个全尺寸的超导储能装置用于军事目的和电力系统。根据设计，其储能为 73.5GJ（20.4MWh），线圈直径为 129m，高度为 7.51m，电感为 3.67H，工作电流为 200kA，超导线总重 334t。该计划第一阶段的预研工作已经完成，第二阶段研究工作却因美国战略计划变动而未能进行。

美国建造了一个用于提高阿拉斯加电网供电可靠性的超导储能装置，该储能装置将作为尖峰负载的储备，并解决电网电压波动和稳定性问题。此装置中的储能线圈将是目前最大的超导储能线圈，其储能量为 1.8GJ（0.5MWh），线圈是用 NbTi 超导线绕制的螺旋管线圈，其内径为 6.7m，外径为 8.44m，高 2.44m，超导线总重 250t。线圈最大电流为 10.8kA，最大放电电压为 3.375kV。整个装置估计总投资为 4300 万美元，目前已投入运行。

此外，美国还积极开展用于电力方面的微型超导储能装置的作用和经济价值的评估工作，将超导装置推向市场。为此，美国超导公司已研制出储能量为兆焦级的微型储能装置。实验证明，这种储能装置能对重复的电压波动做出快速响应并使负载继续运行。

美国于 1986 年成立了一个超导储能研究会，由各大学、研究单位、产业部门等共约 50 个单位组成，其目的是研究和开发超导储能装置的实际应用，重点是中、小规模超导储能装置的应用，通过大量分析、设计和实验研究工作，提出了用于磁悬浮列车、大型计算机和高层建筑等的超导储能装置的建议。

1991 年起日本在通产省支持下开始研制 100kWh（480MJ）的环形超导储能装置，其中一个内径为 2.72m、外径为 3.59m 的 NbTi 模型线圈已研制完成，该线圈在电流达到 35.4kA 时没有失超，其对应磁场为 5T，所达到的电流已大大超过设计工作电流 20kA。

5.4.2 蓄电池储能

蓄电池是一种化学电源，它可将直流电能转化为化学能储存起来，需要时再把化学能转换为电能。蓄电池有不同的类型，例如：人们常用的手电筒用蓄电池，电量用完后不能再次充电，称为一次电池（或原电池）；还有一类可充电电池，称为二次电池，如汽车启动用的铅蓄电池，收音机、录音机等使用的镉镍电池、镍氢电池，以及移动电话、笔记本电脑使用的锂电池等。

1. 铅酸蓄电池

用铅和二氧化铅分别作为负极和正极的活性物质（即参加化学反应的物质），以浓度为27%～37%的硫酸水溶液作为电解液的电池，称为铅酸蓄电池，也称铅蓄电池。铅酸蓄电池具有运行温度适中和放电电流大，可以根据电解液比重的变化检查电池的荷电状态，储存性能好及成本较低等优点，目前在蓄电池生产和使用中保持着领先地位。铅酸蓄电池不仅具有化学能和电能转换效率较高、循环寿命较长、端电压高、容量大（高达 3000Ah）的特点，而且还具备防酸、隔爆、消氢、耐腐蚀的性能。同时随着新工艺、新技术的采用，铅酸蓄电池的寿命也在不断提高。铅酸蓄电池有固定型（开口式）和密封式两种。

固定型铅酸蓄电池主要用于通信电源、发电厂和变电所的操作和备用电源，以及其他固定场所。其具有容量大、价格相对便宜、使用寿命长的性能优点，接近光伏发电系统的要求，因此，目前功率较大的光伏电站多数采用固定型铅酸蓄电池。固定型铅酸蓄电池的主要缺点是需要维护，在气候干燥地区需要经常添加蒸馏水，隔一段时间还要检查和调整电解液密度。此外，固定型电池带液运输时，电解液有溢出的危险。近年来还开发出了免维护铅酸电池、液密式铅酸电池及阀控密封式铅酸电池。阀控密封式铅酸电池与常规的富液式铅酸电池的主要差别是电池的反应机理有所不同，电解液在电池中的保持状态也不一样。例如，有的阀控密封式铅酸蓄电池的电解液被吸附在超细玻璃纤维隔板中，有的则保持在颗粒二氧化硅中，有的存在于凝胶中（俗称胶体电池）。这类蓄电池可以水平放置使用，即使倒置也不漏液，同时具有免维护、安全、环保、方便运输等特点；但其价格较贵，往往是常规铅酸蓄电池的 2～3 倍，而且电解液干涸现象时有发生，从而使蓄电池寿命终止。

2. 镉镍袋式碱性蓄电池工作原理

袋式极板的基本原理是把粉末状的活性物质包在一个封闭的扁平穿孔钢袋里，并把这些袋叠放在一起制成电极。开口袋式电池由包于钢盒中的氢氧化镍正极、隔板和与正极相同的包于钢盒中的镉负极组成。它们均浸没在氢氧化钾的净化水溶液里，并装在塑料或镀镍钢板制成的开口电槽里。

3. 蓄电池的充电方法

蓄电池的充电方法很多，随电池性能和使用情况的差别而不同。

（1）恒电流充电：以恒定的电流给蓄电池充电的方法。这种方法最方便，也最普遍。通常对蓄电池的正常充电、初充电（或过充电）都是恒电流充电。

（2）恒压充电：以恒定的电压给蓄电池充电的方法，包括限流恒压充电、浮充电、均衡充电等。

（3）阶段充电：开始用一定电流充电，达到预定值时改用较小电流充电的方法。

（4）快速充电：这种充电方法大都采用脉冲大电流进行智能充电。

蓄电池一般采用正常充电，急用时可采用快速充电；如遇蓄电池过放电、反充电、小电流放电、间隙放电或长期使用容量不足时，必须采用过充电方式进行充电；蓄电池充电后搁置 1～3 个月启用前，要进行补充充电。蓄电池作为备用电源与负载并联工作时，必须采用均衡充电，然后转入浮充电进行充电；对长期处于浮充电的蓄电池，每年应进行 1～3 次均衡充电。

4．蓄电池的放电方法

蓄电池的放电方法有两种，即直接给负载供电和人工负载放电。人工负载放电往往是用来检验电池特性的，通常以恒流方式进行。

5.4.3 超级电容储能

超级电容又叫电化学电容器（Electrochemcial Capacitor，EC）、黄金电容、法拉电容，通过极化电解质来储能。它是一种电化学元件，但在其储能的过程中并不发生化学反应，这种储能过程是可逆的，因此超级电容器可以反复充放电数十万次。超级电容器可以被视为悬浮在电解质中的两个无反应活性的多孔电极板，在极板上加电，正极板吸引电解质中的负离子，负极板吸引正离子，实际上形成两个容性存储层，被分离开的正离子在负极板附近，负离子在正极板附近。

超级电容器属于双电层电容器，是世界上容量最大的双电层电容器之一。其工作原理与其他种类的双电层电容器一样，都是利用活性炭多孔电极和电解质组成的双电层结构来获得超大的容量。传统物理电容的储电原理是电荷在两块极板上被介质隔离，两块极板之间为真空（相对介电常数为 1）或一层介电物质（相对介电常数为ε）所隔离。超级电容器结构原理如图 5-35 所示，电容值为$\varepsilon\times\dfrac{A}{3.6\Pi}\times10^{6}\left(\mu F\right)$。其中 A 为极板面积，d 为介质厚度，所储存的能量为 E=0.5C(ΔV)2。

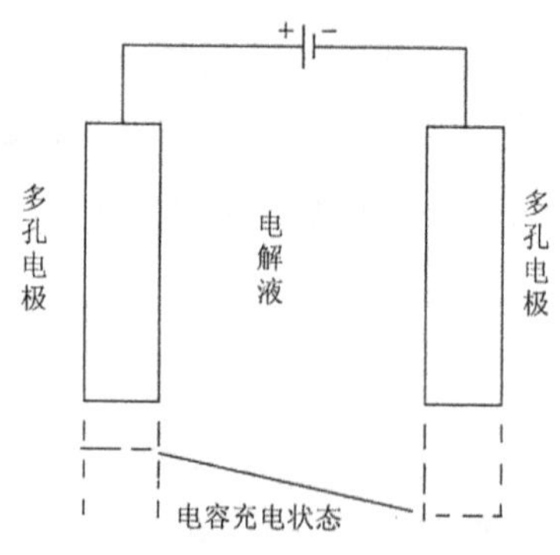

图5-35　超级电容的结构原理图

1．超级电容的主要性能参数

超级电容的主要性能参数取决于电容器电极、电解液的材质和制造工艺。超级电容的性能参数主要有以下几个。

电容容量：超级电容能够存储电荷的最大容量。

等效串联内阻（Equivalent Series Resistance，ESR）：当超级电容模拟成电阻、电容、电感的等效模拟电路时，其中串联部分的电阻就是等效串联内阻。

理想存储能量：电容器存储能量的理想值。对于一个最简单的电化学电容器，其理想存储能量可以通过下式来计算：

$$E = \frac{1}{2} C U_{\mathrm{w}}^2 \tag{5-63}$$

式中：C——电容器的容量；

U_{w}——电容器的工作电压

最大输出功率：当为电容器外接一个合适的负载时，其可以达到的最大输出功率计算公式为

$$P = \frac{U_0^2}{4\mathrm{ESR}} \tag{5-64}$$

式中：U_0——电容器的初始电压；

ESR——电容器的等效串联内阻。

2. 超级电容的特点和优势

超级电容与传统电容的比较见表 5-5。

表 5-5　超级电容与传统电容的比较

① 电容是以将电荷分隔开来的方式储存能量的，储存电荷的面积越大，电荷被隔离的距离越小，电容值越大
② 传统电容是从平板状导电材料得到其储存电荷面积的，只有将一很长材料缠绕起来才能获得大的面积，从而获得大的电容值。另外传统电容是用塑料薄膜、纸张或陶瓷等将电荷板隔开的。这类绝缘材料不可能做得非常簿
③ 超级电容是从多孔碳基电极材料得到其储存电荷面积的，这种材料的多孔结构使它每克质量的表面积可达 2000m^2。超级电容中电荷分隔的距离是由电解质中的离子大小决定的，其值小于 10nm；巨大的表面积加上电荷之间非常小的距离，使得超级电容有很大的电容值。一个超级电容单元的电容值，可以从一法拉至几千法拉

超级电容与电池的比较见表 5-6。

表 5-6　超级电容与电池的比较

① 超级电容采用超低串联等效电阻，即等效内阻极低，功率密度是锂离子电池的数十倍以上，适合大电流放电（一个 4.7F 电容能释放瞬间电流 18A 以上）
② 超级电容具有超长寿命，充放电次数大于 50 万次，是锂离子电池的 500 倍，是镍锰和镍镉电池的 1000 倍。如果对超级电容每天充放电 20 次，可连续使用 68 年
③ 超级电容可以大电流充电，充放电时间短，要求充电电路简单，无记忆效应，密封免维护。温度适应范围宽，为-40～70℃，一般电池是-20～60℃

与传统电容及二次电池相比，超级电容器储电能力比普通电容器强，并具有充放电速度快、效率高、对环境无污染、循环寿命长、使用温度范围宽和安全可靠等特点。

5.4.4 电容充放电过程仿真

1. 仿真原理

一个电压源通过电阻与电容串联的网络对电容充电。设 t=0 为初始时刻（初始时刻之前电路断开，不工作），电压源输出电压 $x(t)$为单位阶跃函数，电容两端的电压为 $y(t)$，回路电流为 $i(t)$，并将电压源视为系统输入，电容上的电压视为系统输出，电路的初始状态为 $y(0)$，如图 5-36 所示。R=1kΩ，C=1μF。

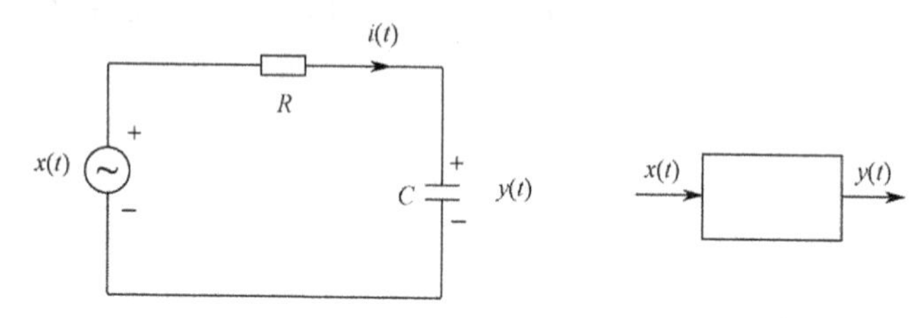

图5-36　电容的充电电路以及等价系统

首先根据网络拓扑和元件伏安特性建立该电路方程组：

$$\begin{cases} y(t) = x(t) - R \times i(t) \\ i(t) = C \times \mathrm{d}y(t)/\mathrm{d}t \end{cases} \tag{5-65}$$

并化简得

$$\mathrm{d}y(t)/\mathrm{d}t = 1/RC \times x(t) - 1/RC \times y(t)$$

该方程也称为系统的状态方程。在方程中，变量 y 代表电容两端的电压，是电容储能的函数。本例中它既是系统的状态变量，又是系统的输出变量。

最直接的数值求解方法是将上式转换为以时间向前递进的计算递推式，并以微小仿真时间步进Δ代替无穷小量 dt 进行近似数值计算。

首先，将 $\mathrm{d}y(t)=y(t+\mathrm{d}t)-y(t)$代入上式，并整理得时间向前递推式：

$$y(t+\mathrm{d}t)=y(t)+1/RC\times x(t)\times \mathrm{d}t-1/RC\times y(t)\times \mathrm{d}t \tag{5-66}$$

将近似式$\Delta \approx \mathrm{d}t$ 代入上式得到

$$y(t+\Delta)\approx y(t)+1/RC\times x(t)\Delta-1/RC\times y(t)\Delta \tag{5-67}$$

已知当前时刻 t 的输入信号 $x(t)$和状态 $y(t)$，通过式（6-67）就可以计算出下一时刻 $t+\Delta$的系统状态。

2. MATLAB 程序代码

```
dt=1e-5;          % 仿真采样间隔
R=1e3;            % 电阻值
C=1e-6;           % 电容量
T=5*1e-3;         % 仿真区间从 -T 到 +T
t=-T: dt: T;      % 计算的离散时刻序列
y(1)=0;           % 电容电压初始值，在时间小于零区间将保持不变
```

```
                    % 如果要仿真零输入响应，可设置 y(1)=1 等非零值
% ----输入信号设定：可选择零输入，阶跃输入，正弦输入，方波输入等----
x=zeros(size(t));                    % 初始化输入信号存储矩阵
x=1*(t>=0);                          % 在 0 时刻的输入信号跃变为 1，即输入为阶跃信号
% 如果要仿真零输入响应，这里设 x=0 即可
% x=sin(2*pi*1000*t).*(t>=0);    % 这是从 0 时刻开始的 1000Hz 的正弦信号
% x=square(2*pi*500*t).*(t>=0); % 这是从 0 时刻开始的 500Hz 的方波信号
    % 仿真开始，注意：设零时刻之前电路不工作，系统状态保持不变
    for k=1：length(t)
        time=-T+k*dt;
        if time>=0
            y(k+1)=y(k)+1./(R*C)*(x(k)-y(k))*dt；%递推求解下一个仿真时刻的状态值
        else
            y(k+1)=y(k)；  % 在时间小于零时设电路断开，系统不工作
        end
    end
    subplot(2，1，1)；plot(t，x(1：length(t)))；axis([-T T -1.1 1.1])；
    xlabel('t')；ylabel('input')；
    subplot(2，1，2)；plot(t，y(1：length(t)))；axis([-T T -1.1 1.1])；
    xlabel('t')；ylabel('output')；
```

3．零状态响应（电容充电过程）

电容充电过程如图 5-37 所示。

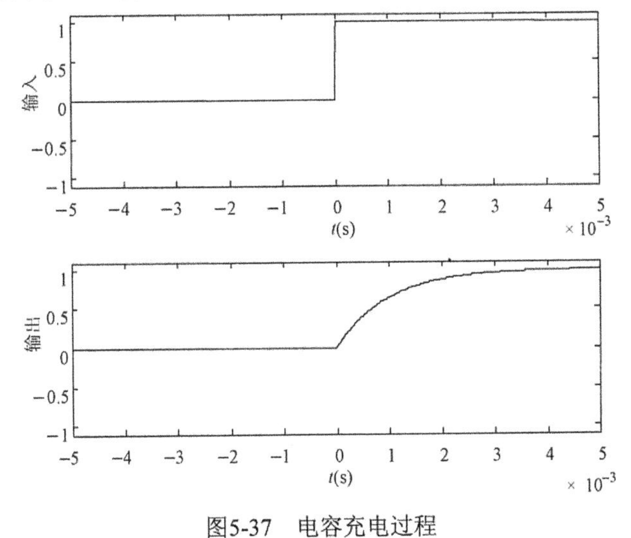

图5-37　电容充电过程

4．零输入响应（电容放电过程）

对程序做下列修改：

```
y(1)=1;
x=zeros(size(t));
x=0*(t>=0);
```

电容放电过程如图 5-38 所示。

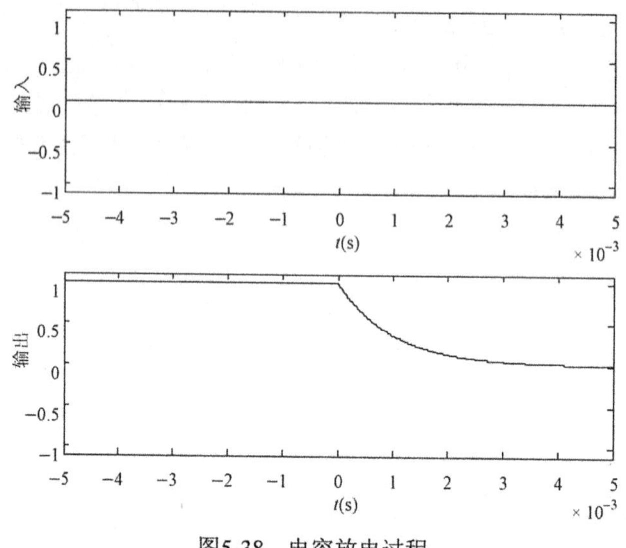

图5-38　电容放电过程

5．完全响应

（1）从 0 时刻开始的 1000Hz 的正弦信号

对程序做下列修改：

```
y(1)=0;
x=zeros(size(t));
x=sin(2*pi*1000*t).*(t>=0);
```

零输入正弦信号响应如图 5-39 所示。

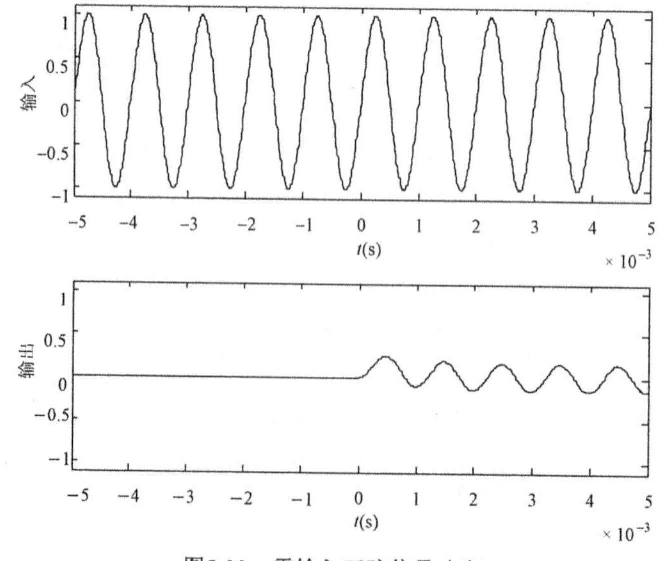

图5-39　零输入正弦信号响应

（2）从 0 时刻开始的 500Hz 的方波信号

对程序做下列修改：

```
y(1)=0;
x=zeros(size(t));
x=sqyare(2*pi*500*t).*(t>=0);
```

零输入方波信号响应如图 5-40 所示。

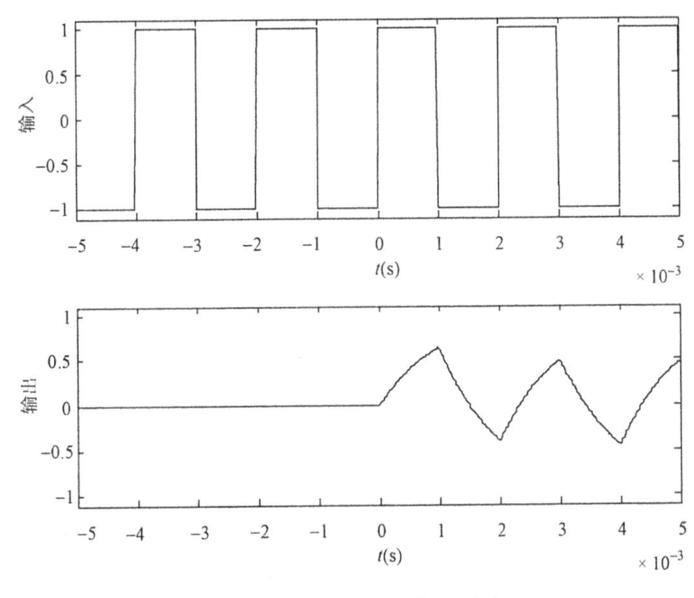

图5-40　零输入方波信号响应

5.5　储能技术的展望

传统电力系统的运行和需求正在发生巨大的变化，一些新的矛盾日渐突出，主要的问题有：

（1）系统装机容量难以满足峰值负荷的需求；

（2）现有电网在输电能力方面落后于用户的需求；

（3）复杂大电网受到扰动后的安全稳定性问题日益突出；

（4）用户对电能质量和供电可靠性的要求越来越高；

（5）电力企业市场化促使用户侧需要能量管理技术的支持；

（6）必须考虑环境保护和政府政策因素对电力系统发展的影响。

能量存储装置提供了一种可以解决上述各种问题的方案。新能源发电系统中，作为电网技术核心的储能技术，是解决可再生能源间歇性供电问题最有效的方法。

实现智能电网正常运行所需的技术有：

（1）现有配电网技术；

（2）新型网络技术，以提高电能传输能力和减少损耗，如气体绝缘输电线路（GIL），

超导性、高运行温度、柔性交流输电（FACTS）技术等；

（3）广域通信，保障网络自动化、在线服务、有功运行、需求响应和需求侧管理（DSM）；

（4）电力电子技术，改善供电质量；

（5）静态储能装置。

因此，电能的大规模存储仍然是一个方兴未艾的课题。

第6章 微电网

6.1 微电网概述

6.1.1 微电网的定义

随着经济持续高速发展，人们对电力的需求日益增加，并涉及与电力密切相关的能源需求，造成能源利用与环境保护之间的矛盾日益凸显。由于常规能源的逐渐衰竭、环境污染的日益加重，以及电力电子技术的不断进步，世界各国都在寻找一种环保、高效和灵活的发电方式。开发利用清洁高效的可再生能源是解决未来世界能源问题的主要出路。

研究与实践表明，分布式供电技术在解决能源危机和提高能源利用率的过程中可以起到重要的作用。分布式发电（Distributed Generation，DG），通常是指发电功率在几千瓦至数百兆瓦（也有的建议限制在50MW以下）的小型模块化、分散式、布置在用户附近的高效、可靠的发电单元，主要包括以液体或气体为燃料的内燃机、微型燃气轮机、太阳能发电（光伏电池、光热发电）、风力发电、生物质能发电等。

我国广大地区蕴含丰富的可再生能源（如风能、太阳能等），具备发展DG技术的客观条件。采用大电网和分布式发电供能系统相结合的模式，有助于提高用户供电的可靠性和能源的利用效率，实现节能减排。建设大电网，进行远距离高压或超高压输电的同时，在负荷中心建设足够的分布式电源，可以减轻负荷对大电网的过分依赖，在出现非常规灾害的时候，保证重要负荷供电，满足居民最小能源供应和最基本生活条件。因此，分布式供电成为电力系统的发展趋势之一。

随着分布式供电使用频率的增加，其本身存在的问题也显现出来。分布式供电系统投资成本高，回收周期较长，同时对分布式电源控制较为困难，尤其是以风能、太阳能等自然资源为动力的分布式供电系统，其功率输出的随机性和波动性给电网带来较大的冲击。虽然分布式发电技术有助于充分利用各地丰富的清洁可再生能源，但分布式电源大规模的并网运行将会对电力系统的安全稳定和调度运行产生一定影响。

1999年，美国电气可靠性技术解决方案协会（Consortium for Electric Reliability Technology Solutions，CERTS）首次提出了微电网（Microgrid）的概念。微电网是一个能够实现自我控制、保护和管理的自治系统，既可以与外部电网并网运行，也可以孤立运行。微电网是相对于传统大电网的一个概念，是由多个分布式电源及其相关负荷按照一定的拓扑结构组成的网络，并通过静态开关关联至常规电网。其内部的电源主要由电力电子装置负责能量转换，并提供必要的控制。它相对于外部主网表现为单一的可控单元，并且满足用户对电能质量和供电可靠性、安全性的要求。

6.1.2　微电网的重要意义

微电网作为远距离主网供电模式的补充，代表着电力系统新的发展方向。开发和延伸微电网能够充分促进分布式电源与可再生能源的大规模接入，实现对负荷多种能源形式的高可靠供给，是实现主动式配电网的一种有效方式，是传统电网向智能电网的过渡。

（1）微电网可以提高电力系统的安全性和可靠性，有利于电力系统抗灾能力建设

目前，我国电力工业发展已进入大电网、高电压、长距离、大容量阶段，六大区域电网已实现互连，网架结构日益复杂。实现区域间的交流互连，理论上可以发挥区域间事故支持和备用作用，实现电力资源的优化配置。但是对于大范围功率交流，电网存在低频振荡和不稳定性，其动态稳定事故难以控制，容易造成大面积停电。另一方面，厂网分开后，市场利益主体多元化，厂网矛盾增多，厂网协调难度加大，特别是对电网设备的安全管理不到位，对电力系统安全稳定运行构成了威胁。

与常规的集中供电电站相比，微电网可以和现有电力系统结合，形成一个高效灵活的新系统，具有如下优势：无须建设配电站，避免或延缓增加输配电成本，没有或只有很低的输配电损耗，降低终端用户的费用；小型化使得建设要求不高，不占用输电走廊，施工周期短，高效灵活，能够迅速应付短期激增的电力需求，供电可靠性高，同时还可以降低对环境的污染等。

2008年我国南方地区大范围低温雨雪冰冻和汶川地震特大灾害之所以给电力工业造成重大的损失，其中一个原因就是负荷中心没有电源点。而微电网可以提高负荷中心的就地供电能力，从受灾地区内部提供电能供应，从而在一定程度上降低停电损失，而且在一定条件下还可以为大电网的黑启动提供电源。因此，有必要在国家大电网格局下积极发展微电网。

（2）微电网可以促进可再生能源分布式发电的并网，有利于可再生能源在我国的发展

大量分布式电源并网面临许多技术障碍和质疑，有可能造成电力系统控制、安全和稳定问题，从而影响电网运行和电力市场交易。微电网可以充分发挥分布式发电的优势，消除分布式发电对电网的冲击和负面影响，采用系统的方法解决分布式发电并网带来的问题。通过将地域相近的微电源、储能装置与负荷结合起来进行协调控制，微电网对配电网表现为“电网友好型”的单个可控单元，可以与大电网进行能量交换，在大电网发生故障时可以独立运行。

（3）微电网可以提高供电可靠性和电能质量，有利于提高电网企业的服务水平

供电可靠性是供电企业管理的一项重要内容，直接体现了供电系统对用户的供电能力，供电可靠性指标已成为供电企业用户承诺的重要内容，同时也成为供电企业达标创一流的重要指标。随着社会的进步和人民生活质量的提高，全社会对供电质量和不间断供电的要求日益提高，对停电即使是短时停电都难以忍受。因此，采取各种措施努力提高供电可靠性，减少非计划停电事件，加快恢复供电的速度，保持优质的电能质量是摆在供电企业管

理者面前严峻的任务。

微电网可以根据终端用户负荷的需求提供差异化的电能，将负荷分类，形成金字塔形的负荷结构。负荷分级的思想体现了微电网个性化供电的特点，有利于电网企业向不同终端用户提供不同的电能质量及供电可靠性。

（4）微电网可以延缓电网投资，降低网损，有利于建设节约型社会

传统的供电方式是由集中式大型发电厂发出电能，经过电力系统远距离、多级变送为用户供电的方式。微电网的供电方式为“就地消费”，因此能够有效减少对集中式大型发电厂电力生产的依赖，以及远距离电能传输、多级变送的损耗，从而延缓电网投资。

（5）微电网可以为偏远地区供电，有利于新农村建设

微电网能够比较有效地解决我国西部地区目前常规供电所面临的输电距离远、功率小、线损大、建设变电站费用昂贵的问题，为我国边远及常规电网难以覆盖的地区的电力供应提供有力支持。

表 6-1 给出了常见的微电网形式。

表 6-1 常见的微电网形式

<table>
<tr><td colspan="2" rowspan="2">类型</td><td colspan="2">公用设施微电网</td><td colspan="2">工业/商业微电网</td><td rowspan="2">偏远微电网</td></tr>
<tr><td>城市电网</td><td>农村馈线</td><td>多设施</td><td>单设施</td></tr>
<tr><td colspan="2">应用</td><td>闹市区</td><td>计划孤岛</td><td>工业园区、大学校园和购物中心</td><td>商业楼或者居民楼</td><td>偏远地区和地理孤岛</td></tr>
<tr><td colspan="2">主要驱动力</td><td colspan="2">停电管理、可再生能源整合</td><td colspan="2">提高电能质量、可靠性和能源效益</td><td>偏远地区电气化和燃料消耗的减少</td></tr>
<tr><td colspan="2">优点</td><td colspan="2">温室气体减少，混合供电，阻塞管理，延迟升级，辅助服务</td><td colspan="2">改善电能质量，服务水平分化，热、电、冷联供，需求侧管理</td><td>供电可用度，可再生能源整合，温室气体减少，需求侧管理</td></tr>
<tr><td colspan="2">运行方式</td><td colspan="2">GD、GI、IG</td><td colspan="2">GD、GI、IG</td><td>IG</td></tr>
<tr><td rowspan="2">向 GI 和 IG 过渡</td><td>故障</td><td colspan="2">故障（临近馈线或者变电站）</td><td colspan="2">主网故障、电能质量问题</td><td>—</td></tr>
<tr><td>预设</td><td colspan="2">维修</td><td colspan="2">能源价格（高峰期）、电力系统维修</td><td>—</td></tr>
</table>

注：GD—依赖主网，GI—自治运行，IG—计划孤岛。

发展微电网，合理利用可再生能源，既是解决能源利用问题的有效途径，也是治理环境的重要举措，特别是能够免受电力系统突然断电造成的损失。由于投资少、见效快、灵活机动、安全可靠，微电网越来越受到人们的关注，开展微电网研究成为必然。

6.1.3 微电网国内外发展状况

1. 美国微电网

美国最早提出了微电网概念，近年来，其微电网研究一直持续进行。美国的微电网研究项目主要得到了美国能源部和能源可靠性办公室、加州能源委员会的资助，其研究的重点主要集中在满足多种电能质量的要求、提高供电的可靠性、降低成本和实现智能化等方面。

美国电气可靠性技术解决方案协会（CERTS）首次对微电网在可靠性、经济性及其对环境的影响等方面进行了研究。到2002年，较为完整的微电网概念被提出来。后来，美国北部电力系统承建了第一个微电网示范工程。和世界上其他微电网项目一样，CERTS微电网考虑的也是当微电网和主网因为故障突然解列时，微电网还能够维持对自身内部负荷的电能供应，直到故障排除。CETRS微电网所接入的都是峰值小于等于2MW的小机组，这就避免了采用昂贵控制，并且可以使系统具有很好的鲁棒性。CERTS的微电网设计理念是不采用快速电气控制、提供多样化的电能质量与供电可靠性、随时可接入的分布式能源（Distributed Energy Resources，DER）等。这些突出的特点使它成为世界上所提出的微电网中最权威、认可度最高的一个。

美国能源部还与通用电气（GE）共同资助了第二个“通用电气全球研究”计划，投资约400万美元。GE的目标是开发出一套微电网能量管理（Microgrid Energy Management，MEM）系统，使它能向微电网中提供统一的控制、保护和能量管理平台。MEM系统的设计旨在通过优化对微电网中互连元件的协调控制来满足用户的各种需求，如运行效率最高、运行成本最小等。这项计划分两个阶段施行，第一个阶段主要对一些基础的控制技术和能量管理技术进行研究，并探索该计划的市场前景，这一阶段已经完成。第二个阶段在2008年完成，主要是将第一阶段的技术在具体的模型中进行仿真，并建造示范工程。对比美国构建的两种微电网，CERTS微电网研究主要集中在对DER的设计和鲁棒控制；GE微电网则更多地关注外部监控回路的研发，以及对能量利用和运行成本的优化。

除了上述微电网研究之外，在美国还开展了许多这方面的研究，它们促进了微电网的发展，如加州能源委员会资助的分布式效能集成测试平台、美国国家可再生能源实验室所完成的对佛蒙特州微电网的安装和运行的检验等。

2．欧洲微电网

欧洲微电网的研究和发展主要考虑的是有利于满足能源用户对电能质量的多种要求，以及欧洲电网的稳定和环保要求等。微电网被认为是未来电网的有效支撑，它能很好地协调电网和DER之间的矛盾，充分发挥DER的优势。欧洲各国对微电网的研究越来越重视，近几年来各国之间开展了许多合作和研讨。

欧洲的微电网研究主要分为两个阶段，第一个阶段是欧盟第五框架计划（5th Framework Program，FP5）中专门拨款450万欧元的微电网研究资助计划。该计划由雅典国家技术大学组织，有来自欧盟7个国家的14位成员以及很多其他高校参与。该项目已经完成，并且取得了一些很具启发意义的研究成果，如分布式电源的模型、可用于对逆变器控制的低压非对称微电网的静态和动态仿真工具、孤岛和互连的运行理念、基于代理的控制策略、本地黑启动策略、接地和保护的方案、可靠性的定量分析、实验室微电网平台的理论验证等。

欧洲微电网研究的第二个阶段名为Advanced Architectures and Control Concepts for More Microgrid，由欧盟第六框架计划（6th Framework Programme，FP6）资助850万欧元。该计划仍然由雅典国家技术大学组织，参与的厂商有Siemens、ABB、SMA等，还有来自英国、法国、德国、西班牙等国的许多专家学者参与研究。这项计划的研究目标包括：研发新型的分布式能源控制器，以保证微电网的高效运行；寻找基于下一代通信技术的控制策略；创造新的网络设计理念，包括新型保护方案的应用和考虑工作在可变的频率下等；各种微电网在技术和商业方面的整合；微电网在技术和商业方面的协议标准；研发合适的硬件设备，使微电网具有即插即用的能力；研究微电网对大电网运行的影响，包括地区性的和大范围的影响；研究微电网能给欧洲电网在供电可靠性、网络损耗和环境等方面带来的改善；探索微电网的发展对基础电网发展的影响，包括其增强和替代老化的欧洲电网的可行性分析。

总之，欧洲所有的微电网研究计划都围绕着可靠性、可接入性、灵活性3个方面来考虑。电网的智能化、能量利用的多元化等将是欧洲未来电网的重要特点。

3. 日本微电网

目前日本在微电网示范工程的建设方面处于世界领先地位。日本政府十分希望可再生能源（如风能和光伏发电）能够在本国的能源结构中发挥越来越大的作用，但是这些可再生能源的功率波动性降低了电能质量和供电的可靠性。微电网能够通过控制原动机平衡负荷的波动和可再生能源的输出来达到电网的能量平衡，如配备有储能设备的微电网能够补偿可再生能源断续的能量供应。因此，从大电网的角度看，微电网相当于一个恒定的负荷。这些理念促进了微电网在日本的发展，并且日本十分重视关于微电网储能和控制的研究。日本学者提出了灵活可靠和智能能量供给系统（Flexible Reliability and Intelligent Electrical Energy Delivery System），并利用FACTS元件快速灵活的控制性能实现对配电网能量结构的优化。

新能源与工业技术发展组织（New Energy and Industrial Technology Development Organization，NEDO）是日本为了较好地利用新能源而专门成立的，它负责统一协调国内高校、企业与国家重点实验室对新能源及其应用的研究。NEDO在2003年的Regional Power Grid with Renewable Energy Resources Project项目中，开展了3个微电网的试点项目。这3个测试平台的研究都着重于可再生能源和本地配电网之间的互连，试验地点分别在青森县、爱知和京都，可再生能源在3个地区微电网中都占有相当大的比重。

中部机场的爱知微电网是NEDO建立的第一个微电网示范工程，在2005年日本爱知世博会期间投入使用。2006年，该系统迁到名古屋市附近的中部机场，并于2007年初开始运行。该微电网的最大特点是它的电源大多为燃料电池：两个高温熔化碳酸盐燃料电池（270kW和300kW）、4个磷酸盐型燃料电池（各200kW）、一个固体氧化物燃料电池（50kW）。系统中总的光伏发电容量为330kW，此外还有一个500kW的钠硫电池组用于功率的平衡。

青森县的微电网于2005年10月投入运行，运行期间进行了电能质量和供电可靠性、运行成本等方面的评估。该微电网的最大特点是只使用可再生能源进行供电。可控的DER包括3个以沼气为燃料的发电机组（共510kW）、1个100kW的铅酸电池组和1个1.0t/h的锅炉。该微电网能够节省约57.3%的能耗，同时减少约47.8%的碳化物排放量。

京都微电网于2005年12月投入运行，它主要由以下几方面构成：50kW光伏发电系统、50kW风力发电系统、5×80kW沼气电池组、250kW高温熔化碳酸盐燃料电池及100kW电池组。该系统的控制中心能够在5分钟之内实现系统能量的平衡，也可以根据需要设置更短的时限。

4．我国微电网

据《2013—2017 年中国微电网行业深度调研与可行性分析报告》显示，中国微电网研究处于起步探索阶段，在国家科技部 863 计划先进能源技术领域 2007 年度专题课题中已经包括了微电网技术，国家电网公司是微电网技术研究的主要机构。目前，清华大学、中国科学院电工研究所、天津大学、河海大学、东南大学、太原理工大学等单位也相继开始了对微电网的研究。2011 年 8 月，国网电科院微电网技术体系研究项目通过验收，该项目首次提出了我国微电网技术体系，其中涵盖了微电网核心技术框架、电网应对微电网的策略、技术标准和政策等，并制定了我国微电网发展技术路线图，对我国微电网不同阶段的发展提出了积极的建议。

河北、天津、河南、浙江、珠海等地已经在进行微电网示范项目的研究及建设。其中，珠海东澳岛微电网项目的建成，解决了岛上长期以来的缺电现象，最大程度地利用海岛上丰富的太阳光和风力资源，最小程度地利用柴油发电，提供绿色电力。随着整个微电网系统的运行，东澳岛可再生能源发电比例从 30%上升到 70%。

有研究分析认为，微电网是大电网的有力补充，是智能电网领域的重要组成部分，在工商业区域、城市片区及偏远地区有着广泛的应用前景。随着微电网关键技术研发进度的加快，预计微电网将进入快速发展期。

目前，国内对微电网的研究已经取得了一定的进展，但与欧洲、美国及日本等由研究机构、制造商和电力公司组成的庞大研究团队相比，我国在研究力量和取得成果上仍存在较大差距。

6.2 微电网结构

6.2.1 微电网总体结构

微电网的结构主要涉及两方面内容，一方面是微电网基本结构，另一方面是微电网通信结构。

微电网基本结构：微电网一般由多条辐射状馈线和负载群组成，辐射状配电网通过固态转换开关（Static Transfer Switch）在公共耦合点（Point Of Common Coupling）与主干配电系统相连。每条馈线具有断路器和潮流控制器。

微电网通信结构：微电网的通信结构由 3 个基本层组成，首层是微电网中央控制器（Microgrid Central Controller），次层是负荷控制器（Load Controller）和微电源控制器（Microsource Controller），底层是可控负荷与可控微电源。

美国电气可靠性技术解决方案协会（CERT）对于微电网的开发主要在分布式发电技术和电力电子接口两方面，以提供必要的灵活性和可控性，给出的微电网结构如图 6-1 所示。在该图中，微电网采用微型燃气轮机和燃料电池作为主要的微电源，储能装置连接在直流侧，与分布式电源一起作为一个整体通过电力电子接口连接到微电网。其研究重点是分布式电源的“即插即用”控制方法，不允许微电网向大电网供电。

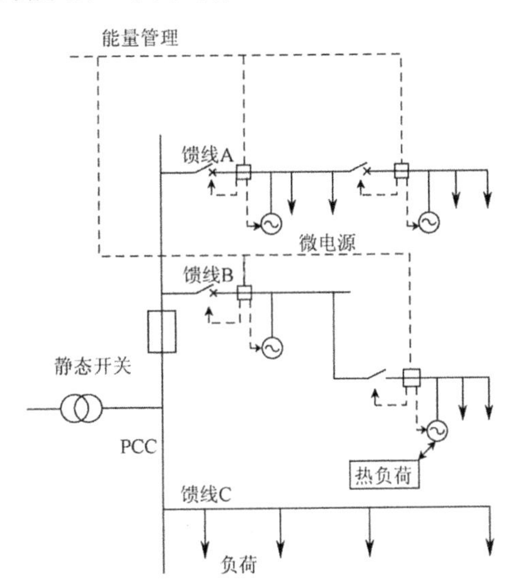

图6-1　美国电气可靠性技术解决方案协会微电网结构图

原则上，DG 的容量没有限制，不过根据可用性和可控性的实际要求，容量低于 500kW 的燃气轮机才会接入低压电网。另外，其他新型微电源技术，比如燃料电池，也可以是微电源的备选。图 6-1 中微电网表现为带有几个径向配电馈线的基本的低压分布式系统（在 A、B、C 这三种馈线情况下）。低压电网中配电变压器的一侧是微电网和分布式发电系统的公共连接点（PCC），它被用于定义两者的边界。在公共连接点，微电网应该满足接口要求。CERT 微电网的特点主要有如下几个。

（1）微源控制（功率和电压控制）

微电网的基础运行依赖于微电源 PV 控制器，微源控制的作用是根据预定的标准控制馈线潮流，实现微电源连接点的电压控制，并根据微电网的孤岛模式和微电网与上游中压电网的同步将负荷分配给微电源。该控制器的响应时间非常短，大约在毫秒级。作为中心控制系统，能量管理模块定义运行策略以达到对整个微电网的最佳控制。因此，需要在能量管理模块和微源控制器之间建立一个连接。微电网的控制模式给予微电源即插即用的特征，即通过系统一部分已经使用的具有控制和保护功能的单元，微电源可以在没有经过必要修正的条件下连接到微电网。

（2）能量管理

能量管理与微电网的可控性直接相关。依据之前定义的标准，提供充足的能量并分配给微源控制器充足的电压，以及实施相关配合能量管理的措施，如减少微电网亏损、最大化微电源运行效率、满足在 PCC 的协议等。因此，能量管理的控制功能是以分钟为周期的。

（3）保护

微电网保护方案应该保证能够对上游中压电网或者微电网自身的故障产生恰当的响应，以保护重要负荷和微电网。如果在上游中压电网中发生故障，PCC 处的保护动作，微电网由并网运行转为孤岛运行。如果在微电网中发生故障，保护应该做到在消除故障的同时，尽量减小停电范围。由于数量众多的电力电子逆变器的存在，使得故障电流减小，因此有必要发展另外一种方法来代替现有的配电网络的过电流保护。

微电网除了可以孤岛运行以外，美国电气可靠性技术解决方案协会给出的微电网结构还允许微电网与上一电压等级相互连接后进行如下操作。

（1）功率控制平台

此控制平台中的微电源控制自己连接点的功率输入和电压幅值。这种操作模式针对带有热负荷的微电源，因为电力生产是由热负荷需求决定的。

（2）馈线流动控制平台

处于该控制平台的微电源，为了控制 PCC 处的电压幅值并维持规定的功率流动值，必须实时监测馈线上的功率变动。

（3）综合控制平台

微电源调节自身的输出功率为给定值。

而欧盟给出的微电网结构如图 6-2 所示，光伏阵列、燃料电池和微型燃气轮机通过电力电子接口连接到微电网，小的风力发电机直接连接到微电网，中心储能单元被安装在交流母线侧。微电网系统采用分层控制策略，并且允许微电网作为电网中分布式电源的一部分向大电网供电。

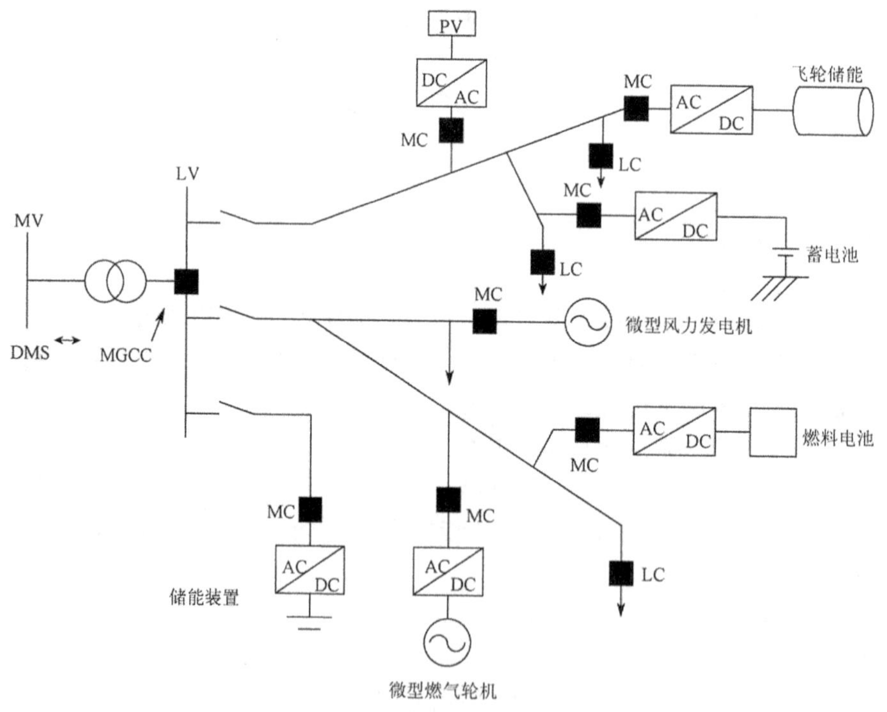

图6-2　欧盟微电网结构图

6.2.2　微电网组成部分

微电网元件主要有开关、微型电源、储能元件、电力电子装置和通信设施等。

微电网中的开关可以分为用于隔离微电网与大电网的静态开关和用于切除线路或微电源的断路器。静态开关，又叫固态转换开关，在发生故障或者扰动时，能自动地把微电网隔离出来，故障清除后再自动地重新与主网连上。静态开关安装在用户低压母线上，应确保其具有可靠运行的能力和一定的预测性，并且有能力测量静态开关两侧的电压和频率，以及通过开关的电流。通过测量，静态开关可以检测电能质量问题，以及内部和外部的故障。当同步标准可以接受时，微电网和主网会重新连上。

微型电源指安装在微电网中的各分布式电源，包括微型燃气轮机、柴油发电机、燃料电池，以及风力发电机、光伏电池等可再生能源。

常用的储能设备包括蓄电池、超级电容器、飞轮储能等。储能设备的主要作用在于，在微型电源所发功率大于负荷总需求时，将多余的能量储存在储能单元中；反之，将存储在设备中的能量以恰当的方式释放出来及时供电，以维护系统供需平衡。当微电网孤网运行时，储能设备是微电网能否正常运行的关键性元件，它起到频率调节的作用。储能设备的响应特性，以及由微型电源和储能设备组成的微电网的外部响应特性是今后值得继续深入研究的问题。

电力电子装置主要包括整流器、逆变器、滤波器及斩波器等。使用电力电子装置进行电能转换的技术就是电力电子技术，新能源发电的发展依赖于现代电力电子技术的进步与成就。

6.2.3 微型电源及其特性

微型电源可以有多种能源形式，根据电能供给种类分为直流电源、交流电源和交直交电源三种类型。其中，直流电源包括燃料电池、太阳能光伏电池、蓄电池以及储能电容器等；交流电源包括以鼠笼式感应电机为主的风力发电机和传统的小功率同步发电机；交直交电源包括微型燃气轮机，其发出的交流电需要整流并逆变。微型电源表现出来的特点主要有以下几个。

（1）有些微型电源的输出频率明显高于工频（50Hz）（如微型燃气轮机转速可达到50000～100000r/min），或产生直流电（如燃料电池和光伏电池板等），考虑到绝大多数负荷是工频电负荷，这些微型电源必须通过整流、逆变等电力电子设备转变成工频电再与负荷相连。

（2）与传统的系统电源相比，当负荷需求发生变化时，微型电源的反应时间比较长（10～200s），不能实时地跟踪负荷变化，系统中必须有储能设备以便负荷发生变化时及时供电或存储多余电能，保证微电网系统内负荷的供需平衡。

（3）不可控微型电源（如风力和光伏发电）的出力受自然条件的影响很大。

基于微型电源以上特点，而电力系统中电能必须时刻保持平衡，因此，微电网的结构理论中，对微型电源系统的响应特性和不可控微型电源的自然特性分析非常重要，是促进微电网研究的基础性研究工作。

这里重点讲述微型燃气轮机基本工作原理，其他类型的微型电源在本书其他章节详细讲述。

微型燃气轮机是一种以气体或者液体为燃料，输出功率在 30～400kW 的小型燃气轮机。微型燃气轮机分为单轴和拼合轴两种典型结构。在单轴结构中，如图 6-3 所示，压缩机、膨胀式涡轮机和发电机共用一个高速旋转的轴。典型的微型燃气轮机的转速可以在 50000～120000r/min 范围内变化，以适应不同的负荷要求，并保证高效运转和长期的可靠性。电力发电机通常采用变速永磁同步发电机，它可以产生高频交流电，经过电力变换器变换成与线路同频率的电能。在单轴微型燃气轮机启动初期，发电机是作为电动机使用的，它推动涡轮压缩机的轴转动，使转速满足燃烧过程的要求。如果系统与电网是独立的，就需要设置电力储存设备，如电池，为启动过程中的发电机提供动力。

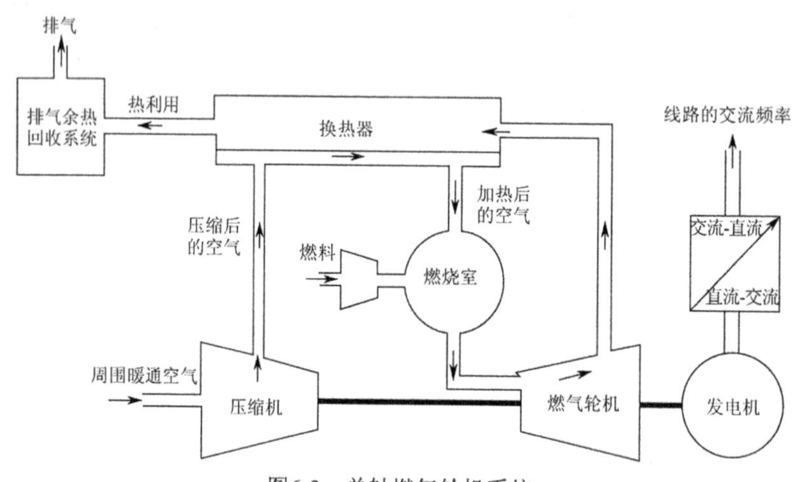

图6-3　单轴燃气轮机系统

双轴微型燃气轮机有两台涡轮机，一台用于推动压缩机的轴转动，另一台独立推动发电机运转。从压缩机中排出的废气用于推动发电机运转。回热器中的废气用于预热来自压缩机的空气。双轴微型燃气轮机可以在低转速下运行。动力涡轮机通过齿轮箱可以连接到一个传统发电机上，产生交流电源。

微型燃气轮机的运行基于热力学的勃朗登循环，如图 6-3 所示。空气在进入燃烧室之前在压缩机中被压缩，并在换热器中与燃气轮机中的排气进行换热，从而得到加热。经过压缩和加热的空气与燃料在燃烧室中按一定的比例进行混合。混合物着火燃烧，产生的燃气经燃气轮机膨胀做功，从而推动压缩机和发电机的轴转动。通常选择换热器可以提高整个系统的效率，这是由于空气进入燃烧室之前利用燃气轮机的排气对其进行预热，从而有效地利用了热量。不采用换热器，燃气轮机的效率大约为 15%，比相同规格的内燃机的效率要低。采用换热器可以使效率翻番，尽管采用蓄热器的成本较高，但可以使整体燃气轮机效率得到显著提高。

不同制造厂商生产的商用微型燃气轮机可以使用不同类型的燃料，如天然气、沼气、柴油、煤油、丙烷等。新型的燃烧方式，采用了较低的燃气轮机进气温度、较低的燃料与空气比，从而降低了 NO_x 的排放，同时减少了燃烧产物中 CO 和碳氢化合物的比例。从机械的角度来看，微型燃气轮机没有往复的部分，从而减少了更换润滑剂。取而代之的是，微型燃气轮机采用了空气轴承和空气冷却的方式，这样大大减少了有害的液体润滑剂和冷却剂的使用，并减少了日常维护的次数。

先进的微型燃气轮机具有多台集成扩容、多燃料、低燃料消耗率、低噪声、低排放、低振动、低维修率、可遥控和诊断等一系列先进技术特征，除了分布式发电外，还可用于备用电站、热电联产、并网发电、尖峰负荷发电等，是提供清洁、可靠、高质量、多用途、小型分布式发电及热电联供的最佳方式，无论对中心城市还是远郊农村甚至边远地区均能适用。此外，微型燃气轮机在民用交通运输（混合动力汽车）、军车及陆海边防方面均具有优势，受到美、俄等军事大国的关注。因此，从国家安全看，发展微型燃气轮机也是非常重要的。

6.2.4　微电网接线形式及微电网负荷

低压线路的接线方式有放射式、干式、环形等。微电网包括若干条馈线，整个网络呈放射状。馈线通过微电网主隔离装置（一般是静态开关）与配电系统相连，可实现孤网与并网运行模式间的平滑无缝转换。

微电网接线形式具有其独特之处。首先，微电网可按负荷的重要程度以及负荷对电能质量的不同要求，分别接入不同的馈线，从而实现对负荷的分级分层控制。其次，微电网中分布式电源接入馈线中，使线路中的功率变为双向流动，为微电网的控制、保护带来了新的问题。

微电网负荷分为电负荷和热（冷）负荷。并网运行模式下，电力配电系统通常被认为是电气“松弛母线”，即平衡结点，以供应或吸收微电网产生的不平衡功率，维持净功率平衡。但是如果基于运行策略或者合同义务，净输入或净输出已经达到硬性限制，微电网内部也可以采取切负荷或者切电源方案。

孤网运行模式下，经常会采用切负荷或切电源方案以维持功率平衡，从而稳定微电网电压和频率。运行策略必须保证微电网对关键负荷的服务优先。微电网运行应该满足用户对电能质量的不同要求，改善特殊负荷的电能质量，以及提高特殊类别负荷的可靠性。同时，也应该实行负荷控制，通过减少峰值负荷和缩小负荷变动的范围，优化可调度 DG 单元的额定容量。

在实践中，部分非敏感负荷也被认为是可控负荷，将其归入需求反应控制范围以减少峰值负荷，或者使负荷曲线平滑，或者将其安排在特殊时间段内，如当间歇式 DG 有额外的功率可用时的负荷服务时间。而非敏感负荷的非可控部分是切负荷的第一候选。

6.3　微电网运行和控制方式

6.3.1　微电网运行方式

微电网系统有与外部电网并网运行和孤网运行两种运行模式。并网运行方式是指在正常情况下，微电网与常规电网并网运行时向电网提供多余的电能或由电网补充自身发电量的不足。孤网运行方式是指当检测到电网故障或电能质量不满足要求时，微电网可以与主网断开形成孤岛模式，由 DG 向微电网内的负荷供电。微电网的孤网运行为系统提供了更高的供电可靠性和供电不间断性。研究表明，采用合理的控制策略，微电网可以并网或孤网运行，并可实现两种运行状态的平滑过渡和转换。

1. 并网运行

并网运行方式指微电网通过公共连接点与大电网相连，并与大电网有功率的交换。当负荷大于分布式电源发电量时，微电网从大电网吸收部分电能；反之，当负荷小于分布式电源发电量时，微电网向大电网输送多余的电能。并网运行方式下，微电网可以利用电力市场的规律，灵活控制分布式电源的运行，获得更多的经济效益。

在并网运行方式下，微电网内的功率缺额由大电网进行平衡，因此频率的调整由大电网完成。对局部可靠性和稳定性，恰当的电压调节是必要的。没有有效的局部电压控制，分布式电源高渗透率的系统可能会产生电压和无功偏移或振荡。电压控制要求电源之间没有大的无功电流流动。在并网运行方式下，DG 单元以局部电压支撑的形式提供辅助服务。对于现代电力电子接口，与有功频率下垂控制器相类似，可以采用电压无功下垂控制器，为局部无功需求提供一种解决方案。

并网运行时的控制策略为光伏发电一直保持 MPPT 模式，检测储能装置的荷电状况以确定是否充电。当检测到蓄电池未充满时应充电，若充满就停止充电。能量控制器检测负荷和无功的变化。在联网模式下，蓄电池不参与供电。仅通过储能装置进行无功调节，并补偿无功，维持功率平衡和系统稳定。微电网能量管理器将增加与各级微电源之间的通信协调工作。并网运行发生故障时，由于微电源的分布式特性，可由微电源能量管理系统迅速定位故障点位置。当故障点在微电网内部时，由微电网能量管理控制器通过综合各微电源的信息做出相应调整；当故障点在微电网外部时，通过主网调度中心与各高级调度中心相互通信以确定故障严重程度。如超出自身调节能力，相应微电网可选择与主网断开，进入孤岛运行，这样可同时保证主网与微电网的安全稳定运行。

2. 孤网运行

孤网运行方式是指微电网与大电网隔离而独立运行。孤网运行时微电网的重要任务是保证为微电网内的重要负荷连续供电。

孤网运行可分为计划内的孤网运行和计划外的孤网运行。在大电网发生故障或其电能质量不符合系统标准的情况下，微电网可以以孤网模式独立运行，称为计划外的孤网运行。这种运行方式可以保证微电网自身和大电网的正常运行，从而提高供电可靠性和安全性。此时，微电网的负荷全部由 DG 承担。此外，基于经济性或其他方面的考虑，微电网可以主动与大电网隔离，独立运行，称为计划内的孤网运行。

孤网运行方式下，微电网频率控制具有一定的挑战性。大系统的频率响应基于旋转体，被认为是系统固有稳定性的要素。相反，微电网本质上是以电力变换器为主的网络，具有很少或者根本没有直接相连的旋转体。由于微型燃气轮机和燃料电池对控制信号有较缓慢的响应特性，因此，孤网运行需要技术支持，并且要考虑负荷跟踪问题。变换器控制系统必须相应地提供原先与旋转体直接相连时所能得到的响应特性。而频率控制策略应该以一种合作的方式，通过频率下垂控制、储能设备响应、切负荷方案等，根据微型电源的容量改变它们的输出有功。

在孤网模式下各微电源协调控制策略如下：①光伏电池应保持 MPPT 模式，当光伏电池输出大于负荷消耗且蓄电池充满时，应工作在定电压模式；②蓄电池储能为零，光伏输出持续增加但小于负荷消耗时，蓄电池停止运行。光伏输出超过微电网负荷消耗，蓄电池未充满，则蓄电池充电；③光伏输出小于负荷消耗时或光伏输出为零时，蓄电池有储能，应工作在放电模式；④当光伏输出超过微电网负荷消耗时，应工作在低输出运行模式。当负荷需求持续增加，光伏电池和蓄电池已不能满足负荷用电需求时，风力发电机则增加输出功率。光伏发电结束且储能装置储能为零，则完全由大电网供电。

6.3.2 微电网逆变器控制方法

微电网相对于主配网来讲是一个可控的单元，为了更好地满足内部负荷用户用电的要求，必须对微电网进行良好的控制，主要控制设备有微电源控制器、中央能量管理系统、可控负荷管理器、继电保护设备等。与传统电网不同，微电网在运行控制方面能够基于本地信息做出应有的独立响应，当微电网内发生电压跌落等故障时，能够保证其被及时切除，以避免其对主配网的影响。

一般来讲，微电网控制的主要目标有两个。第一，根据故障情况或者微电网自身的需要，能够实现平滑自主地与主配网分离、并列或两者之间的过渡转化运行，保证微电网能够在并网和孤岛运行状态之间平滑可控地切换，同时能够灵活调节微电网内的馈线潮流，对无功和有功进行独立解耦控制，最终实现不同模式下微电网内负荷和微电源之间的功率平衡。第二，调节每个微电源接口处电压，从而保证电压的稳定性；而在孤网运行时，保证微电源能够迅速对负荷做出响应并分担主网负荷。

当微电网与主配网连接并列运行时，若微电网中微电源发出的功率大于微电网中负荷的需求，则能量经过公共连接点流向主配网；若微电网中微电源发出的功率小于微电网中负荷的需求，则主配网经公共连接点向微电网注入电能。由于主配网的刚性，微电网的频率和电压由主配网决定，微电源不参与电压和频率的调节。

主配网发生故障、电能质量不能满足要求或检修时，微电网与主配网断开，孤立运行；当主配网故障切除或电能质量恢复之后，微电网接入主配网，重新并列运行。在并网与孤网相互切换的动态过程中和孤网运行时，为了保证平滑过渡和稳定运行，需要进行电压、频率、相角控制。

微电源在微电网并网和孤网运行两种运行状态下的控制策略是不同的。微电源的控制方式与所采用的发电装置类型有关，对于采用电力电子逆变器的微电源来说，通常有三种控制方式：微电网并网状态下的 *P*/*Q* 控制方式、微电网孤网状态下的下垂控制和 *U*/*f* 控制。

1. *P*/*Q* 控制

P/*Q* 控制方式用于微电网并网运行状态。在该状态下，微电网内负荷波动，频率和电压扰动由大电网承担，各微电源不参与频率调节和电压调节，直接采用电网频率和电压作

为支撑。目前，采用电力电子逆变器的微电源的 P/Q 控制方式很多，比较成熟的方法是通过逆变器的控制作用，按照给定参考值进行有功功率和无功功率输出，也称恒功率控制。

采用恒功率控制的主要目的是使逆变器输出的有功功率和无功功率等于其参考功率，即当并网逆变器所连接交流网络系统的频率和电压在允许范围内变化时，逆变器输出的有功功率和无功功率保持不变。因此，采用该种控制方式的微电源逆变器并不能维持系统的频率和电压，如果是一个独立运行的微电网系统，则系统中必须有维持频率和电压的微电源；如果是并网运行的微电网，则由主电网维持电压和频率。

逆变器输出的有功功率和无功功率瞬时值在 dq 坐标系下可以表示为

$$\begin{cases} P = \dfrac{3}{2}(V_{\mathrm{d}} i_{\mathrm{d}} + V_{\mathrm{q}} i_{\mathrm{q}}) \\ Q = \dfrac{3}{2}(V_{\mathrm{q}} i_{\mathrm{d}} - V_{\mathrm{d}} i_{\mathrm{q}}) \end{cases} \tag{6-1}$$

如果Park 变换中选取 d 轴与电压矢量同方向，可以使得 q 轴电压分量为零，功率输出表达式可以简化为

$$\begin{cases} P = \dfrac{3}{2} V_{\mathrm{d}} i_{\mathrm{d}} \\ Q = -\dfrac{3}{2} V_{\mathrm{d}} i_{\mathrm{q}} \end{cases} \tag{6-2}$$

根据给定的参考功率 $P_{\mathrm{i\_ref}}$、$Q_{\mathrm{i\_ref}}$ 及测量所得的馈线电压，可计算出从逆变器流向馈线的参考电流 $i_{\mathrm{d\_ref}}$ 和 $i_{\mathrm{q\_ref}}$ 为

$$\begin{cases} i_{\mathrm{d\_ref}} = \dfrac{2}{3} P_{\mathrm{i\_ref}} / V_{\mathrm{d}} \\ i_{\mathrm{q\_ref}} = \dfrac{2}{3} Q_{\mathrm{i\_ref}} / V_{\mathrm{d}} \end{cases} \tag{6-3}$$

由此可以得到基于有功电流和无功电流控制的 P/Q 控制策略实现方案，如图 6-4 所示，参考电流 $i_{\mathrm{d\_ref}}$ 和 $i_{\mathrm{q\_ref}}$ 分别与 i_{d} 和 i_{q} 进行比较，并对误差进行控制，直至误差信号为零，控制器达到稳态。

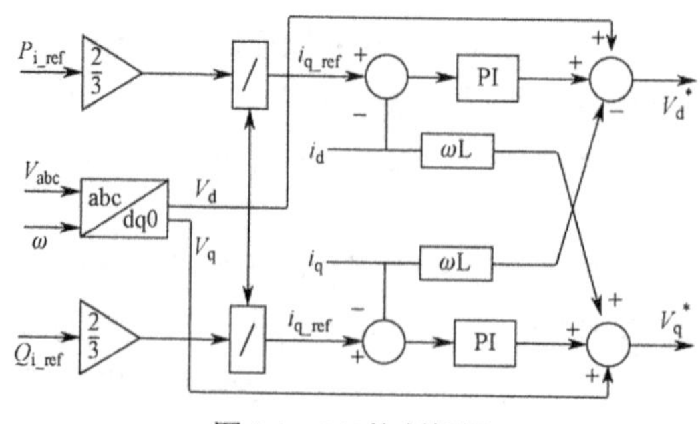

图6-4　P/Q控制框图

2．下垂控制

下垂控制是模拟发电机组功频静特性的一种控制方法，既可以单独为电压和频率提供

支持，也可以通过与其他的电网电压和频率支持单元并联协调运行。

逆变器并入微电网公共交流母线的等值模型如图 6-5 所示。E 表示公共母线的电压；V 表示逆变器的端电势；假设 E 的相角为 0°，ϕ 则表示 V 与 E 之间的相角差；Z 为逆变器的端阻抗，θ 为阻抗角。逆变器输出的视在功率 S 为

$$
\begin{aligned}
S &= P + \mathrm{j}Q = \dot{E}\dot{I}^* \\
&= E \cdot \left(\frac{V\cos\phi + \mathrm{j}V\sin\phi - E}{Z\cos\theta + \mathrm{j}Z\sin\theta} \right)^* \\
&= \frac{1}{Z}[(EV\cos\phi - E^2)\cos\theta + EV\sin\phi\sin\theta] + \\
&\quad \mathrm{j}\frac{1}{Z}[(EV\cos\phi - E^2)\sin\theta - EV\sin\phi\cos\theta]
\end{aligned}
\tag{6-4}
$$

逆变器输出的瞬时有功功率 P 和无功功率 Q 可以用下式表示：

$$
\begin{cases}
P = \left(\dfrac{EV}{Z}\cos\phi - \dfrac{E^2}{Z} \right)\cos\theta + \dfrac{EV}{Z}\sin\phi\sin\theta \\
Q = \left(\dfrac{EV}{Z}\cos\phi - \dfrac{E^2}{Z} \right)\sin\theta - \dfrac{EV}{Z}\sin\phi\cos\theta
\end{cases}
\tag{6-5}
$$

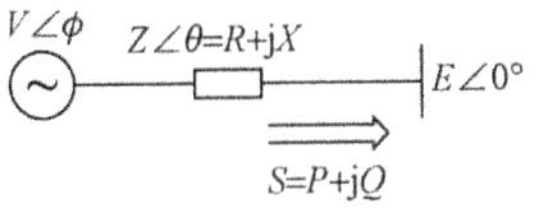

图6-5　微电源并网的等值模型

（1）若逆变器端阻抗近似呈纯阻性，$R \gg X$，X 忽略不计，$Z \approx R$，$\theta = 0^\circ$，且电压相角差 ϕ 一般不大，$\sin\phi \approx \phi$，$\cos\phi \approx 1$，则式（6-5）可变形为式（6-6）。可见此时，逆变器输出的有功功率主要受 $V\text{–}E$ 影响，而无功功率取决于 ϕ。

$$
\begin{cases}
P \approx \dfrac{E}{R}(V - E) \\
Q \approx -\dfrac{EV}{R}\phi
\end{cases}
\tag{6-6}
$$

（2）若逆变器端阻抗近似呈纯感性，$X \gg R$，R 忽略不计，$Z \approx X$，$\theta = 90^\circ$。当 $\sin\phi \approx \phi$，$\cos\phi \approx 1$ 时，逆变器输出的有功功率 P、无功功率 Q 表示为式（6-7）。显然可见，此时逆变器输出的有功功率 P 取决于 ϕ，而无功功率 Q 取决于 V。

$$
\begin{cases}
P \approx \dfrac{EV}{X}\phi \\
Q \approx \dfrac{E}{X}(V - E)
\end{cases}
\tag{6-7}
$$

逆变器端电压的角频率 ω 较相角差 ϕ 更容易监测，一般监测角频率 ω 代替相角差 ϕ 对逆变器进行控制。逆变器通常都经过滤波电感等滤波装置接入电网，使得逆变器端阻抗 Z 呈感性，从而可以实现 P、Q 和 ϕ、V 的解耦控制。逆变器下垂控制常表示为式（6-8）。式中，

ω_0、V_0 分别表示逆变器的空载运行频率和电压，m_p、n_q 分别表示 P-ω、Q-V 下垂系数。其中，ω_0、m_p 称为逆变器的有功设置参数，V_0、n_q 称为逆变器的无功设置参数。P-ω和 Q-V 下垂特性如图 6-6 所示。

$$\begin{cases}\omega = \omega_0 - m_p P \\ V = V_0 - n_q Q\end{cases} \tag{6-8}$$

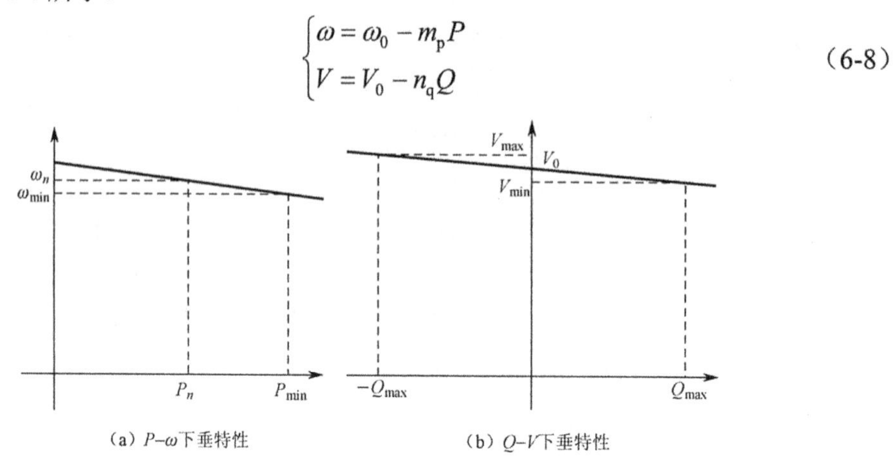

（a）P–ω下垂特性　　（b）Q–V下垂特性

图6-6　下垂控制特性

当系统有功负荷突然增大时，有功功率不足，导致频率下降；当系统无功负荷突然增大时，无功功率不足，导致电压幅值下降。反之亦然。以系统有功负荷突然增大时频率下降为例，逆变器下垂控制系统的调节作用如下：频率降低时，控制系统调节分布式电源系统输出的有功功率按下垂特性相应地增大，与此同时，负荷功率也因频率下降而有所减小，最终在控制系统下垂特性和负荷本身调节效应的共同作用下达到新的功率平衡。

在微电网结构中，对于能量可调度的微电源，由于其容量限制，当单个微电源不能满足系统的功率需求时，需要将多个这样的微电源并联运行，通过实现即插即用，提高微网运行的可靠性并降低系统成本。

3. 电压频率控制

电压频率控制，即 U/f 控制，通过控制逆变器，实现其输出的电压和频率保持恒定的目的。电压频率控制方式主要应用于微电网孤岛运行模式，处于该种控制方式下的微电源为微电网系统提供电压和频率支撑，相当于常规电力系统中的平衡结点。

常见的实现方法是利用外环电压、内环电流双环控制，电压外环能够保证输出电压的稳定，电流内环构成电流随动系统，能大大增强抵御扰动的能力，具有良好的动态响应。采用 V/f 控制的微电源可以根据系统不同功率需求调节自身输出功率的大小以保证电压和频率的恒定，其结构框图如图 6-7 所示。

采集出口三相电压瞬时值 u_a、u_b、u_c，经过 Park 变换后得到三相电压 d、q 轴分量 u_d、u_q，进入电压外环与给定的参考值 u_{dref}、u_{qref} 比较，对误差进行 PI 控制。Park 变换中选取 d 轴与电压矢量同方向，q 轴电压分量为零，变换角由给定参考频率对时间的积分设定。比较后，可得内环电流控制器的参考信号 i_{cdref}、i_{cqref} 并进行电流控制，输出控制信号。当逆变器输出电压与参考电压不相等，即有误差时，由 PI 调节器进行调节，消除误差信号，使控制器达到稳态。

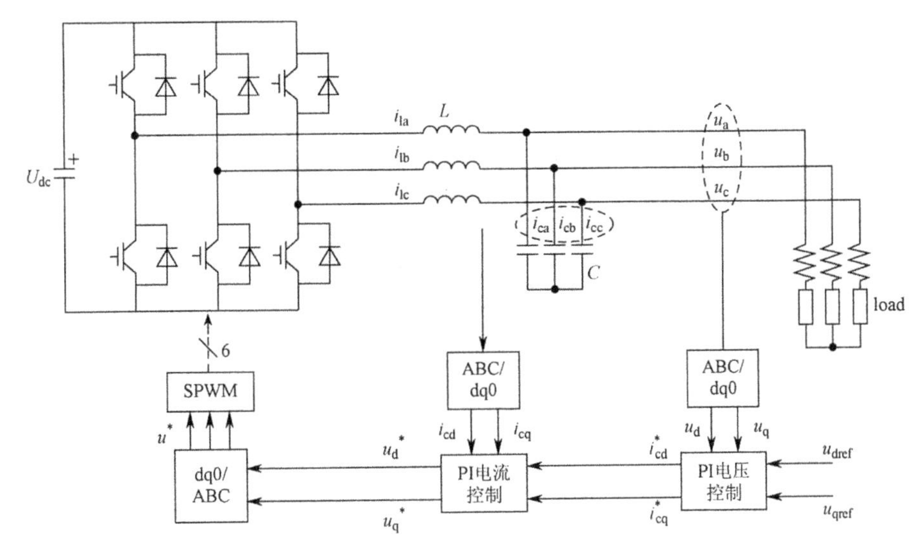

图6-7 *V/f* 控制结构框图

频率恒定控制是由频率控制器实现的，采用锁相环闭环控制技术，产生其输入信号，通过与频率参考值的无差控制，保证频率恒定。由于微电源都有容量限制，只能提供有限的功率，因此，需要提前确定孤岛运行条件下负荷与电源之间的功率匹配情况。

6.3.3 微电网储能

将储能装置与微电网中的微电源结合，可以有效地解决微电网运行中电能的供需平衡问题，改善微电网电能质量，特别是对敏感负荷的供电质量。

考虑微电网运行的特点和储能的作用，对储能装置性能要求可以概括如下：能量密度大，能够以较小的体积重量提供较大的能量；功率密度大，能够提供系统功率突变时所需的补偿功率，具有较快的响应速度；储能效率高；高低温性能好，能够适应一些特殊环境；以及环境友好等。现阶段微电网中可利用的储能装置很多，主要包括蓄电池储能、超导储能、飞轮储能、超级电容器储能等。

蓄电池储能是目前微电网中应用最广泛、最有前途的储能方式之一。蓄电池储能可以解决系统高峰负荷时的电能需求，也可用蓄电池储能来协助无功补偿装置，有利于抑制电压波动和闪变。然而蓄电池的充电电压不能太高，要求充电器具有稳压和限压功能。蓄电池的充电电流不能过大，要求充电器具有稳流和限流功能，所以它的充电回路也比较复杂。另外由于充电时间长，充放电次数仅数百次，也限制了使用寿命，使得维修费用高，过度充电或短路时容易爆炸。由于在蓄电池中使用了铅等有害金属，所以其还会造成环境污染。蓄电池的效率一般在 60%～80%，取决于使用的周期和电化学性质。

超导储能系统（SMES）利用由超导体制成的线圈，将电网供电励磁产生的磁场能量储存起来，在需要时再将储存的能量送回电网或直接给负荷供电。SMES 与其他储能技术相比，由于可以长期无损耗储存能量，能量返回效率很高，并且能量的释放速度快，通常只需几秒钟，因此采用 SMES 可使电网电压、频率、有功和无功功率容易调节。但是，超导体由于价格太高，造成了一次性投资太大。高温超导和电力电子技术的发展促进了超导储能装置在电力系统中的应用，其在 20 世纪 90 年代已被应用于风力发电系统和光伏发电系统。SMES 快速的功率吞吐能力和较为灵活的四象限调节能力，使得它可以有效地跟踪电气量的波动，提高系统的阻尼。

飞轮储能技术是一种机械储能方式。早在 20 世纪 50 年代就有人提出利用高速旋转的飞轮储能。飞轮储能具有效率高、建设周期短、寿命长、高储能量等优点，并且充电快捷，充放电次数无限，对环境无污染。但是，飞轮储能的维护费用相对于其他储能方式要昂贵得多。国内外对其在微电网中的运用做了不少研究。

超级电容器是由特殊材料制作的多孔介质，与普通电容器相比，它具有更高的介电常数、更强的耐压能力和更大的存储容量，又保持了传统电容器释放能量快的特点，逐渐在储能领域中被接受。根据储能原理的不同，可以把超级电容器分为双电层电容器和电化学电容器。超级电容器作为一种新兴的储能元件，与其他储能方式相比有很多的优势。超级电容器与蓄电池相比，具有功率密度大、充放电循环寿命长、充放电效率高、充放电速度快、高低温性能好、能量储存寿命长等特点。与飞轮储能和超导储能相比，它在工作过程中没有运动部件，维护工作极少，相应的可靠性非常高。这样的特点使得它在应用于微电网时有一定优势。在边远的缺电地区，太阳能和风能是最方便的能源，作为这两种电能的储能系统，蓄电池有使用寿命短、有污染的缺点，超导储能和飞轮储能成本太高，超级电容器成为较为理想的储能装置。目前，超级电容器已经不断应用于诸如高山气象台、边防哨所等的电源供应场合。但是超级电容器也存在不少的缺点，主要有能量密度低、端电压波动范围比较大、电容的串联均压问题。

从蓄电池和超级电容器的特点来看，两者在技术性能上有很强的互补性。蓄电池的能量密度大，但功率密度小，充放电效率低，循环寿命短，对充放电过程敏感，大功率充放电和频繁充放电的适应性不强。而超级电容器则相反，其功率密度大，充放电效率高，循环寿命长，非常适合大功率充放电和循环充放电的场合，但能量密度与蓄电池相比偏低，还不适用于大规模的电力储能。如果将超级电容器与蓄电池混合使用，使蓄电池能量密度大和超级电容器功率密度大、循环寿命长等特点相结合，无疑会大大提高储能装置的性能。

在微电网系统中，除了以上几种储能方式外，还有可能用到抽水储能、压缩空气储能等方式。

6.4 微电网电能质量分析

虽然微电网可以与大电网互为补充，能够提高系统的供电可靠性，并满足负荷的多样化电能质量需求，但是随着微电网的深入研究和不断发展，微电源种类和数量也不断增多，微电网本身存在的电能质量问题不可忽略。

电能质量可以定义为导致用电设备故障或不能正常工作的电压、电流或频率的静态偏差和动态扰动，其内容主要包括频率偏差、电压偏差、电压波动与闪变、三相不平衡、谐波、暂时或瞬态过电压。

6.4.1　谐波

配电网存在的谐波问题主要是非线性负荷引起的。而低压微电网的谐波来源较为复杂，其可能来源分为三类：微电源电力电子接口、配电网的谐波渗透，以及微电网中的非线性负荷。微电网中大多数微电源或储能装置采用电力电子装置接入微电网，输出满足用户要求的电能，由于所采用的电力电子元件不同，可能产生不同的谐波。微电网的高渗透率也会引起配电网谐波水平上升。另外，对于已具有较高谐波水平的配电网来说，并网模式下，配电网中电压谐波会由公共连接点处渗透到低压微电网中，影响微电网正常运行的电压质量，并可能导致并网失败；此外，微电网中的非线性负荷会注入大量的电流谐波，如不及时进行治理，将可能导致公共连接点电压波形发生畸变，即含有较高谐波分量。

抑制和消除谐波通常有两种途径。一种途径是从改变非线性负荷本身性能考虑，减少它们注入系统中的谐波电流，适用于作为配电网主要谐波源的电力电子装置；另一种途径就是装设谐波补偿装置来补偿谐波，主要有无源滤波器和有源滤波器。

无源滤波器是一种常用的谐波补偿装置，一般由电力电容器、电抗器（常为空心）和电阻器适当组合而成，运行中和谐波源并联，除起到滤波作用外，还可以兼顾无功补偿的需要。由于这些设备结构简单、运行可靠、维护方便，因此在电力系统中得到了广泛的应用。滤波装置一般由一组或数组单调谐滤波器组成，有时再加一组高通滤波器。

有源滤波器是一种动态无功补偿和抑制谐波的新型电力电子补偿器，由静态功率变流器构成，具有电力电子变流器的高可控性和快速响应性。其与无源滤波器的最大区别在于它能主动向交流电网注入补偿电流。补偿电流的幅值与负载流入电网的谐波电流大小相等，相位差 180°，从而抵消负载所产生的谐波电流。有源滤波器能有效地解决无源滤波器存在的不足，是电力系统无功补偿、谐波治理的发展方向。

6.4.2　电压波动

传统电网中电压波动和闪变主要归因于负荷无功功率波动。而在微电网中，除了负荷影响，微电网中光伏和风力发电等随机性微电源出力受到自然因素的很大影响，电压波动主要是由微电源输出功率波动引起的。

图 6-8 为微电网并网运行等效电路图。图中，$\dot{U}_1$ 为微电网戴维南等值电源电压相量，$\dot{U}_2$ 为公共连接点电压相量，Z 为微电网戴维南等值阻抗，设 S 为连接点传输的功率，则

$$Z = R + \mathrm{j}X \tag{6-9}$$

$$S = P + \mathrm{j}Q \tag{6-10}$$

取 $\dot{U}_2$ 方向与实轴重合，电压相量图如图 6-9 所示。

从相量图可以得到

$$\dot{U}_2 = \dot{U}_1 - \left(\frac{S}{\dot{U}_1}\right)^* Z \tag{6-11}$$

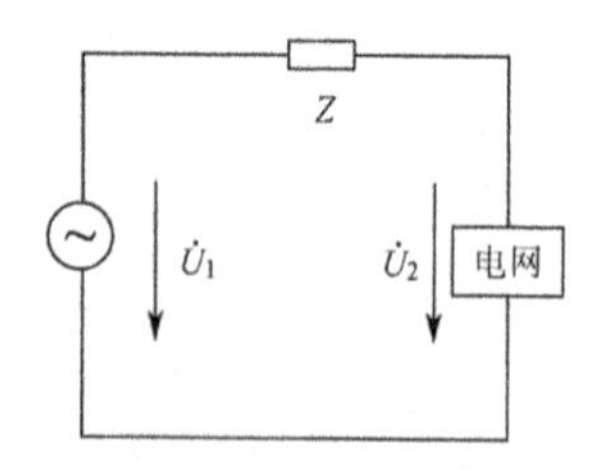

图6-8 微电网并网运行等效电路

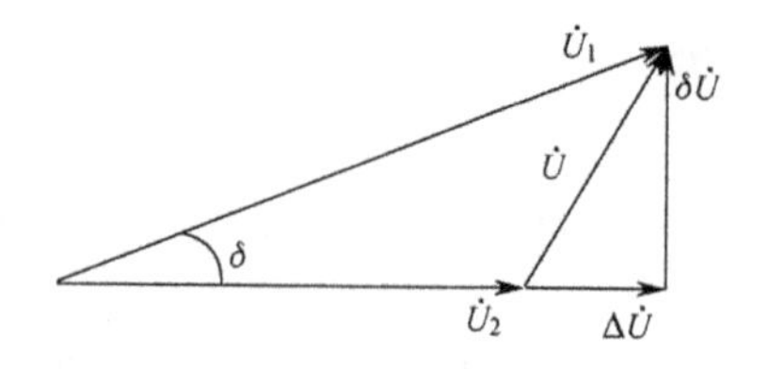

图6-9 电压相量图

将式（6-9）、式（6-10）代入式（6-11）可得

$$\dot{U}_2 = \dot{U}_1 - \frac{PR + QX}{U_1} - \mathrm{j}\frac{PX - QR}{U_1} \tag{6-12}$$

$$\Delta U = \frac{PR + QX}{U_1} \tag{6-13}$$

$$\delta U = \frac{PX - QR}{U_1} \tag{6-14}$$

则电压波动为

$$\mathrm{d}\dot{U} = \Delta U + \mathrm{j}\delta U \tag{6-15}$$

微电源一般距离用户较近，且传输线以低压为主，故$R \gg X$，所以

$$\mathrm{d}\dot{U} = \Delta U + \mathrm{j}\delta U = \frac{PR}{U_1} - \mathrm{j}\frac{QX}{U_1} \tag{6-16}$$

通过上述分析可知，电压波动主要与有功功率、无功功率以及等值电源电压有关。

闪变补偿可考虑以下方法。

（1）采用独立回路供电。将微电源接入有更大短路容量的母线上，可以大大降低其产生的电压闪变。采用独立回路供电后，产生的闪变影响范围就比较小，也限制了对其他负荷的影响，这是最简便有效的方法。

（2）降低共用配电线路阻抗。功率波动性微电源与其他负荷共用配电线路时，应降低配电线路阻抗，其实质也是通过增加短路容量的办法来降低闪变。

（3）提高供电电压。电压损失的百分比与电网额定电压的平方成反比。因此，可以通过提高供电电压来降低闪变。

（4）采用静止型无功功率补偿装置。静止补偿装置对大功率冲击性负荷引起的电压波动、闪变及谐波有很好的补偿作用。目前使用较多的是 FC/TCR（固定电容器/晶闸管相控电抗器）型静止补偿装置，但 SR（自饱和电抗器）型静止补偿装置具有可靠性高、反应速度更快、维护方便、维护费用低、过载能力强等优点。

（5）采用分布式储能装置以起到稳定系统的作用来抑制闪变。能量存储使得分布式发电机即使在波动较快和较大的情况(系统达到峰荷时)下也能够运行在一个稳定的输出水平。可靠的分布式发电单元与储能装置的结合是解决诸如电压脉冲、电压闪变、电压跌落和瞬时供电中断等动态电能质量问题的有效途径之一。适量的储能可以在分布式电源不能正常运行的情况下起过渡作用，可以降低波动的幅度和频率，从而降低闪变。

6.4.3　电压暂降

电压暂降又称电压凹陷、电压跌落，定义为供电电压有效值的短时间快速下降。电压暂降是电力系统电能质量中最为严重的问题。微电网电压暂降问题主要源于微电网自身和大电网两个方面。

首先，微电网中微电源自身启停以及输出电能波动，都会影响配电网中用户的电压质量。特别是可再生能源形式的微电源，如太阳能发电和风力发电，它们受自然因素影响较大，通常情况下其发电量不稳定，甚至在一些特殊情况下会出现频繁启停，此时将会对配电网电压造成冲击，直接影响到用户的正常运行，使用户遭受不必要的损失。感应电动机形式的风力发电机接入微电网后可能造成电压跌落问题。

其次，微电网一般距离负荷比较近，它位于配电网的末端，极易受到配电网电压暂降、暂态及其他扰动的影响。配电网对微电网主要产生不平衡电压和电压暂降的不利影响。例如，只有主网电压失衡严重时，微电网接入主网的静态开关才会断开；若主网失衡程度没有严重到触发静态开关动作，微电网必然受到大电网的影响，导致公共连接点处为不平衡电压。不平衡电压出现时，如果微电网中功率补偿装置不够充分，那么电压和频率将无法维持其稳定性，敏感负荷无法断开或正常运行，使得配电网出现的电能质量问题直接蔓延到微电网中，降低了系统对用户的供电可靠性和电能质量。

针对电压暂降问题的治理装置有以下几种。

（1）静态切换开关（Static Transfer Switch，STS）。它可以降低电压跌落和瞬时供电中断对用户的影响。一般有首/备选结构和分裂母线结构两种。正常运行（即主电源电压正常）时，负荷一直连在主电源上。当主电源有故障发生时，将负荷自动切换到备用电源上；主电源电压恢复正常时，负载重新自动切换到主电源上。此开关采用的切换方式为先断后通，这样就能够实现各输入电源间的不间断切换，使得单电源负载能够被双母线供电。然而，这种开关的使用会对配电网产生很大影响，且其成本较高。

（2）磁谐振变压器（Constant Voltage Transformer，CVT）。电压跌落到正常运行电压值的 70%时，它能够确保负荷仍能在额定电压运行，满负荷的效率达到 70%～75%。为保证满负荷运行时能提供充足的电压跌落保护，其容量要比满负荷的容量大，但一般低于 20kVA。

（3）不间断电源（Uninterrupted Power Supply，UPS）。它主要用于解决供电中断以及电压跌落等电能质量问题。但是，抑制电压暂降的大容量 UPS 也存在不少缺点，如设备价格昂贵、系统的储能维护量大等。

（4）变压器分接头调节器（Tap Changing Regulator，TCR）。由于变压器分接头调节范围有限，因此它只能补偿一定限度的电压跌落，而且改变不了电压的相位。

（5）电动机发电机组（Motor Generator，MG）。通过电动机惯性来确保在电压跌落时发电机电压的稳定。

（6）动态电压恢复器（Dynamic Voltage Restorer，DVR）。该装置能够良好改善动态电压质量，抑制电压暂降、三相不平衡等。电压跌落时，DVR 通过串联变压器补偿电压跌落。

仅在电压暂降时才输出功率确保负荷电压正常，因而效率高。另外，其成本低于CVT、UPS、MG等装置。因此，动态电压恢复器是改善电压暂降最有效的装置。

6.5 微电网能量管理系统

微电网中可能包含有多种微电源，其中：光伏发电和风力发电受天气和季节的影响很大，其输出功率具有随机性和波动性，而且它们的一次设备投资很高；柴油发电机的热效率高，工作可靠，但是其污染较大；小水电受地域和季节等因素的影响较大；燃料电池具有环境友好、工作可靠、可控性好、地域性小等特点，可是它的响应速度慢，而且设备成本较高；储能设备响应速度快，既可以用于充电，也可以用于放电，但是其充电特性和放电特性都受到存储容量的限制，而且其寿命短、造价高。正是因为各种微电源的运行特性不同，控制策略相异，运行方式差别很大，需要研究微电网的能量管理系统，最优地利用各种微电源，实现微电网灵活、可靠、优质、高效、经济、环保的运行目标。

6.5.1 微电网能量管理基本概念

顾名思义，微电网能量管理系统（Microgrid Energy Management System，MG-EMS）即是对微电网的整体运行性能的协调控制系统。美国CERTS认为MG-EMS的目的是最优地控制微电网的潮流和电压：潮流调度需要同时考虑燃料成本、电价、气候条件以及用户的热量（冷）需求等情况；电压控制则是仅仅控制微电网内某些关键母线的电压幅值，使其维持在合理范围之内。此外，微电网中通常含有光伏发电、风力发电等具有随机性、间歇性的微电源，微电网的系统稳定性相对于传统电网面临更高的风险。而且微电网中缺乏大惯性元件，当孤岛运行时，微电网对其中的各类扰动的承受能力会很弱，因此，研究应当首先考虑微电网的安全、稳定运行。典型的AEN（Autonomous Electicity Networks）三级控制结构如下：一级控制要求满足电能的供需平衡，保证微电网可靠运行；二级控制用于提高微电网电能质量，减小电压和频率的波动；三级控制是在一级和二级控制效果良好的基础上，进行边际成本等值优化，实现微电网经济运行。

微电网的运行方式、微电源的类型和渗透率、所采用的电力市场运行模式及电能质量的约束等都与传统电网存在较大的区别，因此需要对微电网内各微电源间、多微电网间，以及微电网与大电网间的协调控制和能量管理策略进行研究，制定合理的控制策略。能量管理的功能首先应当针对微电网的内需，如潮流调度、电压调节、电能质量和可靠性、提高微电网的运行效率和经济性、降低污染排放等。从长远角度看，它还可为大电网提供一些辅助服务和可靠性服务。作为智能电网的一个重要组成部分，微电网可起到一定的负荷响应的作用，未来的微电网能量管理系统将会成为当地发电、储能和负荷的总调度系统。

微电网能量管理系统应当能够同时适应微电网的两种不同运行模式的要求。当微电网并网运行时，微电网与主电网间存在相互作用和能量交换：微电网可以从电网吸收功率，也可以参与市场竞价，向主网输送功率。当微电网孤岛运行时，微电网内的微电源就地向负荷供电，当微电源功率不能满足负荷要求时可以中断非敏感负荷的供电，以实现功率平衡。由于微电源同时供给用户电、热（冷）等，调度需要同时兼顾，增加了调度的维数和难度。微电网承受扰动的能力相对较弱，微电网中配备有储能设备，能量管理需要对储能子系统进行有效的管理与控制，以平抑可再生能源的功率波动和负荷需求的波动。

微电网能量管理系统具有数据综合处理、方案制定、命令发布及与微电网并网功能，主要包括对微电源的控制、储能装置管理、负荷管理、来电自动并网、断电或故障自动进入孤岛运行的控制功能等。

1）方案制定、命令发布

经过通信上传的PCC、各微电源控制器、断路器、负荷结点的各种参数，经过综合数据处理，制定调节和控制策略，然后把这些设定值与控制命令发送至各调节装置，维持微电网的正常运行。

2）对微电源的控制功能

根据能量管理系统的控制命令改变微电源的工作方式，并且按照发送的设定值调节微电源的功率输出。能量管理系统检测调节电源的输出特性。当负荷需求增大时，通知微电源增加输出功率。当负荷需求减少且蓄电池充满时，则通知微电源减少输出功率或关闭某些微电源。

（1）在并网模式下，应预先确定微电源的功率输出值，能量管理系统合理分配设定值给各个微电源，并监控PCC的电量参数。当出现无功不平衡时，确定无功补偿量，将这个值分配给储能装置，使储能装置发无功，维持系统功率平衡。同时，根据并网运行模式下微电源协调控制策略投切微电源。

（2）在孤网模式下，根据负荷需求确定微电源的功率输出值，能量管理系统合理分配设定值给各微电源。能量管理系统根据能量管理控制算法确定设定值，分配给各微电源参与系统的调节，以确保系统的稳定运行。

3）储能装置的管理

蓄电池充放电与电压、功率管理包括检测蓄电池的充放电状态，并且根据系统需求对其进行充放电管理，同时控制储能装置的工作方式，以及输出有功、无功功率，参与有功、无功功率调节。

4）负荷管理

根据检测到的负荷大小分配微电源的出力，保持微电源与负荷之间的平衡；在微电网孤网运行时，切断一般负荷，确保敏感负荷的正常供电。

5）模式切换与通断控制

当检测到大电网来电时，能自动地将微电网由孤网运行模式过渡到并网运行模式下。当并网后发生故障且故障点在微电网外部时，通过主网与各微电网相互通信以确定故障严重程度。如超出自身调节能力，相应微电网可选择与主网断开，进入孤岛运行，并可实现两种运行模式的无缝转换。同时，根据微电网的工作状态发布微电源与断路器逻辑控制命令。当满足投切条件时，能量管理系统通知微电源控制器和各断路器动作，完成预定的投切操作，以减少或增加输电线路的功率，确保微电网系统的功率平衡。

如图6-10所示为微电网能量管理系统的构成与工作流程。其任务按时间可分为短期功率平衡和长期能量管理。

（1）短期功率平衡

根据微电源输出的功率、技术条件和储能装置的储能水平，调控各微电源的出力或投切负荷，实时跟踪负荷变化；实现微电网的电压调整和频率控制，满足用户特别是敏感负荷用户对电能质量的要求。如果大电网发生故障或电能质量不满足要求，则切断与大电网的连接；当大电网故障清除或者电能质量恢复后，实现微电网与大电网的同期、并网。

（2）长期能量管理

根据微电源的种类、环境因素、气候条件、检修周期等预测微电源的可输出功率；根据优化运行策略和经济调度方案，优化微电源出力并提供适当的备用容量；根据负荷预测结果和电力市场环境，进行负荷需求侧管理，投切非敏感负荷。

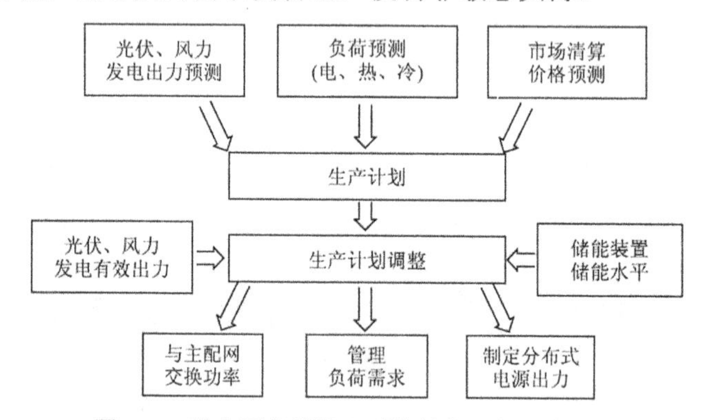

图6-10　微电网能量管理系统的构成与工作流程

6.5.2　微电网能量管理体系结构

一个完整的微电网能量管理系统包括两部分，如图 6-11 所示。一部分是监控系统，即中央控制器，监控微电网的运行状态，实时与能量管理中心交换数据，分析微电网每个结点的电压水平和功率情况，优化整个微电网的运行方式。另一部分是决策单元，即能量管理中心，当微电网并网运行时，有效管理各微电源，提高微电网运行效率；当微电网孤岛运行时，充分利用就地资源，安全可靠地为敏感负荷供电。图 6-11 中还包含有微电源控制器，负责微电源的正常运行，并调控微电源的出力；负荷控制器，通过检测微电网的运行状态或按照中央控制的指令断开或重连负荷。

微电网能量管理系统可以通过多代理系统（Multi-Agent System，MAS）实现。多代理系统模拟人类的社会行为和认知能力，使微电网能量管理系统具有人类社会的组织形式、协作关系、进化机制，即认知、思维和解决问题的能力。Agent 技术具有自治性、能动性、可靠性和理智性，具有协同完成任务、协调和合作解决复杂问题、协商执行某类行动的能力，在微电网能量管理系统的研究领域引起了国内外学者的广泛关注。

单个 Agent 的典型结构如图 6-12 所示，由六部分组成：①人机界面，与用户交换信息，如接受指令、显示任务进度等；②通信模块；③分析、计算、推理模块，是 Agent 的“大脑”；④语言包装和协调机制，使不同种类的计算机语言实现软件模块封装和协调运行；

⑤知识/数据库，存储 Agent 已有的知识、经验和数据；⑥总体控制管理模块，使以上各个模块协调运行，表现为一个完整的 Agent 单元。

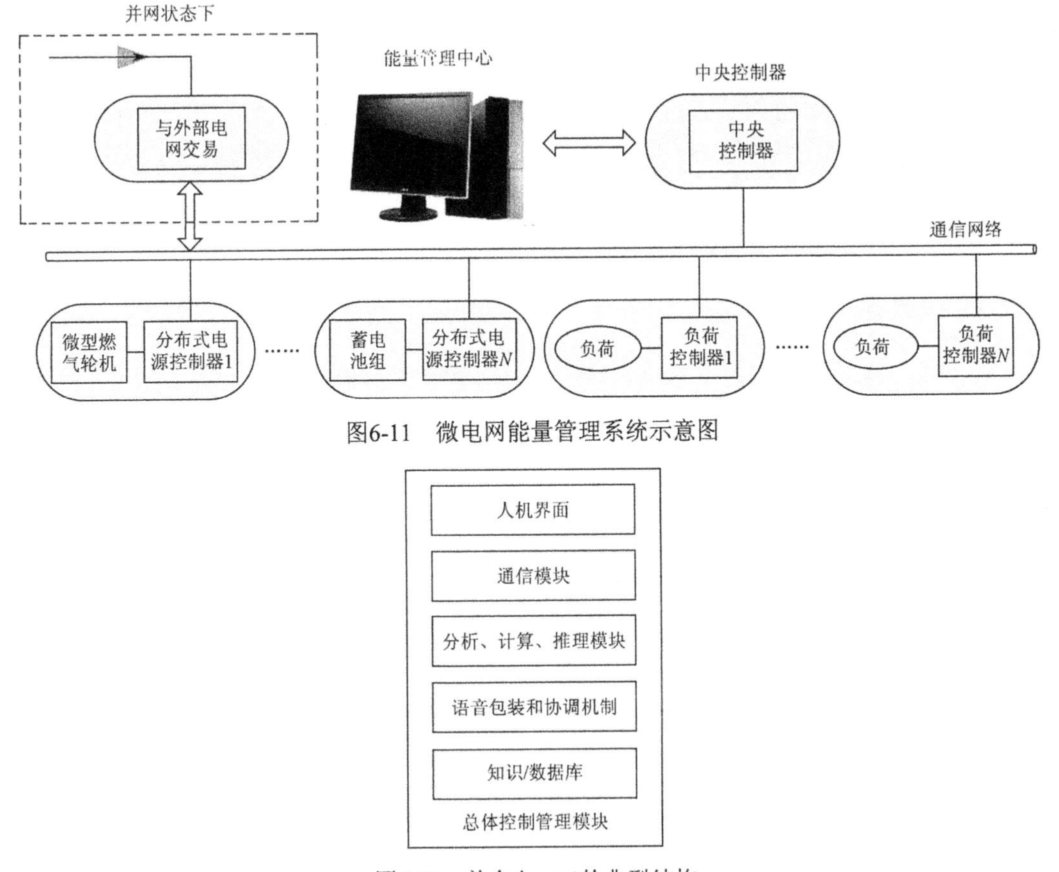

图6-11　微电网能量管理系统示意图

图6-12　单个Agent的典型结构

微电网可以采用分层分布式多代理系统，实现微电网能量管理系统的功能。如图 6-13 所示，多代理系统（MAS）的三层分布式控制结构包括：执行级 Agent，负责控制与调节被控对象；协调级 Agent，接受来自组织级 Agent 的指令，收集每一个子任务执行过程的反馈信息，并协调执行级 Agent 的执行过程；组织级 Agent，决定整体多代理系统的执行任务和控制目标。

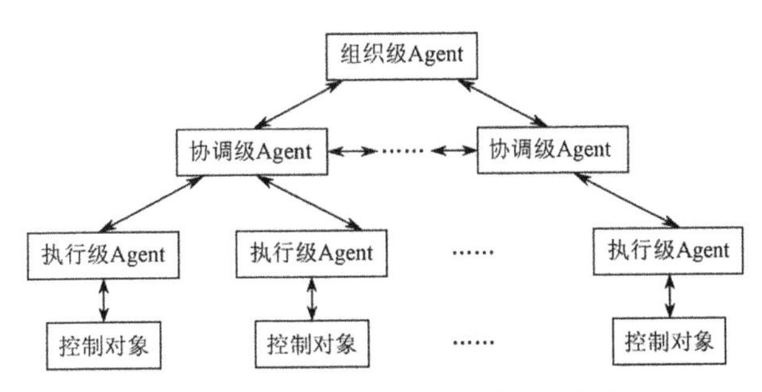

图6-13　MAS的三层分布式控制结构

6.5.3 能量管理系统通信与控制功能

微电网能量管理系统具有数据综合处理、方案制定、命令发布及与微电网并网功能，主要包括对微电源的管理、储能装置管理、负荷管理、断网与并网的控制功能等。各控制器通过通信线路上传各自的状态信息，包括 PCC 电网参数、各微电源输出特性参数、断路器通断状态、负荷的各种电量参数，经过能量管理系统的综合数据处理，制定微电源的投切、工作方式切换、功率输出等调节策略，以及断路器的通断等控制策略。然后把这些设定值与控制命令发送给各调节装置，维持微电网的正常运行。

1. 上传信息

（1）PCC：通过大电网监控装置上传大电网的各种参数，包括大电网的电压、频率、相位角等。在联网运行模式下，将大电网电压和频率与微电网当前电压和频率做比较，分析是否同步，如果偏差超过允许范围，则调节储能装置和光伏电池的功率输出，以尽快与大电网同步。

（2）光伏电池功率与电压控制器：上传光伏电池的工作方式（MPPT/定电压），输出电压、电流、频率，有功功率和无功功率等参数值。

（3）储能装置（蓄电池）功率与电压控制器：上传储能装置当前的工作方式，充放电的电压、电流，输出时有功功率、无功功率等参数值，以及荷电状态等。

（4）风力发电机功率与电压控制器：上传风力发电机的运行状况（是否投入运行、低位运行、高位运行），工作方式，输出电压、电流、频率，有功功率和无功功率等参数值。

（5）负荷参数：包括负荷的大小、电压、电流、频率、功率因数等。

（6）各断路器的通断状况。

2. 发送命令

（1）PCC 信息

在联网运行模式下，将大电网电压和频率与微电网当前电压和频率做比较，分析是否同步，如果偏差超过允许范围，则能量管理系统计算无功功率补偿量，并把这个值传送给储能装置，命令储能装置发送无功，维持系统平衡。

当监测到大电网出现电压扰动等电能质量问题或供电中断时，通知隔离开关动作，微电网转入孤岛运行模式。当大电网来电时，检测当前大电网与微电网的电压、频率、相位角，若微电网与大电网不同步，则能量管理系统计算大电网与微电网的参数差额及补偿量，把相关设定值发送给运行中的微电网，调节功率输出，尽快与大电网同步。

（2）光伏电池

在联网运行模式下，能量管理系统控制光伏电池一直工作在 MPPT 方式下。在孤网运行模式下，当光伏电池输出大于负荷消耗且储能装置充满时，通知光伏电池控制器改变运行方式，工作在定电压方式下，否则应一直保持工作在 MPPT 方式下。当光伏电池输出为 0 时，通知光伏电池控制器停止运行。

（3）储能装置

根据负荷需求与荷电状况确定储能装置充放电与工作方式。

联网运行模式下，能量管理系统发送命令给储能装置。若检测到储能装置未充满，则对其充电。若充满，则停止充电。

孤网运行模式下，蓄电池储能为 0，光伏输出持续增加但小于负荷消耗时，蓄电池停止运行。当光伏输出超过微电网负荷消耗，蓄电池未充满时，通知蓄电池控制器工作在充电方式下。当光伏输出小于负荷消耗或光伏输出为 0，并检测到储能装置有储能时，通知储能装置放电。当储能装置输出为 0 时，通知储能装置控制器停止运行。

（4）风力发电机

当光伏输出超过微电网负荷消耗时，通知风力发电机工作在低输出运行模式下。当负荷需求持续增加，光伏电池和蓄电池已不能满足负荷用电需求时，风力发电机增加输出功率。当储能装置与光伏电池输出为零时，通知风力发电机完全供电。

（5）各断路器的通断控制

在联网运行模式下，应密切监视各断路器的通断，当某条支路或结点电压、电流过高时，应迅速切断该支路或结点的断路器，并发送维修指令，通知维修人员快速解除故障，保障负荷的正常供电。

在孤网运行模式下，通知隔离开关快速动作，断开微电网与大电网的连接。连接一般负荷的断路器动作切断供电，确保敏感负荷的正常供电。当微电网供电仍不满足敏感负荷需求时，应将敏感负荷中供电优先级较低的负荷切除，确保重要敏感负荷的正常供电。

（6）负荷的控制

在联网模式下，确保所有负荷的正常供电。

在孤网模式下，首先将一般负荷切除，确保敏感负荷的供电。当储能装置与光伏电池输出均为 0，且风力发电机完全供电，仍不能满足负荷需求时，应考虑将敏感负荷中供电优先级较低的负荷切除，命令所在支路的断路器断开，保证重要敏感负荷的供电。当系统中存在两个或两个以上供电优先级相同的较重要敏感负荷时，能量管理系统应采集当前较敏感负荷的大小，并结合微电源的运行情况做出判断。若将较小负荷切除时，不会造成系统的电压和频率降低，可将较小负荷切除；若会出现电压、频率不稳定，则须将较大负荷切除。

当某负荷结点的电压超过允许范围时，根据无功补偿算法，制定无功补偿量，并把这个设定值传送给调节电源，使其参与电压调节。

6.6 微电网控制 MATLAB 仿真

6.6.1 微电网控制仿真

1. *P*/*Q* 控制

P/*Q* 控制系统接线图如图 6-14 所示，在 MATLAB 中建立的 *P*/*Q* 控制仿真如图 6-15 所示。

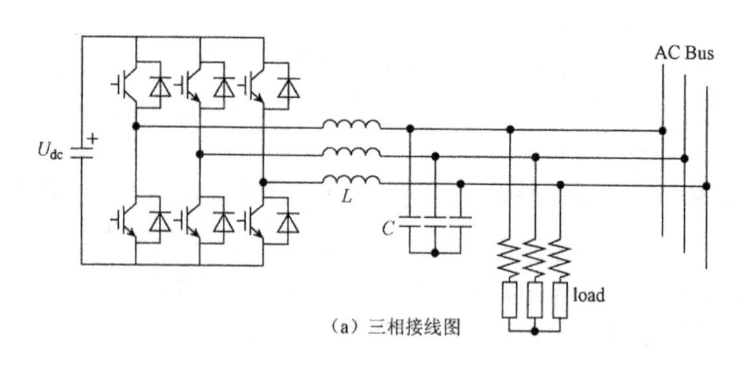

（a）三相接线图

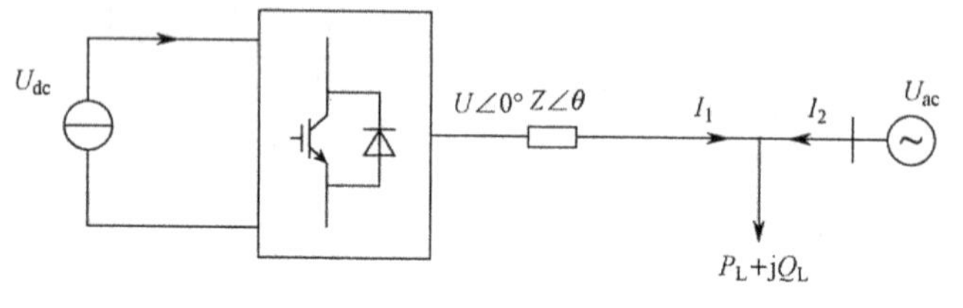

（b）单相等值图

图6-14　P/Q控制系统接线图

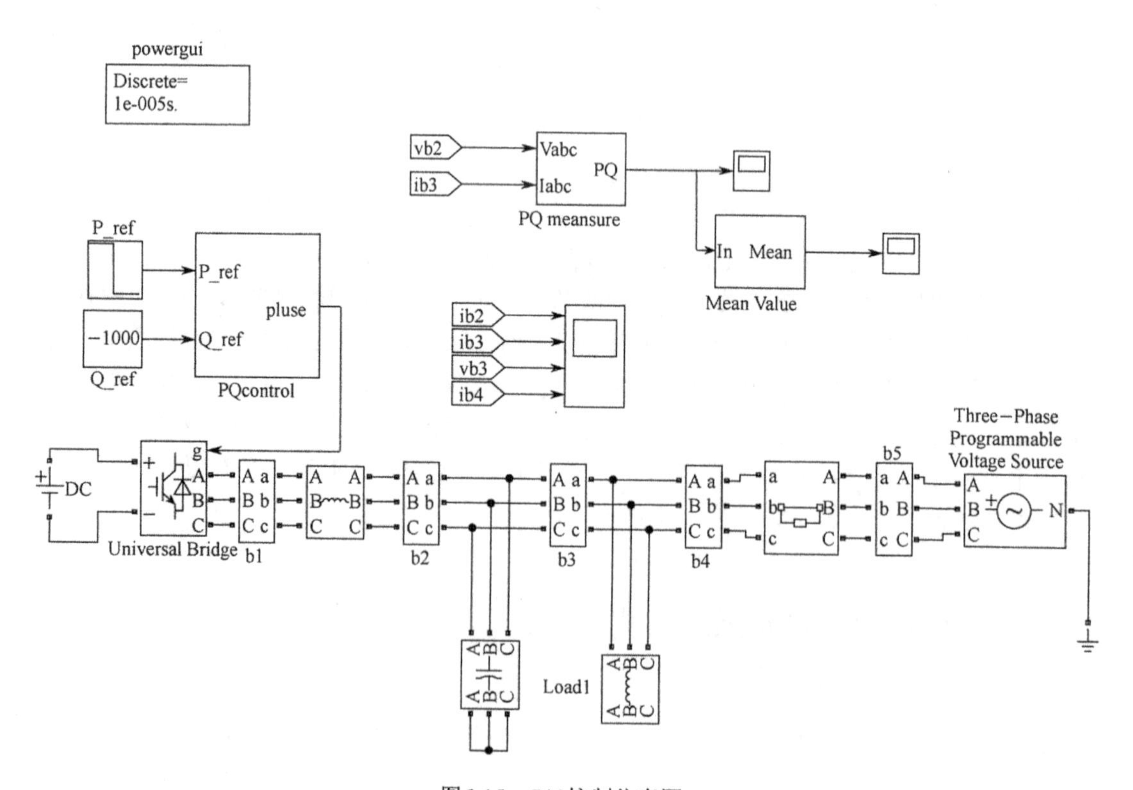

图6-15　P/Q控制仿真图

P/Q 控制内部结构图如图 6-16 所示，P/Q 控制仿真参数见表 6-2。

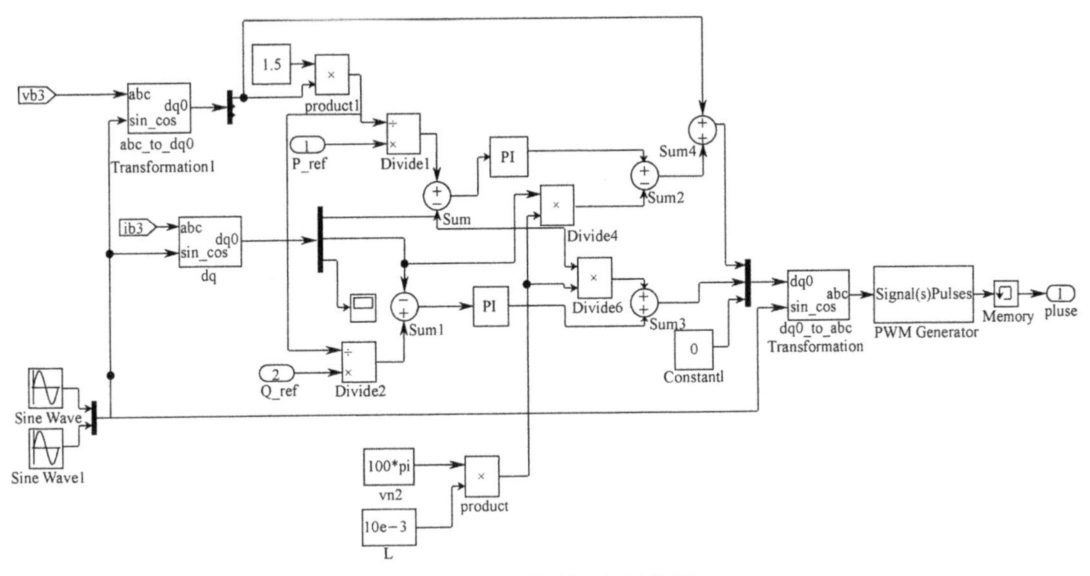

图6-16　*P*/*Q*控制内部结构图

表 6-2　*P*/*Q* 控制仿真参数表

名称	直流侧电压/V	滤波电感/H	滤波电容/F	交流侧电压/V	开关频率/Hz	k_p	k_i
数值	800	10^{-2}	10^{-4}	380	6000	800	5

给定逆变器初始有功参考值为 2kW，0.3 s 变为 1.5kW，无功参考值为 1kVar。负荷有功 5kW，无功 1kVar。仿真结果如图 6-17 和图 6-18 所示。由图 6-17 可以看到，逆变器输出能够跟随指定功率参考值，并且响应速度较快。由于电网电压支持负荷结点电压维持正常，而图 6-18（b）和图 6-18（c）中负荷结点两侧电流方向相反，说明负荷所需的功率由大电网和分布式电源共同承担。

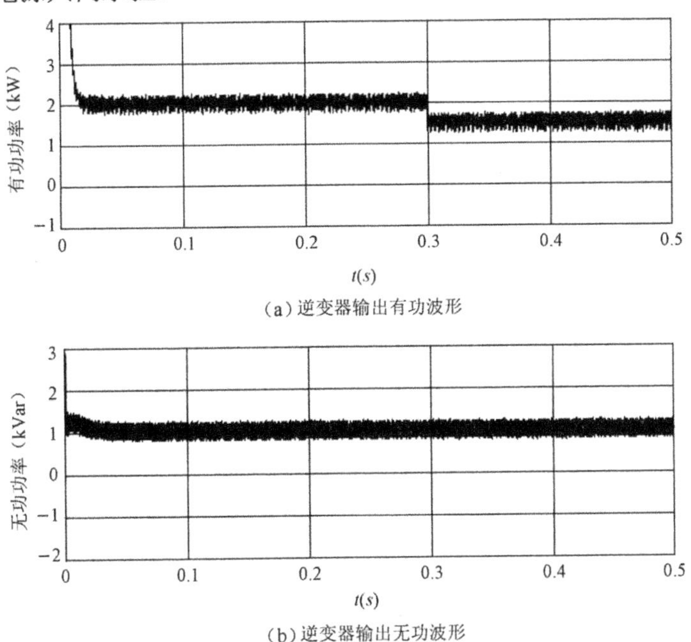

（a）逆变器输出有功波形

（b）逆变器输出无功波形

图6-17　逆变器输出有功和无功波形

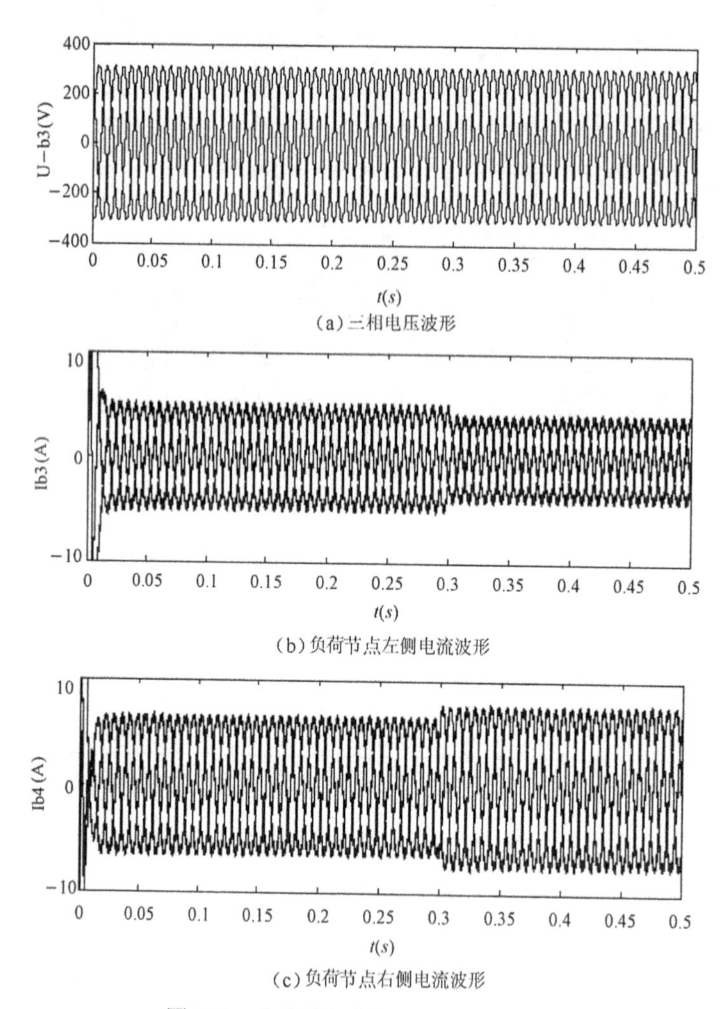

（a）三相电压波形

（b）负荷节点左侧电流波形

（c）负荷节点右侧电流波形

图6-18　负荷节点电压及两侧电流波形

2．下垂控制

在 MATLAB 中对下垂控制仿真如图 6-19 所示。

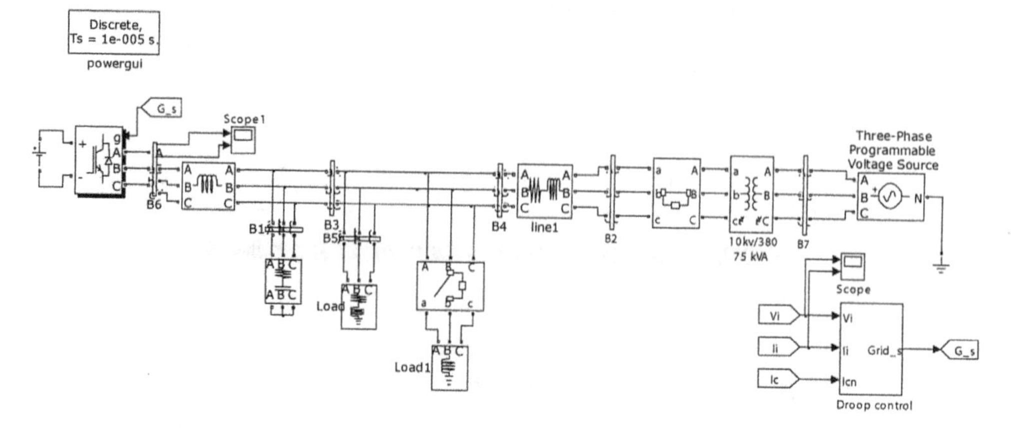

（a）下垂控制总仿真图

图6-19　下垂控制仿真图

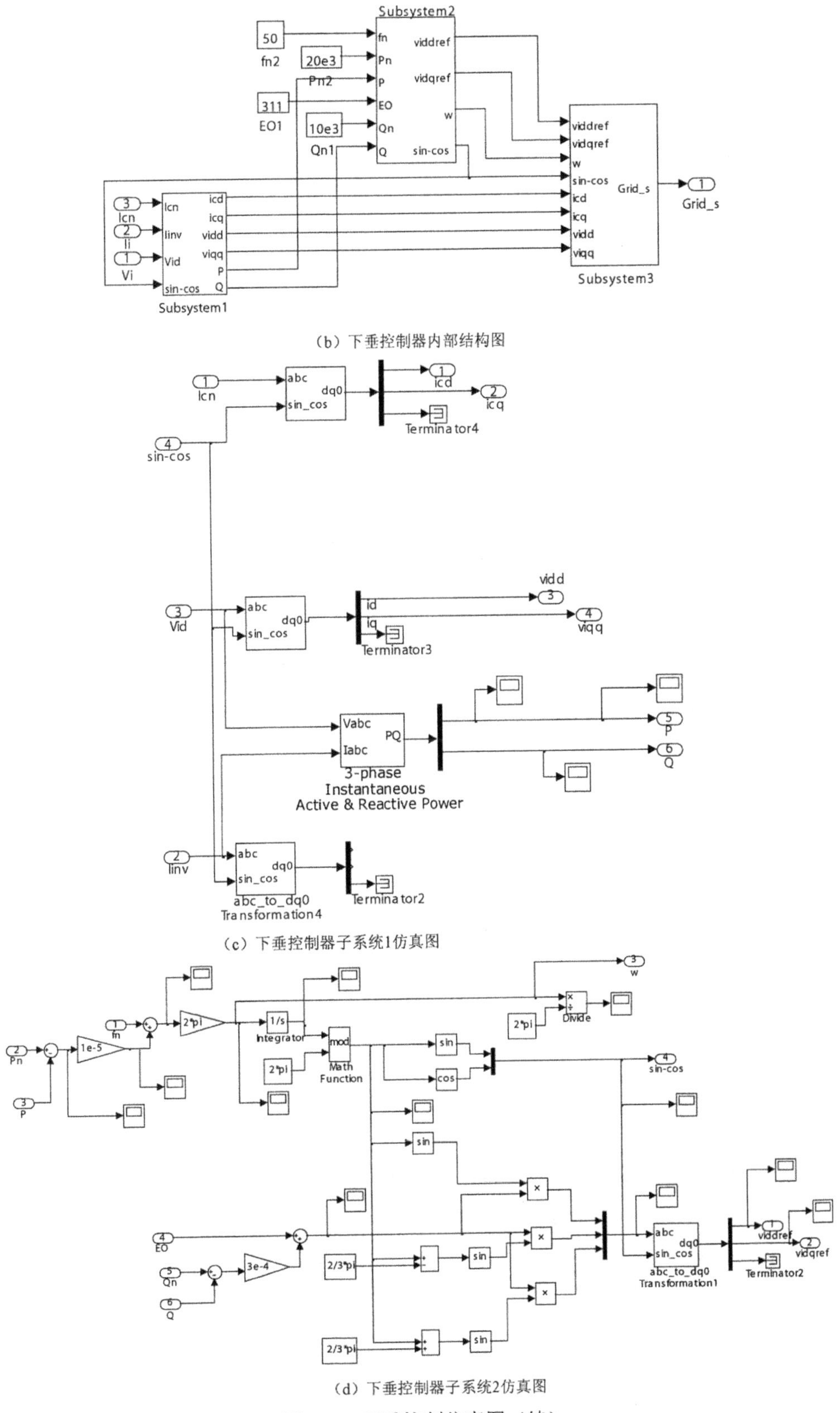

（b）下垂控制器内部结构图

（c）下垂控制器子系统1仿真图

（d）下垂控制器子系统2仿真图

图6-19 下垂控制仿真图（续）

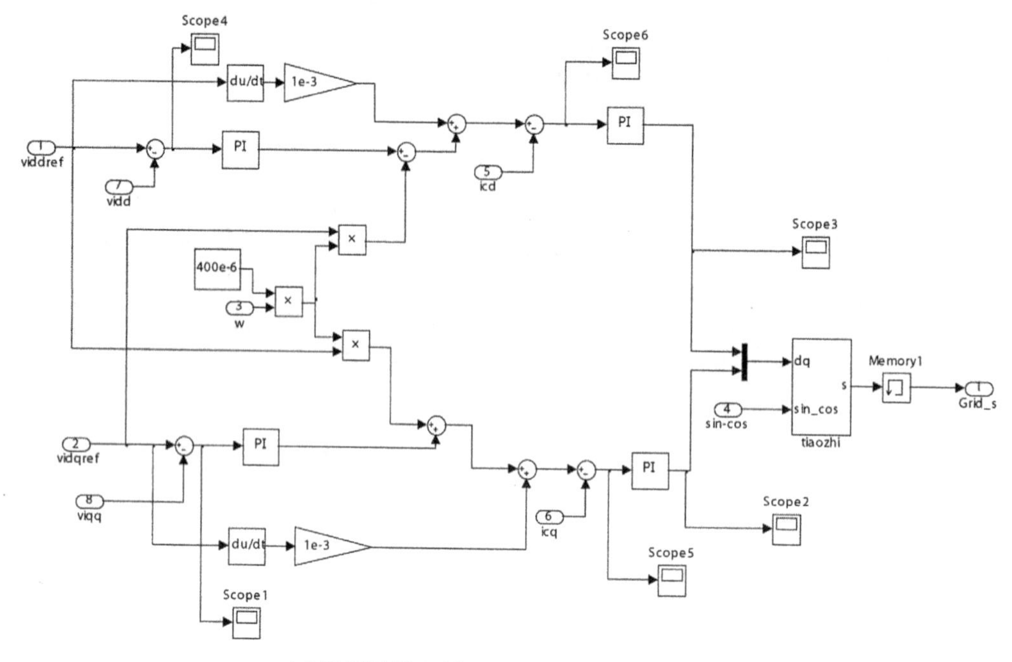

（e）下垂控制器子系统3仿真图

图6-19　下垂控制仿真图（续）

利用上述模型进行仿真试验。初始有功负荷、无功负荷分别为20kW、10kVar。0.3s有功负荷变换为25kW，0.8s无功负荷减少2.5kVar，变为7.5kVar。负荷变化时，系统频率和电压的变化如图6-20和图6-21所示。微电源有功输出增加5kW时，频率从工频降低了0.05Hz；无功输出减少2.5kVar时，电压峰值变为320V。

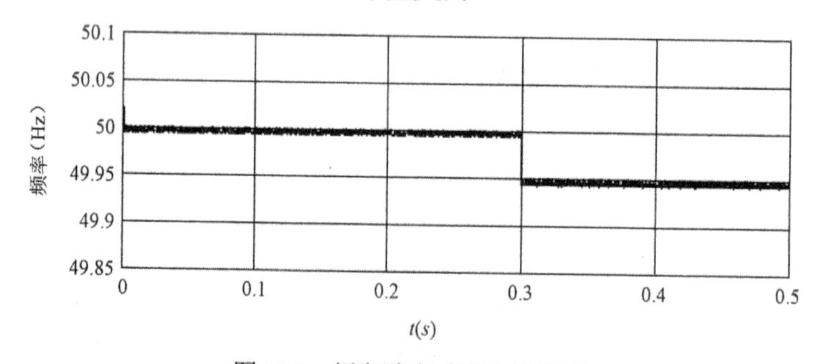

图6-20　频率随有功变化的情况

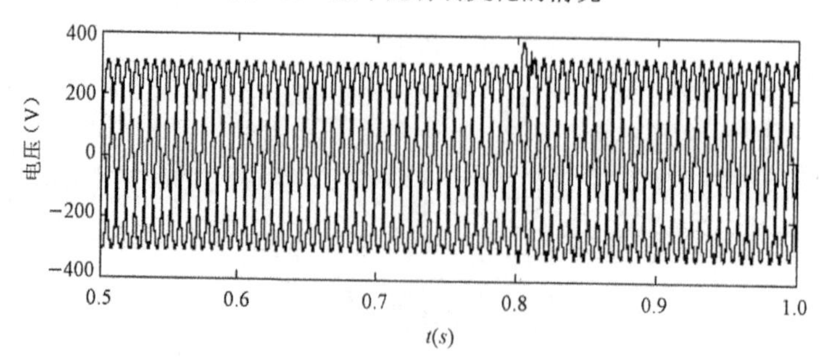

图6-21　电压随无功变化的情况

3．电压频率控制

在 MATLAB 中建立的 *U/f* 控制仿真图如图 6-22 所示。仿真参数见表 6-3。

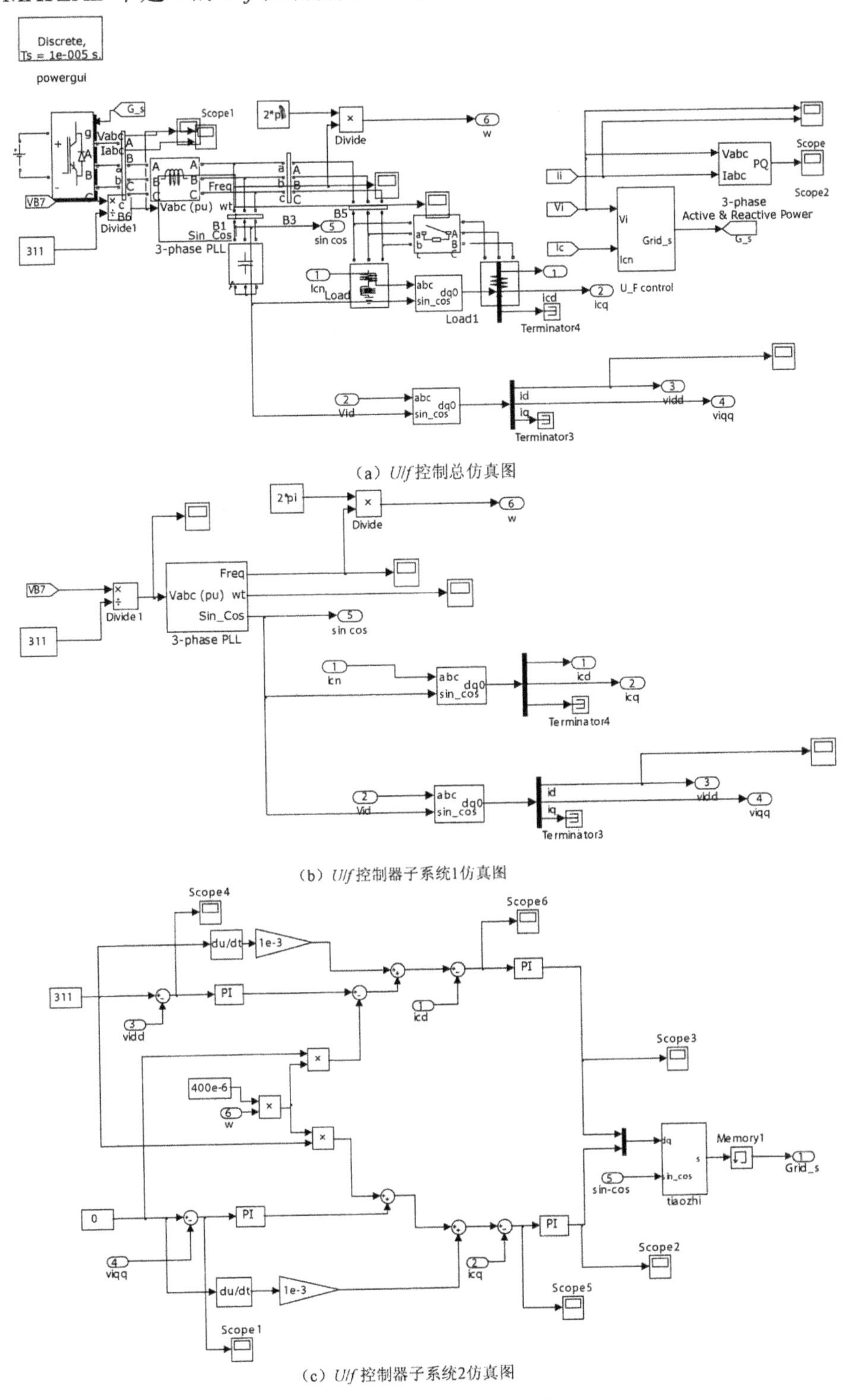

（a）*U/f* 控制总仿真图

（b）*U/f* 控制器子系统1仿真图

（c）*U/f* 控制器子系统2仿真图

图6-22　*U/f* 控制仿真图

表 6-3 U/f 控制仿真参数表

名称	直流侧电压/V	滤波电感/H	滤波电容/F	交流侧电压/V	开关频率/Hz	电压环 PI		电流环 PI	
						k_p	k_i	k_p	k_i
数值	800	10^{-3}	4×10^{-4}	380	8000	0.5	50	10	0.01

仿真由单一微电源为负荷供电，给定线电压参考值为 380V，频率为 50Hz，微电源维持系统的电压和频率稳定。开始时负荷有功 5kW，无功 2kVar。0.3 s 增加 15kW 的有功负荷。仿真结果如图 6-23 所示。结果显示，所建立的 U/f 控制能够保证微电源输出电压和频率的稳定，并且能够在负荷发生突变时保证功率平衡。逆变器输出功率变化如图 6-23(c)所示，0.3 s 电压和频率有小范围波动，0.1 s 后恢复稳定。

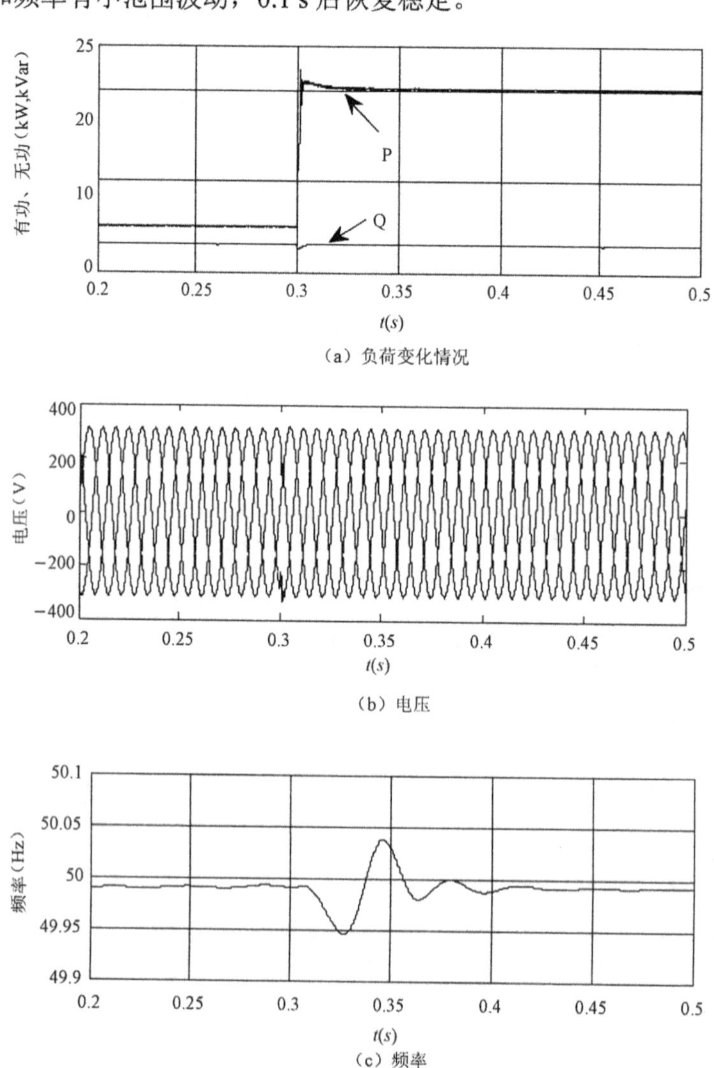

（a）负荷变化情况

（b）电压

（c）频率

图6-23 负荷变化时电压和频率变化情况

6.6.2 微电网运行仿真

微电网的结构如图 6-24 所示，由三个节点、三个 DG、三个负荷组成。逆变器采用下垂控制策略，微电网中三个逆变器选用相同的参数：L_f=1.35mH，R_f=0.1Ω，C_f=50μF，L_c=0.60mH，R_c=0.03Ω，$m_p=5\times10^{-5}$，$n_q=9.3\times10^{-4}$，K_{pv}=0.05，K_{iv}=390，K_{pc}=10.5，$K_{ic}=16\times10^{-3}$，F=0.75，ω_c=31.14；负荷参数为：R_{load1}=25Ω，X_{load1}=0Ω，R_{load2}=30Ω，X_{load2}=0Ω，R_{load3}=20Ω，X_{load3}=0Ω；线路参数为：R_{line1}=0.23Ω，X_{line1}=0.1Ω，R_{line2}=0.35Ω，X_{line2}=0.58Ω。

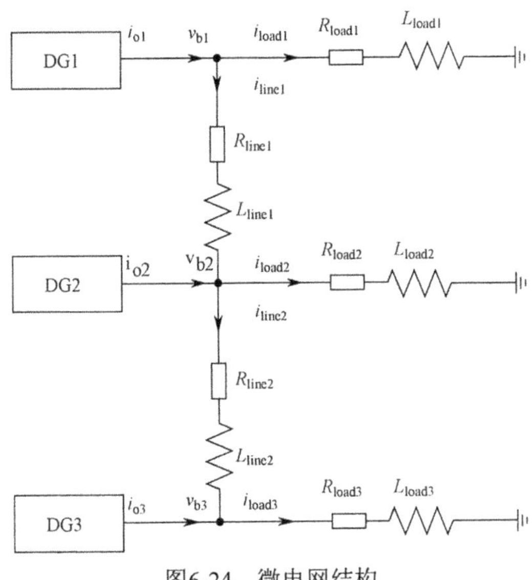

图6-24 微电网结构

假定微电网初始运行方式为孤岛运行，且负荷 2 与微电网断开连接。首先运用 MATLAB/Simulink 中微电网的仿真模型，测量微电网的稳态运行参数，见表 6-4。

表 6-4 微电网稳态运行参数

参数	数值	参数	数值
V_{od}/V	[380.8 381.8 380.4]	V_{oq}/V	[0 0 0]
I_{od}/A	[11.4 11.4 11.4]	I_{oq}/A	[0.4 −1.45 1.25]
I_{ld}/A	[11.4 11.4 11.4]	I_{lq}/A	[−5.5 −7.3 −4.6]
V_{bd}/V	[379.5 380.5 379]	V_{bq}/V	[−6 −6 −5]
I_{lined}/A	[−3.8 7.6]	I_{lineq}/A	[0.4 −1.3]
ω_0	[314]		

运用 MATALB/Simulink 中如图 6-25 所示的微电网仿真图。仿真采用的感应电动机的参数：额定功率 P_N=5kW，额定电压 U_N=380V，与负荷 2 的额定功率和额定电压都相同。

6.6.3 负荷扰动试验

假定微电网初始运行方式为孤岛运行，且负荷 2 与微电网断开连接。微电网在初始运行方式下达到稳定后，t=1s 时负荷 2 与微电网并网连接。各 DG 的响应特性如图 6-26 所示。

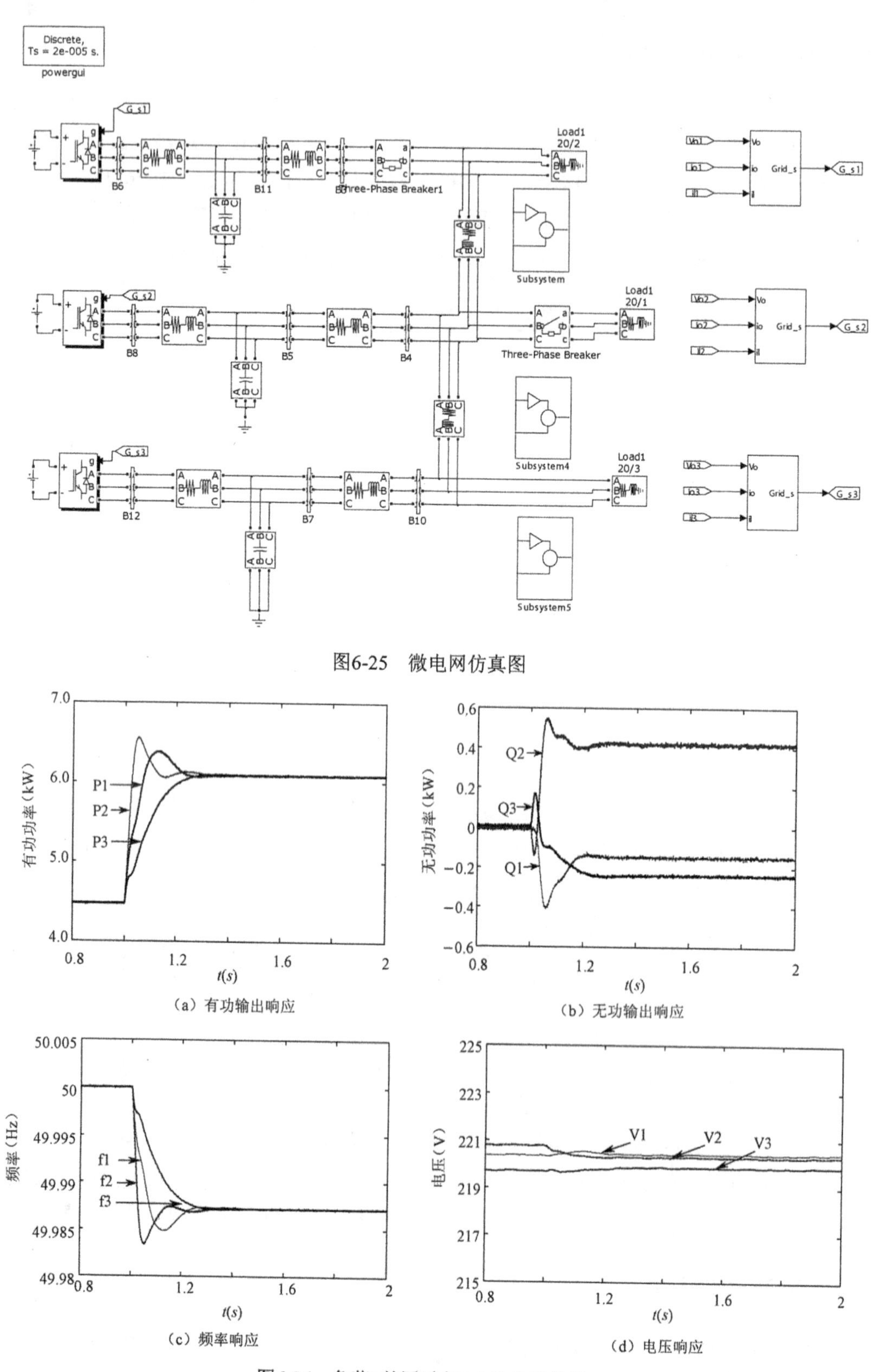

图6-25　微电网仿真图

（a）有功输出响应

（b）无功输出响应

（c）频率响应

（d）电压响应

图6-26　负荷2并网时各DG的响应特性

由图 6-26 可见，t=1s 负荷 2 并网后，经 0.25s 的暂态过程，各 DG 趋于稳定。显然，该微电网对于恒阻抗负荷扰动可以保持稳定。

（1）由图 6-26（a）可见，当微电网稳定运行时各 DG 输出相同的有功功率，因为各 DG 逆变器的有功设置参数（m_p、ω_0）相同，而同一微电网中各 DG 需要保持同步运行，即各 DG 逆变器的运行频率相同，如图 6-26（c）所示。

（2）如图 6-26（b）所示，负荷 2 并网后 DG1 与 DG2 输出的无功功率不再相同。负荷 2 是一个纯有功负荷，不消耗无功功率，之所以会引起 DG 逆变器间无功功率的交换，是因为微电网结点间的线路参数是不同的，各 DG 等量地向负荷 2 输送功率所引起微电网各结点电压幅值的变化量不相同，使得各 DG 逆变器端电压幅值的变化量不同，从而使得各 DG 输出的无功功率不再相同。

（3）由图 6-26（c）可见，如果下垂设置参数（m_p、ω_0）不作调整，则扰动一定会引起微电网运行频率的偏差，基于下垂控制的微电网的自动调频是一种有差调频。

（4）由图 6-26（d）可见，各逆变器端电压稳态值有所不同，是微电网能量管理系统无功调节的结果。

6.7　微电网的未来发展方向

微电网技术作为国际电力系统一个前沿研究领域，以其灵活、环保、高可靠性的特点被欧盟和美国能源部门大力发展，今后必将在我国得到广泛应用。

6.7.1　高频交流微电网和直流微电网

高频交流（High Frequency AC，HFAC）微电网含有一条运行于高频率（如 20kHz）的母线，所有 DG 和储能设备都接入母线，向用户负荷供电。HFAC 微电网由于运行在较高频率，具有使设备小型化、减小谐波影响、改善电能质量、方便交流储能设备接入等优点。高频交流微电网的成功应用依赖于对能源和高频母线的优化利用，使用标准的电力质量调节器实现这一功能，它可以补偿无功、电流和电压谐波的影响，还可以改善电能质量。微电网的一个重要任务就是控制微电网和主电网之间的潮流。高频交流微电网中采用通用有源线路调节器来控制潮流，减轻电流谐波的影响，可以有效地解决高频交流微电网的潮流和电能质量问题。

直流微电网拥有独特的直流输电线路，相对于传统交流系统不会产生大型故障。直流微电网系统具有以下优势。

（1）由于 DG 的控制只取决于直流电压，直流微电网的 DG 较易协同运行。

（2）发电电能和消费负荷的改变在直流网络里可以作为一个整体进行补偿。

（3）只有与主网连接处需要使用逆变器，系统成本和损耗大大降低。

6.7.2 微电网智能化

智能电网，就是电网的智能化，也被称为“电网 2.0”，它建立在集成高速双向通信网络的基础上，通过先进的传感和测量技术、先进的设备技术、先进的控制方法以及先进的决策支持系统技术的应用，实现电网的可靠、安全、经济、高效、环境友好的使用目标，其主要特征包括自愈、激励和包括用户、抵御攻击、提供满足 21 世纪用户需求的电能质量、允许各种不同发电形式的接入、启动电力市场以及资产的优化高效运行。

近几年内，微电网技术作为一个较为前沿的研究领域，以其高可靠性、环保、灵活等特点被欧美发达国家所大力发展。我国 863、973 等国家重点研究发展规划也开始立项，以鼓励和支持各个高校和科研院所在微电网技术方面的研究，未来几年微电网理论及相关技术将会通过示范性工程得到验证，进而得到广泛的实践性应用。以下几个方面将是研究的主要方向。

（1）微电网并网、孤网运行方式的不同和储能元件的协调控制，使得微电网内部存在多向、多路径能量流动与传输，需要建立适合该特点的网络结构规划设计和运行理论的基础。

（2）针对含有风电等可再生能源的分布式发电系统，设计实时、灵活的智能化分布式电源控制器和中央管理单元，从而完成微电网的自愈、自治和自组织等复杂功能。

（3）利用神经网络、小波分析、灰色理论以及专家系统预测技术建立微电网内部随机负荷模型，根据主网的调度计划以及微电网内负荷容量和电能质量的需求，结合智能控制（人工神经网络、模糊控制）以及现代控制理论，建立微电网内部的随机潮流优化控制模型。

（4）建立主网与微电网的新型经济关系体系，妥善研究和制定微电网与主网的并网与孤网的技术准则，特别是孤网情况下运营商的微型分布式电源的运行规范，进一步研究微电网技术的推广对电力市场的影响。

（5）分布式发电技术、储能技术的完善，以及微电网内逆变器等新型电力电子设备的研发。

（6）由于微电网内部组成部分时间常数相差很大（一次能源转化的时间常数以秒计，发电装置中的电磁暂态过程以毫秒计，电力电子变换器中开关及其控制过程以微、纳秒计），需要研究多参量复杂系统的建模、仿真与优化方法。

（7）根据负荷要求（敏感关键负荷和非敏感负荷）和电网的不同状况，对策略进行完善和细化，特别注意不同策略的整合和过渡。

（8）在对微电网输配电结构进行改进、参数优化，并分析其对电网电压的影响时，要兼顾经济性、稳定性、安全性、可靠性等多种指标的要求。

通过上述分析可以看出，作为大电网的有益补充与分布式发电系统的有效利用形式，微电网已成为电力领域的一个新热点。可以预见，未来的电力系统将会是集中式与分布式发电系统有机结合的供能系统，这种混合系统可以节省投资和减少投资的风险，降低能耗，提高能效，提高电力系统可靠性、灵活性和供电质量，将成为 21 世纪电力工业的重要发展方向。

随着智能电网的发展，其对多种新能源的兼容性，必然会使微电网向着智能化方向发展。

第7章 其他新能源简介

7.1 生物质能发电

7.1.1 生物质能概述

绿色植物通过与太阳光能的光合作用，把二氧化碳和水合成储藏能量的有机物，并释放出氧气。生物质能（Biomass Energy），就是太阳能以化学能形式储存在生物质中的能量形式，即以生物质为载体的能量。它直接或间接地来源于绿色植物的光合作用，可转化为常规的固态、液态和气态燃料，取之不尽、用之不竭，是一种可再生能源，同时也是唯一一种可再生的碳源。生物质能的原始能量来源于太阳，所以从广义上讲，生物质能是太阳能的一种表现形式。生物质能作为与太阳能、风能并列的可再生能源之一，受到国际上广泛的重视。

地球上的生物质能资源极其丰富，且属无污染、无公害的能源。以热量来计算，地球表面积共 $5.1\times10^8km^2$，其中陆地表面积为 $1.49\times10^8km^2$，海洋表面积为 $3.61\times10^8km^2$。按每1kg 植物的发热量为 1.7×10^4J 计，陆地植物每年可固定的太阳能为 $1.97\times10^{21}J$，即相当于 $1.18\times10^{11}t$ 有机物；海洋植物每年可固定的太阳能为 $9.2\times10^{20}J$，则相当于 $5.5\times10^{10}t$ 的有机物。这样，若地球表面全部覆盖上植物，这些绿色植物每年可以“固定”的太阳能，相当于产生 $1.73\times10^{11}t$ 有机物。实验表明，1t 有机碳燃烧释放的热量为 $4.017\times10^{10}J$。以 $1.73\times10^{11}t$ 有机物所拥有的能量计算，相当于全世界能源总消耗量的10～20倍，而目前只有1%～3%的生物质能被人类利用，主要用于取暖、烹饪和照明。

通常生物质能资源可划分为下列几大类别。

（1）农作物类，包括产生淀粉可发酵生产酒精的薯类、玉米、甜高粱等，产生糖类的甘蔗、甜菜、果实等。

（2）林作物类，包括白杨、悬铃木、赤杨等速生林种，苜蓿、芦苇等草木类及森林工业产生的废弃物。

（3）水生藻类，包括海洋生的马尾藻、巨藻、石莼、海带等，淡水生的布带草、浮萍等，微藻类的螺旋藻、小球藻等，以及蓝藻、绿藻等。

（4）可以提炼石油的植物类，包括橡胶树、蓝珊瑚、桉树、葡萄牙草等。

（5）农作物废弃物（如秸秆、谷壳等）、林业废弃物（如枯枝、树皮、锯末等）、畜牧业废弃物（如骨头、皮毛等）及城市垃圾等。

（6）光合成微生物，如硫细菌、非硫细菌等。

7.1.2 生物质能转换技术

生物质能是人类最古老的能源。人类自从学会使用火，就开始利用生物质能。生物质能属于分散性、劳动密集型和占地较多的能源，其应用的方式主要是直接燃烧。随着人类社会的不断发展，对能源的需求不断增长，生物质能天然储量逐渐枯竭，新形式的能源如煤炭、石油、水力、天然气、核能等被大量开发采用。由于新形式的能源能量密度高、容易利用和开发，从而导致生物质能被逐渐取代。在发达国家，尽管某些国家和地区的能耗结构中生物质能仍占较高比例，如芬兰为15%，瑞典为9%，但就整个工业化国家而言，生物质能占一次能源的比例不超过 3%。在发展中国家，由于经济和社会原因，生物质能仍占较高比例，尤其在少数国家和地区生物质能所占比例非常高，如尼泊尔高达 95%，肯尼亚达到 75%，印度达到 50%，中国达到 33%，巴西达到 25%，埃及和摩洛哥达到 20%。

利用生物质能的最有效的途径之一，就是首先将其转化为可驱动发电机的能量形式，再按照通用的发电技术发电，然后直接送给用户或并入电网提供给用户。生物质能发电与大型发电厂相比，具有如下特点。

（1）生物质能发电的重要配套技术是生物质能的转化技术，且转化设备必须安全可靠，维修保养方便。

（2）利用当地生物资源发电的原料必须具有足够储存量，以保证持续供应。

（3）所用发电设备的装机容量一般较小，且多为独立运行的方式。

（4）利用当地生物质能资源就地发电、就地利用，无须外运燃料和远距离输电，适用于居住分散、人口稀少、用电负荷较小的农牧业区及山区。

（5）生物质能发电所用能源为可再生能源，污染小，清洁卫生，有利于环境保护。

1. 生物质转化的能源形式

（1）直接燃料

采用直接燃料的目的是获取热量。燃烧热值的多少因生物质的种类而不同，并与空气（氧气）的供应量有关。有机物氧化得越充分，产生的热量越多。它是生物质利用最古老、最广泛的方式。但存在的问题是直接燃烧的转换效率很低，一般不超过 20%。

（2）甲醇

甲醇是由植物纤维素转化而来的重要产品，是一种环境污染很小的液体燃料。甲醇的突出优点是燃烧中碳氢化合物、氧化氮和一氧化碳的排放量很低，而且效率较高。研究表明，85%的甲醇和 15%的无铅汽油制成的混合燃料，可使碳氢化合物的排放量减少 20%～50%。

（3）酒精

用酒精做燃料，可大大减少石油产品对环境的污染，而且其生产成本与汽油基本相同。科学研究表明，在乙醇里加入 10%的汽油，燃烧生成的一氧化碳将可大大减少。因此，酒精被广泛用在交通运输中作为柴油和汽油的替代品，得到了环境保护组织的青睐。其利用方式是将乙醇脱水后再加上适量汽油形成“变性燃料乙醇”，再与汽油以一定比例混合配置成为“车用乙醇汽油”。

（4）沼气

沼气是高效气体燃料，主要成分为甲烷（55%～70%）、二氧化碳（30%～35%）和极少量的硫化氰、氢气、氨气、磷化三氢、水蒸气等。沼气产生的机理是在极严格的厌氧条件下，有机物经多种微生物的分解与转化作用，尤其是“产甲烷菌”的作用，使其碳素化合物被分解。大部分能量转化储存在甲烷中，一小部分被氧化为二氧化碳，而分解中所释放的能量用以满足微生物生命活动的需要。

（5）垃圾燃烧供能

城市垃圾经过分类处理后，在特制的焚烧炉内燃烧后利用其产生的热量发电，与垃圾发酵产生沼气燃烧发电的方法效果相同。

（6）生物质气化生产可燃气体及热裂解产品——可燃气体、生物油、炭等

生物质燃气是可燃烧的生物质如木材、锯末屑、秸秆、谷壳、果壳等，在高温条件下经过干燥、干馏热解、氧化还原等过程后产生的可燃混合气体和大量煤焦油。不同的生物质资源气化产生的混合气体含量有所差异，与煤、石油经过气化后产生的可燃混合气体（煤气）的成分大致相同，俗称“木煤气”。

生物质热裂解是指在完全无氧或只提供有限氧气的条件下进行的生物质的热降解过程。此时气化不会大量发生，生物质分解为气体（不可凝的挥发物）、液体（可凝的挥发物）和固体炭。上述产物均可作为燃料使用，其中生物油还是用途广泛的有机化学原料。

2．生物质能的转化技术

除直接燃烧外，利用现代物理、生物、化学等技术，可以把生物资源转化为液体、气体或固体形式的燃料和原料。目前所研究出来的技术主要分为物理干馏、热解法和生物、化学发酵法几种，包括干馏制取木炭技术、生物质可燃气体气化技术、生物质厌氧消化技术和生物质能生物转化技术。下面重点介绍其中的生物质能生物转化技术、生物质厌氧消化技术和生物质可燃气体气化技术。

1）生物质能生物转化技术

生物质能生物转化技术是指能高效产生能源的生物的培育技术。

首先是“石油植物”的培植。1977 年，美国科学家发现，某些绿色植物能迅速把太阳能转变为烃类，而烃类是石油的主要成分。据预测，全球绿色植物储存的总能量大约相当于 8 万亿吨标准煤，其中的 90%储存在森林中。自然界能够生出“石油”的这种植物实际上是一种低分子量的碳氢化合物，它的汁液中含有的分子量在 1000～5000，与矿物石油性质相近，被称为“绿色石油”，这种植物被称为“石油植物”。1978 年，美国加利福尼亚大学的卡尔文培育出了“石油草”，经提炼，每公顷可生产 14～16m^3 的“石油”。这种植物成活率高，耐旱性强，燃烧时不会产生一氧化碳和二氧化硫等有害成分，是一种理想的清洁生物燃料，而卡尔文也因此获得了诺贝尔奖。目前，全球已发现上千种可生产“绿色石油”的植物。美国建立了 5 个三角叶杨、黑槐、糖槭树、桉树等组成的能源实验林场。巴西的三叶橡胶树、美洲香槐、澳大利亚的阔叶棉等，均可提炼出油类。加拿大实验了两年轮伐

的杨树能源林。菲律宾种植了大面积银合欢树。瑞士制定了种植“能源林”的计划，以解决全国每年石油需求量的 50%。

同时，科学家们特别强调应该大力开发和利用“高光效植物”，即光合作用效率高于 5‰的植物，如甘蔗、玉米、甜菜、甘薯等。这些植物具有更强的吸收二氧化碳的能力。选育和大面积种植高光效植物，已成为生物质能开发利用的重要途径。在林业方面研究和培育光合作用效率高、生长快、繁殖力强的树种也十分重要。

其次是藻类的培植。蓝藻是地球上最古老的生物之一，它可潜伏在水层里，依靠它所含有的叶绿素和藻蓝素利用太阳光进行光合作用，成功地把二氧化碳和水合成碳水化合物。蓝藻可以说是世界上最早的太阳能收集、储存装置。它的出现意味着地球上以太阳能为动力的生命形式由低级走向高级，从简单走向复杂。蓝藻是一种既能光合（发电、放氧、制糖）、又能固氮（合成氨）、还能放氢的“综合工厂”。蓝藻大多分为营养细胞和异型细胞。在光合过程中，营养细胞能制糖和发电，异型细胞在特定条件下能催化放出理想的燃料——氢。蓝藻另一重要的作用是可以发电。利用蓝藻将使人们可以用太阳能为动力，以水、二氧化碳和氮气为原料，定向地进行发电、合成食物、生产氮肥和制造氢气。

作为生物质能源，除蓝藻外的水生植物可利用的还有很多。藻类生物可用厌氧发酵成甲醇，其转化率可达 50%～70%。海藻能释放出大量的近似甲烷的可燃性气体，据估计，1 公顷海藻一年内可排放出 $4\times10^4m^3$ 的可燃性气体。有一种海藻能在高盐碱的水中产生大量有价值的烃类（其含有甘油）。小球藻可提供 22kJ/g 的能量。水风信子是沼气发酵的极好原料，它繁殖速度极快，一株水风信子 3 个月就可产生 248181 个后代。藻类还能回收石油，如红巨藻能以相当其生物量生长速度 50%的速率合成分泌出一种磺化多糖，可用于从地下的砂质形成物中回收石油，其回收石油的数量等于或高于用聚合物得到的数量。

2）生物质厌氧消化技术——沼气的制作

沼气的发生机理是不同的微生物在发酵过程中的共同作用。根据不同微生物的作用，可分为纤维素分解菌、脂肪分解菌和果胶分解菌。按它们的代谢产物不同，又可分为产酸细菌、产氢细菌和产甲烷细菌等。沼气发酵是纤维素发酵、果胶发酵、氢气发酵、甲烷发酵等多种单一发酵的混合发酵过程，一般可分为以下 3 个过程。

（1）水解液化过程：4 个菌种将复杂的有机物分解为较小分子的化合物。各菌种的“胞外酶”将有机物转化为可溶于水的物质。

（2）产酸过程：由细菌、真菌和原生动物把可溶于水的物质进一步转化为小分子化合物，并产生二氧化碳和氢气。

（3）生产甲烷的过程：由产甲烷菌把氢气、二氧化碳、乙酸、甲酸盐、乙醇等统一生成甲烷和二氧化碳。

总之，沼气的生产过程是有机物在厌氧条件下被沼气微生物分解代谢，最后形成以甲烷和二氧化碳为主的混合气体的生物化学过程。

沼气由沼气发酵池产生，故沼气制作技术主要指沼气池技术。根据应用环境不同，可分为城镇工业化发酵装置和农村家用沼气池。城镇工业化发酵装置包括单级发酵池、二级高效发酵池和三级化粪池高效发酵池。农村家用沼气池包括水压式沼气池、浮动罩式沼气池和塑料薄膜气袋式沼气池。

中国在农村推广的沼气池多为水压式沼气池，又称中国式沼气池。正常情况下，在中国南方这样一个池子可达到年产 250～300m³ 沼气，可提供一家农户 8～10 个月的生活燃料。

3）生物质可燃气体气化技术

目前世界各国研究开发制造的生物可燃气体发生器有多种形式，通常分为热裂解装置和气化炉两大类。生物质热裂解生成产物的相对比例取决于热裂解方法和反应条件。与生物质完全气化所需的温度要达 800℃～1300℃相比，生物质热裂解所需的温度相对较低，一般为 400℃～800℃。生物质热裂解的优势，在于它能够直接将难处理的固体生物质及其他废弃物比较容易地转化为液体燃料。这些液体物，无论是生物油，还是水-炭浆混合物，或是生物油-炭浆混合物，在运输、储存、燃烧、改性以及生产、销售的灵活性方面都优于原始物质。生物质原料及其热裂解产物的能量密度见表 7-1。

表 7-1 生物质原料及其热裂解产物的能量密度

原料	体积密度（kg/m³）	干基热值（GJ/t）	能量密度（GJ/m³）	原料	体积密度（kg/m³）	干基热值（GJ/t）	能量密度（GJ/m³）
稻草	100	20	2	炭	300	30	9
木屑	400	20	8	水-炭浆（1:1）	1000	15	15
生物油	1200	25	30	油-炭浆（4:1）	1150	24	28

从表 7-1 中可以看出，生物油和炭浆的混合物比起木屑和稻草，在体积密度和能量密度方面具有明显优势，这种优势对于长途运输以及搬运、储存是非常重要的。其次，一次生物油在应用和销售方面也存在较为明显的优势，并且在燃烧工艺上也比较容易操作。

生物质热裂解产生的液体为棕黑色的热裂解油，又称为生物油或生物原油。根据工艺不同，生物质热裂解产生两类热裂解油：一种是闪速生物质热裂解工艺产生的一次生物油，另一种是常规和慢速热裂解工艺产生的二次油或焦油。由于在储存和应用上存在的重要差异，人们对闪速生物质热裂解工艺产生的一次生物油非常重视。另一种液体产品是浆体燃料，它是用水和炭添加稳定悬浮态的化学制品制成的，也可以用生物油和炭制成生物油-炭浆体燃料。

常压下生物质原料在气化炉中经过氧化还原一系列反应生成可燃性混合气体。由于空气中含有大量氮气，故生物煤气中可燃气体所占比例较低，热值较低，一般为 4000～5800kJ/m³。气化炉的工作过程如下：生物质原料进入炉内，加一定量燃料后点燃，同时通过进气口向炉内鼓风，通过一系列反应生成煤气。其中可分为氧化层、还原层、热解层、干燥层 4 个区域。

（1）氧化层（燃烧层）：生物原料中的碳与空气中的氧进行化合，生成大量二氧化碳，部分区域因空气不足形成少量一氧化碳。同时，释放大量热量，温度达 1000℃～1300℃。

（2）还原层：随着气流运动，大量二氧化碳遇到更多炙热的碳，被还原成一氧化碳，部分水蒸气被分解成氢和氧，并吸收大量的热量，与碳化合形成多种产物。可燃成分的含量大约为 CO 占 22%，H_2 占 10%，CH 占 43%，C_mH_n 占 1%。

（3）热解层：生物质原料中含有的大量有机、无机挥发物质，在 500℃左右的热气流冲刷下被干馏热解出来，根据不同凝结点形成胶状焦油、焦炭和半焦炭。

（4）干燥层：生物质原料进入炉内首先被约为 200℃的热气流干燥，所含水分蒸发，为热解做好准备。

气化炉一般分为流化床、移动床和固定床三种。

（1）流化床：流化床是近 20 年发展起来的新型燃烧炉。借助于流化物质，如加热到上千摄氏度的细砂与研细的生物质原料混合，在强大空气流的作用下，形成气固多相流，喷入燃烧室，炙热的细砂将细碎的生物质原料加热燃烧，从而产生出“木煤气”，通过管道引出。

（2）移动床：将生物质原料置于燃烧室中，移动至加热面上，连续送入，进而不断地燃烧。

（3）固定床：这是历史最久的气化装置。按照气体在燃烧炉内的流动方向，固定床可分为上吸式、下吸式、平吸式三种。

7.1.3 生物质能发电技术

1. 生物质燃气发电技术

生物质燃气（木煤气）发电技术中的关键技术是气化炉及热裂解技术。

生物质气化发电可通过三种途径实现：生物质气化产生的燃气净化后作为燃料直接进入燃气锅炉生产蒸汽，再驱动蒸汽轮机发电；也可将净化后的燃气送给燃气轮机燃烧发电；还可以将净化后的燃气送入内燃机直接发电（图 7-1）。在发电和投资规模上，它们分别对应于大规模、中等规模和小规模的发电。

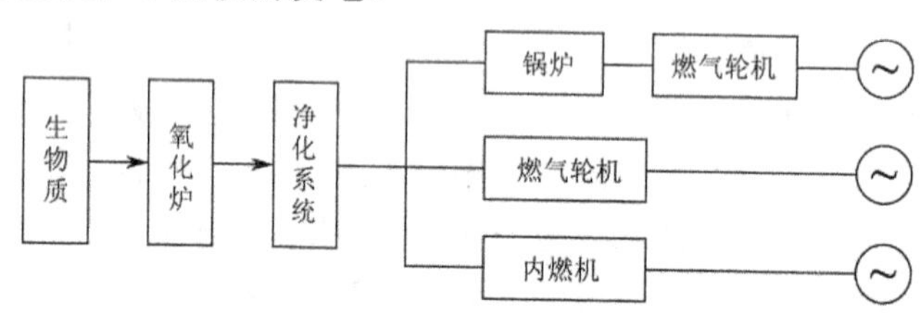

图7-1 生物质气化发电途径

生物质气化内燃发电系统主要由气化炉、燃气净化系统和内燃发电机等组成，如图 7-2 所示。

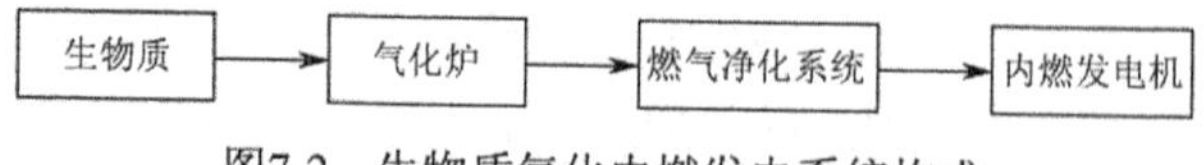

图7-2 生物质气化内燃发电系统构成

气化炉是将生物质能由固态转化为燃气的装置。生物质在气化炉内通过控制空气供应量而进行不完全燃烧，实现低值生物质能由固体向气态的转化，生成包含氢气（H_2）、一氧化碳（CO）、甲烷（CH_4）、多碳烃（C_nH_m）等可燃成分的燃气，完成生物质的气化过程。

气化产生的燃气出口温度随气化炉形式的不同，在 350℃～650℃变化，并且燃气中含有未完全裂解的焦油及灰尘等杂质，为满足内燃机长期可靠工作的要求，需要对燃气进行冷却和净化处理，使燃气温度降到 40℃以下，焦油及灰尘含量控制在 50mg/Nm^3 以内。燃气经过净化后，再进入内燃机发电。

在内燃机内，燃气混合空气燃烧做功，驱动主轴高速转动，主轴再带动发电机进行发电。

2. 沼气发电技术

我国沼气发电研发有 20 多年的历史，农村主要以 3～10kW 沼气机和沼气发电机组方向发展；而酒厂、糖厂、畜牧场、污水处理厂的大中型环保能源工程，主要以单机容量为 50～200kW 的沼气发电机组方向发展。据不完全统计，到 2000 年底中国农村已有家用沼气池 764 万个，共有 3500 多万人口使用沼气，年产沼气达 26 亿立方米，中国已成为世界上建设沼气发酵装置最多的国家。以有机废料为原料的沼气厂结构如图 7-3 所示。

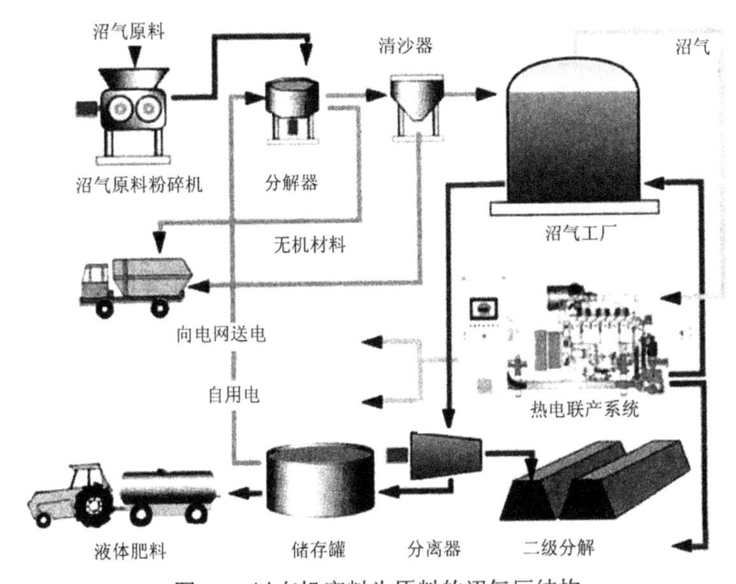

图7-3　以有机废料为原料的沼气厂结构

其中，热电联产系统分为纯沼气电站和沼气-柴油混烧发电站，按规模分为 50kW 以下的小型沼气电站、50～500kW 的中型沼气电站和 500kW 以上的大型沼气电站。它主要由消化池、汽水分离器、脱硫化氢及二氧化碳塔、储气柜、稳压箱、发电机组（即沼气发动机和沼气发电机）、废热回收装置、控制输配电系统等部分构成。消化池产生的沼气经汽水分离器、脱硫化氢及二氧化碳塔净化后，进入储气柜，经稳压箱进入沼气发动机驱动沼气发电机发电。发电机所排出的废水和冷却水所携带的废热经热交换器回收，作为消化池料液加温热源或以其他方式再利用。发电机所发电量经控制输配电系统送往用户。

沼气电站适于建设在远离大电网、少煤缺水的山区农村地区。中国是农业大国，商品能源比较缺乏，一些乡村地区距离电网较远，在农村开发利用沼气有着特殊意义。无论从环境保护还是发展农村经济的角度考虑，沼气在促进生物质良性循环、发展庭园经济、建立生态农业、维护生态平衡、建立大农业系统工程中都将发挥重要作用。

3. 城市垃圾发电技术

城市垃圾处理的新方向是通过发酵产生沼气，再用来发电。欧美工业发达国家最早开发应用该技术。

德国1991年建成欧洲最大的处理10万吨城市垃圾的凯尔彭市垃圾处理场；到20世纪80年代末，已建成投产16座垃圾焚烧电站，所获能源达全国能耗的4%～5%，成为电网不可缺少的电源。法国约有垃圾焚烧场50多个，垃圾焚烧炉90多座；位于巴黎的最大垃圾焚烧发电站所发电量可满足巴黎市用电量的20%。美国1968年在尼加拉瓜能源中心建造了一座全烧垃圾的发电厂，每天处理垃圾2200t；并先后在纽约、佛罗里达、皮拉内斯等地建成大型垃圾发电厂，目前美国利用垃圾处理所获电量已达5000万千瓦时。日本1965年在大阪市西淀区建成垃圾焚烧电站，装机容量达5400kW；到2010年日本垃圾发电量已达500万～900万千瓦。

据统计，我国现年产城市生活垃圾约1.5亿吨，其中填埋占70%，焚烧和堆肥等占10%，剩余20%难以回收。垃圾发电率还不到10%，相当于每年白白浪费2800MW的电力，被丢弃的“可再生垃圾”价值高达250亿元。据国家环保总局预测，2015年我国城市垃圾年产量将达到2.1亿吨。因此，在中国发展垃圾发电十分迫切。

垃圾发电技术的关键之一，是垃圾焚烧炉的设计、制造和管理。目前国际上技术较先进的国家是德国和法国，它们普遍采用水冷壁焚烧炉焚烧垃圾，产生的蒸气直接用于发电。美国和瑞典采用半悬浮式水冷壁焚烧炉，还有直接焚烧炉、流化床焚烧炉、低焰焚烧炉等多种形式的焚烧炉。日本对垃圾焚烧处理厂的设计采用综合发电系统，即在离垃圾堆积基地50km、100km、200km的海岸同时建立火力发电厂和大型废弃物处理厂，把垃圾焚烧产生的蒸气与火力发电厂的蒸气混合用做动力源，驱动汽轮机带动发电机发电。该系统大大提高了发电效率，远高于废弃物单独焚烧时的发电效率。废物处理厂规模越大，成本越低，效率越高。

垃圾发电技术的关键之二，是垃圾的质量管理。由于垃圾中可燃废弃物的质量和数量都随季节和地区的不同而发生变化，发电量稳定性小，导致垃圾发电厂的电力向电力公司出售时“评价”较低，价格偏低。为此，必须加强垃圾的管理，如扩大垃圾收集范围，加大垃圾处理厂储藏容量，加强垃圾筛选和分离，提高可燃物的回收数量和质量，加强工业废物的回收，提高垃圾可燃成分的含量等。

垃圾发电技术的关键之三，是对焚烧炉温度和蒸气产量的控制。应采取措施改进汽轮机和冷凝器等设备的控制系统，以提高垃圾发电的稳定性。

7.1.4 生物质能发电前景

生物质能源的优点首先在于其经济性。生物质能源属于可再生资源，一般都是使用国内的原产物，无须进口，能够为该国的农业、林业的发展提供条件。其次，生物资源便宜，易于获得，其转化装置可大可小，因地制宜。最后，从环境保护的角度出发，生物质燃烧所产生的污染远低于矿物质燃料，目前利用生物质能源的技术还使许多废物、垃圾的处置问题得到减少和解决。

与其他形式的可再生能源相比，生物质能源的缺点在于其存在较分散，不容易收集，能源密度低。同时，由于生物质能源含水量大，收集、干燥其所需要的成本高，从经济上限制了其开发利用。因此，现代生物质能源的开发受到必要投资额的制约。生物质能源在发达国家是一种昂贵的能源，这就是生物质能在发达国家不能获得大规模发展的原因。在发展中国家，丰富的自然资源和廉价劳动力会大大降低生物质能的价格。同时，常规能源生产的高资金投入和管理会严重影响其成本，进口能源更加昂贵，从而使得在发展中国家大力发展可再生能源前景良好。发展生物质能的最有利环境毫无疑问是经济上的，如果生物质能比其他能源便宜，那么它的发展就会异常迅速。

7.2　地热能发电

7.2.1　地热资源

所谓地热能，就是来自地下的热能，即地球内部的热能。地热资源，是开发利用地热能的物质基础。地热资源是指在当前技术经济和地质环境条件下，地壳内能够科学、合理地开发出来的岩石中含有的热能量和热流体中含有的热能量及其有用的伴生成分。据估计，全世界地热资源的总量大约为 1.45×10^{26}J，相当于煤炭总储量的 1.7 亿倍。目前地热资源勘探的深度可达地表以下 5000m，其中 2000m 以下为经济型地热资源，2000～5000m 为亚经济型地热资源。

形成地热资源有热储层、热储体盖层、热流体通道和热源 4 个要素。通常地热资源根据其在地下热储中存在的不同形式，分为蒸汽型资源、热水型资源、地压型资源、干热岩型资源和岩浆型资源等几类。

（1）蒸汽型资源：指地下热储中以蒸汽为主的对流水热系统，它以产生温度较高的过热蒸汽为主，掺杂有少量其他气体，所含水分很少或没有。这种干蒸汽可以直接进入汽轮机，对汽轮机腐蚀较轻，能取得满意的工作效果。但这类构造需要独特的地质条件，因而资源少，地区局限性大。

（2）热水型资源：指地下热储中以水为主的对流水热系统，它包括喷出地面时呈现的热水以及水汽混合的湿蒸汽。这类资源分布广，储量丰富，根据其温度可分为高温（150℃以上）、中温（90℃～150℃）和低温（90℃以下）。

（3）地压型资源：它以高压水的形式储存于地表以下 2～3km 的深部沉积盆地中，并被不透水的盖层所封闭，形成巨大热水体。地压水除了高压、高温的特点外，还溶有大量的碳氢化合物（如甲烷等）。所以，地压型资源中的能量，实际上是由机械能（压力）、热能（温度）和化学能（天然气）3 个部分组成的。

（4）干热岩型资源：干热岩型资源是比上述各种资源规模更为巨大的地热资源。它是指地下普遍存在的没有水或蒸汽的热岩石。从现阶段来说，干热岩型资源专指埋深较浅、温度较高的有开发经济价值的热岩石。提取干热岩中的热量，需要有特殊的办法，技术难度大。

（5）岩浆型资源：岩浆型资源是指蕴藏在熔融状和半熔融状岩浆中的巨大能量，它的温度高达 600℃～1500℃。在一些多火山地区，这类资源可以在地表以下较浅的地层中找到，但多数则埋在目前钻探还比较困难的地层中。

在上述 5 类地热资源中，目前能为人类开发利用的主要是地热蒸汽和地热水两大类资源，人类对这两类资源已有较多的应用；干热岩和地压两大类资源尚处于试验阶段，开发利用很少。不过，仅是蒸汽型资源和热水型资源所包括的热能，其储量也是极为可观的。随着科学技术的不断发展，完全可以确信，地热能的开发深度还会逐渐增加，为人类提供的热量将会更大。地热资源利用途径如图 7-4 所示。

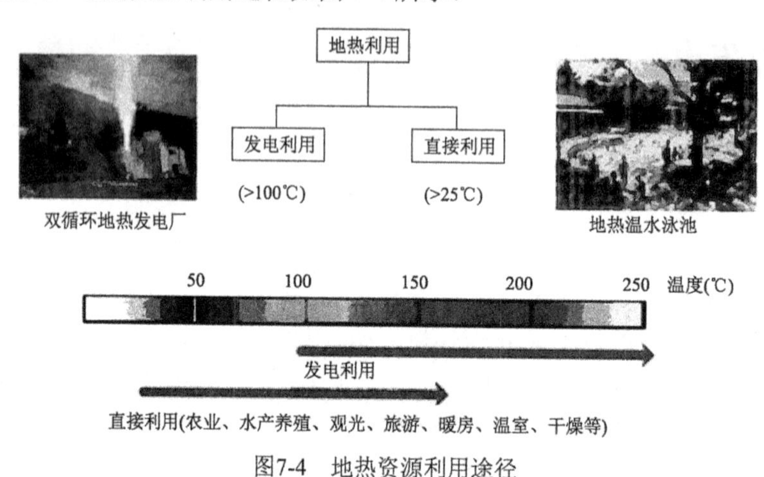

图7-4　地热资源利用途径

1．地下热水的形成

地下热水的形成一般可分为深循环型和特殊热源型两种类型。大气降水到地面后，沿土壤或缝隙向地下深处渗透成为地下水，在常温带以下地下水每深入 100m 平均增温 3℃，地下 2km 左右就可以获得 60℃～80℃的热水。热水受热后膨胀，在下部强大压力的作用下向地表移动，成为浅埋藏的地下热水或露出地表成为温泉。冷水下降、热水上升构成地下热水的循环运行。深循环型地下热水的形成、运动和储存，与地质构造密切相关。在地壳变动比较剧烈、岩石发生较大断裂的地区，深入地壳内部的岩层裂隙就较多，从而就为冷热水的循环提供了通道。尤其是在几组不同走向的断层交会处，岩层在不同方向力的挤压下，断裂破碎程度会更大，裂隙也将更多，从而成为积聚热水的含水层。所以，在断层复合交叉的部位及其附近，常存在深循环型地下热水。

千万年来地壳岩层一直在经历着断裂、挤压、折曲及破碎等变化。每当岩层破裂时，地球深部的岩浆就会通过裂缝向地表涌来。如果涌出地表，即称为火山爆发。如果停驻在地表下一定的深度，则称为岩浆侵入体。岩浆侵入体是一个特殊的高温热源，它使渗入的大气降水受到强烈加热，形成高强度的地热异常区，其地热增温率可达每百米几十摄氏度。岩浆侵入体越新，所保留的余热就越多，对地下水加热的程度也越强烈。此外岩浆侵入体的规模、埋深以及覆盖岩层情况等条件也关系到侵入体释放热量的多少。可见，以侵入体为热源的地下热水的埋藏深度，取决于热岩体的停驻位置和其温度影响范围。

2．地热田的类型

地热田分为热水田和蒸汽田两种类型。

热水田开采出的介质主要是温度在 60℃～120℃的液态水，多属于深循环型热水，少数属于特殊热源型。地质结构上，其储水层上方通常没有不透水的覆盖岩层。热水田是地热田中一种较为普遍的类型，既可直接用于供暖和工农业生产，也可用于减压扩容法地热发电系统。

蒸汽田可以按照井口喷出介质的状态分为干蒸汽田和湿蒸汽田。其储水层上方有一层透水性很差的覆盖岩层，从而使得储水层成为聚集大量具有一定压力和温度的蒸汽和热水的热储。蒸汽田按井口喷出介质的状态分为干、湿蒸汽田，其地质条件一般是类似的。有时也会出现同一口地热井交替喷出干、湿蒸汽的情况。蒸汽田特别适合发电，是十分有开采价值的地热田。

3．地热水和天然蒸汽杂质

不同地热田的热水和蒸汽，受不同地质条件所导致的地球化学作用，其化学成分各不相同。通常热水中含有较多的硫酸和铵、铁、铝等硫酸盐，有时还有盐酸、硅酸、偏硼酸等。在地热水和蒸汽中的气体成分，则有二氧化碳、硫化氢、甲烷、氨、氮、氢、乙烷等；有的热水中还含有二氧化硫、盐酸气和氢氟酸气等。除此之外，无论热水或蒸汽，都常常携带有泥沙等固体异物。地热水和天然蒸汽中的各种杂质，都会对地热发电产生影响。例如，各种盐类和固体异物可能使管道、阀门、汽轮机叶片等产生沉盐、结垢、磨损和堵塞等现象；伴生的气体成分则可能导致管道、热交换器、冷凝器等发生堵塞、腐蚀，以及冷凝器真空度降低和污染环境等。所以，地热水和天然蒸汽中杂质的成分和含量等因素，是地热电站在设计和运行中必须加以考虑的重要因素之一。

4．中国地热资源

对中国地热资源的普查、勘探表明，中国地热资源丰富，分布广泛。地热资源的温度是影响其开发利用价值的最重要因素。如何划分温度等级，目前并不统一。国际上的一般划分方法为：150℃以上为高温，90℃～150℃为中温，90℃以下为低温。中国地热勘查国家标准（GB 11615—1989）规定，地热资源按温度分为高温、中温、低温三级，按地热田规模分为大、中、小三类，见表 7-2 和表 7-3。

表 7-2　地热资源温度分级

温度分级		温度界限（℃）	主要用途
高温		$t \geqslant 150$	发电、烘干
中温		$90 \leqslant t < 150$	工业利用、烘干、发电、制冷
低温	热水	$60 \leqslant t < 90$	采暖、工艺流程
	温热水	$40 \leqslant t < 60$	医疗、洗浴、温室
	温水	$25 \leqslant t < 40$	农业灌溉、养殖、土壤加温

表 7-3　地热资源规模分类

规模	电能（MW）	能利用年限（计算年限）	
		高温地热田	中、低温地热田
大型	>50	30	100
中型	10～50	30	100
小型	<10	30	100

7.2.2　地热发电原理和发电技术

地热能的利用可分为直接利用和地热发电两大方面。本节重点介绍地热发电原理和技术。

1．地热发电原理

地热发电是利用地下热水和蒸汽为动力源的一种新型发电技术，它涉及地质学、地球物理、地球化学、钻探技术、材料科学和发电工程等多种现代科学技术。地热发电和火力发电的基本原理是一样的，都是将蒸汽的热能经过汽轮机转变为机械能，然后带动发电机发电（见图 7-5）。不同的是，地热发电不像火力发电那样要备有庞大的锅炉，也不需要消耗燃料，它所用的能源就是地热能。地热发电的过程，就是把地下热能首先转变为机械能，然后再把机械能转变为电能的过程。

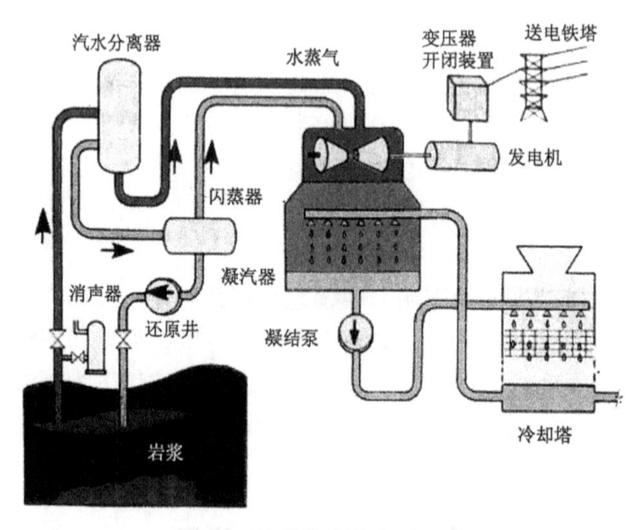

图7-5　地热发电基本原理图

2．地热发电的种类

地热资源主要有蒸汽型和热水型两类，因此，地热发电也分为两大类。

地热蒸汽发电有一次蒸汽法和二次蒸汽法两种。一次蒸汽法直接利用地下的干饱和（或稍具过热度）蒸汽，或者利用从汽水混合物中分离出来的蒸汽发电。二次蒸汽法有两种含义：第一种是不直接利用比较脏的天然蒸汽（一次蒸汽），而是让它通过换热器汽化洁净水，再利用洁净蒸汽（二次蒸汽）发电；第二种含义是，将第一次汽水分离出来的高温热水进行减压扩容，生产二次蒸汽，压力仍高于当地大气压力，和一次蒸汽分别进入汽轮机发电。

地热水中的水，按常规发电方法是不能直接送入汽轮机去做功的，必须以蒸汽状态输入汽轮机做功。对温度低于100℃的非饱和态地下热水发电，利用抽真空装置，使进入扩容器的地下热水减压汽化，产生低于当地大气压力的扩容蒸汽，然后将汽和水分离、排水、输汽充入汽轮机做功，这种系统称为“闪蒸系统”。低压蒸汽的比容很大，因而使汽轮机的单机容量受到很大的限制，但运行过程中比较安全。将氯乙烷、正丁烷、异丁烷和氟里昂等作为发电的中间工质，地下热水通过换热器加热，使低沸点物质迅速汽化，将所产生的气体送入发电机做功，做功后的工质从汽轮机排入凝汽器，并在其中经冷却系统降温，重新凝结成液态工质后再循环使用。这种方法称为“中间工质法”，这种系统称为“双流系统”或“双工质发电系统”。这种发电方式安全性较差，如果发电系统稍有泄漏，工质逸出后很容易发生事故。

20 世纪 90 年代中期，以色列奥玛特公司把上述地热蒸汽发电和地热水发电两种系统合二为一，设计出一种“联合循环地热发电系统”，该机组已经在世界一些国家安装运行，效果很好。

3．地热发电系统

地热发电系统主要有以下 4 种。

（1）地热蒸汽发电系统：利用地热蒸汽推动汽轮机运转，产生电能。系统技术成熟，运行安全可靠，是地热发电的主要形式。西藏羊八井地热电站采用的便是这种形式。

（2）双循环发电系统：双循环地热发电，又称低沸点工质地热发电、中间介质法地热发电或热交换法地热发电。它以低沸点有机物为工质，使工质在流动系统中从地热流体中获得热量，并产生有机质蒸气，进而推动汽轮机旋转，带动发电机发电。

（3）全流发电系统：系统将地热井口的全部流体，包括所有的蒸汽、热水、不凝气体及化学物质等，不经处理直接送进全流动力机械中膨胀做功，其后排放或收集到凝汽器中。这种形式可以充分利用地热流体的全部能量，但技术上有一定的难度，尚在攻关。

（4）干热岩发电系统：利用地下干热岩体发电的设想，是美国人莫顿和史密斯于 1970 年提出的。1972 年，他们在新墨西哥州北部打了两口约 4000m 的深斜井，从一口井中将冷水注入干热岩体，从另一口井中取出由岩体加热产生的蒸汽，功率达 2300kW。进行干热岩发电研究的国家还有日本、英国、法国、德国和俄罗斯。

4．地热发电的方法

利用地下热水发电主要有降压扩容法和中间介质法两种。

降压扩容法是根据热水的汽化温度与压力有关的原理而设计的，如在 0.3 个绝对大气压下水的汽化温度是 68.7℃。通过降低压力使热水沸腾变为蒸汽，推动汽轮发电机转动而发电。

中间介质法是采用双循环系统，即利用地下热水间接加热某些低沸点物质来推动汽轮机做功的发电方式。例如，在常压下水的沸点为100℃，而有些物质如氯乙烷和氟里昂在常压下的沸点温度分别为12.4℃和−29.8℃，这些物质被称为低沸点物质。根据这些物质在低温下沸腾的特性，可将它们作为中间介质进行地下热水发电。利用中间介质法，既可以用100℃以上的地下热水（汽），也可以用 100℃以下的地下热水。对于温度较低的地下热水来说，采用降压扩容法的效率较低，而且在技术上存在一定困难，而利用中间介质法则较为合适。

7.2.3 地热能发电现状

迄今为止，全世界至少已有 83 个国家开始开发利用地热资源或计划开发利用地热资源；约有 50 个国家统计了地热能利用数量；有 21 个国家利用地热发电，约有 250 个地热电站。1997 年，全世界地热发电装机容量为 7950MW，其中第 1 位的美国为 2850MW，第 13 位的中国为 32MW。美国加州的吉塞斯地热电站，总装机容量达 1918MW，是目前世界上最大的地热电站。

中国地热发电的研究试验工作开始于 20 世纪 70 年代初。30 余年来的发展经历了两大阶段：1970—1985 年期间，为以发展中低温地热试验电站为主的阶段；1985 年以后，进入发展商业应用高温地热电站的阶段。1970 年，广东省丰顺县邓屋建立起中国第一座闪蒸系统地热试验电站，利用 91℃的地热水发电，机组功率为 86kW。随后，江西省宜春市温汤和河北省怀来县，也相继建设起双循环系统地热试验电站。20 世纪 70 年代中后期，湖南省灰汤、辽宁省熊岳以及山东省招远又先后建成闪蒸及双循环系统地热试验电站。所有这些电站发电机组的功率都不大，从 50～300kW 不等；地热水温度均较低，从 61℃～92℃不等。这些地热试验电站曾对中国地热发电技术的发展与提高起了积极的作用，取得了一系列科研成果，积累了经验。目前，这些地热试验电站多数已经停运，但也有个别电站至今仍在运行发电。中国高温地热电站主要集中在西藏地区，总装机容量为 27.18MW，其中羊八井地热电站装机容量为 25.18MW，朗久地热电站装机容量为 1MW，那曲地热电站装机容量为 1MW。

羊八井地热电站是中国自行设计建设的第一座用于商业应用的、装机容量最大的高温地热电站，年发电量约达 1 亿千瓦时，占拉萨电网总电量的 40%以上，对缓和拉萨地区电力紧缺的状况起了重要作用。羊八井地热电站包括第一电站和第二电站两部分。1977 年投入运行的第一电站由 1 台 1MW 机组（1 号机组）和 3 台 3MW 机组（2 号、3 号和 4 号机组）构成。20 世纪 80 年代中期，开始建造第二电站。到 2002 年底，整个羊八井地热电站的总装机容量为 25.18MW。

经过 30 多年来的研究、开发与建设，中国的地热发电，在技术上和产业建设上，均取得了很大的进步和发展，为未来更大的发展奠定了坚实的基础。在技术上，已建立起一套比较完整的地热勘探技术方法和评价方法；地热开发利用工程的勘探、设计和施工，已有资质实体；地热开发利用设备基本配套，可以国产化生产，并有专业生产制造工厂；地热监测仪器基本完备，并可进行国产化生产。在产业建设上，已奠定一定的基础和能力，可以独立建设 30MW 规模商业化运行的地热电站，单机容量可以达到 10MW；已具备施工深度地热钻探工程的条件和能力；已初步建立起地热的监测体系和生产与回灌体系；已初步建立起一些必要的地热开发利用法规、标准和规范。

7.3　潮汐能发电

7.3.1　潮汐和潮汐能

地球上广大连续的水体叫做海洋，海洋是个庞大的能源宝库，它既是吸能器，又是储能器，蕴藏着巨大的动力资源。海水中蕴藏着的这一动力资源叫做海洋能。潮汐能就是海洋能的一种，它是指海洋表面波浪所具有的动能和势能。

海水总是处在永不停息的运动当中。由于太阳和月球对地球各处引力的不同所引起的海水有规律的、周期性的涨落现象，就叫做海洋潮汐，习惯上称为潮汐。按涨落的周期，可以把潮汐分为 3 种类型：半日潮、全日潮和混合潮。潮汐现象在垂直方向上表现为潮位的升降，在水平方向上则表现为潮流的进退，二者是一个现象的两个侧面，都受同一规律支配。潮汐水位随时间而变化的过程线，叫做潮位过程线。每次潮汐的潮峰与潮谷的水位差，叫做潮差。潮汐这次高潮或低潮与下次高潮或低潮相隔的平均时间，叫做潮汐的平均周期。

潮汐能就是潮汐所具有的能量。潮汐含有的能量是十分巨大的，潮汐涨落的动能和势能可以说是取之不尽、用之不竭的动力资源，人们称它为“蓝色的煤海”。潮汐能的大小直接与潮差有关，潮差越大，能量也就越大。由于深海大洋中的潮差一般较小，因此，潮汐能的利用主要集中在潮差较大的浅海、海湾和河口地区。中国的海岸线漫长曲折，港湾交错，河口众多，有些地区潮差很大，具有开发利用潮汐能的良好条件。例如浙江省杭州湾钱塘江口，因海湾广阔，河口逐渐浅狭，潮波传播受到约束而形成了有名的钱塘江怒潮，潮头高度可达 3.5m，潮差可达 8.9m，蕴藏着巨大的能量。

7.3.2　潮汐能发电原理及技术

1．潮汐能发电的原理及形式

由于电能具有易于生产、便于传输、使用方便、利用率高等一系列优点，因而利用潮汐的能量来发电目前已成为世界各国利用潮汐能的基本方式。潮汐发电，就是利用海水涨落及其所造成的水位差来推动水轮机，再由水轮机带动发电机来发电。其发电的原理与一般的水力发电差别不大。不过，一般的水力发电的水流方向是单向的，而潮汐发电则不同。从能量转换的角度来说，潮汐发电首先把潮汐的动能和势能通过水轮机变成机械能，然后再由水轮机带动发电机，把机械能转变为电能。如果建筑一条大坝，把靠海的河口或海湾同大海隔开，造成一个天然的水库，在大坝中间留一个缺口，并在缺口中安装上水轮发电机组，那么涨潮时，海水从大海通过缺口流进水库，冲击水轮机旋转，从而带动发电机发出电来；而在落潮时，海水又从水库通过缺口流入大海，则又可从相反的方向带动发电机发电。这样，海水一涨一落，电站就可源源不断地发出电来（见图 7-6）。

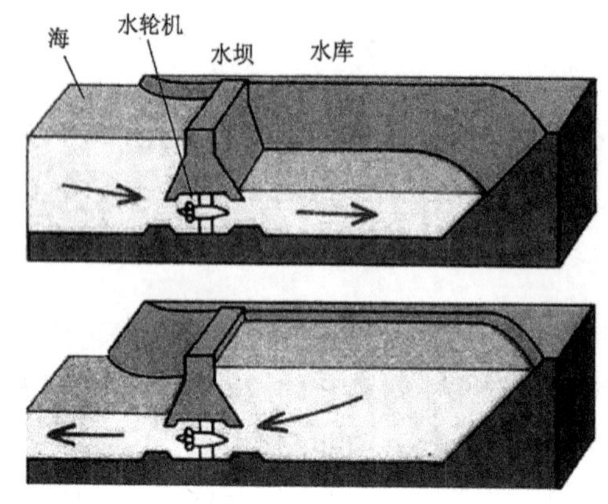

图7-6　潮汐能发电基本原理

潮汐发电可按能量形式的不同分为两种：一种是利用潮汐的动能发电，就是利用涨落潮水的流速直接去冲击水轮机发电；另一种是利用潮汐的势能发电，就是在海湾或河口修筑拦潮大坝，利用坝内外涨、落潮时的水位差来发电。利用潮汐动能发电的方式，一般是在流速大于 1m/s 的地方的水闸闸孔中安装水力转子来发电，它可充分利用原有建筑，因而结构简单，造价较低；如果安装双相发电机，则涨、落潮时都能发电。但是由于潮流流速周期性地变化，致使发电时间不稳定，发电量也较小。因此，目前一般较少采用这种方式。但在潮流较强的地区和某些特殊的地区，还是可以考虑的。利用潮汐势能发电，要建设较多的水工建筑，造价较高，但发电量较大。由于潮汐周期性地发生变化，所以电力的供应是间歇性的。

潮汐能发电站又可按其开发方式的不同分为如下 4 种形式。

1）单库单向式

这种电站也称单效应潮汐电站，仅建一个水库调节进出水量，以满足发电的要求。电站运行时，水流只在落潮时单方向通过水轮发电机组发电。在涨潮时打开水库，到平潮时关闭闸门，落潮时打开水轮机阀门，使水通过水轮发电机组发电。在整个潮汐周期内，电站的运行分为下列 4 个工况。

（1）充水工况：电站停止发电，开启水闸，潮水经水闸和水轮机进入水库，至水库内外水位齐平为止。

（2）等候工况：关闭水闸，水轮机停止过水，保持水库水位不变，海洋侧则因落潮而水位下降，直到水库内外水位差达到水轮机组的启动水头。

（3）发电工况：开动水轮发电机组进行发电，水库的水位逐渐下降，直到水库内外水位差小于机组发电所需要的最小水头为止。

（4）等候工况：机组停止运行，水轮机停止过水，保持水库水位不变，海洋侧水位因涨潮而逐步上升，直到水库内外水位齐平，转入下一个周期。

这种形式的电站，只需要建造一道堤坝，并且水轮发电机组只要满足单方向通水发电的要求即可，因而发电设备的结构和建筑物结构都比较简单，投资较少。但是，因为这种电站只能在落潮时单方向发电，所以每日发电时间较短，发电量较少，在每天有两次潮汐涨、落的地方，平均每天仅可发电 10～12h，使潮汐能不能得到充分利用，一般电站效率仅为 22%。

2）单库双向式

单库双向式潮汐能发电站与单库单向式潮汐能发电站一样，也只用一个水库，但不管是在涨潮时或是落潮时均可发电。只是在平潮时，即水库内外水位相平时不能发电。单库双向式潮汐电站有等候、涨潮发电、充水、等候、落潮发电、泄水 6 个工况。这种形式的电站，由于需要满足涨、落潮两个方向均能通水发电的要求，所以在厂房水工建筑物的结构上和水轮发电机组的结构上，均较第一种形式的电站复杂些。但由于它在涨、落潮时均可发电，所以每日的发电时间长，发电量也较多，一般每天可发电 16～20h，能较为充分地利用潮汐的能量。

3）双库单向式

双库单向式潮汐能发电站需要建造两座相互毗邻的水库，一个水库设有进水闸，仅在潮位比库内水位高时引水进库；另一个水库设有泄水闸，仅在潮位比库内水位低时泄水出库。这样，前一个水库的水位便始终较后一个水库的水位高，故前者称为上水库或高水库，后者则称为下水库或低水库。高水库与低水库之间终日保持着水位差，水轮发电机组放置于两水库之间的隔坝内，水流即可终日通过水轮发电机组不间断地发电。这种形式的电站，需要建 2 座或 3 座堤坝、2 座水闸，工程量和投资较大。但由于可连续发电，故其效率较第一种形式的电站高 34%左右。同时，也易于和火电、水电或核电站并网，联合调节。

4）发电结合抽水蓄能式

这种电站的工作原理如下：在潮汐电站水库水位与潮位接近并且水头小时，用电网的电力抽水蓄能。涨潮时将水抽入水库，落潮时将水库内的水抽往海中，以增加发电的有效水头，提高发电量。

上述 4 种形式的电站各有特点、各有利弊，在建设时，要根据当地的潮型、潮差、地形、电力系统的负荷要求、发电设备的组成情况，以及建筑材料和施工条件等技术经济指标，综合进行考虑，慎重加以选择。

2. 潮汐发电的技术问题

1）潮汐发电的关键技术问题

潮汐发电的关键技术，主要有：低水头、大流量、变工况水轮发电机组的设计与制造；电站的运行控制；电站与海洋环境的相互作用，包括电站对环境的影响和海洋环境对电站的影响；电站的系统优化，包括协调发电量、间断发电及设备造价和可靠性等之间的关系；电站设备在海水中的防腐蚀等。

在潮汐能发电站中，水轮发电机组的造价约占电站总造价的 50%，并且机组的制造与安装又是电站建设工期的主要制约因素。如果利用先进的制造技术、材料技术、控制技术及流体动力技术设计，潮汐能发电机组的技术性能必将有很大的改进和提高，其成本将会进一步下降，效率也将会有进一步的提高。

水工建筑的造价在潮汐能发电站中约占总造价的 45%，也是影响潮汐能发电站造价的重要因素。传统的建造方法大多采用重力结构的当地材料坝或钢筋混凝土坝，工程量大，造价也高。前苏联的基斯拉雅潮汐能发电站，采用了预制浮运铜筋混凝土沉箱的结构，减少了工程量，降低了造价。中国的一些潮汐能发电站也采用了这项技术建造部分电站设施，如水闸等，也取得了同样的效果。

2）潮汐能发电要进一步研究解决的技术问题

潮汐能发电是一项新的能源开发利用技术，还需要不断地加以完善、发展和提高。目前还要进一步研究解决的主要技术问题，可归纳为如下几项。

（1）泥沙淤积问题。潮汐能发电站建于海湾或河口。由于潮流和风浪的扰动，使海湾底部或外部的泥沙被翻起，并带到海湾的库区里，有的沉沙则由河流从上游携带而来，注入河口库区。这些泥沙都会在库区内淤积起来。泥沙的淤积会使水库的容积逐渐缩小，通水渠道变窄，水库使用寿命缩短，发电量减少，并加速水轮机叶片的磨损，对潮汐发电站十分不利。因此，必须很好地研究当地沉沙的运动规律，搞清水中沉沙的含量、来源、运动方向、颗粒大小和组成、沉降的速度等，据此研究防治泥沙淤积的有效措施。

（2）海工结构物的防腐蚀和防海洋生物附着问题。潮汐电站的海工结构物长期浸泡在海水中。海水对海工结构物中金属结构物部分的腐蚀是相当严重的，甚至连钢筋混凝土中的钢筋也会被海水腐蚀，最终导致结构物的损坏。同时，海水中的海生物如牡蛎等也会附着在金属结构物、钢筋混凝土或砖石结构、木结构上，附着的厚度甚至可达 10cm 左右，并且难以被水流冲掉。海洋生物的附着会使结构物通流部分阻塞、转动部分失灵，难以发挥效用，严重时甚至会导致完全报废。因此，必须重视对于潮汐发电工程海工结构物防腐蚀和防海洋生物附着问题的研究。

（3）电力的补偿问题。潮汐电站在使用中有一个电站的发电出力随着潮汐的涨、落而变化的问题。当潮位涨到顶峰或落到低谷时，潮位与水库内的水位差距大，电站的发电出力就大；当潮位接近于库内水位时，电站便停止发电，造成间断性发电。这对于用户来说，特别是对于不能中断用电的用户来说，矛盾十分突出，必须研究解决这一问题。

7.3.3 潮汐能发电前景

潮汐发电目前仍存在一系列的问题，如单位投资大，造价较高；水头低，机组耗钢多，且发电具有间断性；在工程技术上尚存在泥沙淤积以及海水、海生物对金属结构和海工建筑物的腐蚀及污黏等问题，需要进一步研究解决。但是由于其具有能量可以再生，不消耗化石燃料；潮汐的涨落具有规律性，可做出准确的长期预报；没有枯水期，可长年发电；清洁干净，没有环境污染；运行费用低，建站时没有淹地、移民等问题；除发电外，还可开展围垦农田、水产养殖、蓄水灌溉等事业，收到综合利用效益等一系列优点，使得人类为了开发利用潮汐能，进行了长期的研究和探索。早在 11～12 世纪，法国、英国和苏格兰沿海地区就出现了潮汐能水磨。16 世纪，俄国沿海居民也使用过同类水磨；到了 18 世纪，在俄国阿尔汉格尔斯克出现了以潮汐能为动力的锯木厂。以后，随着电力工业和机械工业的发展，19 世纪末，法国工程师布洛克首先提出了一个在易北河下游兴建潮汐能发电站的设计构想。1912 年，德国首先在苏姆湾建成了一座小型潮汐能发电站；接着，法国在布列太尼半岛兴建了一座容量为 1865kW 的小型潮汐能发电站，使人类利用潮汐能发电的幻想变成了现实。近30多年来，由于扩大能源来源的要求日益增长，法国、英国、俄罗斯、加拿大、美国等潮汐能资源丰富的国家，都在进行潮汐能发电的开发建设。目前，潮汐能发电站是海洋能利用中技术最成熟和利用规模最大的一种。

中国的小型潮汐能发电站因数量多、效益高而闻名于世。1958年，中国沿海各地的人民出于早日改变落后面貌的急切愿望，千方百计寻找解决沿海无电村镇供电、岛屿发电的途径，曾经掀起过一个纷纷兴办小型潮汐能发电站的热潮。在20世纪50～70年代曾先后建造了50余座小型潮汐能发电站。

中国的潮汐资源丰富，开发利用条件也较好，潮汐能的蕴藏量非常巨大。40多年来，中国潮汐能发电的科学研究工作，取得了不小的进展，有了良好的开端。目前，中国已能生产几十千瓦至几百千瓦的潮汐能发电机组，并积累了建设小型潮汐能发电站的工程技术经验，因此，经过继续努力，使小型潮汐能发电站达到定型推广的阶段是完全可能的。可见，中国的潮汐能发电，任务繁重，前景诱人，大有可为。

7.4　燃料电池发电

7.4.1　燃料电池发电简介

1．燃料电池发电原理

燃料电池的结构如图7-7所示。在能量水平高的氢与氧结合产生水时，首先氢气放出电子，具有正电荷；同时，氧气从氢气中得到电子，具有负电荷，两者结合成为中性的水。在氢与氧进行化学反应的过程中，发生了电子的移动，把电子的移动取出，加到外部连接的负载上面，这种结构即为燃料电池。为使移动的电子能够取出加到外部负载上，有必要

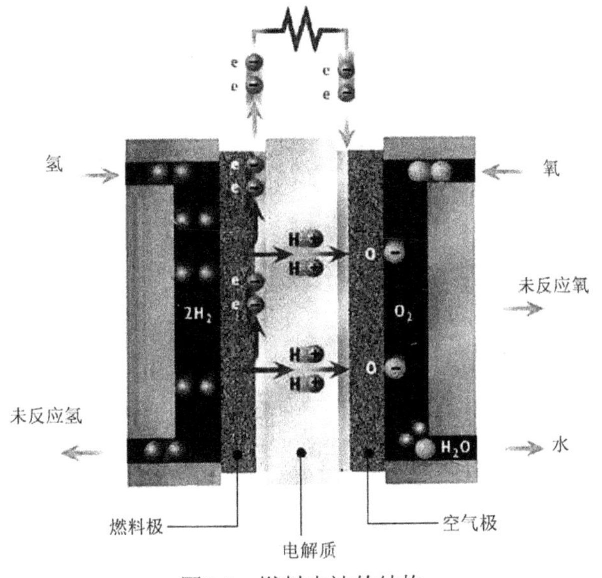

图7-7　燃料电池的结构

把氢与氧用以离子为导体的电解质分开，在电解质的两边进行反应。氢气反应的地方是燃料极，氧气反应的地方是空气极，夹在这两个极中间通过离子传导电力的地方为电解质。

2. 燃料电池发电系统

燃料电池发电不同于传统的火力发电，其燃料不经过燃烧，没有复杂的从燃料化学能转化为热能，再转化为机械能，最终转化成电能的过程，而是直接将燃料（天然气、煤制气、石油等）中的氢气借助于电解质与空气中的氧气发生化学反应，在生成水的同时进行发电，因此其实质是化学能发电。燃料电池发电被称为继火力发电、水力发电、原子能发电之后的第四大发电方式。燃料电池也不同于平时所说的干电池与蓄电池。平时所说的干电池与蓄电池，没有反应物质的输入与生成物的排出，所以其寿命有一定限度；而燃料电池可以连续地对其供给反应物（燃料）及不断排出生成物（水等），因而可以连续地输出电力。

燃料电池发电装置除了燃料电池本身，还和其他装置共同构成一个系统。燃料电池系统因燃料电池本体的形式及使用燃料的不同和用途的不同而有所区别，主要有燃料重整系统、空气供应系统、直流-交流逆变系统、排热回收系统以及控制系统等周边装置。在高温燃料电池中还有剩余气体循环系统。燃料电池发电装置的系统构成如图 7-8 所示。

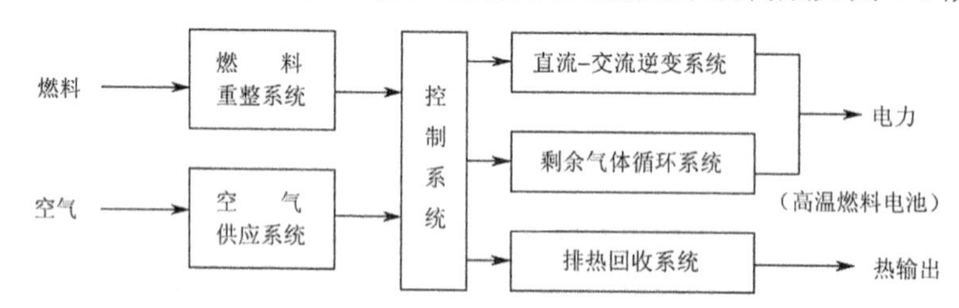

图7-8　燃料电池发电装置的系统构成图

构成系统的各周边装置的作用如下。

（1）燃料重整系统：燃料重整系统是将所得到的燃料转化成为燃料电池能够使用的以氢为主成分的燃料的转换系统。碳氢化合物的气体燃料（如天然气等）或者液体燃料（石油、甲醇等）用做燃料电池的燃料时，通过水蒸气重整法等，对燃料进行重整。而在使用煤炭时，则通过煤制气的反应，制造出以氢与一氧化碳为主要成分的气体燃料。这些转换的主要反应装置为重整器和煤气化炉。

（2）空气供应系统：空气供应系统是对燃料电池供应反应时用的空气的系统。它可以使用马达驱动的送风机或者空气压缩机，也可以使用回收排出余气的透平机或压缩机的加压装置。

（3）直流-交流逆变系统：燃料电池所产生的是直流电，而所需要的往往是交流电，因此要有一个将燃料电池本体所产生的直流电变换成交流电的装置。

（4）排热回收系统：排热回收系统指回收燃料电池本体发电时所产生的热（电池排气的含热及燃料重整系统的排热等）的系统。

（5）控制系统：控制系统是燃料电池发电装置启动、停止、运转、外接负载等的控制装置，由控制运算的计算机以及测量与控制执行机构等组成。

（6）剩余气体循环系统：在高温燃料电池发电装置中，由于电池排热温度高，因此装设有可以使用燃气轮机与蒸汽轮机剩余气体的循环系统。

7.4.2　几种典型的燃料电池

迄今，已研究开发出多种类型的燃料电池。最常见的分类方法是按电池所采用的电解质分类。据此，可将燃料电池分为碱性燃料电池、磷酸型燃料电池、熔融碳酸盐型燃料电池、固体电解质型燃料电池、固体高分子型（又称质子交换膜）燃料电池以及直接甲醇型燃料电池等。碱性燃料电池是最先研究成功的，多用于火箭、卫星上，但其成本高，因此不宜作为大规模研究开发的对象。磷酸型燃料电池已进入实用化阶段，研究上已不再需要花费很多财力、物力与人力。固体高分子型燃料电池是目前研制的热点。直接甲醇型燃料电池特别适合作为小型电源（如手提电话、笔记本电脑等的电源），因而很受重视，目前已开始对其进行基础研究。燃料电池分类及特性见表 7-4。

表 7-4　燃料电池分类及特性

	硝酸型（PAFC）	熔融碳酸盐型（MCFC）	固体电解质型（SOFC）	碱性（AFC）	固体高分子型（PEFC/PEMFC）	直接甲醇型（DMFC）
工作温度	约 200℃	600℃～700℃	800℃～1000℃	60℃～80℃	约 100℃	约 100℃
电解质	磷酸溶液	熔融碳酸盐	固体氧化物	KOH	全氟磺酸膜	全氟磺酸膜
反应离子	H^+	CO_3^{2-}	O^{2-}	OH^-	H^+	H^+
可用燃料	天然气、甲醇	天然气、甲醇、煤	天然气、甲醇、煤	纯氢	氢、天然气、甲醇	甲醇
使用领域	分散电源	分散电源	分散电源	移动电源	移动电源、分散电源	移动电源
备注	CO 中毒	无	无	无	CO 中毒	CO 中毒

1．磷酸型燃料电池

（1）原理

磷酸型燃料电池简称 PAFC，它以磷酸为电解质，使用天然气或者甲醇等为燃料，在约 200℃温度下使氢气与氧气发生反应，得到电力与热。在燃料极中，氢分解成氢离子与电子，氢离子在电解质中移动，电子则通过外部回路到达空气极；电解质使用磷酸水溶液，而这种水溶液是强电解质，分解成磷酸离子、氢离子和电子，氢离子在电解质内向空气极移动。在空气极，由燃料极移动来的氢离子与流经外部负载而来的电子及不断由外部供给的氧气发生反应，产生水。为了发生以上反应，必须在电极中存在与反应有关的离子。这对燃料电池来说是相当重要的。

（2）特性

磷酸型燃料电池与其他燃料电池相比，特别是与高温燃料电池相比，有以下几个特征：①低温下发电时，稳定性好；②反应后排出的热量的温度适用于人类日常生活；③启动时间短；④催化剂必须要有白金；⑤电池燃料中如果 CO 含量高，易引起催化剂中毒。

磷酸型燃料电池的反应温度的设定应考虑以下几点：①磷酸的蒸气压（浓度）；②材料

的耐腐蚀性；③CO 中毒特性；④电池特性。如果温度过高，则磷酸的蒸气压力增大，磷酸的蒸发与消失现象也随之增加，同时促进材料的老化；如果温度过低，则反应速度变慢，同时催化剂 CO 中毒现象也变得严重。因此，磷酸型燃料电池的反应温度一般设为 180℃～210℃。

（3）电池催化剂

为促进电极的反应，常使用催化剂。催化剂的使用情况对电池性能影响很大。在燃料极方面，只要有一点白金催化剂，即可促进氢的离子反应。而在空气极方面，更需要有催化剂的帮助，且用量要比燃料极多，还要有很大的活性，这是因为溶液中氧气的还原反应速度很慢，为使反应速度加快，必须要有高活性的催化剂。反应中常用白金、铬、钛等合金作为固体催化剂，实际上由于有氧化硫和一氧化碳的污染，常用白金合金作为催化剂。

（4）现状及动向

目前，磷酸型燃料电池已经商用化。世界上容量最大的 11000kW 装置安装在日本东京电力五井火力发电厂内，并曾并入电网供电。磷酸型燃料电池的发电效率可达 30%～40%，如再将其余热加以利用，其综合效率可达 60%～80%，因此已将其应用于多种领域。由于磷酸型燃料电池工作温度低，效率不是很高，且要用白金作为催化剂，燃料中 CO 易引起催化剂中毒，因此对燃料的要求较高。目前世界各国对其花的财力、人力、物力均不多。

2．熔融碳酸盐型燃料电池

（1）原理

熔融碳酸盐型燃料电池简称 MCFC，它以碳酸锂（Li_2CO_3）、碳酸钾（K_2CO_3）及碳酸钠（Na_2CO_3）等碳酸盐为电解质，在燃料极（负极，阳极）与空气极（正极，阴极）中间夹着电解质，工作温度为 600℃～700℃。电池本体的发电效率可达 45%～60%，电极采用镍的烧结体。碳酸盐型燃料电池所使用的燃料范围广泛，以天然气为主的碳氢化合物均可，如碳氢气、甲烷、甲醇、煤炭、粗制油等。但不能直接使用这些作为燃料，而要把它们通过化学反应转换成氢气与 CO。CO 可以直接作为燃料使用。发电时，必须对空气极供给 CO_2，通过循环再利用，不需要从外部供给新的 CO_2。在使用煤炭时，可以利用煤制气炉产生 CO 与氢气，作为燃料使用。

熔融碳酸盐燃料电池发电时，向燃料极（阳极，负极）供给燃料气体（氢、CO），对空气极（阴极，正极）供给氧、空气和 CO_2 的混合气体。空气极从外部电路（负载）接收电子，产生碳酸离子，碳酸离子在电解质中移动，在燃料极与燃料中的氢进行反应，在生成 CO_2 和水蒸气的同时，向外部负载放出电子，这个过程的反应式如下。

燃料极：$2H_2+2CO_3^{2-} \rightarrow 2CO_2+2H_2O+4e^-$　（7-1）

空气极：$O_2+2CO_2+4e^- \rightarrow 2CO_3^{2-}$　（7-2）

整　体：$2H_2+O_2 \rightarrow 2H_2O$　（7-3）

一般碳酸盐的熔点在 500℃左右，在工作温度 650℃时已成为液体，氢与氧的活性提高，很容易发生化学反应，因此可以不用价格高昂的白金催化剂，也避开了白金催化剂的 CO 中毒问题；可以用 CO 作为燃料电池燃料，对天然气、煤制气不用重整即可利用，预期可替代大型的火力发电。但也正由于这种电池的发电温度高，其使用的碳酸盐电解质具有强烈的腐蚀性，工作时电池的各种材料易被腐蚀；同时，电解质本身的变化以及电池的密封也都成为重要课题。

（2）特性

熔融碳酸盐型燃料电池以碳酸盐为电解质，具有以下特征：①工作温度为 600～700℃，在这一温度下氢与氧的活性大大提高，可以有较高的发电效率，催化剂用镍作为电极已足够；②不产生催化剂 CO 中毒问题，可以使用的燃料的种类大大增加；③排热温度高，可以与燃气轮机与蒸汽轮机联动，进行复合发电，进一步提高燃料使用率；④增加压力可以加强其反应，一般工作压力为 5～12atm；⑤因为其工作温度高，且使用强腐蚀性的材料，所以技术上的难度相当大。

熔融碳酸盐型燃料电池的电解质是熔化的碳酸盐，这种碳酸盐大约在 490℃时熔化，温度越高，其离子的导电性越好。但是，当温度增加到 700℃以上时，材料被强烈地腐蚀。所以，一般工作温度取为 650℃左右。而在发电取出其电力时，也同时产生热量，如果不对电池进行冷却，电池温度也要上升。为了保持电池工作温度在 650℃左右，在空气极通入的空气又作为冷却剂使用。

（3）现状与动向

多年来，熔融碳酸盐型燃料电池一直是世界各国燃料电池研究的重点。美国已成功进行了 2MW 熔融碳酸盐型燃料电池的试验；美国 FCE 公司的一台 250kW 的熔融碳酸盐型燃料电池已连续运行了 11000h 以上，其热量综合利用总效率达到 75%，其中 8 个月处于无人操作状态。可以说熔融碳酸盐型燃料电池的水平已接近实用化水平。日本对熔融碳酸盐型燃料电池的发展一直采取积极态度，继 1993—1994 年成功地进行了 100kW 熔融碳酸盐型燃料电池的运转试验后，1999 年又成功地进行了 1000kW 熔融碳酸盐型燃料电池的运转试验，各项指标均达到设计要求。1998 年，日本电力中央研究所又试验运转了一台 l0kW 的熔融碳酸盐型燃料电池。它在技术方面进行了改良，用碳酸钠代替碳酸盐已运转 10000h 以上，取得了相当大的进展。

由于熔融碳酸盐型燃料电池的研究已取得了可喜的成果，美国、日本等国家均已制定了新的计划，力争在近年内实现其商用化。中国也已开展了对熔融碳酸盐型燃料电池的研究，大连物化所和上海交通大学均成功地进行了发电试验。

3．固体电解质型燃料电池

（1）原理

固体电解质型燃料电池简称 SOFC，它利用氧化物离子导电的稳定氧化锆等作为电解质，其两侧是多孔的电极（燃料极和空气极）。固体电解质型燃料电池的工作温度高于熔融碳酸盐型燃料电池，一般为 900℃～1000℃，发电效率可达 45%～65%。与熔融碳酸盐型燃料电池一样，固体电解质型燃料电池在高温下工作，不需要白金作为催化剂，也可以使用煤制气为燃料。固体电解质型燃料电池适用于代替大型火力发电或作为分散电源。由于固体电解质型燃料电池由固体构成，因而其寿命也长。

固体电解质型燃料电池对燃料极（阳极，负极）供给燃料气（氢、CO、甲烷等），对空气极（阴极，正极）供给氧、空气，在燃料极与电解质、空气极与电解质的界面处发生化学反应，形成氧离子与电子，氧离子在电解质中流动，其电极上的反应如下：

$$燃料极：H_2+O^{2-}\rightarrow H_2O+2e^- \quad (7\text{-}4)$$

$$空气极：\frac{1}{2}O_2+2e^-\rightarrow O^{2-} \quad (7\text{-}5)$$

$$整\quad 体：H_2+\frac{1}{2}O_2\rightarrow H_2O \quad (7\text{-}6)$$

（2）特性

固体电解质型燃料电池的电解质，有以氧离子为导电体与以质子（H^+）为导电体两种。为得到较高的导电率，必须在 800℃～1000℃条件下工作。其主要结构的构成材料均为固体，有圆筒形与平板形等构造方式。

目前，大都用氧离子作为电解质。如果能找到合适的质子导电体，那么也可以制造利用质子作为导电体的固体电解质型燃料电池。但是目前仅发现极少类的质子导电体，且其导电率与 YSZ（稳定氧化锆）相比要差一个数量级，因此不易使用。寻找良好的质子导电体是一个重要课题。

（3）现状与动向

目前，美国在固体电解质型燃料电池技术方面处于世界领先地位。此外，日本的富士电机、三洋电机、三菱公司，德国的西门子、奔驰公司，以及英国、法国、荷兰的一些公司，也在对固体电解质型燃料电池进行研究。研究的重点是合金系的隔板、陶瓷系的隔板及共同烧结技术、高性能电极技术等。目前，工作温度的降低也是一个研究重点。中国在一些研究所与大学中开展了基础研究，目前已有小功率的固体电解质型燃料电池发电成功的例子。

4．固体高分子型燃料电池

（1）原理

固体高分子型燃料电池简称 PEMFC 或 PEFC，它不用酸与碱等电解质，而采用以离子导电的固体高分子电解质膜（阳离子膜）。这种膜具有以氟树脂为主链、能够负载质子（H^+）的磺酸基为支链的构造，其离子导电体为 H^+，与磷酸所不同的是，电解质是阳离子交换膜。固体高分子型燃料电池使用的是电气绝缘、无色透明的薄膜，因此没有电解质之类的麻烦，而且它不透气体，所以只要有 50 μm 的厚度即可使用。固体高分子膜在吸收水分子后，开始把磺酸基连接起来，显出质子导电性能。因此，有必要对反应燃料气进行加湿以维持其质子导电性，运行温度也因为要保持膜的湿度而在 100℃以下。

在室温条件下，由于可以保证膜的质子导电性能，实现低温发电也是可能的。工作温度定在室温至 100℃。中间隔着固体高分子膜，两侧即为燃料极（负极）与空气极（正极），对燃料极供给氢气，对空气极供给空气或氧气，利用水电气分解的逆反应，每单体电池可得到 IV 左右的直流电压，这个反应可用以下一组反应式表示。

$$燃料极：H_2\rightarrow 2H^++2e^- \quad (7\text{-}7)$$

$$空气极：\frac{1}{2}O_2+2H^++2e^-\rightarrow H_2O \quad (7\text{-}8)$$

$$整\quad 体：H_2+\frac{1}{2}O_2 \rightarrow H_2O \tag{7-9}$$

固体高分子型燃料电池的运行温度低，因此启动时间短，输出密度高（$3kW/m^2$），可以做成小型电池，适合用于移动电源。但是，固体高分子型燃料电池以氢为燃料，在使用天然气和甲醇时，在高温中使之与水蒸气发生反应，必须有重整过程。在这个过程中所生成的 CO，会使燃料电池的催化剂性能显著下降。因此，重整过程中，CO 浓度的降低及不受 CO 影响的催化剂的开发就成为重要的课题。

（2）特性

固体高分子型燃料电池的输出密度高，可以制成小型轻量化的电池；其电解质是固体的，不会流失，易于差压控制；其构造简单，电解质不会腐蚀部件，寿命长，工作温度低，材料选择方便，启动停止也易于操作。这些都是这种电池的优点。但是由于这种电池的工作温度低，必须要用白金作为催化剂。为防止白金的 CO 中毒，使用重整的含有 CO_2 的燃料时，必须除去 CO，还要对质子交换膜进行水分控制。

其燃料与磷酸型电池相同，限于氢气，但也可以使用经过重整的天然气和甲醇，特别是甲醇，它要求很高的重整温度，很适合此类电池。固体高分子型燃料电池被认为是应用于电动车的理想电源。

除军事应用外，成本是决定这种电池能否进入市场的最关键的因素之一。以目前的材料（如膜、碳纸）、白金催化剂来看，它还不能达到市场化程度。为了实用化，交换膜的低成本及白金的减量是不可缺少的研究开发课题。

（3）现状及动向

此类燃料电池的发展最初主要源于军事上的应用。由于它输出密度高、启动时间短、噪声小、结构简单，可以考虑代替潜水艇、野战发动机等的蓄电池和柴油机。但是，它存在着一个纯氢难于确保的问题，而使用重整器的话，其优点又会丧失，所以燃料的供应是一个重大课题。此类电池可以用于车辆上是它的一个优势，特别是在要求汽车零排放的情况下，目前看来只有这类电池能充当重任。近年，国外开发了各种环保型车辆，有低公害车、电动汽车、甲醇汽车、天然气汽车等，燃料电池汽车是电动汽车的一种。燃料电池可以做成小型发动机，其启动迅速，有望成为新一代汽车发动机，因此引起了人们的注意。此外，燃料电池还可考虑用于家庭。将其与电网相连，白天从电网买电，晚上卖电给电网。其排热还可加以综合利用，用于洗澡和洗涤等。

随着膜技术的发展及环境问题的日益突出，固体高分子型燃料电池的研究开发逐渐成为热点。目前世界主要汽车厂家，如福特、GM、丰田、奔驰等，均宣传要把燃料电池用于汽车上。

5. 直接甲醇型燃料电池

直接甲醇型燃料电池简称 DMFC，是一种不通过重整甲醇来生成氢，而是直接把蒸气与甲醇变换成质子（氢离子）而发电的燃料电池。因为它不需要重整器，所以可以做得更小，更适合于汽车等应用。其关键是高分子膜，除了氟以外，要对更理想的材料进行研究探索。

参 考 文 献

[1] 王大中．21 世纪中国能源科技发展展望[M]．北京：清华大学出版社，2007.
[2] 张秋明．中国能源安全战略挑战与政策分析[M]．北京：地址出版社，2007.
[3] 何伟，倪维斗，朱成章，等．中国节能降耗研究报告[M]．北京：企业管理出版社，2006.
[4] 徐华清，等．中国能源环境发展报告[M]．北京：中国环境科学出版社，2006.
[5] 王革华，爱德生．新能源概论[M]．北京：化学工业出版社，2006.
[6] 陈维新．能源概论[M]．台北县五股乡：高立图书有限公司，2006.
[7] 罗运俊，何梓年，王长贵．太阳能利用技术[M]．北京：化学工业出版社，2005.
[8] 李俊峰，王斯成，等．2007 中国光伏发展报告[M]．北京：中国环境科学出版社，2007.
[9] 王承煦，张源．风力发电[M]．北京：中国电力出版社，2002.
[10] 国家统计局．中国统计摘要 2010[M]．北京：中国统计出版社，2010.
[11] 刘万琨，张志英，李银风，等．风能与风力发电技术[M]．北京：化学工业出版社，2007.
[12] 赵争鸣，刘建政，孙晓瑛，等．太阳能光伏发电及其应用[M]．北京：科学出版社，2005.
[13] 冯垛生，宋金莲，赵慧，等．太阳能发电原理与应用[M]．北京：人民邮电出版社，2007.
[14] 刘金琨．先进 PID 控制及其 MATLAB 仿真[M]．北京：电子工业出版社，2002.
[15] 贺德馨．风工程与空气动力学[M]．北京：国防工业出版社，2006,150-211.
[16] 汉森．风力机空气动力学[M]．北京：中国电力出版社，2012,7-33.
[17] Floyd M. Gardner，著．锁相环技术（第三版）[M]．姚剑清，译．北京：人民邮电出版社，2007.
[18] 莫宏伟．人工免疫系统原理与应用[M]．哈尔滨：哈尔滨工业大学出版社，2003.
[19] 胡骅，宋慧．电动汽车[M]．北京：人民交通出版社，2002.
[20] 李兴虎．电动汽车概论[M]．北京：北京理工大学出版社，2005.
[21] 陈清泉，孙逢春．现代电动汽车技术[M]．北京：北京理工大学出版社，2004.
[22] 徐国凯，赵秀春，苏航．电动汽车的驱动与控制[M]．北京：电子工业出版社，2010.
[23] 王兆安，黄俊．电力电子技术[M]．北京：机械工业出版社，2003.
[24] 王旭东，余腾伟．电力电子技术在汽车中的应用[M]．北京：机械工业出版社，2010.
[25] 刘贤兴．新型智能开关电源技术[M]．北京：机械工业出版，2003.
[26] 洪乃刚．电力电子、电机控制系统的建模和仿真[M]．北京：机械工业出版社，2010.
[27] 黄忠霖．控制系统 MATLAB 计算及仿真[M]．北京：国防工业出版社，2001.
[28] 陈坚．电力电子学—电力电子变换和控制技术[M]．北京：高等教育出版社，2002.
[29] 汤双清．飞轮储能技术及应用[M]．武汉：华中科技大学出版社，2007.
[30] 刘振亚．智能电网技术[M]．北京：中国电力出版社，2010.
[31] 李富生，李瑞生，周逢权．微电网技术及工程应用[M]．北京：中国电力出版社，2013.
[32] 张建华，黄伟．微电网运行控制与保护技术[M]．北京：中国电力出版社，2010.